高等学校算法类课程系列教材

数据结构教程

（Python语言描述） 第2版·微课视频版

李春葆 主编
蒋林 李筱驰 副主编

清华大学出版社

北京

内 容 简 介

本书系统地介绍各种常用的数据结构以及查找和排序的各种算法,阐述各种数据结构的逻辑关系、存储表示及基本运算,并采用 Python 语言描述数据组织和算法实现。所有算法的程序均在 Python 3.7 中调试通过。

全书既注重原理又注重实践,配有大量图表和示例,内容丰富,概念讲解清楚,表达严谨,逻辑性强,语言精练,可读性好。书中提供了丰富的练习题、上机实验题和在线编程题,配套的《数据结构教程(Python语言描述)(第 2 版)学习与上机实验指导》详细地给出本书练习题的解题思路和参考答案、在线编程题代码和实验报告格式示例。

本书可作为高等学校计算机及相关专业"数据结构"课程教材,也可作为从事计算机软件开发和工程应用人员的参考书。

图书在版编目(CIP)数据

数据结构教程 : Python 语言描述 : 微课视频版 / 李春葆主编. -- 2 版. -- 北京 : 清华大学出版社,2025. 1. --(高等学校算法类课程系列教材). -- ISBN 978-7-302-67890-8

Ⅰ. TP312.8

中国国家版本馆 CIP 数据核字第 2025SQ9537 号

策划编辑:魏江江
责任编辑:王冰飞
封面设计:刘 键
责任校对:时翠兰
责任印制:沈 露

出版发行:清华大学出版社
  网 址:https://www.tup.com.cn,https://www.wqxuetang.com
  地 址:北京清华大学学研大厦 A 座   邮 编:100084
  社 总 机:010-83470000   邮 购:010-62786544
  投稿与读者服务:010-62776969,c-service@tup.tsinghua.edu.cn
  质量反馈:010-62772015,zhiliang@tup.tsinghua.edu.cn
  课件下载:https://www.tup.com.cn,010-83470236
印 装 者:三河市龙大印装有限公司
经 销:全国新华书店
开 本:185mm×260mm 印 张:25.5   字 数:621 千字
版 次:2020 年 11 月第 1 版 2025 年 3 月第 2 版 印 次:2025 年 3 月第 1 次印刷
印 数:29501~31000
定 价:69.80 元

产品编号:106538-01

前言

党的二十大报告指出：教育、科技、人才是全面建设社会主义现代化国家的基础性、战略性支撑。必须坚持科技是第一生产力、人才是第一资源、创新是第一动力，深入实施科教兴国战略、人才强国战略、创新驱动发展战略，开辟发展新领域新赛道，不断塑造发展新动能新优势。高等教育与经济社会发展紧密相连，对促进就业创业、助力经济社会发展、增进人民福祉具有重要意义。

"数据结构"课程是计算机及相关专业的核心专业基础课程。数据结构是指存在相互关系的数据元素集合，并包含相应的数据运算。从数据结构的应用角度看，人们不必关心数据的存储和运算的具体实现细节，将其作为一个功能包用于求解更复杂的问题，这样能在适当的抽象层次上考虑程序的结构和算法；从数据结构的实现角度看，则需要考虑数据的逻辑类型，将这些数据以某种合理的方式存储在计算机中，继而高效地实现对应运算的算法。

❏ **教学内容设计**

"数据结构"课程主要以数据的逻辑结构为主线，介绍线性表、栈和队列、树和二叉树、图等各种数据结构的实现和应用。它一方面培养学生的基本数据结构观，即从逻辑层面理解各种数据结构的逻辑结构特征以及基本运算，继而合理地实现数据结构，使之成为可以直接使用的数据类型；另一方面培养学生运用各种数据结构的能力，即针对一个较复杂的数据处理问题选择合适的数据结构设计出好的求解算法。

本书围绕这两个目标设计教学内容，总结编者长期在教学第一线的教学研究和教学经验，同时参考近年来国内外出版的多种数据结构教材，考虑教与学的特点，合理地进行知识点的取舍和延伸，精心组织编写而成。本书采用 Python 语言描述数据结构和算法。全书由9章构成，各章的内容如下：

第1章为绪论，介绍数据结构的基本概念、采用 Python 语言描述算法的方法和特点、算法分析方法和如何设计算法等。

第2章为线性表，介绍线性表的定义、线性表的两种主要存储结构和各种基本运算算法设计，最后通过示例讨论线性表的应用。

第3章为栈和队列，介绍栈的定义、栈的存储结构、栈的各种基本运算算法设计和栈的应用，队列的定义、队列的存储结构、队列的各种基本运算算法设计和队列的应用，Python中的 deque 和 heapq 及其使用。

第4章为串和数组，介绍串的定义、串的存储结构、串的各种基本运算算法设计、串的模式匹配 BF 和 KMP 算法及其应用，数组的定义、数组的存储方法、几种特殊矩阵的压缩存储和稀疏矩阵的压缩存储。

第5章为递归，介绍递归的定义、递归模型、递归算法设计和分析方法。

第6章为树和二叉树，介绍树的定义、树的逻辑表示方法、树的性质、树的遍历和树的存储结构、二叉树的定义、二叉树的性质、二叉树的存储结构、二叉树的基本运算算法设计、二叉树的递归和非递归遍历算法、二叉树的构造、线索二叉树和哈夫曼树、树/森林和二叉树的转换与还原过程、树算法设计和并查集的应用。

第7章为图，介绍图的定义、图的存储结构、图的基本运算算法设计、图的两种遍历算法以及图的应用（包括图的最小生成树、最短路径、拓扑排序和关键路径等）。

第8章为查找，介绍查找的定义、线性表上的各种查找算法、树表上的各种查找算法以及哈希表查找算法及其应用。

第9章为排序，介绍排序的定义、插入排序方法、交换排序方法、选择排序方法、归并排序方法和基数排序方法，以及各种内排序方法的比较、外排序过程和相关算法。

本书教学内容紧扣《高等学校计算机专业核心课程教学实施方案》和《计算机学科硕士研究生入学考试大纲》，涵盖教学方案及考研大纲要求的全部知识点。书中带"＊"的章节与示例为选讲或选学内容，难度相对较高，供提高者研习。本书的主要特点如下。

- 结构清晰，内容丰富，文字叙述简洁明了，可读性强。
- 图文并茂，全书用了300多幅图表述和讲解数据的组织结构与算法设计思想。
- 力求归纳各类算法设计的规律，例如单链表算法中很多是基于建表算法，二叉树算法中很多是基于4种遍历算法，图算法中很多是基于两种遍历算法，如果读者掌握了相关的基础算法，那么对于较复杂的算法设计就会驾轻就熟。
- 深入讨论递归算法设计方法。递归算法设计是"数据结构"课程中的难点之一，编者从递归模型入手，介绍了从求解问题中提取递归模型的通用方法，讲解了从递归模型到递归算法设计的基本规律。
- 书中提供了大量的教学示例，将抽象概念和抽象的算法过程具体化。
- 与 Python 语言深度结合，充分利用 Python 语言中数据类型灵活的特点实现书中的所有算法，所有算法及其示例均在 Python 3.7 中调试通过。

❑ **教学实验设计**

教学实验是利用数据结构原理解决实际问题必不可少的环节，本书将实验教学和理论教学有机结合，构成完整的体系。

- 除第1章外，每章均包含基础实验和应用实验，基础实验属于验证性实验，是上机实现相关的数据结构或者算法，用于培养学生的基本数据组织和数据处理；应用实验属于设计或者综合性实验，是利用相关数据结构完成较复杂的算法实现，用于提高学生运用各种数据结构解决问题的能力。
- 每章包含若干与教学内容紧密结合的、难度适中的在线编程题，所有题目都经过精心挑选，均来自力扣（中国）网站。力扣（中国）是一个极好的学习和实验在线编程平台，每题都提供了多个测试用例，可以对实验算法进行时间和空间的全方位测试。

❑ **配套教学资源**

本书配套的辅助教材《数据结构教程（Python 语言描述）（第2版）学习与上机实验指导》提供了所有练习题和实验题的参考答案，其中所有在线编程题均在相关平台中验证通过。

为了方便教师教学和学生学习,本书提供了全面、丰富的教学资源,具体如下。

(1) 教学 PPT:提供全部教学内容的精美 PPT 课件,仅供任课教师在教学中使用。

(2) 源代码:所有源代码按章组织,例如 ch2 文件夹中存放第 2 章的源代码;其"示例"子文件夹中是相关示例的源代码文件,例如 ch2 的"示例"子文件夹中的 Exam2-3. py 是例 2.3 的源代码。

(3)"数据结构"课程教学大纲:包含 32/48/60 课堂讲授学时的教学内容安排和相应的实验教学内容安排,供教师参考。

(4) 练习题中算法设计题源代码:提供所有算法设计练习题的源代码,仅供任课教师在教学中使用。

(5) 配有绝大部分知识点和全部力扣(中国)在线编程题讲解的教学视频,视频采用微课碎片化形式组织(含 238 个小视频,累计超过 40 小时)。

资源下载提示

课件等资源:扫描封底的"图书资源"二维码,在公众号"书圈"下载。

素材(源码)等资源:扫描目录上方的二维码下载。

在线自测题:扫描封底的作业系统二维码,再扫描自测题二维码,可以在线做题及查看答案。

微课视频:扫描封底的文泉云盘防盗码,再扫描书中相应章节的视频讲解二维码,可以在线学习。

本书的出版得到清华大学出版社计算机与信息分社魏江江分社长的全力支持,王冰飞老师给予精心编辑,力扣(中国)网站提供了无私的帮助,编者在此一并表示衷心的感谢。尽管编者不遗余力,但由于水平所限,本书难免存在不足之处,敬请教师和同学们批评指正,在此表示衷心的感谢。

编　者

2025 年 1 月

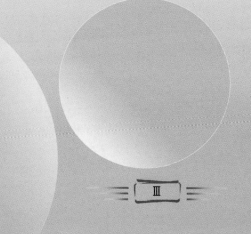

目录

第4章 串和数组 /129

第5章 递归 /155

第6章 树和二叉树 /173

第 8 章 查找 /284

第 9 章　排序　/343

第 1 章 绪 论

　　"数据结构"作为一门独立的课程最早在美国的一些大学开设，1968 年美国教授 Donald E. Knuth 创建了最初的课程体系，他所著的《计算机程序设计技巧》系统地阐述了数据结构原理和算法分析方法，是该领域的经典之作。从 20 世纪 70 年代开始，数据结构得到了迅猛发展，编译程序、操作系统和数据库管理系统等都涉及数据元素的组织以及在存储器中的分配，数据结构技术成为设计和实现大型软件的关键技术。

　　"数据结构"课程通过介绍一些典型的数据结构特性来讨论基本的数据组织和数据处理方法。通过本课程的学习，培养学生具备数据结构的逻辑结构和存储结构的基本概念和必要的基础知识，对定义在数据结构上的基本运算有较强的理解能力，学会分析、研究计算机加工的数据结构的特性，以便为应用涉及的数据选择适当的逻辑结构和存储结构，并能设计出较高质量的算法。

　　本章主要学习要点如下。

　　（1）数据结构的定义，数据结构包含的逻辑结构、存储结构和运算三方面的相互关系。

　　（2）各种逻辑结构（即线性结构、树形结构和图形结构）之间的差别。

　　（3）各种存储结构（即顺序、链式、索引和哈希存储结构）之间的差别。

　　（4）数据结构和数据类型的区别和联系。

　　（5）抽象数据类型的概念和描述方式。

　　（6）算法的定义及其特性。

　　（7）采用 Python 描述算法和 Python 程序设计方法。

　　（8）算法的时间复杂度和空间复杂度分析方法。

本节讨论数据结构的定义，先从一个简单的高等数学成绩表的例子入手，继而给出数据结构的严格定义，接着分析数据结构的几种类型，最后给出数据结构和数据类型之间的区别与联系。

扫一扫

视频讲解

1.1.1 数据结构的定义

在用计算机解决一个具体的问题时，大致需要经过以下几个步骤：

① 分析问题，确定数据模型。

② 设计相应的算法。

③ 编写程序，运行并调试程序直至得到正确的结果。

寻求数据模型的实质是分析问题，从中提取操作的对象，并找出这些操作对象之间的关系，然后用数学语言加以描述。有些问题的数据模型可以用具体的数学方程式等来表示，但更多的实际问题是无法用数学方程式来表示的，这就需要从数据入手来分析并得到解决问题的方法。

数据是描述客观事物的数值、字符以及所有能输入计算机中并被计算机程序处理的符号的集合。例如，人们在日常生活中使用的各种文字、数字和特定符号都是数据。从计算机的角度看，数据是所有能被输入计算机中，且能被计算机处理的符号的集合。它是计算机操作的对象的总称，也是计算机处理的信息的某种特定的符号表示形式（例如，A 班学生数据包含了该班全体学生记录）。

通常以**数据元素**作为数据的基本单位（例如，A 班中的每个学生记录都是一个数据元素），数据元素在计算机中通常作为整体处理，数据元素也称为元素、结点、记录等。有时候，一个数据元素可以由若干数据项组成。数据项是具有独立含义的数据最小单位，也称为域［例如，A 班中的每个数据元素（即学生记录）是由学号、姓名、性别和班号等数据项组成的］。

数据对象是性质相同的有限个数据元素的集合，它是数据的一个子集，例如大写字母数据对象是集合 $C=\{'A','B','C',\cdots,'Z'\}$；1～100 的整数数据对象是集合 $N=\{1,2,\cdots,100\}$。在默认情况下，数据结构中的数据指的都是数据对象。

数据结构是指所涉及的数据元素的集合以及数据元素之间的关系，由数据元素之间的关系构成结构，因此可以把数据结构看成带结构的数据元素的集合。数据结构包括以下几个方面。

① 数据逻辑结构：由数据元素之间的逻辑关系构成，是数据结构在用户面前呈现的形式。

② 数据存储结构：指数据元素及其关系在计算机存储器中的存储方式，也称为数据的物理结构。

③ 数据运算：指施加在数据上的操作。

数据的逻辑结构是从逻辑关系（主要是指数据元素的相邻关系）上描述数据的，它与数据的存储无关，因此数据的逻辑结构可以看作从具体问题抽象出来的数据模型。

数据的存储结构是逻辑结构用计算机语言的实现或在计算机中的表示（也称为映像），

也就是逻辑结构在计算机中的存储方式,它是依赖于计算机语言的。一般在高级语言(例如Python、Java 和 C/C++等语言)的层次上讨论存储结构。

数据的运算是定义在数据的逻辑结构之上的,每种逻辑结构都有一组相应的运算,最常用的运算有检索、插入、删除、更新、排序等。数据的运算最终需要在对应的存储结构上用算法实现。

因此,数据结构是一门讨论"描述现实世界实体的数学模型(通常为非数值计算)及其之上的运算在计算机中如何表示和实现"的学科。

1.1.2 数据的逻辑结构

讨论数据结构的目的是用计算机求解问题,而分析并弄清数据的逻辑结构是求解问题的基础,也是求解问题的第一步。数据的逻辑结构是面向用户的,它反映数据元素之间的逻辑关系而不是物理关系,是独立于计算机的。

1. 逻辑结构的表示

由于数据的逻辑结构是面向用户的,可以采用表格、图等用户容易理解的形式表示。下面通过几个示例加以说明。

【例 1.1】 采用表格形式给出一个高等数学成绩表,表中的数据元素是学生成绩记录,每个数据元素由 3 个数据项(即学号、姓名和分数)组成。

解 一个用表格表示的学生高等数学成绩表如表 1.1 所示,表中的每一行对应一个学生记录。

表 1.1 学生高等数学成绩表

学 号	姓 名	分 数
2018001	王华	90
2018010	刘丽	62
2018006	陈明	54
2018009	张强	95
2018007	许兵	76
2018012	李萍	88
2018005	李英	82

【例 1.2】 采用图形式给出某大学组织结构图,大学下设若干学院和若干处,每个学院下设若干系,每个处下设若干科或办公室。

解 某大学组织结构图如图 1.1 所示,该图中的每个矩形框为一个结点,对应一个单位名称。

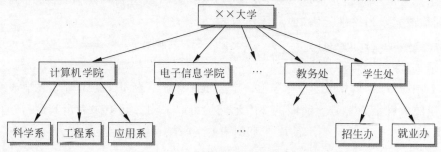

图 1.1 某大学组织结构图

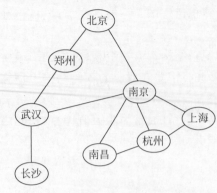

图1.2 全国部分城市交通线路图

【例1.3】 采用图形式给出全国部分城市交通线路图。

解 全国部分城市交通线路图如图1.2所示,图中的每个城市为一个结点。

上面几个示例都是数据逻辑结构的表示形式,从中看出数据逻辑结构主要是从数据元素之间的相邻关系来考虑的,在数据结构课程中主要讨论这种相邻关系,在实际应用中很容易将其推广到其他关系。

实际上,同一个数据逻辑结构可以采用多种方式来表示,假设用学号表示一个成绩记录,高等数学成绩表的逻辑结构也可以用图1.3表示。

图1.3 高等数学成绩表的另一种逻辑结构表示

为了更通用,通常采用二元组表示数据的逻辑结构,一个二元组如下:

$$B = (D, R)$$

其中,B 是一种数据逻辑结构的名称;D 是数据元素的集合,在 D 的数据元素之间可能存在多种关系;R 是所有关系的集合。即

$$D = \{d_i \mid 0 \leqslant i \leqslant n-1, n \geqslant 0\}$$

$$R = \{r_j \mid 1 \leqslant j \leqslant m, m \geqslant 0\}$$

其中,d_i 表示集合 D 中的第 $i(0 \leqslant i \leqslant n-1)$ 个数据元素(或结点),n 为 D 中数据元素的个数,特别地,若 $n=0$,则 D 是一个空集,此时 B 也就无结构可言;$r_j(1 \leqslant j \leqslant m)$ 表示集合 R 中的第 j 个关系,m 为 R 中关系的个数,特别地,若 $m=0$,则 R 是一个空集,表明集合 D 中的数据元素间不存在任何关系,彼此是独立的,这和数学中集合的概念是一致的。

说明:为了方便,除了特别说明外元素的逻辑序号统一从 0 开始。

R 中的某个关系 $r_j(1 \leqslant j \leqslant m)$ 是序偶(用序偶表示两个元素之间的相邻关系)的集合,对于 r_j 中的任一序偶$<x,y>(x,y \in D)$,把 x 叫作序偶的第一元素,把 y 叫作序偶的第二元素,又称序偶的第一元素为第二元素的**前趋元素**,称第二元素为第一元素的**后继元素**。例如在$<x,y>$的序偶中,x 为 y 的前趋元素,y 为 x 的后继元素。

若某个元素没有前趋元素,则称该元素为**开始元素**(或者首结点);若某个元素没有后继元素,则称该元素为**终端元素**(或者尾结点)。

对称序偶满足这样的条件:若$<x,y> \in r(r \in R)$,则$<y,x> \in r(x,y \in D)$,可用圆括号代替尖括号,即$(x,y) \in r$。

对于 D 中的每个数据元素,通常用一个关键字来唯一标识,例如高等数学成绩表中学生成绩记录的关键字为学号。前面的 3 个示例均可以采用二元组来表示其逻辑结构。

【例1.4】 采用二元组表示前面 3 个例子的逻辑结构。

解 高等数学成绩表(假设学号为关键字)的二元组表示如下:

$B1 = (D, R)$
$D = \{2018001, 2018010, 2018006, 2018009, 2018007, 2018012, 2018005\}$
$R = \{r_1\}$　　　　　　　　　　　　//表示只有一种逻辑关系
$r_1 = \{ <2018001, 2018010>, <2018010, 2018006>, <2018006, 2018009>,$
　　　　$<2018009, 2018007>, <2018007, 2018012>, <2018012, 2018005> \}$

某大学组织结构图(假设单位名为关键字)的二元组表示如下:

$B2 = (D, R)$
$D = \{××大学, 计算机学院, 电子信息学院, \cdots, 教务处, 学生处, \cdots, 科学系, 工程系, 应用系, \cdots,$
　　　招生办, 就业办\}
$R = \{r_1\}$
$r_1 = \{ <××大学, 计算机学院>, <××大学, 电子信息学院>, \cdots, <××大学, 教务处>,$
　　　$<××大学, 学生处>, \cdots, <计算机学院, 科学系>, <计算机学院, 工程系>,$
　　　$<计算机学院, 应用系>, \cdots, <学生处, 招生办>, <学生处, 就业办> \}$

全国部分城市交通图(假设城市名为关键字)的二元组表示如下:

$B3 = (D, R)$
$D = \{北京, 郑州, 武汉, 长沙, 南京, 南昌, 杭州, 上海\}$
$R = \{r_1\}$
$r_1 = \{ (北京, 郑州), (北京, 南京), (郑州, 武汉), (武汉, 南京), (武汉, 长沙), (南京, 南昌),$
　　　$(南京, 上海), (南京, 杭州), (南昌, 杭州), (南昌, 上海) \}$

2. 逻辑结构的类型

需要说明的是,数据的逻辑结构与数据元素本身的内容无关,也与数据元素的个数无关。在现实生活中数据呈现不同类型的逻辑结构。归纳起来,数据的逻辑结构主要分为以下类型。

① 集合:结构中的数据元素之间除了有"同属于一个集合"的关系外,没有其他关系,与数学中的集合概念相同。

② 线性结构:若结构是非空的,则有且仅有一个开始元素和一个终端元素,并且所有元素最多只有一个前趋元素和一个后继元素。在例1.1的高等数学成绩表中,每一行为一个学生成绩记录(或成绩元素),其逻辑结构特性是只有一个开始记录(即姓名为王华的记录)和一个终端记录(也称为尾记录,即姓名为李英的记录),其余每个记录只有一个前趋记录和一个后继记录。也就是说,记录之间存在一对一的关系,其逻辑结构特性为线性结构。

③ 树形结构:若结构是非空的,则有且仅有一个元素为开始元素(也称为根结点),可以有多个终端元素,每个元素有零个或多个后继元素,除开始元素外每个元素有且仅有一个前趋元素。例1.2中某大学组织结构图的逻辑结构特性是只有一个开始结点(即大学名称结点),有若干终端结点(例如科学系等),每个结点有零个或多个下级结点。也就是说,结点之间存在一对多的关系,其逻辑结构特性为树形结构。

④ 图形结构:若结构是非空的,则每个元素可以有多个前趋元素和多个后继元素。例1.3中全国部分城市交通线路图的逻辑结构特性是每个结点和一个或多个结点相连。也就是说,结点之间存在多对多的关系,其逻辑结构特性为图形结构。

1.1.3 数据的存储结构

问题的求解最终是用计算机求解,在弄清数据的逻辑结构后,便可以借助计算机语言

扫一扫

视频讲解

（本书采用 Python 语言）实现其存储结构（或物理结构）。存储实现的基本目标是建立数据的机内表示，包括数据元素的存储和数据元素之间关系的存储两部分。逻辑结构是存储结构的本质，设计数据的存储结构称为从逻辑结构到存储器的映射，如图 1.4 所示。

图 1.4　存储结构是逻辑结构在内存中的映射

归纳起来，数据的逻辑结构是面向用户的，而存储结构是面向计算机的，其基本目标是将数据及其逻辑关系存储到计算机的内存中。

下面通过一个示例说明数据的存储结构的设计过程。

【例 1.5】　对于表 1.1 所示的高等数学成绩表，设计多种存储结构，并讨论各种存储结构的特性。

解　这里设计高等数学成绩表的两种存储结构。

存储结构 1：用 Python 语言中的列表来存储高等数学成绩表，设计其元素类 Stud1 如下。

```
class Stud1:                                  ＃高等数学成绩顺序表的元素类型
    def __init__(self,no1,name1,score1):      ＃构造函数
        self.no=no1
        self.name=name1
        self.score=score1
    def __repr__(self):                        ＃输出高等数学成绩元素的格式
        return str(self.no)+"\t\t"+self.name+"\t\t"+str(self.score)
```

定义一个 data 列表（所有的元素类型均为 Stud1）存放高等数学成绩表，初始时为空，其创建过程对应的成员函数 Create() 如下：

```
def Create(self):                              ＃创建高等数学成绩顺序表
    self.data.append(Stud1(2018001,"王华",90))
    self.data.append(Stud1(2018010,"刘丽",62))
    self.data.append(Stud1(2018006,"陈明",54))
    self.data.append(Stud1(2018009,"张强",95))
    self.data.append(Stud1(2018007,"许兵",76))
    self.data.append(Stud1(2018012,"李萍",88))
    self.data.append(Stud1(2018005,"李英",82))
```

这样 data 列表便是高等数学成绩表的一种存储结构，其示意图如图 1.5 所示。该存储结构的特性是所有元素存放在一片地址连续的存储单元中，逻辑上相邻的元素在物理位置上也是相邻的，所以不需要额外空间表示元素之间的逻辑关系。这种存储结构称为**顺序存储结构**。

图 1.5　高等数学成绩表的顺序存储结构示意图

存储结构 2：用 Python 语言中的单链表来存储高等数学成绩表，设计其结点类 Stud2 如下。

```
class Stud2:                                    #高等数学成绩单链表的结点类型
    def __init__(self,no1,name1,score1):        #构造函数
        self.no＝no1
        self.name＝name1
        self.score＝score1
        self.next＝None                          #下一个结点的地址或引用
    def __repr__(self):                         #输出高等数学成绩结点的格式
        return str(self.no)＋"\t\t"＋self.name＋"\t\t"＋str(self.score)
```

高等数学成绩单链表通过首结点 head 来标识，初始时 head 为空，其创建过程对应的成员函数 Create() 如下：

```
def Create(self):                               #创建高等数学成绩单链表
    self.head＝Stud2(2018001,"王华",90)          #高等数学成绩单链表的首结点
    p2＝Stud2(2018010,"刘丽",62)
    p3＝Stud2(2018006,"陈明",54)
    p4＝Stud2(2018009,"张强",95)
    p5＝Stud2(2018007,"许兵",76)
    p6＝Stud2(2018012,"李萍",88)
    p7＝Stud2(2018005,"李英",82)
    self.head.next＝p2                           #建立结点之间的关系
    p2.next＝p3
    p3.next＝p4
    p4.next＝p5
    p5.next＝p6
    p6.next＝p7
    p7.next＝None                                #尾结点的 next 置为空
```

其中，每个高等数学成绩记录用一个结点存储，共建立 7 个结点，由于这些结点的地址不一定是连续的，所以采用 next 属性（或指针）表示逻辑关系，即一个结点的 next 属性指向其逻辑上的后继结点，尾结点的 next 属性置为空（用"∧"表示），从而构成一个链表（由于每个结点只有一个 next 指针，称其为单链表）。其存储结构如图 1.6 所示，首结点为 head，用它来标识整个单链表，由 head 结点的 next 属性得到后继结点的地址，以此类推，可以找到任何一个结点。

这种存储结构的特性是把每个数据元素存放在一串连续的存储单元中，称为结点，存放全部元素的结点地址可以是连续的，也可以是不连续的，通过指针来表示数据元素的逻辑关系，称为**链式存储结构**。

设计存储结构是非常灵活的，一个存储结构的设计是否合理（能否存储所有的数据元素及反映数据元素的逻辑关系）取决于该存储结构的运算实现是否方便和高效。

归纳起来有以下 4 种常用的存储结构类型。

head →	2018001	王华	90	
2018010	刘丽	62	
2018006	陈明	54	
2018009	张强	95	
2018007	许兵	76	
2018012	李萍	88	
2018005	李英	82	∧

图 1.6 高等数学成绩表的链式存储结构

1. 顺序存储结构

顺序存储结构是把逻辑上相邻的元素存储在物理位置上相邻的存储单元里，元素之间的逻辑关系由存储单元的邻接关系来体现（称为直接映射）。通常顺序存储结构借助于计算机程序设计语言的数组（如 Java、C/C++语言等）或者列表（如 Python 语言等）来实现。

顺序存储结构的主要优点是节省存储空间，因为分配给数据的存储单元全部用于存放元素值，元素之间的逻辑关系没有占用额外的存储空间。在采用这种结构时，可以实现对元素的随机存取，即每个元素对应一个序号，由该序号可以直接计算出元素的存储地址。顺序存储结构的主要缺点是初始空间大小难以确定，插入和删除操作需要移动较多的元素。

2. 链式存储结构

在链式存储结构中每个逻辑元素用一个结点存储，不要求逻辑上相邻的元素在物理位置上也相邻，元素间的逻辑关系用附加的指针域来表示。由此得到的存储表示称为链式存储结构，其通常要借助于计算机程序设计语言的指针（或者引用）来实现。

链式存储结构的主要优点是便于进行插入和删除操作，实现这些操作仅需要修改相应结点的指针属性，不必移动结点。与顺序存储结构相比，链式存储结构的主要缺点是存储空间的利用率较低，因为分配给数据的存储单元有一部分被用来存储元素之间的逻辑关系。另外，由于逻辑上相邻的元素在存储空间中不一定相邻，所以不能对元素进行随机存取。

3. 索引存储结构

索引存储结构通常是在存储元素信息的同时建立附加的索引表。索引表中的每一项称为索引项，索引项的一般形式为（关键字，地址或引用），关键字唯一标识一个元素，索引表按关键字有序排列，地址作为指向元素的指针。这种带有索引表的存储结构可以大大提高数据查找的速度。

当线性结构采用索引存储结构后，可以对元素进行随机访问。在进行插入、删除运算时，只需要移动存储在索引表中对应元素的存储地址，而不必移动存放在元素表中元素的数据，所以仍能保证较高的数据修改运算效率。索引存储结构的缺点是增加了索引表，降低了存储空间的利用率。

4. 哈希存储结构

哈希（散列）存储结构的基本思想是根据元素的关键字通过哈希（或散列）函数直接计算出一个值，并将这个值作为该元素的存储地址。

哈希存储结构的优点是查找速度快，只要给出待查元素的关键字，就可以立即计算出该元素的存储地址。与前 3 种存储结构不同的是，哈希存储结构只存储元素的数据，不存储元素之间的逻辑关系。哈希存储结构一般只适用于要求对数据进行快速查找和插入的场合。

在实际应用中，上述 4 种基本存储结构既可以单独使用，也可以组合使用。同一种逻辑结构可能有多种存储结构，至于选择何种存储结构，视具体要求而定，主要考虑运算实现方便及算法的时空性能。

扫一扫

视频讲解

1.1.4　数据的运算

将数据存放在计算机中的目的是实现一种或多种运算。一般地，运算包括功能描述（或运算功能）和功能实现（或运算实现），前者是基于逻辑结构的，是用户定义的，是抽象的；后者是基于存储结构的,是程序员用计算机语言或伪码表示的,是详细的过程,其核心是设计实现某一运算功能的处理步骤,即进行算法设计。

例如,对于高等数学成绩表这种数据结构可以进行一系列的运算,如增加一个学生成绩记录、删除一个学生成绩记录、求所有学生的平均分、查找序号为 i(i 表示序号而不是学号)的学生分数等。同一运算,在不同存储结构中的实现过程是不同的。例如,查找序号为 i 的学生分数,其本身就是运算的功能描述,但在顺序存储结构和链式存储结构中的实现过程是不同的。在顺序存储结构(即 data 列表)中实现查找对应的代码如下:

```
def Findi(self, i):              #查找序号为 i 的学生分数
    assert i>=0 and i<len(self.data)
    return self.data[i].score;   #i 正确时返回分数
```

在链式存储结构(即 head 单链表)中实现查找对应的代码如下:

```
def Findi(self, i):              #查找序号为 i 的学生分数
    j=0
    p=self.head                  #p 指向首结点
    while j<i and p!=None:
        j+=1
        p=p.next
    assert i>=0 and p!=None
    return p.score               #i 正确时返回分数
```

从直观上看,"查找序号为 i 的学生分数"运算在顺序存储结构上实现比在链式存储结构上实现要简单得多,也更加高效。

归纳起来,对于一种数据结构,其逻辑结构是唯一的(尽管逻辑结构的表示形式有多种),但它可能对应多种存储结构,并且在不同的存储结构中,同一运算的实现过程可能不同。

1.1.5 数据结构和数据类型

数据类型是和数据结构密切相关的一个概念,两者容易引起混淆。本节介绍两者之间的差别和抽象数据类型的概念。

1. 数据类型

数据类型是程序设计中最重要的基本概念之一。在程序中描述的、通过计算机处理的数据通常属于不同的数据类型,例如整数、浮点数等。每个数据类型包含一组合法的数据对象,并规定了对这些对象的合法操作。各种编程语言都有数据类型的概念,每种语言都提供了一组内置数据类型,并为每种内置数据类型提供了一些相应的操作,所以数据类型是一组性质相同的值的集合和定义在此集合上的一组操作的总称。

以 Python 为例,它提供的基本数据类型包括布尔类型(bool)、数值类型(int 和 float)、字符串类型(str)和一些组合数据类型。例如,bool 类型包含 True 和 False 两个值,可用的运算符有 and、or 和 not,如图 1.7 所示。

总之,数据结构是指计算机处理的数据元素的组织形式和相互关系,而数据类型是某种程序设计语言中已实现的数据结构。在程序设

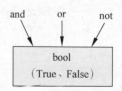

图 1.7 Python 中的布尔类型

扫一扫

视频讲解

计语言提供的数据类型的支持下，就可以根据从问题中抽象出来的各种数据模型逐步构造出描述这些数据模型的各种新的数据结构，继而实现相应的运算算法。

2. 抽象数据类型

抽象数据类型（Abstract Data Type，ADT）指的是用户进行软件系统设计时从问题的数据模型中抽象出来的逻辑数据结构和逻辑数据结构上的运算，而不考虑计算机的具体存储结构和运算的具体实现算法。抽象数据类型中的数据对象和数据运算的声明与数据对象的表示和数据运算的实现相互分离，也称为抽象模型。

扫一扫
视频讲解

"抽象"意味着应该从与实现方法无关的角度研究数据结构，只关心数据结构做什么，而不是如何实现。但是在程序中使用数据结构之前必须提供实现方法，因此还要关心运算的执行效率。

一个具体问题的抽象数据类型的定义通常采用简洁、严谨的文字描述，一般包括数据对象（即数据元素的集合）、数据关系和基本运算三方面的内容。抽象数据类型可以用三元组 (D,S,P) 表示。其中 D 是数据对象，S 是 D 上的关系集，P 是 D 中数据运算的基本运算集。其基本格式如下：

```
ADT 抽象数据类型名 ｛
    数据对象：数据对象的声明
    数据关系：数据关系的声明
    基本运算：基本运算的声明
｝
```

其中，基本运算的声明格式如下：

```
基本运算名(参数表)：运算功能描述
```

【例 1.6】　构造集合 Set，假设其中的元素为整型，遵循标准数学定义，其基本运算包括求集合的长度、求第 i 个元素、判断一个元素是否属于集合、向集合中添加一个元素、从集合中删除一个元素、复制集合和输出集合中的所有元素。另外增加 3 个集合运算，即求两个集合的并（Union）、交（Inter）和差（Diff）。

解 抽象数据类型 Set 定义如下。

```
ADT Set ｛                              ♯ 集合的抽象数据类型
    数据对象：
        data＝{d_i | 0≤i≤size−1}       ♯ 存放集合中的元素，共有 size 个元素
    数据关系：
        无
    基本运算：
    getsize()                          ♯ 返回集合的长度
    get(int i)                         ♯ 返回集合的第 i 个元素
    IsIn(E e)                          ♯ 判断 e 是否在集合中
    add(E e)                           ♯ 将元素 e 添加到集合中
    delete(E e)                        ♯ 从集合中删除元素 e
    Copy(s)                            ♯ 返回当前集合的复制集合
    display()                          ♯ 输出集合中的元素
    Union(Set s2)                      ♯ 求 s3＝s1∪s2（s1 为当前集合）
    Inter(Set s2)                      ♯ 求 s3＝s1∩s2（s1 为当前集合）
    Diff(Set s2)                       ♯ 求 s3＝s1−s2（s1 为当前集合）
｝
```

抽象数据类型有两个重要特征,即数据抽象和数据封装。所谓数据抽象,是指用 ADT 描述程序处理的实体时强调的是其本质的特征、其所能完成的功能以及它和外部用户的接口(即外界使用它的方法)。所谓数据封装,是指将实体的外部特性和其内部实现细节分离,并且对外部用户隐藏其内部实现细节。抽象数据类型需要通过固有数据类型(高级编程语言中已实现的数据类型,例如 Python 中的类)来实现。

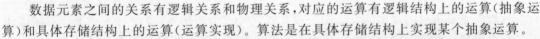

1.2　算法及其描述

扫一扫

视频讲解

本节先给出算法的定义和特性,然后讨论用 Python 语言描述算法的方法。

1.2.1　什么是算法

数据元素之间的关系有逻辑关系和物理关系,对应的运算有逻辑结构上的运算(抽象运算)和具体存储结构上的运算(运算实现)。算法是在具体存储结构上实现某个抽象运算。

确切地说,**算法**是对特定问题的求解步骤的一种描述,它是指令的有限序列,其中每一条指令表示计算机的一个或多个操作。所谓算法设计就是把逻辑层面设计的接口(抽象运算)映射到实现层面具体的实现方法(算法)。

算法具有以下 5 个重要的特性(见图 1.8)。

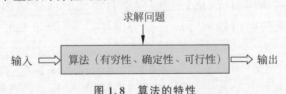

求解问题

输入 ⟹ 算法（有穷性、确定性、可行性） ⟹ 输出

图 1.8　算法的特性

① **有穷性**:指算法在执行有限的步骤之后自动结束而不会出现无限循环,并且每一个步骤在可接受的时间内完成。

② **确定性**:对于每种情况下执行的操作,在算法中都有确定的含义,不会出现二义性,并且在任何条件下算法都只有一条执行路径。

③ **可行性**:算法的每条指令都可以通过已经实现的基本运算执行,并且能够在有限次内实现。

④ **输入性**:算法有零个或多个输入。在大多数算法中输入参数是必要的,但对于较简单的算法,例如计算 1+2 的值,则不需要任何输入参数,因此算法的输入可以是零个。

⑤ **输出性**:算法至少有一个或多个输出。算法用于某种数据处理,如果没有输出,则这样的算法是没有意义的,算法的输出是和输入有着某些特定关系的量。

说明:算法和程序是有区别的,程序是指使用某种计算机语言对一个算法的具体实现,即具体要怎么做,而算法侧重于对解决问题的方法描述,即要做什么。算法必须满足有限性,而程序不一定满足有限性,例如 Windows 操作系统在用户没有退出、硬件不出现故障以及不断电的条件下理论上可以无限时运行,算法的有穷性意味着不是所有的计算机程序都是算法,所以严格上讲算法和程序是两个不同的概念。当然,算法也可以直接用任何计算机程序来描述,本书就是采用这种方式。

【例 1.7】 考虑下列两段描述：

（1）描述一

```
def exam1():
    n=2
    while n%2==0:
        n=n+2
    print(n)
```

（2）描述二

```
def exam2():
    y=0
    x=5/y
    print(x)
```

这两段描述均不能满足算法的特性，试问它们违反了哪些特性？

解 （1）其中 while 循环语句是一个死循环，违反了算法的有穷性特性，所以它不是算法。

（2）其中包含除零操作，违反了算法的可行性特性（因为任何计算机语言都无法实现除零操作，或者说除零操作是不可行的），所以它不是算法。

扫一扫

视频讲解

1.2.2 算法描述

算法描述是指对设计出的算法用一种方式进行详细的描述，以便与人交流。算法描述可以使用程序流程图、自然语言或者伪码，描述的结果必须满足算法的 5 个特性。

流程图描述算法具有结构清晰、逻辑性强和便于理解的优点，适合较简单的算法描述，但流程图的绘制要根据其符号进行搭建，绘制过程比较烦琐，复杂流程图反而会起到相反的作用。自然语言描述算法十分方便，但自然语言固有的不严密性使得它难以简单、清晰地描述算法。伪码是自然语言和编程语言组成的混合结构，它比自然语言更精确，描述算法简洁，采用伪码描述的算法容易用编程语言（例如 C/C++、Java 或者 Python 等）实现。

对于计算机专业的学生，最好掌握用计算机语言直接描述算法，特别像 Python 这样的高级程序设计语言，其程序几乎接近伪码，所以本书采用 Python 语言描述算法。

任何算法总有特定的功能，即由输入通过运算产生输出，所以一般都具有初始条件和操作结果。初始条件指出操作之前输入应该满足的条件，若不满足则操作失败，即算法不能成功执行。操作结果表示输入满足条件（即算法成功执行）时得到的正确结果。

通常算法用一个或者几个函数（或者方法）描述，其一般格式如图 1.9 所示，其中函数的返回值通常为布尔类型，表示算法是否成功执行；"形参列表"表示算法的参数，由输入参数和输出参数构成；函数体实现算法的功能。

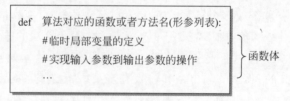

图 1.9 算法描述的一般格式

例如，求和问题是当 $n \geq 1$ 时求 $s=1+2+\cdots+n$。这里的输入参数为 n，操作结果为 s，初始条件是 $n \geq 1$，当初始条件不满足时返回 False，否则计算出 s 并返回 True。由于 Python 中的 int 是不可变类型，所以采用列表 s 作为输出参数，其中 $s[0]$ 表示操作结果。对应的算法如下：

```
def Sum1(n,s):                                    #算法 1
    if (n<1):
        return False
    s.append(n*(n+1)//2)
    return True
```

调用上述算法的方式如下:

```
n=-5
s=[]
if Sum1(n,s):
    print("1 到%d 的和=%d" %(n,s[0]))
else:
    print("参数 n 错误")                          #输出:参数 n 错误
```

在有些情况下可以直接用算法的返回值来区分输入参数的正确性。例如,在上述求和问题中,当初始条件 $n \geqslant 1$ 满足时求和结果一定是一个正整数,因此用返回值-1 表示初始条件不满足的情况。对应的算法如下:

```
def Sum2(n):                                      #算法 2
    if n<1:
        return -1
    return n*(n+1)//2
```

调用上述算法的方式如下:

```
n=5
s=Sum2(n)
if s!=-1:
    print("1 到%d 的和=%d" %(n,s))                #输出:1 到 5 的和=15
else:
    print("参数 n 错误")
```

在用 Python 语言描述算法时,通常用 assert 语句检测初始条件。assert 关键字称为"断言",assert 语句先判断 assert 后面紧跟的语句是 True 还是 False,如果是 True 则继续往下执行语句,如果是 False 则中断程序,抛出 AssertionError 的异常,同时输出 assert 语句中逗号后面的提示信息(如果有)。例如,上述求和问题采用 assert 语句时对应的算法如下:

```
def Sum3(n):                                      #算法 3
    assert n>=1,"参数 n 错误"                      #检测 n 的初始条件
    return n*(n+1)//2;
```

调用上述算法的方式如下:

```
n=-5
print("1 到%d 的和=%d" %(n,Sum3(n)))
```

由于输入参数 n 为负数,程序在执行时中断,显示出错的语句行和"AssertionError:参数 n 错误"的提示信息。

说明:由于用 assert 语句检测初始条件的方式简单、直观,本书后面主要采用这种算法描述方式。

1.3 Python 简介

本节简要介绍采用 Python 语言描述算法时常用的数据结构和相关知识。

1.3.1 Python 的标准数据类型

在 Python 3 中有 6 个标准的数据类型，即数值（Number）、字符串（String）、列表（List）、元组（Tuple）、字典（Dictionary）和集合（Set），其中不可变的数据类型有数值、字符串和元组，可变的数据类型有列表、字典和集合。

1. 数值类型

Python 的数值类型用于存储数值。Python 3 支持 int、float、bool 和 complex，其中 int 称为整型或整数，可以是正整数或负整数，不带小数点。在 Python 2 中整数的大小是有限制的，即当数值超过一定的范围时不再是 int 类型，而是 long 长整型。在 Python 3 中，无论整数的大小为多少，统称为整型（int）。另外还可以使用十六进制（以 0x 开头）和八进制（以 0o 开头）整数。

float 称为浮点型或浮点数，浮点数由整数部分和小数部分组成，浮点数也可以使用科学记数法表示，例如 $2.5e2 = 2.5 \times 10^2 = 250$。

bool 称为布尔型或布尔数，只能取值 True 或者 False。布尔数的运算符有 not（非）、and（与）和 or（或）。

complex 称为复数，复数由实数部分和虚数部分构成，可以用 $a+bj$ 或者 complex(a,b) 表示，复数的实部 a 和虚部 b 都是浮点型。

有时候需要对数据的内置类型进行转换，只需要将数据类型作为函数名即可。常用的转换函数如下。

① int(x)：将 x 转换为一个整数。

② float(x)：将 x 转换为一个浮点数。

③ complex(x)：将 x 转换为一个复数，实数部分为 x，虚数部分为 0。

④ complex(x,y)：将 x 和 y 转换为一个复数，实数部分为 x，虚数部分为 y。x 和 y 是数值表达式。

Python 解释器可以作为一个简单的计算器，能够在解释器里输入一个表达式，它将输出表达式的值。常用的数值运算符有＋（加）、－（减）、*（乘）、/（除）、//（整除）、%（求模）和 **（乘方）。

Python 变量在使用前必须先"定义"（即赋予变量一个值），否则会出现错误。不同类型的数值进行混合运算时会将整数转换为浮点数。

Python 内置的 type() 函数可以用来查询变量所指的对象类型。例如：

```python
a, b, c, d = 20, 5.5, True, 4+3j
print(type(a), type(b), type(c), type(d))
                    #输出: < class'int'> < class 'float'> < class 'bool'> < class 'complex'>
```

数值类型是不可变的数据类型。一种数据类型不可变是指如果改变该数据类型的值，将重新分配内存空间。例如：

```
a=1
print(id(a))                          #输出：264070320
a=a+1
print(id(a))                          #输出：264070336
a=12.5
print(id(a))                          #输出：19910800
```

其中，id()函数用于获取对象的内存地址。从中看出，当变量 a 的值发生改变时，其地址也发生改变。

2. 字符串类型

字符串是 Python 中最常用的数据类型。在 Python 中使用单引号或者双引号来创建字符串。Python 不支持单字符类型，单字符在 Python 中也是作为一个字符串使用。

在 Python 字符串中可以包含转义字符，用反斜杠(\)表示，例如\'表示单引号、\n 表示换行、\t 表示横向制表符、\r 表示回车等。

1) 字符串运算符

Python 提供了一些常用的字符串运算符，例如 $a=$"Hello"，$b=$"Python"，一些常用的字符串运算符如下。

① ＋：字符串连接，$a+b$ 的输出结果是"HelloPython"。

② ＊：重复输出字符串，$a*2$ 的输出结果是"HelloHello"。

③ [ ]：通过索引获取字符串中的字符，$a[1]$ 的输出结果是 e。

④ [:]：截取字符串中的一部分，遵循左闭右开原则，$a[1:4]$ 的输出结果是 $a[1..3]$，即"ell"($a[1:4]$等同于 $a[1:4:1]$)，而 $a[4:1:-1]$ 的输出结果是 $a[2..4]$ 的反转字符串，即"oll"(依次输出 $a[4]$、$a[4-1]$(即 $a[3]$)、$a[3-1]$(即 $a[2]$)、$a[2-1]$即($a[1]$)，由于是右开，所以不输出 $a[1]$)。

⑤ in：成员运算符，如果字符串中包含给定的字符则返回 True，'H' in a 的输出结果是 True。

⑥ not in：成员运算符，如果字符串中不包含给定的字符则返回 True，'M' not in a 的输出结果是 True。

⑦ r/R：原始字符串，所有的字符串都是直接按照字面的意思来使用，没有转义特殊或不能打印的字符。例如 print(r'\n')的输出结果是\n。

2) 字符串输出的格式化

Python 支持格式化字符串的输出。最基本的用法是将一个值插入一个有字符串格式符％s 的字符串中。在 Python 中，字符串的格式化使用与 C 中的 sprintf()函数一样的语法。

① ％c：格式化字符及其 ASCII 码。

② ％s：格式化字符串。

③ ％d：格式化整数。

④ ％u：格式化无符号整数。

⑤ %o：格式化无符号八进制数。

⑥ %x：格式化无符号十六进制数。

⑦ %f：格式化浮点数，可指定小数点后的精度。

⑧ %e：用科学记数法格式化浮点数。

3）字符串内建函数

Python 提供了许多字符串内建函数，常用的内建函数如下。

① len(string)：返回字符串长度。

② string.count(str,beg=0,end=len(string))：返回 str 在 string 里面出现的次数，如果 beg 和 end 指定，则返回指定范围内 str 出现的次数。

③ string.find(str,beg=0,end=len(string))：检测 str 是否包含在字符串中，如果指定 beg 和 end，则检查是否包含在指定范围内，如果包含则返回开始的索引值，否则返回−1。

④ string.rfind(str,beg=0,end=len(string))：类似于 find()函数，不过是从右边开始查找。

⑤ string.index(str,beg=0,end=len(string))：和 find()函数一样，不过如果 str 不在字符串中会报异常。

⑥ string.rindex(str,beg=0,end=len(string))：类似于 index()，不过是从右边开始。

⑦ string.isdigit()：如果字符串只包含数字则返回 True，否则返回 False。

⑧ string.replace(str1,str2,num=string.count(str1))：将字符串中的 str1 替换成 str2，如果指定 num，则替换不超过 num 次。

⑨ string.split(str="",num=string.count(str))：以 str 为分隔符截取字符串，如果指定 num，则仅截取 num+1 个子字符串。

⑩ string.strip([chars])：截掉字符串左边的空格或指定字符，并且删除字符串末尾的空格。

例如，使用字符串函数的代码及其输出结果如下：

```
s=" Hello World "
t="abcaabc"
print("s 的长度=%d,t 的长度=%d" %(len(s),len(t)))    #输出：s 的长度=13,t 的长度=7
print(len(s.strip()))                               #输出：11
print(s.split())                                    #输出：['Hello', 'World']
print(t.count("abc"))                               #输出：2
print(t.index("abc"))                               #输出：0
print(t.rindex("abc"))                              #输出：4
```

3. 列表类型

列表是最常用的 Python 数据类型，其基本形式是在一个方括号内以逗号分隔若干值，它属于 Python 中最常见的序列类型。在所有序列类型中，每个元素都有一个位置或索引，第一个索引是 0，第二个索引是 1，以此类推。

说明： 在算法设计中，长度为 n 的一维数组 $\{a_0,a_1,\cdots,a_{n-1}\}$ 通常采用形如 $[a_0,a_1,\cdots,a_{n-1}]$ 的列表表示，m 行 n 列的二维数组 $\{\{a_{0,0},a_{0,1},\cdots,a_{0,n-1}\},\cdots,\{a_{m-1,0},a_{m-1,1},\cdots,a_{m-1,n-1}\}\}$ 通常采用形如 $[[a_{0,0},a_{0,1},\cdots,a_{0,n-1}],\cdots,[a_{m-1,0},a_{m-1,1},\cdots,a_{m-1,n-1}]]$ 的嵌套列表表示，以此类推。

1）创建列表

创建一个列表只要将用逗号分隔的不同数据项用方括号括起来即可。从语法上讲，Python 中列表的数据项不需要具有相同的类型，例如：

```
a=[1,"beijing",2,"shenzhen",3,"nanjing",4,"wuhan"]
```

由于在数据结构中讨论的数据一般指数据对象，而数据对象具有相同的类型，所以在数据结构中通常将列表元素组织成相同类型的嵌套列表形式，例如：

```
city=[[1,"beijing"],[2,"shenzhen"],[3,"nanjing"],[4,"wuhan"]]
```

2）访问列表中的值

用户可以使用索引来访问列表中的值，也可以使用方括号的形式截取元素。注意，列表的索引是从 0 开始计算（0 相当于第一个元素），－1 表示倒数第一个元素，－2 表示倒数第二个元素，以此类推。例如：

```
print("city[0]: ",city[0])          ＃输出：city[0]:  [1, 'beijing']
print("city[-1]: ",city[-1])        ＃输出：city[-1]:  [4, 'wuhan']
```

3）列表脚本操作符

＋和 ＊ 操作符对列表的操作与字符串相似，＋用于连接列表，＊用于重复列表。例如：

```
list1=[1,2,3]
list2=[4,5,6]
list=list1+list2                    ＃连接操作
print(list)                         ＃输出：[1, 2, 3, 4, 5, 6]
list=list1 * 3                      ＃重复操作
print(list)                         ＃输出：[1, 2, 3, 1, 2, 3, 1, 2, 3]
for x in [1, 2, 3]: print(x, end=" ")   ＃迭代操作，输出 1 2 3
```

4）列表的截取

列表的截取操作与字符串的截取操作相似。例如：

```
print("city[1:3]: ",city[1:3])      ＃输出：city[1:3]:  [[2, 'shenzhen'], [3, 'nanjing']]
print("city[-1:-3:-1]: ",city[-1:-3:-1])
                                    ＃输出：city[-1:-3:-1]:  [[4, 'wuhan'], [3, 'nanjing']]
```

5）更新列表

用户可以对列表的数据项进行修改或更新，通常使用 append（）函数添加列表项，使用 remove（）函数删除列表项。例如：

```
list=[]                             ＃空列表
list. append(1)                     ＃使用 append()添加元素
list. append(3)
print(list)                         ＃输出：[1, 3]
print(id(list))                     ＃输出：3814904
list[0]+=1                          ＃修改第一个元素值
print(list)                         ＃输出：[2, 3]
print(id(list))                     ＃输出：3814904
```

```
list += [5]                        # 添加一个元素
print(list)                        # 输出: [2, 3, 5]
print(id(list))                    # 输出: 3814904
list.remove(3)                     # 使用 remove()删除元素
print(list)                        # 输出: [2, 5]
print(id(list))                    # 输出: 3814904
```

从中看出，列表(list)中元素的修改不会导致内存地址的改变，所以说列表是一种可变的数据类型。

6）列表的函数

列表的函数及其功能如下。

① len(list)：返回列表中的元素个数。

② max(list)：返回列表中元素的最大值。

③ min(list)：返回列表中元素的最小值。

④ list(seq)：将可迭代对象 seq 转换为列表。

7）range()函数和 enumerate()函数

range()函数返回的是一个可迭代对象(类型是对象)，而不是列表类型，常用格式如下：

```
range(start, stop[, step])
```

它产生[start, stop)范围内步长为 step 的整数对象，start 默认为 0，step 默认为 1。当 start 和 step 取默认值时使用格式为 range(stop)。例如：

```
print(type(range(5)))              # 输出: < class 'range'>
print(list(range(5)))              # 输出: [0,1,2,3,4]
print(list(range(1,5)))            # 输出: [1,2,3,4]
print(list(range(5,1,-1)))         # 输出: [5,4,3,2]
```

enumerate()函数用于将一个可遍历的数据对象(例如列表、元组或字符串)组合为一个索引序列，同时列出数据和数据的下标，一般用在 for 循环当中。enumerate()函数的语法格式如下：

```
enumerate(sequence, [start=0])
```

其中，sequence 表示一个序列，start 表示下标的起始位置(默认值为 0)。例如：

```
a = [1,2,3]
for index, item in enumerate(a,5):     # 指出下标的起始位置为 5
    print(index, item)
```

其输出结果如下：

```
5 1
6 2
7 3
```

8）列表推导式

列表推导式提供了从序列创建列表的简单途径。通常应用程序将一些操作应用于某个序列的每个元素，用其获得的结果作为生成新列表的元素，或者根据确定的判定条件创建子

序列。每个列表推导式都在 for 之后跟一个表达式,然后有零到多个 for 或 if 子句。其返回结果是一个根据表达式从其后的 for 和 if 上下文环境中生成出来的列表。如果希望表达式能推导出一个元组,就必须使用括号。例如:

```
a=[2,4,6]
b=[3 * x for x in a]          #将列表 a 中的每个数值乘 3 得到新列表 b
print(b)                      #输出:[6,12,18]
c=[3 * x for x in a if x>3]   #用 if 子句作为过滤器
print(c)                      #输出:[12,18]
d=[[x,x * * 2] for x in a]
print(d)                      #输出:[[2,4],[4,16],[6,36]]
v1=[2,4,6]
v2=[4,3,-9]
v3=[x * y for x in v1 for y in v2]
print(v3)                     #输出:[8,6,-18,16,12,-36,24,18,-54]
v4=[x+y for x in v1 for y in v2]
print(v4)                     #输出:[6,5,-7,8,7,-5,10,9,-3]
v5=[v1[i] * v2[i] for i in range(len(v1))]
print(v5)                     #输出:[8,12,-54]
```

9) 列表元素做映射

map()会根据提供的函数对列表元素做映射。其语法格式如下:

```
map(function, iterable, …)
```

其中,function 指定一个函数,iterable 指定一个或多个列表,其返回值是一个迭代器,可以通过 list()函数转换为列表。例如:

```
def square(x):               #定义计算平方数的函数
    return x * * 2

#主程序
a=[1,2,3,4,5]
b=map(square,a)              #计算列表 a 中各个元素的平方
print(list(b))              #输出:[1,4,9,16,25]
c=map(lambda x:x * * 2,a)    #使用 lambda 匿名函数
print(list(c))              #输出:[1,4,9,16,25]
v1=[1,3,5,7,9]
v2=[2,4,6,8,10]
v3=map(lambda x,y:x+y,v1,v2) #对相同位置的列表数据进行相加
print(list(v3))             #输出:[3,7,11,15,19]
```

10) 列表的方法

列表的方法及其功能如下。

① list. clear():清空列表。

② list. append(obj):在列表末尾添加新的对象。

③ list. count(obj):统计某个元素在列表中出现的次数。

④ list. index(obj):从列表中找出某个值的第一个匹配项的索引。

⑤ list. insert(index,obj):将对象插入列表。

⑥ list. pop([index=-1]):移除列表中索引为 index 的元素(默认最后一个元素),并且返回该元素的值。

⑦ list. remove(obj)：移除列表中某个值的第一个匹配项。

⑧ list. reverse()：反转列表中的元素。

⑨ list. sort()：对原列表进行排序。

⑩ list. copy()：复制列表。

11) 列表元素的排序

Python 提供了两个排序方法，即用列表的内建函数 list. sort() 进行排序和用序列类型函数 sorted(list) 进行排序。两者的区别是 sorted(list) 返回一个对象，可以用作表达式，原来的 list 不变，生成一个新的排好序的 list 对象，而 list. sort() 不会返回对象，它改变原有的 list。list. sort() 的使用格式如下：

```
list.sort(func=None, key=None, reverse=False)
```

其中，key 指出用来进行比较的元素，只有一个参数，具体的函数的参数取自可迭代对象中，指定可迭代对象中的一个元素来进行排序；reverse 指出排序规则，reverse＝True 为降序，reverse＝False 为升序（默认）。例如：

```
list=[2,5,8,9,3]
list. sort()                                    #升序排序
print(list)                                     #输出：[2, 3, 5, 8, 9]
list. sort(reverse=True)                        #降序排序
print(list)                                     #输出：[9, 8, 5, 3, 2]
```

对于多关键字排序，key 可以使用 operator 模块提供的 itemgetter() 函数获取对象的各维的数据，参数为一些序号，这里的 operator. itemgetter() 函数获取的不是值，而是定义了一个函数，通过该函数作用到对象上才能获取值。当然也可以采用 lambda 函数，在需要反序排列的数值关键字前加"－"号。例如：

```
from operator import itemgetter, attrgetter
list=[('b',3),('a',1),('c',3),('a',4)]
list. sort(key=itemgetter(1),reverse=True)         #对第二个关键字降序排序
print(list)                                        #输出：[('a', 4), ('b', 3), ('c', 3), ('a', 1)]
list. sort(key=itemgetter(0,1),reverse=True)       #对第一个和第二个关键字降序排序
print(list)                                        #输出：[('c', 3), ('b', 3), ('a', 4), ('a', 1)]
list. sort(key=lambda x:x[0])                      #对第一个关键字升序排序
print(list)                                        #输出：[('a', 4), ('a', 1), ('b', 3), ('c', 3)]
list. sort(key=lambda x:(x[0],－x[1]))              #对第一个关键字升序、对第二个关键字降序排序
print(list)                                        #输出：[('a', 4), ('a', 1), ('b', 3), ('c', 3)]
```

4. 元组类型

Python 中的元组与列表类似，不同之处在于元组的元素不能修改。元组使用圆括号，列表使用方括号。元组的创建很简单，只需要在括号中添加元素，并使用逗号隔开即可。

5. 字典类型

字典是另一种可变的数据类型，且可存储任意类型的对象。字典中的每个元素是键值（每个键值元素由 key:value 构成，其中 key 是键，value 是对应的值），元素之间用逗号分隔，整个字典包括在花括号({})中。例如：

```
d = {key1: value1, key2: value2,…}
```

其中键必须是唯一的,值则不必,值可以取任何数据类型,另外键必须是不可变的数据类型,例如字符串、数值、元组。

1) 创建字典

创建一个由花括号包含的键值序列。例如:

```
dict1={}
print(dict1)               #输出:{}
dict2={1:"beijing",2:"shenzhen",3:"nanjing",4:"wuhan"}
print(dict2)               #输出:{1: 'beijing', 2: 'shenzhen', 3: 'nanjing', 4: 'wuhan'}
```

2) 访问字典里的值

把相应的键放入方括号中。例如:

```
print("dict2[2]: %s" %(dict2[2]))     #输出: shenzhen
```

如果用字典里没有的键访问数据,会输出相应的错误信息。

3) 修改字典

给已经存在的键赋值可以修改相应的元素,给不存在的键赋值可以添加相应的新元素。例如:

```
dict2={1:"beijing",2:"shenzhen",3:"nanjing",4:"wuhan"}
dict2[3]="chengdu"        #更新
print(dict2)              #输出:{1: 'beijing', 2: 'shenzhen', 3: 'chengdu', 4: 'wuhan'}
dict2[5]="nanjing"        #添加信息
print(dict2)              #输出:{1:'beijing', 2:'shenzhen', 3:'chengdu', 4:'wuhan', 5:'nanjing'}
```

注意:在一个字典中不允许键重复,若同一个键被赋值两次,后一个值会覆盖前者。

4) 删除字典元素

可以使用 del()函数删除指定键的元素,例如:

```
dict2={1:"beijing",2:"shenzhen",3:"nanjing",4:"wuhan"}
del dict2[3]              #删除
print(dict2)             #输出:{1: 'beijing', 2: 'shenzhen', 4: 'wuhan'}
```

5) 字典内置函数

字典包含的主要内置函数及其功能如下。

① len(dict):返回字典中的元素个数,即键的总数。

② str(dict):输出字典,以可打印的字符串表示。

6) 字典内置方法

字典包含的主要内置方法及其功能如下。

① dict.clear():删除字典中的所有元素。

② dict.get(key,default=None):返回指定键的值,如果值不在字典中返回 default 值。

③ key in dict:如果键在字典 dict 中返回 True,否则返回 False。

④ dict.items():以列表返回可遍历的(键,值)元组数组。

⑤ dict.keys():以列表返回 dict 中所有键。

⑥ dict. setdefault(key, default＝None)：和 get()类似,但如果键不存在于字典中,将会添加键并将值设为 default。

⑦ dict. values()：以列表返回 dict 中所有值。

⑧ pop(key[,default])：删除字典给定键对应的值,返回值为被删除的值。注意,key值必须给出,否则返回 default 值。

⑨ popitem()：随机返回并删除字典中的最后一对键和值。

例如,使用字典内置方法的代码及其输出结果如下：

```
dict＝{1:"王华",2:"李明",3:"张斌"}
print(dict)                               #输出：{1: '王华', 2: '李明', 3: '张斌'}
print("序号 2 的姓名是:%s" %(dict.get(2)))    #输出：序号 2 的姓名是:李明
tuple＝dict. items()
print(tuple)                        #输出：dict_items([(1, '王华'), (2, '李明'), (3, '张斌')])
for i,j in tuple:                   #输出 3 行
    print(i,":\t",j)
list1＝list(dict. keys())
print(list1)                        #输出：[1, 2, 3]
list2＝list(dict. values())
print(list2)                        #输出：['王华', '李明', '张斌']
dict. popitem()
print(dict)                         #输出：{1: '王华', 2: '李明'}
```

7）字典遍历

在字典中遍历时,关键字和对应的值可以使用 items()方法同时解读出来。例如：

```
d＝{'mary':90,'john':80,'smith':54}
for name,v in d.items():
    print(name,v)
```

输出结果如下：

```
mary 90
john 80
smith 54
```

6. 集合类型

集合是一个无序的不重复元素序列,其基本功能包括关系测试和消除重复元素。

在两个集合 a 和 b 之间可以做－、|、& 和^运算,其中 $a-b$ 返回 a 中包含但 b 中不包含的元素的集合, $a|b$ 返回 a 或 b 中包含的所有元素的集合, $a\&b$ 返回 a 和 b 中都包含的元素的集合, $a\^b$ 返回不同时包含于 a 和 b 的元素的集合。

1）创建集合

使用花括号{}或者 set()函数创建集合,创建一个空集合必须用 set()而不是{},因为{}是用来创建一个空字典的。创建集合的两种格式如下：

```
parame = {value01,value02,…}
set(value)
```

例如：

```
a={'a','b','c','d','a'}
b=set("cabdb")
print(a)                    #去重,输出{'c','d','a','b'}
print(len(a))               #输出:4
print(b)                    #去重,输出{'c','d','a','b'}
print(len(a))               #输出:4
```

2）判断元素是否在集合中

其基本格式如下：

x in s：判断元素 x 是否在集合 s 中，若在则返回 True，若不在则返回 False。

x not in s：若元素 x 不在集合 s 中则返回 True，否则返回 False。

3）集合内置方法

集合的主要内置方法及其功能如下。

① set. add()：为集合添加元素。

② set. clear()：移除集合中的所有元素。

③ set. difference()：返回多个集合的差集。

④ set. intersection()：返回集合的交集。

⑤ set. isdisjoint()：判断两个集合是否包含相同的元素，如果包含则返回 True，否则返回 False。

⑥ set. issubset()：判断指定集合是否为该方法参数集合的子集。

⑦ set. remove()：移除指定元素，如果元素不存在，则会发生错误。

⑧ set. discard(x)：移除集合中的元素，且如果元素不存在，不会发生错误。

⑨ set. union()：返回两个集合的并集。

⑩ set. update()：给集合添加元素。

例如，使用集合内置方法的代码及其输出结果如下：

```
a={1,2,5,3,9}
b=set([2,8,3,7,6])
print(a)                    #输出:{1, 2, 3, 5, 9}
print(b)                    #输出:{2, 3, 6, 7, 8}
a.add(4)
print(a)                    #输出:{1, 2, 3, 4, 5, 9}
c=a.difference(b)
print(c)                    #输出:{1, 4, 5, 9}
print(a.isdisjoint(b))      #输出:False
print(a.issubset({1,3,4}))  #输出:False
d=a.intersection(b)
print(d)                    #输出:{2, 3}
```

1.3.2 列表的复制

列表是常用的数据类型，列表之间的复制是常用的操作。

1. 非复制方法——直接赋值

如果用赋值运算符"="直接赋值，例如 $b=a$，则是一种非复制方法，此时 a 和 b 两个列表是等价的（相当于 a 和 b 指向同一个实例），修改其中任何一个列表都会影响另一个列表。

例如：

```
a=[1,2,3]
b=a
print(a)                                    #输出：[1, 2, 3]
a[0]=4
print(a)                                    #输出：[4, 2, 3]
print(b)                                    #输出：[4, 2, 3]
b[1]=5
print(a)                                    #输出：[4, 5, 3]
print(b)                                    #输出：[4, 5, 3]
```

从中看出，在执行 $b=a$ 后，a 和 b 相当于 C/C++中的指针，它们指向相同的空间，此后同步改变。这种方法没有实现列表的真复制。

2. 列表的深复制

列表之间的深复制是通过调用 copy 模块的 deepcopy( )实现的，例如 $b=copy.$ deepcopy(a)，则无论 a 有多少层，得到的新列表 b 都是和原来无关的，这是最安全、最有效的复制方法。例如：

```
import copy                                 #导入 copy 模块
a=[1,[1,2,3],4]
b=copy.deepcopy(a)
print(a)                                    #输出：[1, [1, 2, 3], 4]
print(b)                                    #输出：[1, [1, 2, 3], 4]
b[0]=3
b[1][0]=3
print(a)                                    #输出：[1, [1, 2, 3], 4]
print(b)                                    #输出：[3, [3, 2, 3], 4]
```

3. 列表的浅复制

可以使用列表的 copy( )方法实现列表的浅复制。例如：

```
a=[1,[1,2,3],4]
b=a.copy()
print(a)                                    #输出：[1, [1, 2, 3], 4]
print(b)                                    #输出：[1, [1, 2, 3], 4]
b[0]=3
b[1][0]=3
print(a)                                    #输出：[1, [3, 2, 3], 4]
print(b)                                    #输出：[3, [3, 2, 3], 4]
```

从中看到，对于 a 的第一层是实现了深复制，但对于嵌套的列表仍然是浅复制。这其实很好理解，内层的列表保存的是地址，在复制过去的时候是把地址复制过去了。实际上使用列表推导式产生新列表也是一个浅复制方法，只对第一层实现深复制，例如以下程序和上述浅复制的结果是相同的：

```
a=[1,[1,2,3],4]
b=[i for i in a]
print(a)                                    #输出：[1, [1, 2, 3], 4]
print(b)                                    #输出：[1, [1, 2, 3], 4]
```

```
b[0]=3
b[1][0]=3
print(a)                                            #输出：[1, [3, 2, 3], 4]
print(b)                                            #输出：[3, [3, 2, 3], 4]
```

1.3.3　输入/输出和文件操作

1. 输入/输出

在 Python 3 中使用 input() 函数接受一个标准输入数据，返回字符串类型（整合了以前版本的 raw_input() 和 input()，将所有输入默认为字符串处理，并返回字符串类型）。其语法格式如下：

```
变量名=input("提示信息")
```

例如：

```
>>> a=input("input:")
input:123                                           #输入整数 123
>>> type(a)
< class 'str'>                                      #表示输入的是一个字符串类型
>>> a=input("input:")
input:abc                                           #输入字符串"abc"
>>> type(a)
< class 'str'>                                      #表示输入的是一个字符串类型
```

在 Python 3 中使用 print() 函数实现输出。其基本语法格式如下：

```
print(objects, sep=' ', end='\n', file=sys.stdout)
```

其中，objects 指出一次输出的一个或者多个对象，当输出多个对象时，需要用逗号分隔；sep 指出用来间隔多个字符串，默认值是一个空格；end 用来设定以什么结尾，默认值是换行符（\n），可以换成其他字符串；file 指出要写入的文件对象，默认为 stdout（标准输出设备，如显示器）。例如：

```
>>> print("Hello World")
Hello World
>>> a=1
>>> b='runoob'
>>> print(a, b)
1runoob
>>> print("aaa""bbb")
aaabbb
>>> print("aaa", "bbb")
aaa bbb
>>> print("www", "runoob", "com", sep=".")          #设置间隔符为"."
www.runoob.com
```

2. 文件操作

为了实现文件操作，必须先用 open() 函数打开一个文件，创建对应的 file 对象，再使用相关的方法对其进行读/写操作。open() 函数的基本语法格式如下：

```
open(name[, mode])
```

其中，name 为一个包含了要访问的文件名称的字符串；mode 指出打开文件的模式，包含只读、写入和追加等，默认文件访问模式为只读（r）。mode 的取值及其描述如下。

① r：以只读方式打开文件。文件指针将会放在文件的开头。这是默认模式。

② r+：打开一个文件用于读/写。文件指针将会放在文件的开头。

③ rb、rb+：分别与 r 和 r+ 类似，针对二进制文件。

④ w：打开一个文件只用于写入。如果该文件已存在，则打开文件，并从头开始编辑，即原有内容会被删除；如果该文件不存在，创建新文件。

⑤ w+：打开一个文件用于读/写。如果该文件已存在，则打开文件，并从头开始编辑，即原有内容会被删除；如果该文件不存在，创建新文件。

⑥ wb、wb+：分别与 w 和 w+ 类似，针对二进制文件。

⑦ a：打开一个文件用于追加。如果该文件已存在，文件指针将会放在文件的结尾，也就是说，新的内容将会被写入已有内容之后；如果该文件不存在，创建新文件进行写入。

⑧ a+：打开一个文件用于读/写。如果该文件已存在，文件指针将会放在文件的结尾，文件打开时会是追加模式；如果该文件不存在，创建新文件用于读/写。

⑨ ab、ab+：分别与 a 和 a+ 类似，针对二进制文件。

在打开一个文件后，便产生一个 file 对象，此时可以通过 file 对象的属性获取该文件的各种信息。file 对象的基本属性如下。

① file. closed：如果文件已被关闭，则返回 True，否则返回 False。

② file. mode：返回被打开文件的访问模式。

③ file. name：返回文件的名称。

在打开一个文件后，可以通过 file 对象的方法实现文件的各种读/写操作。file 对象的基本方法如下。

① file. read([size])：若未指定 size，则返回整个文件。当读到文件尾时返回一个空字符串。

② file. readline()：返回一行。

③ file. readlines([size])：返回包含 size 行的列表，在未指定 size 时返回全部行。

④ for line in file：print line：通过迭代器访问。

⑤ file. write()：写入文件。如果要写入字符串以外的数据，先将其转换为字符串。

⑥ file. tell()：返回一个整数表示当前文件指针的位置。

⑦ file. seek(偏移量,[起始位置])：用来移动文件指针。偏移量的单位为比特（可正可负）；起始位置的取值是 0、1、2，其中 0 表示文件头（默认值），1 表示当前位置，2 表示文件尾。

⑧ file. close()：关闭文件。

说明：对于一个打开的文件，最后必须用 close()方法关闭。

例如，以下程序先在当前文件夹中建立 xyz. txt 文本文件，向其中写入 1～20 的整数，每行 5 个整数，共 4 行；再打开该文件，读出所有行，并且以一行方式在屏幕中输出：

```
f=open("xyz.txt","w")
for i in range(1,21):
    f.write(str(i)+" ")
    if i%5==0: f.write("\n")
f.close()
f=open("xyz.txt","r")
for line in f:
    print(line.strip(),end=' ')
f.close()
```

1.3.4 Python 程序设计

Python 程序支持两种编程方法,即面向过程编程和面向对象编程。在面向过程编程中,过程就是解决问题的一个步骤,整个设计就好比流水线,程序的执行一步步地按照流程走,设计方法是功能分解、逐步求精。在面向对象编程中,核心是对象,对象是数据以及相关行为的集合,将数据和行为封装其中,以提高软件的重用性、灵活性和扩展性,程序中的一切操作都是通过对象发送消息来实现的,对象接收消息后,启动有关方法完成相应的操作。在Python 中一切皆为对象,对象是类的实例。本节主要讨论 Python 面向对象编程方法。

1. 定义类

类是面向对象的基础,在 Python 中使用 class 关键字来定义类,类主要由属性和方法组成。其基本语法格式如下:

```
class 类名(基类列表):
    属性
    方法
```

在 Python 3.x 中定义类时,如果没有指定基类,默认使用 object 作为该类的基类。

2. 定义属性

属性也称为成员变量,用来表示对象的数据项,可以是任意数据类型。在 Python 中从严格意义上讲是用@property 装饰器将方法转换为属性,在将方法转换为属性后可以直接通过方法名来访问方法,让代码更简洁。这里为了简单,直接将存放数据项的成员变量称为属性。

属性分为类属性(或类变量)和实例属性(或实例变量)两种。类属性在整个实例化的对象中是公用的,该类的所有实例均共享,它定义在类中且在所有方法之外,一般类属性通过类对象引用;而实例属性是对于每个实例都独有的数据,一般实例属性通过实例对象引用。

属性又分为公有属性和私有属性,私有属性名称以两个下画线(__)开头,私有属性在类的外部无法直接进行访问。

在类的一个方法中可以引用该类的任意属性,类属性的引用方式是"类名称.类属性名称",其他属性的引用方式是"self.属性名称"。

例如,以下程序定义了各种属性:

```
class A:
    x=2                          #类属性 x
    __y=0                        #私有类属性 y
    def __init__(self,p):        #构造方法
```

```
        self.z＝p                              ♯实例属性 z
        self.__w＝0                            ♯私有实例属性 w
    def add(self):
        self.__y＋＝10
        self.__w＋＝20
    def disp(self):
        print(A.x,self.__y,self.z,self.__w)

♯主程序
A.x＋＝1                                       ♯修改类属性 x
a＝A(10)
a.add()
a.disp()                                      ♯输出：3 10 10 20
b＝A("Bye")
b.disp()                                      ♯输出：3 0 Bye 0
```

由于 Python 是动态语言，所以可以在运行时增加属性。例如：

```
c＝A(5)
c.v＝3                                        ♯为对象 c 增加 v 属性
```

3. 定义方法

方法也称为成员函数，用来表示对象的行为。

在类的内部使用 def 关键字来定义一个方法，与一般函数的定义不同，类方法必须包含参数 self，且为第一个参数，self 代表的是类的实例，即当前对象的地址。

注意：self 不是 Python 关键字。

方法也分为公有方法和私有方法，类的私有方法名称以两个下画线(__)开头，私有方法不能在类的外部调用。

在类的一个方法中可以调用该类的任意方法，调用方式是"self.方法名称(参数)"。

类有一个名称为__init__()的专有方法(称为构造方法)，该方法在类实例化时会自动调用。__init__()方法可以有参数，该方法的作用是在实例化一个对象的同时给该对象的属性赋值。简单地说，__init__()类似于 C++ 中的构造函数，但在 Python 中不能重载。Python 中的其他公有方法如下。

① __del__：析构函数，在释放对象时使用。

② __repr__：在输出时实现转换。

③ __setitem__：按照索引赋值。

④ __getitem__：按照索引获取值。

⑤ __len__：获得长度。

⑥ __cmp__：比较运算。

⑦ __call__：函数调用。

⑧ __add__、__sub__、__mul__、__truediv__、__mod__、_pow__：分别用于加、减、乘、除、求余和乘方运算。

说明：上述方法以"__"开头、以"__"结尾，但它们都不是私有方法。

4. 定义对象

在定义一个类后就可以定义该类的对象，类的对象分为类对象和实例对象。

1）类对象

在 Python 中一切皆对象,定义的类本身就是一个以该类名称为名称的对象,称为类对象,所以类对象与类名称相同。用户可以使用"类对象.类属性"的方式引用类属性,不能通过类对象引用其他属性和调用类的其他方法。例如:

```
class B:                          # 定义类 B,B 本身是一个类对象
    n=1                          # 定义类属性
    def __init__(self,p):        # 构造方法
        self.m=p                 # 定义实例属性
    def disp(self):
        print(self.m)

# 主程序
print(B.n)                       # 正确,输出 1
print(B.m)                       # 错误:提示类对象 B 没有 m 属性
B.disp()                         # 错误:提示调用 disp 需要一个实例对象
```

2）实例对象

实例对象是类对象实例化的产物,定义实例对象的一般格式如下:

```
实例对象名称=类名称([参数列表])
```

通过实例对象可以引用类的所有非私有属性和调用非私有方法,对于实例对象而言,类属性是不存在的。

尽管类的对象分为类对象和实例对象,但由于类对象比较特殊,在实际应用中主要定义实例对象,所以默认情况下所说的类对象都是指实例对象。

5.方法的参数传递

在 Python 中,设计一个类的方法通常带有参数,称为"形参",调用该方法时的参数称为"实参"。在调用方法时涉及参数传递,形参的类型由实参的类型确定。在 Python 中数据类型分为不可变和可变数据类型两种,不可变数据类型有数值、字符串和元组,可变数据类型有列表、字典和集合。

1）参数为不可变数据类型的情况

在这种情况下参数传递过程采用值复制的方式,即将实参值直接复制给对应的形参,再执行被调用的方法,返回时不会改变实参值。例如有以下程序:

```
# 求和程序 1
class A:
    def Sum(self,n,s):
        s=n*(n+1)//2

# 主程序
a=A()
s=0
a.Sum(5,s)
print(s)                         # 输出:0
```

在调用 a.Sum()方法时实参是数值类型,而数值类型是不可变数据类型,执行后不会回传给实参,所以 print(s)的输出结果为 0。

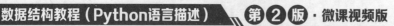

2）参数为可变数据类型的情况

当参数为可变数据类型时，形参的执行结果会传给实参。例如将前面求和程序 1 中 Sum()方法的参数改为列表，而列表是可变数据类型，这样可以得到正确的结果：

```
#求和程序 2
class A:
    def Sum(self,n,s):
        s.append(n*(n+1)//2)

#主程序
a=A()
s=[]
a.Sum(5,s)
print(s[0])                          #输出: 15
```

再看以下程序：

```
#求和程序 3
class A:
    def Sum(self,n,s):
        s=[n*(n+1)//2]

#主程序
a=A()
s=[]
a.Sum(5,s)
print(s[0])                  #错误: 提示列表 s 的索引超出范围
```

为什么求和程序 3 出现了错误呢？实际上，Python 中的对象由对象名和实例构成，对象名中存放的是实例的地址，在调用方法时也是采用值传递，即将实参对象名中存放的地址复制给该形参，这样形参和实参指向相同的实例，通过形参改变该实例，那么实参指向的实例也改变了，相当于将实例的改变回传给实参。在求和程序 3 中，Sum()方法重新为形参 s 赋值，s 的地址发生了改变，在执行 $a.Sum(5,s)$ 后实参 s 仍然为空，这样引用 $s[0]$ 出现错误。

从以上看出，当参数为可变数据类型时，形参的地址不变（仅改变该实例的元素不会导致地址改变），结果会回传给实参对象。若形参的地址发生改变，结果不会回传给实参对象。这就是为什么所有不可变数据类型不能回传给实参对象的原因。

6. 继承

Python 支持类的继承，并且如同 C++语言，Python 支持单继承和多继承。

1）单继承

单继承时子类的定义的语法格式如下：

```
class 子类名称(父类名称):
    语句 1
    …
    语句 n
```

父类（或者基类）必须与子类（或者派生类）定义在一个作用域内。如果父类定义在另一个模块中，需要加上"模块名称."作为前缀。

如果在子类中需要父类的构造方法，则需要显式地调用父类的构造方法，或者不重写父类

的构造方法。如果子类不重写__init__(),在实例化子类时,会自动调用父类定义的__init__()。在子类中调用父类构造方法的写法如下:

```
父类名称.__init__(self,参数1,参数2,…)        #老式写法
super().__init__(参数1,参数2,…)              #新式写法
```

其中,super()的返回值是一个特殊的对象,该对象专门用来调用父类中的属性,一般在Python 2中需要写成super(自己的类名,self),而在Python 3中括号里面一般不填类名。

子类继承父类的所有非私有属性和非私有方法,但不能继承父类的私有属性和私有方法,所以无法在子类中访问父类的私有属性和调用父类的私有方法,在子类中只能通过父类中的公有方法访问父类中的私有属性和调用父类中的私有方法。

子类在查找属性或者方法时优先在自己本身查找,在本身没有的情况下再去父类中查找。子类可以定义自己新的属性,如果与父类同名,以子类自己的为准。子类可以定义自己新的方法,如果与父类同名(称为重写),以子类自己的为准。

例如:

```
class People:                          #定义父类
    def __init__(self,n,a,w):          #构造方法
        self.name=n
        self.age=a
        self.__weight=w
    def dispp(self):
        print("我是%s:体重是%d千克," %(self.name,self.__weight),end='')
class Student(People):                 #定义子类
    def __init__(self,n,a,w,g):        #子类的构造方法
        People.__init__(self,n,a,w)    #调用父类的构造方法
        #super().__init__(n,a,w)       #新式写法也可
        self.grade=g
    def disps(self):
        super().dispp()                #调用父类的方法
        print("年龄是%d岁,我在读%d年级" %(self.age,self.grade))

#主程序
s=Student('John',10,50,3)
s.disps()                             #输出:我是John:体重是50千克,年龄是10岁,我在读3年级
```

在上面的程序中可以将dispp()和disps()都改为disp(),对应的程序如下:

```
class People:                          #定义父类
    def __init__(self,n,a,w):          #构造方法
        self.name=n
        self.age=a
        self.__weight=w
    def disp(self):
        print("我是%s:体重是%d千克," %(self.name,self.__weight),end='')
class Student(People):                 #定义子类
    def __init__(self,n,a,w,g):        #子类的构造方法
        super().__init__(n,a,w)        #新式写法
        self.grade=g
    def disp(self):
        super().disp()                 #调用父类的方法
```

```
        print("年龄是%d岁,我在读%d年级" %(self.age,self.grade))

#主程序
s=Student('John',10,50,3)
s.disp()                 #输出：我是John：体重是50千克,年龄是10岁,我在读3年级
```

这样在子类 Student 中重写了父类的 disp()方法,通过 Student 对象调用 disp()方法时执行的是子类的 disp()方法。

2）多继承

多继承时子类的定义的语法格式如下：

```
class 子类名称(父类名称 1,…,父类名称 m):
    语句 1
    …
    语句 n
```

需要注意圆括号中父类的顺序,若父类中有相同的方法名,而在子类中使用时未指定,Python 从左到右搜索,即方法在子类中未找到时从左到右查找父类中是否包含该方法。其方法的解析顺序 MRO(Method Resolution Order)采用类似广度优先的解析方法,保证每个类只调用一次。例如：

```
class A:
    def disp(self):
        print("A")
class B(A):
    def disp(self):
        print("进入 B")
        super().disp()                        #调用类 A 的 disp()
        print("退出 B")
class C(A):
    def disp(self):
        print("进入 C")
        super().disp()                        #调用类 A 的 disp()
        print("退出 C")
class D(B,C):
    def disp(self):
        print("进入 D")
        super().disp()                        #调用类 B 的 disp()
        print("退出 D")

#主程序
print(D.__mro__)
d=D()
d.disp()
```

上述程序中定义的类之间的继承关系如图 1.10 所示(图中箭头指向父类),在执行 print(D.__mro__)时输出解析顺序 MRO,其结果如下：

```
(< class '__main__.D'>, < class '__main__.B'>, < class '__main__.C'>, < class '__main__.A'>,
 < class 'object'>)
```

那么在执行 d.disp()时,先执行 D 类的 disp()方法,由于 D 类的继承顺序是先 B 后 C,

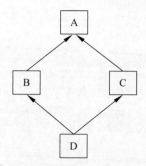

图 1.10 类之间构成的继承树

所以 D.disp() 中的 super().disp() 语句先调用 B.disp(),再调用 C.disp(),最后调用 A.disp(),其输出结果如下:

```
进入 D
进入 B
进入 C
A
退出 C
退出 B
退出 D
```

7. 异常处理

在 Python 程序执行过程中发生的异常能够通过 try 语句检测,可以把需要检测的语句放置在 try 块中,try 块中的语句发生的异常都会被 try 语句检测到,并抛出异常给 Python 解释器,Python 解释器会寻找能处理这一异常的代码,并把当前异常交给其处理。这一过程称为捕获异常。如果 Python 解释器找不到处理该异常的代码,Python 解释器会终止该程序的执行。

最基本的异常处理语句如下:

```
try:
    ♯被检测的语句
except 异常类:
    ♯处理异常的语句
```

其中,常用的异常类如下。

① Exception:常规错误的基类。

② StopIteration:迭代器没有更多的值。

③ FloatingPointError:浮点计算错误。

④ ZeroDivisionError:除(或取模)零错误。

⑤ AssertionError:在 assert 语句失败时引发。

⑥ FileExistsError:创建已存在的文件或目录。

⑦ FileNotFoundError:请求不存在的文件或目录。

例如,在执行以下程序时检测到异常,被 except ZeroDivisionError 语句捕获到,结果输出"除 0 错误":

```
try:
    x＝4/0
except ZeroDivisionError:
    print("除 0 错误")
```

可以使用 raise 抛出一个异常。例如有以下程序：

```
def openfile(name):
    try:
        f＝open(name,'r')
    except:
        raise Exception('')                    ♯raise 用于抛出异常
    print(name＋"文件成功打开")
    f.close()

def main():
    name＝"aaa"
    try:
        openfile(name)
    except:
        print(name＋"文件不存在")
```

执行上述程序时，在 main()中调用 openfile("aaa")，若 aaa 文件存在，则输出"aaa 文件成功打开"；若 aaa 文件不存在，则抛出一个 Exception 异常，被 main()中的 except 语句捕获到，输出"aaa 文件不存在"。

实际上，断言语句 assert expression 等价于以下语句：

```
if not expression:
    raise AssertionError
```

在算法中有效地利用异常处理和断言可以提高算法的强壮性。

8. 迭代器和生成器

1）迭代器

Python 中的字符串、列表、元组和字典类型都是可迭代对象（iterable），简单地说就是可以从前向后遍历每一个元素。迭代器是一个可以记住遍历位置的对象，从集合的第一个元素开始访问，直到所有的元素被访问完结束。迭代器只能往前不会后退，通常使用常规循环（例如 for 或 while）语句通过迭代器对象对可迭代对象的元素进行遍历。

迭代器有两个基本的函数，即 iter()和 next()，其中 iter()函数用来建立可迭代对象的迭代器对象，next()函数用来返回迭代器的下一个元素，如果迭代结束，则抛出 StopIteration 异常。例如：

```
a＝[1,2,3,4,5]                    ♯定义可迭代对象 a
it＝iter(a)                       ♯建立列表 a 的迭代器对象 it
while True:                       ♯循环
    try:
        x＝next(it)               ♯获得下一个元素值
        print(x)
    except StopIteration:
        break                     ♯迭代结束,退出循环
```

上述程序输出列表 a 中的所有元素，即 $1,2,3,4,5$。next() 函数可以带一个参数 default，其格式如下：

```
next(iterator[, default])
```

其中，default 用于设置在没有下一个元素时返回该默认值，如果不设置，又没有下一个元素，则会触发 StopIteration 异常。例如，与上述程序功能相同的程序如下：

```
a=[1,2,3,4,5]
it=iter(a)                                        ♯建立列表 a 的迭代器对象 it
while True:                                       ♯循环
    x=next(it, 'a')
    if x=='a': break
    print(x)
```

2）生成器

在 Python 中，使用了一个或者多个 yield 的函数被称为生成器（generator）。跟普通函数不同的是，生成器是一个返回迭代器的函数，只能用于迭代操作，更简单点理解，生成器就是一个迭代器。在调用生成器运行的过程中，每次遇到 yield 时函数会暂停并保存当前所有的运行信息，返回 yield 的值，且在下一次执行 next() 方法时从当前位置继续运行。例如，以下程序通过生成器 revstr 使"hello"字符串逆序：

```
def revstr(str):                                 ♯生成器
    n=len(str)
    for i in range(n-1, -1, -1):
        yield str[i]

♯主程序
it=revstr("hello")                               ♯产生迭代器 it
while True:                                       ♯输出：olleh
    x=next(it, '♯')
    if x=='♯': break
    print(x, end='')
```

1.3.5 Python 中变量的作用域和垃圾回收

1. 变量的作用域

扫一扫

视频讲解

一般的高级语言（例如 C/C++、Java 等）在使用变量时都会有下面 4 个过程（当然在不同的语言中也会有区别）。

① 声明变量：让编辑器知道有这个变量的存在。

② 定义变量：为不同数据类型的变量分配内存空间。

③ 初始化：赋值，填充分配的内存空间。

④ 引用：通过引用对象（变量名）来调用内存对象（内存数据）。

每个变量都占用内存空间，当不再需要时释放其空间，因此每个变量都有一个作用范围，即作用域（一个变量超出了其作用域就不再有效）。在 Python 中使用一个变量时并不严格要求预先声明它，但是在真正使用它之前，它必须被绑定到某个内存对象（被定义、赋值）。

就作用域而言，Python 与 C/C++等语言有着很大的区别，在 Python 中并不是所有的语句块都会产生作用域，只有当变量在 Module(模块)、class(类)、def(函数/方法)中定义的时候才会有作用域的概念。Python 的作用域是静态的，在源代码中变量名被赋值的位置决定了该变量能被访问的范围，即 Python 变量的作用域由变量在源代码中的位置决定。例如有以下程序：

```
def func():
    print(a)
    a=1

#主程序
print(a)
```

上述程序存在两个错误，一是 func() 函数中的局部变量 a 在引用之前没有赋值（即先引用后定义）；二是在最后的 print 语句中变量 a 没有定义，这是因为变量 a 的作用域为 func() 函数，在该函数外是无效的。

若在函数内部定义全局变量，则可以使用 global 关键字来声明变量为全局变量。例如：

```
def func():
    global a                          #指定 a 为全局变量
    print(a)                          #输出全局变量 a,即输出 1

#主程序
a=1                                   #定义全局变量 a
func()
print(a)                              #输出全局变量 a,即输出 1
```

若在当前作用域中引入新的变量，则同时屏蔽外层作用域中的同名变量。例如：

```
a=1                                   #定义全局变量 a
def func():
    a=2                               #定义局部变量 a,屏蔽全局变量 a
    print(a)                          #输出局部变量 a,即 2

#主程序
func()
print(a)                              #输出全局变量 a,即 1
```

所以 Python 中变量的作用域有以下 4 种。

① L(Local,局部作用域)：包含在 def 关键字定义的语句块中，即在函数中定义的变量。每当函数被调用时都会创建一个新的局部作用域。Python 支持递归，即自己调用自己，每次调用都会创建一个新的局部命名空间。局部变量域就像一个栈，仅是暂时的存在，依赖创建该局部作用域的函数是否处于活动的状态。

② E(Enclosing,嵌套作用域)：也包含在 def 关键字中，E 和 L 是相对的，E 相对于更上层的函数而言也是 L。E 与 L 的区别在于，对一个函数而言，L 是定义在此函数内部的局部作用域，而 E 是定义在此函数的上一层父级函数的局部作用域。

③ G(Global,全局作用域)：即在模块层次中定义的变量，每一个模块都是一个全局作用域。也就是说，在模块文件顶层声明的变量具有全局作用域，从外部来看，模块的全局变量就是一个模块对象的属性。全局作用域的作用范围仅限于单个模块文件内。

④ B(Built-in,内置作用域):系统内固定模块里定义的变量,例如预定义在 builtin 模块内的变量。

变量名解析的 LEGB 法则(即搜索变量名的优先级)是 L(局部作用域)>E(嵌套作用域)>G(全局作用域)>B(内置作用域)。

2. 垃圾回收

Python 中的一切皆为对象,变量本质上都是对象的一个指针。当一个对象不再调用的时候,也就是当这个对象的引用计数为 0 的时候(可以简单地理解为没有任何变量再指向它),说明这个对象永不可达,自然它也就成了垃圾,需要被回收。例如有以下程序:

```python
def func():
    global a
    a=[1,2,3]
    b=a
    print(b)                        #输出:[1,2,3]
    b.append(4)

#主程序
func()
print(a)                            #输出:[1,2,3,4]
```

在 func()函数中定义了全局变量 a 和局部变量 b,在执行 func()函数时,a 指向列表 [1,2,3],该列表的引用计数为 1,通过执行 $b=a$ 让 a 和 b 均指向列表[1,2,3],该列表的引用计数为 2,在输出 b 后向其中添加整数 4,列表变为[1,2,3,4],func()函数执行完毕,局部变量 b 超出了作用域,列表[1,2,3,4]的引用计数减 1,但不是 0,所以列表[1,2,3,4]的空间不会作为垃圾被回收。再执行最后的 print 语句,程序执行完毕,全局变量 a 超出了作用域,列表[1,2,3,4]的引用计数再减 1 成为 0,此时它被作为垃圾回收。

由于 Python 提供了自动垃圾回收机制,用户在使用 Python 设计数据结构算法时不必关心内存空间的释放问题。

1.4　算法分析

在一个算法设计好后,还需要对其进行分析,确定算法的优劣。本节讨论了算法的设计目标、算法效率和空间分析等。

1.4.1　算法的设计目标

算法设计应满足以下几个目标。

① **正确性**:要求算法能够正确地执行预先规定的功能和性能要求。这是最重要也是最基本的标准。

② **可使用性**:要求算法能够很方便地使用。这个特性也叫作用户友好性。

③ **可读性**:算法应该易于人理解,也就是可读性要好。为了达到这个要求,算法的逻辑必须是清晰的、简单的和结构化的。

④ **健壮性**:要求算法具有很好的容错性,即提供异常处理,能够对不合理的数据进行

检查,不会经常出现异常中断或死机现象。

⑤ **高时间性能与低存储量需求**：对于同一个问题,如果有多种算法可以求解,执行时间少的算法时间性能高。算法存储量指的是算法在执行过程中所需的存储空间。算法的时间性能和存储量都与问题的规模有关。

1.4.2　算法的时间性能分析

同一个问题的求解可能对应多种算法,例如判断一个正整数 n 是否为素数通常有图 1.11 所示的两种算法(isPrime1(n)和 isPrime2(n)),显然前者的时间性能不如后者。

```
def isPrime1(n):
    for i in range(2,n):
        if n % i==0:
            return False
    return True
```

```
def isPrime2(n):
    m=int(math.sqrt(n))
    for i in range(2,m+1):
        if n % i==0:
            return False
    return True
```

图 1.11　判断 n 为素数的两种算法

那么如何评价算法的时间性能呢? 通常有两种衡量算法时间性能的方法,即事后统计法和事前估算分析法。**事后统计法**是编写出算法对应的程序,统计其执行时间,该方法存在两个缺点,一是必须执行程序;二是存在其他因素掩盖算法本质。**事前估算分析法**是撇开与计算机硬件、软件有关的因素,仅考虑算法本身的性能高低,认为一个算法的"运行工作量"的大小只依赖于问题的规模,或者说算法的执行时间是问题规模的函数。后面主要使用事前估算分析法来分析算法的时间性能。

1. 分析算法的时间复杂度

一个算法是由控制结构(顺序、分支和循环 3 种)和原操作(指固有数据类型的操作等)组成的。例如,图 1.12 所示的算法 solve,形参 a 是一个 m 行 n 列的数值数组,当是一个方阵($m=n$)时求主对角线的所有元素之和,否则抛出异常。从中看到该算法由 4 部分组成,包含两个顺序结构、一个分支结构和一个循环结构的语句。

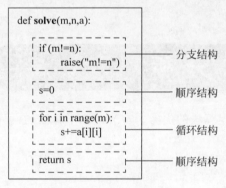

图 1.12　一个算法的组成

算法的执行时间取决于控制结构和原操作的综合效果。显然,在一个算法中,执行原操作的次数越少,其执行时间也就相对越少;执行原操作次数越多,其执行时间也就相对越多。算法中所有原操作的执行次数称为算法频度,这样一个算法的执行时间可以用算法频度来计量。

1) 计算算法频度 $T(n)$

假设算法的问题规模为 n,问题规模是指算法输入数据量的大小,例如对 10 个整数排序,问题规模 n 就是 10。算法频度是问题规模 n 的函数,用 $T(n)$ 表示。

算法的执行时间大致等于原操作所需的时间 $\times T(n)$,也就是说 $T(n)$ 与算法的执行时间成正比,为此用 $T(n)$ 表示算法的执行时间。比较不同算法的 $T(n)$ 的大小得出算法的好坏。

【例1.8】 求两个 n 阶方阵的相加($C=A+B$)的算法如下,求 $T(n)$。

```
def matrixadd(A,B,C,n):
    for i in range(n):                              #语句①
        for j in range(n):                          #语句②
            C[i].append(A[i][j]+B[i][j])            #语句③
```

解 在该算法中,语句①循环控制变量 i 要从0增加到 n,当测试 $i=n$ 时才会终止,故它的频度是 $n+1$,但它的循环体却只能执行 n 次;语句②作为语句①循环体内的语句应该只执行 n 次;但语句②本身也要执行 $n+1$ 次,所以语句②的频度是 $n(n+1)$;同理可得语句③的频度为 n^2。因此算法中所有语句的频度之和为 $T(n)=n+1+n(n+1)+n^2=2n^2+2n+1$。

2)$T(n)$ 采用时间复杂度表示

由于算法的执行时间不是绝对时间的统计,在求出 $T(n)$ 后,通常进一步采用时间复杂度来表示。算法的**时间复杂度**用 $T(n)$ 的数量级来表示,记作 $T(n)=O(f(n))$。其中"O"读作"大 O"(Order 的简写,意指数量级),其含义是为 $T(n)$ 找到一个上界 $f(n)$。$T(n)$ 的数量级表示为 $O(f(n))$,是指存在正常量 c 和 n_0(为一个足够大的正整数),当 $n \geqslant n_0$ 时使得 $|T(n)| \leqslant c|f(n)|$ 成立,如图1.13所示,其中 n_0 是最小的可能值,大于 n_0 的值均有效,所以算法时间复杂度也称为渐进时间复杂度,它表示随问题规模 n 的增大算法执行时间的增长率和 $f(n)$ 的增长率相同。因此算法时间复杂度分析实际上是一种时间增长态势分析。

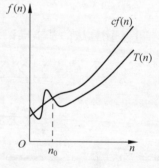

图1.13 $T(n)=O(f(n))$ 的含义

实际上,$T(n)$ 的上界 $f(n)$ 可能有多个,通常取最紧凑的上界。也就是说只求出 $T(n)$ 的最高阶,忽略其低阶项和常系数,这样既可以简化,又能比较客观地反映出当 n 很大时算法的时间性能。例如,对于例1.8有 $T(n)=2n^2+2n+1=O(n^2)$,也就是说该算法的时间复杂度为 $O(n^2)$。

一般地,在一个没有循环(或者有循环,但循环次数与问题规模 n 无关)的算法中,算法频度 $T(n)$ 与问题规模 n 无关,记作 $O(1)$,也称为常数阶。算法中的每个简单语句,例如定义变量语句、赋值语句和输入/输出语句,其执行时间都是 $O(1)$。

在一个只有一重循环的算法中,算法频度 $T(n)$ 与问题规模 n 的增长呈线性增大关系,记作 $O(n)$,也称线性阶。其余常用的阶还有平方阶 $O(n^2)$、立方阶 $O(n^3)$、对数阶 $O(\log_2 n)$、指数阶 $O(2^n)$ 等。各种不同阶的时间复杂度存在如下关系:

$$O(1) < O(\log_2 n) < O(\sqrt{n}) < O(n) < O(n\log_2 n)$$
$$< O(n^2) < O(n^3) < O(2^n) < O(n!)$$

对于图1.11所示的两个算法,可以求出 isPrime1() 算法的 $T(n)=O(n)$,isPrime2() 算法的 $T(n)=O(\sqrt{n})$,所以后者好于前者。

3)**简化的算法时间复杂度分析**

另外一种简化的算法时间复杂度分析方法是仅考虑算法中的基本操作。所谓基本操作,是指算法中最深层循环内的原操作。由于算法的执行时间大致等于基本操作所需的时间×其执行次数,所以在进行算法分析时,计算 $T(n)$ 仅考虑基本操作的执行次数。

对于例1.8,采用简化的算法时间复杂度分析方法,其中的基本操作是两重循环中最深层的语句③,它的执行次数为 n^2,即 $T(n)=n^2=O(n^2)$。从两种方法得出算法的时间复杂度均为 $O(n^2)$,而后者的计算过程简单得多,所以后面主要采用简化的算法时间复杂度分析方法。

【例1.9】 分析以下算法的时间复杂度。

```python
def fun(n):
    s=0
    for i in range(n+1):
        for j in range(i+1):
            for k in range(j):
                s+=1
    return s
```

解 该算法的基本操作是语句"s+=1",则算法频度如下。

$$T(n)=\sum_{i=0}^{n}\sum_{j=0}^{i}\sum_{k=0}^{j-1}1=\sum_{i=0}^{n}\sum_{j=0}^{i}(j-1-0+1)=\sum_{i=0}^{n}\sum_{j=0}^{i}j$$

$$=\sum_{i=0}^{n}\frac{i(i+1)}{2}=\frac{1}{2}\left(\sum_{i=0}^{n}i^2+\sum_{i=0}^{n}i\right)=\frac{2n^3+6n^2+4n}{12}=O(n^3)$$

扫一扫

视频讲解

2. 算法的最好、最坏和平均时间复杂度

设一个算法的输入规模为 n,D_n 是所有输入实例的集合,任一输入 $I\in D_n$,$P(I)$ 是 I 出现的频率,有 $\sum_{I\in D_n}P(I)=1$,$T(I)$ 是算法在输入 I 下所执行的基本操作次数,则该算法的平均时间复杂度定义为 $A(n)=\sum_{I\in D_n}P(I)\times T(I)$。

算法的最好时间复杂度是指算法在最好情况下的时间复杂度,即 $B(n)=\underset{I\in D_n}{\text{MIN}}\{T(I)\}$。算法的最坏时间复杂度是指算法在最坏情况下的时间复杂度,即 $W(n)=\underset{I\in D_n}{\text{MAX}}\{T(I)\}$。算法的最好情况和最坏情况分析是寻找该算法的极端实例,然后分析在该极端实例下算法的执行时间。

从中看出,在计算平均时间复杂度时需要考虑所有的情况,而在计算最好和最坏时间复杂度时主要考虑一种或几种特殊的情况。在分析算法的平均时间复杂度时通常默认等概率,即 $P(I)=1/n$。

【例1.10】 以下算法用于在数组 $a[0..n-1]$ 中查找元素 k,假设 k 总是包含在 a 中,分析算法的最好、最坏和平均时间复杂度。

```python
def findk(a,n,k):
    i=0
    while i<n and a[i]!=k:
        i+=1
    return i
```

解 在该算法中,查找的 k 包含在 a 中,所以总会查找成功。查找的时间主要花费在元素的比较上,可以将元素的比较看成基本操作。

① 算法在查找中总是从 $i=0$ 开始,如果 $a[0]=k$,则仅比较一次就成功地找到 k,呈现最好情况,所以算法的最好时间复杂度为 $O(1)$。

② 如果 $a[n-1]=k$,则需要 n 次比较才能成功地找到 k,呈现最坏情况,所以算法的最坏时间复杂度为 $O(n)$。

③ 考虑平均情况:$a[0]=k$ 时比较一次,$a[1]=k$ 时比较两次,$\cdots$,$a[n-1]=k$ 时比较 n 次,共有 n 种情况,假设等概率,也就是说每种情况的概率为 $1/n$,则平均比较次数 $=(1+2+\cdots+n)/n=(n+1)/2=O(n)$,所以算法的平均时间复杂度为 $O(n)$。

1.4.3 算法的存储空间分析

一个算法的存储量包括形参所占空间和临时变量所占空间。在对算法进行存储空间分析时只考虑临时变量所占空间,如图 1.14 所示,其中临时空间为变量 i、maxi 占用的空间。所以,空间复杂度是对一个算法在执行过程中临时占用的存储空间大小的量度,一般也作为问题规模 n 的函数,并以数量级形式给出,记作 $S(n)=O(g(n))$。其中"O"的含义与时间复杂度分析中的相同。若一个算法所需临时空间相对于问题规模来说是常数(或者说算法的空间复杂度为 $O(1)$),则称此算法为原地工作或就地工作。

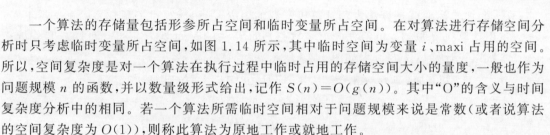

图 1.14 一个算法的临时空间

为什么算法的存储空间分析只考虑临时空间,不考虑形参的空间呢? 这是因为形参的空间会在调用该算法的算法中考虑。例如以下 Maxfun 算法调用上述 Max 算法:

```
def Maxfun():
    b=[1,2,3,4,5]
    n=5
    print("Max=%d" %(Max(b,n)))
```

在 Maxfun 算法中为 b 数组分配了相应的内存空间,其空间复杂度为 $O(n)$,如果在 Max 算法中再考虑形参 a 的空间,则重复计算了占用的空间。实际上,在 Python 语言中,Maxfun 算法调用 Max 算法时形参 a 只是一个引用,只分配一个地址大小的空间,并非另外分配 5 个整型单元的空间。

【例 1.11】 分析例 1.8~例 1.10 算法的空间复杂度。

解 在这 3 个例子的算法中都定义了 1~3 个临时变量(不需要考虑算法中形参占用的空间),其临时存储空间大小与问题规模 n 无关,所以空间复杂度均为 $O(1)$。

1.5 数据结构的目标 ✳

从数据结构的角度看，一个求解问题可以通过抽象数据类型的方法来描述，也就是说，抽象数据类型对一个求解问题从逻辑上进行了准确的定义，所以抽象数据类型由数据的逻辑结构和抽象运算两部分组成。

接下来用计算机解决这个问题。首先要设计其存储结构，然后在存储结构上设计实现抽象运算的算法。一种数据的逻辑结构可以映射成多种存储结构，抽象运算在不同的存储结构上实现可以对应多种算法，而且在同一种存储结构上实现也可能有多种算法，同一问题的这么多算法哪一个更好呢？好的算法的评价标准是什么呢？

算法的评价标准就是算法占用计算机资源的多少，占用计算机资源越多的算法越不好；反之，占用计算机资源越少的算法越好。这是通过算法的时间复杂度和空间复杂度分析来完成的，所以设计好算法的过程如图1.15所示。

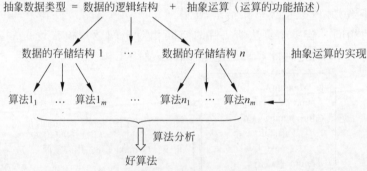

图 1.15　设计好算法的过程

在使用 Python 面向对象方法实现抽象数据类型时，通常将一个抽象数据类型设计成一个类，如图1.16所示，使用类的数据变量表示数据的存储结构，将抽象运算通过类的公有方法实现。

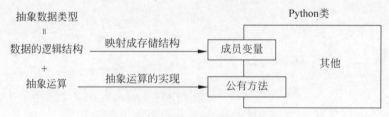

图 1.16　用 Python 类实现抽象数据类型

从中看到，算法设计分为 3 个步骤，即通过抽象数据类型进行问题定义、设计存储结构和设计算法。这 3 个步骤是不是独立的？结论为不是独立的，因为不可能先设计出一大堆算法再从中找出一个好的算法，也就是说必须以设计好算法为目标来设计存储结构。因为数据的存储结构会影响算法的好坏，故设计存储结构是关键的一步，在选择存储结构时需要考虑其对算法的影响。存储结构对算法的影响主要有以下两个方面。

① 存储结构的存储能力：如果存储结构的存储能力强、存储信息多，算法将会方便地

设计;反之,对于过于简单的存储结构,可能就要设计一套比较复杂的算法。存储能力往往是与所使用的空间大小成正比的。

② 存储结构应与所选择的算法相适应:存储结构是实现算法的基础,也会影响算法的设计,其选择要充分考虑算法的各种操作,应与算法的操作相适应。

除此之外,用户还需要掌握基本的算法分析方法,能够熟练判别"好"算法和"坏"算法。

总之,数据结构的目标就是针对求解问题设计好的算法,为了达到这一目标,不仅要具备较好的编程能力,还需要掌握各种常用的数据结构,例如线性表、栈和队列、二叉树和图等,这些是在后面各章中要学习的内容。

【例 1.12】 设计一个完整的程序实现例 1.6 中的抽象数据类型,并用相关数据进行测试。

解 设计求解本例程序的过程如下。

❑ **问题描述**

见例 1.6 的抽象数据类型 Set。

❑ **设计存储结构**

用一个固定容量为 MaxSize 的列表存放一个集合,另用一个整型变量 size 表示该集合中的实际元素个数。

❑ **设计运算算法**

在集合类 Set 中通过构造方法初始化 data 为含 MaxSize 个 None 元素的列表,将实际元素个数 size 初始化为 0,Set 类包含相关的基本运算方法,对应的 Set 类如下:

```
class Set:                               #集合类
    MaxSize=100                          #集合的最多元素个数
    def __init__(self):                  #构造方法
        self.data=[None] * Set.MaxSize   #data 存放集合元素
        self.size=0                      #size 为集合的长度
    def getsize(self):                   #返回集合的长度
        return self.size;
    def get(self,i):                     #返回集合的第 i 个元素
        assert i>=0 and i<self.size      #检测参数 i 的正确性
        return self.data[i]
    def IsIn(self,e):                    #判断 e 是否在集合中
        for i in range(self.size):
            if self.data[i]==e:
                return True
        return False
    def add(self,e):                     #将元素 e 添加到集合中
        if not self.IsIn(e):             #元素 e 不在集合中
            self.data[self.size]=e
            self.size+=1
    def delete(self,e):                  #从集合中删除元素 e
        i=0
        while i<self.size and self.data[i]!=e:
            i+=1
        if i>=self.size:
            return                       #未找到元素 e 直接返回
        for j in range(i+1,self.size):   #找到元素 e 后通过移动实现删除
            self.data[j-1]=self.data[j]
        self.size-=1
```

```
    def Copy(self):                          # 返回当前集合的复制集合
        s1＝Set()
        s1.data＝copy.deepcopy(self.data)      # 深复制
        s1.size＝self.size
        return s1
    def display(self):                       # 输出集合中的元素
        for i in range(self.size):
            print(self.data[i],end=' ')
        print()
    def Union(self,s2):                      # 求 s3＝s1∪s2(s1 为当前集合)
        s3＝self.Copy()                       # 将当前集合复制到 s3
        for i in range(s2.getsize()):        # 将 s2 中不在当前集合中的元素添加到 s3 中
            e＝s2.get(i)
            if not self.IsIn(e): s3.add(e)
        return s3                            # 返回 s3
    def Inter(self,s2):                      # 求 s3＝s1∩s2(s1 为当前集合)
        s3＝Set()
        for i in range(self.size):           # 将 s1 中出现在 s2 中的元素复制到 s3 中
            e＝self.data[i]
            if s2.IsIn(e): s3.add(e)
        return s3                            # 返回 s3
    def Diff(self,s2):                       # 求 s3＝s1－s2(s1 为当前集合)
        s3＝Set()
        for i in range(self.size):           # 将 s1 中不出现在 s2 中的元素复制到 s3 中
            e＝self.data[i]
            if not s2.IsIn(e): s3.add(e)
        return s3                            # 返回 s3
```

❑ **设计主程序**

在设计好所有基本运算后，为了求两个集合{1,4,2,6,8}和{2,5,3,6}的并集、交集和差集，设计主程序如下：

```
s1＝Set()
s1.add(1)
s1.add(4)
s1.add(2)
s1.add(6)
s1.add(8)
print("集合 s1:",end=' '),s1.display()
print("s1 的长度为%d" %(s1.getsize()))
s2＝Set()
s2.add(2)
s2.add(5)
s2.add(3)
s2.add(6)
print("集合 s2:",end=' '),s2.display()
print("集合 s1 和 s2 的并集-> s3")
s3＝s1.Union(s2);
print("集合 s3:",end=' '),s3.display()
print("集合 s1 和 s2 的差集-> s4")
s4＝s1.Diff(s2)
print("集合 s4:",end=' '),s4.display()
print("集合 s1 和 s2 的交集-> s5")
s5＝s1.Inter(s2)
print("集合 s5:",end=' '),s5.display()
```

❑ **程序执行结果**

上述程序的执行结果如图 1.17 所示。

```
集合 s1: 1 4 2 6 8
s1 的长度为 5
集合 s2: 2 5 3 6
集合 s1 和 s2 的并集->s3
集合 s3: 1 4 2 6 8 5 3
集合 s1 和 s2 的差集->s4
集合 s4: 1 4 8
集合 s1 和 s2 的交集->s5
集合 s5: 2 6
```

图 1.17 程序执行结果

扫一扫

自测题

1.6 练 习 题 ✳

1. 什么是数据结构？有关数据结构的讨论涉及哪三方面？

2. 简述数据结构中运算描述和运算实现的异同。

3. 什么是算法？算法的 5 个特性是什么？试根据这些特性解释算法与程序的区别。

4. 分析以下算法的时间复杂度。

```python
def fun(n):
    x, y = n, 100
    while y > 0:
        if x > 100:
            x = x - 10
            y -= 1
        else: x += 1
```

5. 分析以下算法的时间复杂度。

```python
def fun(n):
    i, k = 1, 100
    while i <= n:
        k += 1
        i += 2
```

6. 分析以下算法的时间复杂度。

```python
def fun(n):
    i = 1
    while i <= n:
        i = i * 2
```

7. 分析以下算法的时间复杂度。

```python
def fun(n):
    for i in range(1, n+1):
        for j in range(1, n+1):
```

```
k=1
while k<=n:k=5*k
```

1.7 上机实验题

1. 编写一个 Python 程序，求一元二次方程 $ax^2+bx+c=0$ 的根，并采用相关数据测试。

2. 求 $1+(1+2)+(1+2+3)+\cdots+(1+2+3+\cdots+n)$ 之和有以下 3 种解法。

解法 1：采用两重迭代，依次求出 $(1+2+\cdots+i)(1\leqslant i\leqslant n)$ 后累加。

解法 2：将解法 1 简化为采用一重迭代实现求和。

解法 3：直接利用 $n(n+1)(n+2)/6$ 公式求和。

编写一个 Python 程序，利用上述 3 种解法求 $n=50\,000$ 时的结果，并且给出各种解法的执行时间。

扫一扫

视频讲解

1.8 LeetCode 在线编程题[①]

扫一扫

视频讲解

1. LeetCode1——两数之和

问题描述：给定一个整数数组 nums 和一个目标值 target，请在该数组中找出和为目标值的两个整数，并返回它们的数组下标。可以假设每种输入只会对应一个答案，但是不能重复利用这个数组中同样的元素。例如，给定 nums=[2,7,11,15]，target=9，因为 nums[0]+num[1]=2+7=9，所以返回结果为[0,1]。要求设计满足题目条件的如下方法：

```
def twoSum(self, nums: List[int], target: int) -> List[int]:
```

2. LeetCode9——回文数

问题描述：判断一个整数是否是回文数。回文数是指正序（从左向右）和倒序（从右向左）读都是一样的整数。例如，121 是回文数，而 -121 不是回文数。要求设计满足题目条件的如下方法：

```
def isPalindrome(self, x: int) -> bool:
```

---

① 本书所有 LeetCode 在线编程题均来自 力扣（中国）(https://leetcode.cn)网站。

第2章 线性表

　　线性表是一种典型的线性结构,也是一种最常用的数据结构。本章介绍线性表的定义、线性表的抽象数据类型描述、线性表的顺序和链式两种存储结构、相关基本运算算法设计、两种存储结构的比较以及线性表的应用。

　　本章主要学习要点如下。

　　(1) 线性表的逻辑结构特点、线性表抽象数据类型的描述方法。

　　(2) 线性表的两种存储结构的设计方法以及各自的优缺点。

　　(3) 顺序表算法设计方法。

　　(4) 单链表、双链表和循环链表算法设计方法。

　　(5) 有序顺序表和链表的二路归并算法设计方法。

　　(6) 综合运用线性表解决一些复杂的实际问题。

2.1 线性表的定义

在讨论线性表的存储结构之前，首先分析其逻辑结构。本节给出了线性表的定义和抽象数据类型描述，在后面几节中分别采用顺序表和链表存储方式实现线性表的数据类型描述。

2.1.1 什么是线性表

顾名思义，线性表就是数据元素的排列像一条线一样的表。线性表严格的定义是具有相同特性的数据元素的一个有限序列。其特征有 3 个：所有数据元素的类型相同；线性表是有限个数据元素构成的；线性表中的数据元素与位置相关，即每个数据元素有唯一的序号（或索引），这一点表明线性表不同于集合，线性表中可以出现值相同的数据元素（它们的序号不同），而集合中不会出现值相同的数据元素。

线性表的逻辑结构一般表示为$(a_0, a_1, \cdots, a_i, a_{i+1}, \cdots, a_{n-1})$，用图形表示的逻辑结构如图 2.1 所示。其中，用 $n(n \geqslant 0)$ 表示线性表的长度（即线性表中数据元素的个数）。当 $n = 0$ 时，表示线性表是一个空表，不包含任何数据元素。

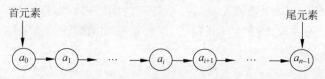

图 2.1　线性表的逻辑结构示意图

说明：线性表中每个元素 a_i 的唯一位置通过序号或者索引 i 表示，为了设计算法方便，将逻辑序号和存储序号统一，均假设从 0 开始，这样含 n 个元素的线性表的元素序号 i 满足 $0 \leqslant i \leqslant n-1$。

对于至少含有一个数据元素的线性表，除开始元素 a_0（也称为首元素）没有前趋元素外，其他每个元素 $a_i(1 \leqslant i \leqslant n-1)$ 有且仅有一个前趋元素 a_{i-1}；除终端元素 a_{n-1}（也称为尾元素）没有后继元素外，其他元素 $a_i(0 \leqslant i \leqslant n-2)$ 有且仅有一个后继元素 a_{i+1}。也就是说，在线性表中每个元素最多只有一个前趋元素、最多只有一个后继元素，这便是线性表的逻辑特征。

2.1.2 线性表的抽象数据类型描述

线性表的抽象数据类型描述如下：

ADT List {
 数据对象：
  $D = \{a_i \mid 0 \leqslant i \leqslant n-1, n \geqslant 0\}$
 数据关系：
  $r = \{<a_i, a_{i+1}> \mid a_i, a_{i+1} \in D, i = 0, \cdots, n-2\}$
 基本运算：
  CreateList(a)：由整数数组 a 中的全部元素建立线性表的相应存储结构。
  Add(e)：将元素 e 添加到线性表的末尾。

getsize()：求线性表的长度。

GetElem(i)：求线性表中序号 i 的元素。

SetElem(i,e)：设置线性表中序号 i 的元素值为 e。

GetNo(e)：求线性表中第一个值为 e 的元素的序号。

Insert(i,e)：在线性表中插入数据元素 e 作为序号 i 的元素。

Delete(i)：在线性表中删除序号 i 的元素。

display()：输出线性表的所有元素。

}

需要说明的是，每种数据结构的基本运算并不是固定的，而是来源于实际应用的总结。上述线性表的基本运算仅包括了一些常用运算，可以根据需要增删。

2.2 线性表的顺序存储结构 ✳

顺序存储是线性表最常用的存储方式，它直接将线性表的逻辑结构映射到存储结构上，所以既便于理解，又容易实现。本节讨论顺序存储结构及其基本运算的实现过程。

2.2.1 顺序表

线性表的顺序存储结构是把线性表中的所有元素按照其逻辑顺序依次存储到存储器中一块连续的存储空间。线性表的顺序存储结构称为**顺序表**。

这里采用 Python 语言中的列表 data 来实现顺序表，并设定该列表的容量（存放最多的元素个数）为 capacity，图 2.2 所示为将长度为 n 的线性表存放在 data 列表中。线性表的长度是线性表中的实际数据元素个数，用 size 属性表示。

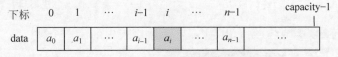

图 2.2 长度为 n 的线性表存放在顺序表中

说明：尽管 Python 中的列表 data 具有自动扩展功能，但为了通用性，这里指定 data 的容量为 capacity，将其初始值设置为 initcapacity，随着线性表的插入和删除操作，size 是变化的。当 size 达到 capacity 时，若再插入元素会出现上溢出，为此将容量扩大为 size 的两倍；当删除元素时，若 size 小到一定的程度便缩小容量，从而实现顺序表的可扩展性。

设计顺序表类为 SqList（用 SqList.py 文件存放），主要包含存放元素的 data 列表和表示实际元素个数的 size 属性。由于 Python 语言属于弱类型语言，不必专门设计像 C++ 或者 Java 中的泛型类，在应用 SqList 时可以指定其元素为任意合法数据类型：

```
class SqList:                              # 顺序表类
    def __init__(self):                   # 构造方法
        self.initcapacity=5               # 初始容量设置为5
        self.capacity=self.initcapacity   # 容量设置为初始容量
        self.data=[None]*self.capacity    # 设置顺序表的空间
        self.size=0                       # 长度设置为0
    # 线性表的基本运算算法
```

2.2.2 线性表的基本运算算法在顺序表中的实现

一旦线性表采用顺序表存储，则可以用 Python 语言实现线性表的各种基本运算。在插入和删除运算中可能涉及容量的更新，为此设计以下方法将 data 列表的容量改变为 newcapacity：

```
def resize(self, newcapacity):            ＃改变顺序表的容量为 newcapacity
    assert newcapacity>=0                 ＃检测参数正确性的断言
    olddata=self.data
    self.data=[None] * newcapacity
    self.capacity=newcapacity
    for i in range(self.size):
        self.data[i]=olddata[i]
```

该算法是先让 olddata 指向 data，为 data 重新分配一个容量为 newcapacity 的空间，再将 olddata 中的所有元素复制到 data 中，复制中所有元素的序号和长度 size 不变。原 data 空间会被系统自动释放。由于要复制原来的全部元素，所以算法的时间复杂度为 $O(n)$。

1. 整体建立顺序表

该运算是从一个空顺序表开始，由含若干元素的列表 a 的全部元素整体创建顺序表，即依次将 a 中的元素添加到 data 列表的末尾，当出现上溢出时按实际元素个数 size 的两倍扩大容量。对应的算法如下：

```
def CreateList(self, a):                  ＃由数组 a 中的元素整体建立顺序表
    self.size=0
    for i in range(0,len(a)):
        if self.size==self.capacity:      ＃出现上溢出时
            self.resize(2 * self.size)    ＃扩大容量
        self.data[self.size]=a[i]         ＃添加元素 a[i]
        self.size+=1                      ＃添加一个元素后长度增1
```

本算法的时间复杂度为 $O(n)$，其中 n 表示顺序表中的元素个数。

扫一扫

视频讲解

2. 顺序表的基本运算算法

1）将元素 e 添加到顺序表的末尾：Add(e)

该运算在 data 列表的尾部插入元素 e，在插入中出现上溢出时按实际元素个数 size 的两倍扩大容量。对应的算法如下：

```
def Add(self, e):                         ＃在顺序表的末尾添加一个元素 e
    if self.size==self.capacity:          ＃顺序表空间满时倍增容量
        self.resize(2 * self.size)
    self.data[self.size]=e                ＃添加元素 e
    self.size+=1                          ＃长度增1
```

在上述算法中调用一次 resize() 方法的时间复杂度为 $O(n)$，但 n 次 Add 操作仅需要扩大一次 data 空间，所以平均时间复杂度（更准确的是平摊时间复杂度）仍然为 $O(1)$。

2）求顺序表的长度：getsize()

该运算返回顺序表的长度（即其中的实际元素个数 size）。对应的算法如下：

```
def getsize(self):                        ＃求顺序表的长度
    return self.size
```

本算法的时间复杂度为 $O(1)$。

3）求顺序表中序号 i 的元素值：GetElem(i)

该运算采用 __getitem__() 方法实现，当序号 i 正确时（$0{\leqslant}i{<}$size）返回 data[i]。对应的算法如下：

```
def __getitem__(self,i):            #求序号 i 的元素值
    assert 0<=i<self.size           #检测参数 i 正确性的断言
    return self.data[i]             #返回 data[i]
```

对于顺序表对象 L，可以通过 $L[i]$ 调用上述运算获取序号 i 的元素值。该算法的时间复杂度为 $O(1)$。

4）设置顺序表中序号 i 的元素值：SetElem(i,e)

该运算采用 __setitem__() 方法实现，当序号 i 正确时（$0{\leqslant}i{<}$size）将 data[i] 设置为 e。对应的算法如下：

```
def __setitem__(self, i, e):        #设置序号 i 的元素值
    assert 0<=i<self.size           #检测参数 i 正确性的断言
    self.data[i]=e
```

对于顺序表对象 L，可以通过 $L[i]=e$ 调用上述运算将序号 i 的元素值设置为 e。该算法的时间复杂度为 $O(1)$。

5）求顺序表中第一个值为 e 的元素的序号：GetNo(e)

该运算在 data 列表中从前向后顺序查找第一个值与 e 相等的元素的序号，若不存在这样的元素，则返回 -1。对应的算法如下：

```
def GetNo(self, e):                 #查找第一个为 e 的元素的序号
    i=0
    while i<self.size and self.data[i]!=e:
        i+=1                        #查找元素 e
    if (i>=self.size):              #未找到时返回-1
        return -1
    else:
        return i                    #找到后返回其序号
```

本算法的时间复杂度为 $O(n)$，其中 n 表示顺序表中的元素个数。

6）在顺序表中插入 e 作为第 i 个元素：Insert(i,e)

该运算在顺序表中序号 i 的位置上插入一个新元素 e。图 2.3 所示为在序号 2 的位置

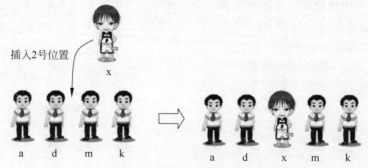

图 **2.3   在顺序表中插入元素示意图**

上插入新元素 x，由此看出，在一个顺序表中可以在任何位置或者尾元素的后一个位置上插入一个新元素。

若参数 i 正确（$0 \leqslant i \leqslant n$），插入操作如图 2.4 所示，先将 $data[i..n-1]$ 的每个元素均后移一个位置（从 $data[n-1]$ 元素开始移动），腾出一个空位置 $data[i]$ 插入新元素 e，最后将长度 size 增 1。在插入元素时若出现上溢出，则按两倍 size 扩大容量。对应的算法如下：

```python
def Insert(self, i, e):          # 在顺序表中序号 i 的位置上插入元素 e
    assert 0 <= i <= self.size   # 检测参数 i 正确性的断言
    if self.size == self.capacity:   # 满时倍增容量
        self.resize(2 * self.size)
    for j in range(self.size, i, -1):   # 将 data[i] 及后面的元素后移一个位置
        self.data[j] = self.data[j-1]
    self.data[i] = e             # 插入元素 e
    self.size += 1               # 长度增 1
```

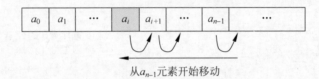

从 a_{n-1} 元素开始移动

图 2.4　插入元素时移动元素的过程

本算法的时间主要花在元素的移动上，元素移动的次数不仅与表长 n 有关，而且与插入位置 i 有关。有效插入位置 i 的取值是 $0 \sim n$，共有 $n+1$ 个位置可以插入元素：

① 当 $i=0$ 时，移动次数为 n，达到最大值。

② 当 $i=n$ 时，移动次数为 0，达到最小值。

③ 其他情况，需要移动 $data[i..n-1]$ 的元素，移动次数为 $(n-1)-i+1=n-i$。

假设每个位置插入元素的概率相同，p_i 表示在第 i 个位置上插入一个元素的概率，则 $p_i = \dfrac{1}{n+1}$，这样在长度为 n 的顺序表中插入一个元素时所需移动元素的平均次数为

$$\sum_{i=0}^{n} p_i(n-i) = \frac{1}{n+1}\sum_{i=0}^{n}(n-i) = \frac{1}{n+1} \times \frac{n(n+1)}{2} = \frac{n}{2}$$

因此插入算法的平均时间复杂度为 $O(n)$。

说明：更新容量运算 resize() 在 n 次插入中仅调用一次，其平摊时间为 $O(1)$，在插入算法时间分析中可以忽略它，在后面的删除运算中也是如此。

7）在顺序表中删除第 i 个数据元素：Delete(i)

该运算删除顺序表中序号 i 的元素。图 2.5 所示为删除序号 1 的元素，由此看出，在一个顺序表中可以删除任何位置上的元素。

删除序号1的元素

图 2.5　在顺序表中删除元素示意图

若参数 i 正确（$0 \leqslant i < n$），则删除操作是将 $\text{data}[i+1..n-1]$ 的元素均向前移动一个位置（从 $\text{data}[i+1]$ 元素开始移动），如图 2.6 所示，这样覆盖了元素 $\text{data}[i]$，从而达到删除该元素的目的，最后将顺序表的长度减 1。若当前容量大于初始容量并且实际长度仅为当前容量的 1/4（称为缩容条件），则将当前容量减半。对应的算法如下：

```
def Delete(self, i):                                    # 在顺序表中删除序号 i 的元素
    assert 0<=i<=self.size-1                             # 检测参数 i 正确性的断言
    for j in range(i, self.size-1):
        self.data[j]=self.data[j+1]                      # 将 data[i] 之后的元素前移一个位置
    self.size-=1                                         # 长度减 1
    if self.capacity > self.initcapacity and self.size<=self.capacity/4:
        self.resize(self.capacity//2)                    # 满足缩容条件则容量减半
```

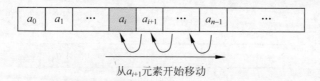

从 a_{i+1} 元素开始移动

图 2.6　删除元素时移动元素的过程

本算法的时间主要花在元素的移动上，元素移动的次数也与表长 n 和删除元素的位置 i 有关，有效删除位置 i 的取值是 $0 \sim n-1$，共有 n 个位置可以删除元素：

① 当 $i=0$ 时，移动次数为 $n-1$，达到最大值。

② 当 $i=n-1$ 时，移动次数为 0，达到最小值。

③ 其他情况，需要移动 $\text{data}[i+1..n-1]$ 的元素，移动次数为 $(n-1)-(i+1)+1=n-i-1$。

假设 p_i 表示删除第 i 个位置上元素的概率，则 $p_i = \dfrac{1}{n}$，所以在长度为 n 的顺序表中删除一个元素时所需移动元素的平均次数为

$$\sum_{i=0}^{n-1} p_i (n-i-1) = \frac{1}{n} \sum_{i=0}^{n-1} (n-i-1) = \frac{1}{n} \times \frac{n(n-1)}{2} = \frac{n-1}{2}$$

删除算法的平均时间复杂度为 $O(n)$。

8）输出顺序表的所有元素：display()

该运算是依次输出顺序表中的所有元素值。对应的算法如下：

```
def display(self):                                      # 输出顺序表
    for i in range(0, self.size):
        print(self.data[i], end=' ')
    print()
```

本算法的时间复杂度为 $O(n)$，其中 n 表示顺序表中的元素个数。

2.2.3　顺序表的应用算法设计示例

本节的示例均采用顺序表（SqList）对象 L 存储顺序表，利用顺序表的基本运算算法设计满足示例需要的算法。

1. 基于顺序表基本操作的算法设计

在这类算法设计中主要包括顺序表元素的查找、插入和删除等基本操作。

【例 2.1】 对于含有 n 个整数元素的顺序表 L，设计一个算法将其中的所有元素逆置，例如 $L=(1,2,3,4,5)$，逆置后 $L=(5,4,3,2,1)$，并给出算法的时间复杂度和空间复杂度。

解 用 i 从前向后、用 j 从后向前遍历 L，当两者没有相遇时交换它们指向的元素，如图 2.7 所示，直到 $i=j$ 为止。对应的算法如下：

```
def Reverse(L):                                      #求解算法
    i=0
    j=L.getsize()-1
    while i<j:
        L[i],L[j]=L[j],L[i]                          #序号 i 和 j 的两个元素交换
        i+=1
        j-=1
```

图 2.7　交换 i 和 j 所指向的元素

本算法的时间复杂度为 $O(n)$，空间复杂度为 $O(1)$。

【例 2.2】 假设有一个整数顺序表 L，设计一个算法用于删除从序号 i 开始的 k 个元素。例如 $L=(1,2,3,4,5)$，删除从 $i=1$ 开始的 $k=2$ 个元素后 $L=(1,4,5)$。

解 设 $L=(a_0,\cdots,a_i,\cdots,a_{n-1})$，现要删除 $(a_i,a_{i+1},\cdots,a_{i+k-1})$ 的 k 个元素。考虑参数的正确性，显然有 $i\geq0,k\geq1$，删除的最后元素为 a_{i+k-1}，其序号 $i+k-1$ 应该在 $0\sim n-1$ 的范围内，则 $1\leq i+k\leq n$。在参数正确时，删除操作如图 2.8 所示，即直接将 $a_{i+k}\sim a_{n-1}$ 的所有元素依次前移 k 个位置。对应的算法如下：

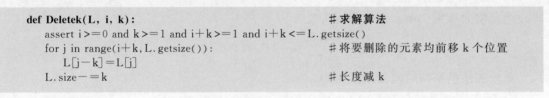

```
def Deletek(L, i, k):                                #求解算法
    assert i>=0 and k>=1 and i+k>=1 and i+k<=L.getsize()
    for j in range(i+k,L.getsize()):                 #将要删除的元素均前移 k 个位置
        L[j-k]=L[j]
    L.size-=k                                        #长度减 k
```

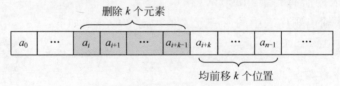

图 2.8　在顺序表中删除若干个元素

上述算法的时间复杂度为 $O(n)$，其中 n 为顺序表中的元素个数。

说明：如果采用对 $(a_i,a_{i+1},\cdots,a_{i+k-1})$ 的每个元素都调用 Delete() 基本运算进行删除的方法，对应的时间复杂度为 $O(kn)$ 或者 $O(n^2)$，其时间性能低于上述算法。

2. 基于整体建立顺序表的算法设计

这类算法设计主要以整体建立顺序表的思路为基础，由满足条件的元素建立一个结果顺序表,如果可能尽量将结果顺序表和原顺序表合二为一,以提高空间利用率。

【例 2.3】 对于含有 n 个整数元素的顺序表 L,设计一个算法用于删除其中所有值为 x 的元素,例如 $L=(1,2,1,5,1)$,若 $x=1$,删除后 $L=(2,5)$,并给出算法的时间复杂度和空间复杂度。

解法 1:对于整数顺序表 L,删除其中所有 x 元素后得到的结果顺序表可以与原顺序表 L 共享,所以将求解问题转化为新建结果顺序表。

采用整体创建顺序表的算法思路,用 k 记录结果顺序表中的元素个数(初始值为 0),从头开始遍历 L,仅将不为 x 的元素重新插入 L 中,如图 2.9 所示,每插入一个元素 k 增加 1,最后置长度为 k。对应的算法如下:

```
def Deletex1(L, x):                    #求解算法 1
    k=0                                #k 用于累计结果顺序表元素个数
    for i in range(L.getsize()):
        if L[i] !=x:                   #将不为 x 的元素插入 data 中
            L[k]=L[i]
            k+=1
    L.size=k                           #重置长度为 k
```

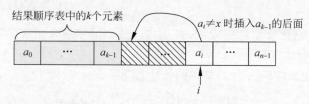

图 2.9 将不为 x 的元素重新插入 L 中

解法 2:对于整数顺序表 L,从头开始遍历 L,用 k 累计当前为止值为 x 的元素个数(初始值为 0),处理当前序号 i 的元素 a_i。

① 若 a_i 是不为 x 的元素,如图 2.10 所示,此时前面有 k 个为 x 的元素,将 a_i 前移 k 个位置,继续处理下一个元素。

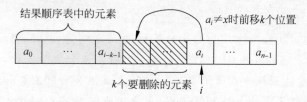

图 2.10 将不为 x 的元素前移 k 个位置

② 若 a_i 是为 x 的元素,直接将 k 增 1(累加为 x 的元素个数),继续处理下一个元素。最后将 L 的长度减少 k。对应的算法如下:

```
def Deletex2(L, x):                    #求解算法 2
    k=0                                #k 用于累计删除的元素个数
    for i in range(L.getsize()):
        if L[i] !=x:                   #将不为 x 的元素前移 k 个位置
            L[i-k]=L[i]
        else:
```

```
        k+=1
   L.size-=k                                      #长度减少k
```

解法3：由解法2延伸出区间划分法，不妨设 $L=(a_0,a_1,\cdots,a_n)$，将 L 划分为两个区间，如图2.11所示，用 $a[0..i]$ 存放不为 x 的元素（称为"不为 x 元素区间"），初始时该区间为空，即 $i=-1$；用 j 从0开始遍历所有元素（$j<n$），$a[i+1..j-1]$ 存放值为 x 的元素（称为"为 x 元素区间"），初始时该区间也为空（因为 $j=0$）。

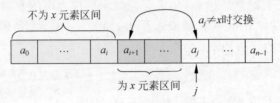

图 2.11　划分为两个区间

① 若 $a[j]\neq x$，它是要保留的元素。此时"为 x 元素区间"的首元素 $a[i+1]$（其值为 x）紧靠着"不为 x 元素区间"，为此将 $a[i+1]$ 与 $a[j]$ 交换，即"不为 x 元素区间"变为 $a[0..i+1]$，"为 x 元素区间"变为 $a[i+1..j]$。其操作是先将 i 增1，$a[j]$ 与 $a[i]$ 进行交换，再将 j 增1继续遍历其余元素。

② 若 $a[j]=x$，它是要删除的元素，将 j 增1（扩大了"删除元素区间"），继续遍历其余元素。

最后将 L 的长度设置为 $i+1$。对应的算法如下：

```
def Deletex3(L, x):                              #求解算法3
    i=-1
    j=0
    while j < L.getsize():                        #j遍历所有元素
        if L[j]!=x:                               #找到不为x的元素a[j]
            i+=1                                  #扩大不为x的区间
            if i!=j: L[i],L[j]=L[j],L[i]          #将序号i和j的两个元素交换
        j+=1                                      #继续扫描
    L.size=i+1                                    #重置长度为i+1
```

上述3个算法的时间复杂度均为 $O(n)$，空间复杂度均为 $O(1)$，都属于高效的算法。

说明：在解法3中将顺序表 L 中的元素分为保留元素和删除元素，分别用前、后两个区间存放，通过重置长度达到删除后者的目的。实际上上述3种解法都具有较好的通用性，只是在不同的问题中保留元素的条件可能不同，需要重点掌握并加以灵活运用。

3. 有序顺序表的算法设计

有序表是指按元素值或者某属性值递增或者递减排列的线性表，有序表是线性表的一个子集。有序顺序表是有序表的顺序存储结构。对于有序表，可以利用其元素的有序性提高相关算法的效率，二路归并就是有序表的一种经典算法。

【例2.4】 有两个按元素值递增有序的整数顺序表 A 和 B，设计一个算法将顺序表 A 和 B 的全部元素合并到一个递增有序顺序表 C 中，并给出算法的时间复杂度和空间复杂度。

解 由于 A 和 B 是两个递增有序的整数顺序表，用 i 遍历 A 的元素，用 j 遍历 B 的元素（i、j 均从0开始）。

扫一扫

视频讲解

① 当两个表均未遍历完时,比较 i 和 j 所指向元素的大小,将较小者添加到结果有序顺序表 C 中,并后移较小者的指针。

② 当两个有序表中有一个尚未遍历完时,其未遍历完的所有元素都是较大的,将它们依次添加到结果有序顺序表 C 中,其过程如图 2.12 所示。

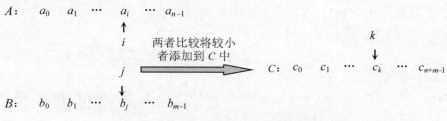

图 2.12 两个有序顺序表的二路归并过程

有序顺序表的二路归并算法如下:

```
def Merge2(A, B):                      # 求解算法
    C = SqList()                       # 新建顺序表 C
    i = j = 0                          # i 用于遍历 A,j 用于遍历 B
    while i < A.getsize() and j < B.getsize():   # 两个表均没有遍历完毕
        if A[i] < B[j]:
            C.Add(A[i])                # 将较小的 A[i] 添加到 C 中即归并 A[i]
            i += 1
        else:
            C.Add(B[j])                # 将较小的 B[j] 添加到 C 中即归并 B[j]
            j += 1
    while i < A.getsize():             # 若 A 没有遍历完毕
        C.Add(A[i])                    # 归并 A[i]
        i += 1
    while j < B.getsize():             # 若 B 没有遍历完毕
        C.Add(B[j])                    # 归并 B[j]
        j += 1
    return C                           # 返回 C
```

在本算法中尽管有多个 while 循环语句,但恰好对顺序表 A、B 中的每个元素均归并一次,所以时间复杂度为 $O(n+m)$,其中 n、m 分别为顺序表 A、B 的长度。该算法中需要在临时顺序表 C 中添加 $n+m$ 个元素,所以算法的空间复杂度也是 $O(n+m)$。

说明:在二路归并中,若两个有序表的长度分别为 n 和 m,算法的时间主要花费在元素的比较上,那么比较次数是多少呢?在最好的情况下,整个归并中仅仅是较长表的第一个元素与较短表的每个元素比较一次,此时元素的比较次数为 $\min(n,m)$(为最少元素比较次数),例如 $A=(1,2,3)$,$B=(4,5,6,7,8)$,只需比较 3 次;在最坏的情况下,这 $n+m$ 个元素均两两比较一次,比较次数为 $n+m-1$(为最多元素比较次数),例如 $A=(1,3,5,7)$,$B=(2,4,6)$,需要比较 6 次。

【**例 2.5**】 一个长度为 $n(n \geqslant 1)$ 的升序序列 S,处在第 $\lceil n/2 \rceil$ 个位置的数称为 S 的中位数。例如,若序列 $S1=(11,13,15,17,19)$,则 $S1$ 的中位数是 15。两个序列的中位数是含它们所有元素的升序序列的中位数。例如,若 $S2=(2,4,6,8,20)$,则 $S1$ 和 $S2$ 的中位数是 11。现有两个等长的升序序列 A 和 B,设计一个在时间和空间两方面都尽可能高效的算法,找出两个序列 A 和 B 的中位数。假设两个升序序列分别采用顺序表 A 和 B 存储,所有元素为整数。

解 两个升序序列分别采用 SqList 对象 A 和 B 存储，它们的元素个数均为 n。若采用二路归并得到含 $2n$ 个元素的升序序列 C，则其中序号为 $n-1$ 的元素就是两个序列的中位数。实际上中位数只有一个元素，没有必要求出整个 C 中的 $2n$ 个元素，为此用 k 累计元素比较的次数（初始为 0），当比较到第 n 次时（即 $k==n$），两个比较的元素中较小的元素就是中位数。对应的算法如下：

```
def Middle(A,B):                              #求解算法
    i=j=k=0
    while i<A.getsize() and j<B.getsize():    #两个有序顺序表均没有扫描完
        k+=1                                  #元素的比较次数增1
        if A[i]<B[j]:                         #A中的当前元素为较小的元素
            if k==A.getsize():                #恰好比较了n次
                return A[i]                   #返回A中的当前元素
            i+=1
        else:                                 #B中的当前元素为较小的元素
            if k==B.getsize():                #恰好比较了n次
                return B[j]                   #返回B中的当前元素
            j+=1
```

上述算法的时间复杂度为 $O(n)$、空间复杂度为 $O(1)$。

2.3 线性表的链式存储结构

线性表中的每个元素最多只有一个前趋元素和一个后继元素，因此可以采用链式存储结构存储。本节讨论链式存储结构及其基本运算的实现过程。

2.3.1 链表

线性表的链式存储结构称为链表。在链表中每个结点不仅包含元素本身的信息（称为属性），而且包含元素之间逻辑关系的信息，即一个结点中包含后继结点的地址信息或者前趋结点的地址信息，称为**指针**属性，这样将可以通过一个结点的指针属性方便地找到后继结点或者前趋结点。

如果每个结点只设置一个指向其后继结点的指针属性，这样的链表称为线性单向链接表，简称**单链表**；如果每个结点中设置两个指针属性，分别用于指向其前趋结点和后继结点，这样的链表称为线性双向链接表，简称**双链表**。无前趋结点或者后继结点的相应指针属性用常量 None 表示。

为了便于在链表中插入和删除结点，通常链表带有一个头结点，并通过头结点指针唯一标识该链表。图 2.13(a) 所示为带头结点的单链表 head，图 2.13(b) 所示为带头结点的双链表 dhead，分别称为 head 单链表和 dhead 双链表。

通常将 p 指向的结点称为 p 结点或者结点 p，头结点为 head 的链表称为 head 链表，头结点中不存放任何数据元素（空表是仅包含头结点的链表），存放序号 0 的元素的结点称为

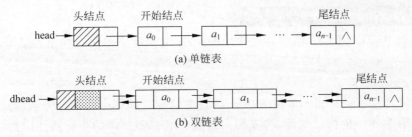

(a) 单链表

(b) 双链表

图 2.13 带头结点的单链表和双链表

开始结点或者首结点,存放终端元素的结点称为终端结点或者尾结点。一般链表的长度不计头结点,仅指其中数据结点的个数。

说明:在 Python 中并不存在指针的概念,这里的指针属性实际上存放的是后继结点或者前趋结点的引用,但为了表述方便仍然采用"指针"一词。

2.3.2 单链表

扫一扫

视频讲解

在单链表中,假定每个结点为 LinkNode 类对象,它包括存储元素的数据属性,这里用 data 表示,还包括存储后继结点的指针属性,这里用 next 表示。LinkNode 类的定义如下:

```
class LinkNode:                          # 单链表结点类
    def __init__(self, data=None):       # 构造方法
        self.data=data                   # data 属性
        self.next=None                   # next 属性
```

设计单链表类为 LinkList(用 LinkList.py 文件存放),其中 head 属性为单链表的头结点,构造方法用于创建这个头结点,并且置 head 结点的 next 为空:

```
class LinkList:                          # 单链表类
    def __init__(self):                  # 构造方法
        self.head=LinkNode()             # 头结点 head
        self.head.next=None
    # 基本运算算法
```

在有些教科书中,在 LinkList 类中增加单链表长度 size 和尾结点指针 tail 属性,这样实现相关基本运算算法的效率更高,例如求长度运算 getsize() 的时间复杂度为 $O(1)$,但同时增加了维护 size 和 tail 的复杂性。这里没有采用该设计方式是为了方便读者更多地体会单链表操作的细节。

说明:一个 LinkList 类对象 L 称为单链表对象,其中头结点为 head,它实际上是指 $L.head$(见图 2.14),读者要注意两者的意义。后面的双链表、循环链表、链栈、链队和链串等都采用相似的方式。

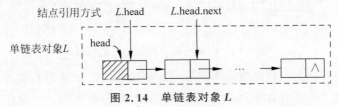

图 2.14 单链表对象 L

1. 插入和删除结点操作

在单链表中，插入和删除结点是最常用的操作，它是建立单链表和相关基本运算算法的基础。

1) 插入结点操作

插入运算是将结点 s 插入单链表中 p 结点的后面。如图 2.15(a)所示，为了插入结点 s，需要修改结点 p 中的指针属性，令其指向结点 s，而结点 s 中的指针属性应指向 p 结点的后继结点，从而实现 3 个结点之间逻辑关系的变化，其过程如图 2.15 所示。

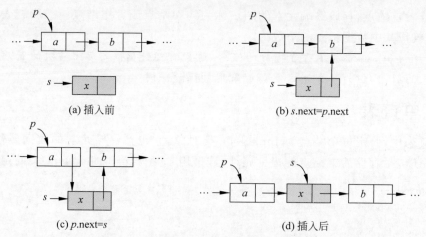

图 2.15　在单链表中插入结点 s 的过程

上述指针修改用 Python 语句描述如下：

```
s.next=p.next
p.next=s
```

注意：这两个语句的顺序不能颠倒，如果先执行 $p.\mathrm{next}=s$ 语句，会找不到指向值为 b 的结点，再执行 $s.\mathrm{next}=p.\mathrm{next}$ 语句，相当于执行 $s.\mathrm{next}=s$，这样插入操作错误。

2) 删除结点操作

删除运算是删除单链表中 p 结点的后继结点，如图 2.16(a)所示，其操作是将 p 结点的 next 修改为其后继结点的后继结点，结果如图 2.16(b)所示。上述指针修改用 Python 语句描述如下：

```
p.next=p.next.next
```

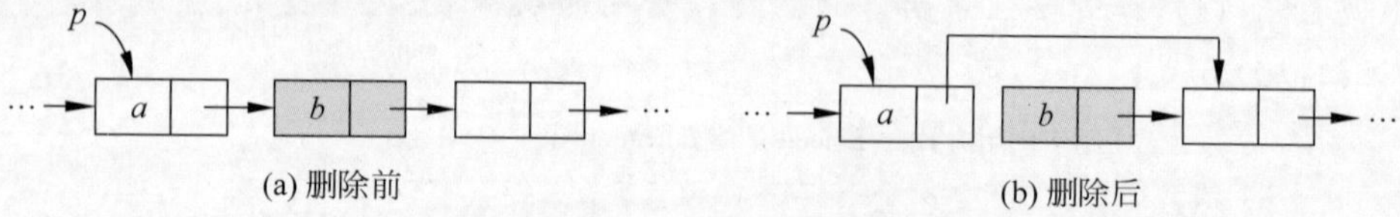

图 2.16　在单链表中删除结点的过程

说明：在单链表中插入和删除一个结点，要先找到插入位置的前趋结点和删除结点的前趋结点。插入操作需要修改两个指针属性，删除操作需要修改一个指针属性。

2. 整体建立单链表

所谓整体建立单链表,就是一次性创建单链表的多个结点,这里通过一个含有 n 个元素的 a 数组来建立单链表。建立单链表的常用方法有以下两种:

1) 采用头插法建表

该方法从一个空表开始,依次读取数组 a 中的元素,生成新结点 s,将读取的数据存放到新结点的数据属性中,然后将新结点 s 插入当前链表的表头,如图 2.17 所示。重复这一过程,直到 a 数组的所有元素读完为止。

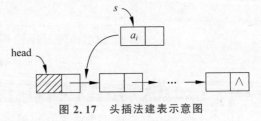

扫一扫

视频讲解

图 2.17　头插法建表示意图

采用头插法建表的算法如下:

```
def CreateListF(self, a):          # 头插法: 由数组 a 整体建立单链表
    for i in range(0, len(a)):     # 循环建立数据结点 s
        s = LinkNode(a[i])         # 新建存放 a[i] 元素的结点 s
        s.next = self.head.next    # 将 s 结点插入开始结点之前、头结点之后
        self.head.next = s
```

本算法的时间复杂度为 $O(n)$,其中 n 为 a 数组中的元素个数。

若数组 a 含 4 个元素 1、2、3 和 4,调用 CreateListF(a) 建立的单链表如图 2.18 所示。从中看到,采用头插法建立的单链表中数据结点的次序与 a 数组中的次序正好相反。

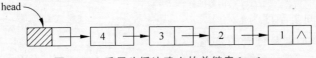

图 2.18　采用头插法建立的单链表 head

2) 采用尾插法建表

采用头插法建立链表虽然算法简单,但生成的链表中结点的次序和原数组元素的次序相反。若希望两者的次序一致,可采用尾插法建立。该方法是将新结点 s 插入当前链表的表尾,为此需要增加一个尾指针 t,使其始终指向当前链表的尾结点,如图 2.19 所示。

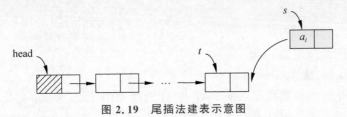

图 2.19　尾插法建表示意图

采用尾插法建表的算法如下:

```
def CreateListR(self, a):          # 尾插法: 由数组 a 整体建立单链表
    t = self.head                  # t 始终指向尾结点, 开始时指向头结点
    for i in range(0, len(a)):     # 循环建立数据结点 s
        s = LinkNode(a[i])         # 新建存放 a[i] 元素的结点 s
        t.next = s                 # 将 s 结点插入 t 结点之后
        t = s
    t.next = None                  # 将尾结点的 next 属性置为空
```

本算法的时间复杂度为 $O(n)$，其中 n 为 a 数组中的元素个数。

若数组 a 包含 4 个元素 1、2、3 和 4，调用 CreateListR(a) 建立的单链表如图 2.20 所示。从中看到，采用尾插法建立的单链表中数据结点的次序与 a 数组中的次序相同。

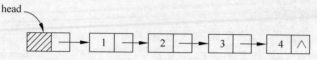

图 2.20　采用尾插法建立的单链表 head

3. 线性表的基本运算在单链表中的实现

在多个基本运算算法中都需要在单链表中查找序号为 i 的结点，为此设计 geti() 方法，其设计思路是先让 p 指向头结点，j 置为 -1，当 $j<i$ 且 p 不为空时循环：j 增 1，p 后移一个结点。当循环结束后返回 p，如果参数 i 大于最大结点序号，则返回 None。对应的算法如下：

```
def geti(self, i):            ♯返回序号为 i 的结点
    p＝self.head
    j＝-1
    while (j < i and p is not None):
        j+＝1
        p＝p.next
    return p
```

上述算法的时间复杂度为 $O(n)$。

1）将元素 e 添加到单链表的末尾：Add(e)

该运算先新建一个存放元素 e 的 s 结点，找到尾结点 p，在 p 结点之后插入 s 结点。对应的算法如下：

```
def Add(self, e):             ♯在单链表的末尾添加一个元素 e
    s＝LinkNode(e)            ♯新建结点 s
    p＝self.head
    while p.next is not None:  ♯查找尾结点 p
        p＝p.next
    p.next＝s                  ♯在尾结点之后插入结点 s
```

本算法的时间复杂度为 $O(n)$。

2）求单链表的长度：getsize()

该运算返回单链表中数据结点的个数，设计思路如图 2.21 所示，先让 p 指向头结点，cnt 置为 0，当 p 结点不是尾结点时循环：cnt 增 1，p 后移一个结点。当循环结束后，p 指向尾结点，cnt 即为数据结点的个数。对应的算法如下：

```
def getsize(self):            ♯返回长度
    p＝self.head
    cnt＝0
    while p.next is not None:  ♯找到尾结点为止
        cnt+＝1
        p＝p.next
    return cnt
```

本算法的时间复杂度为 $O(n)$。

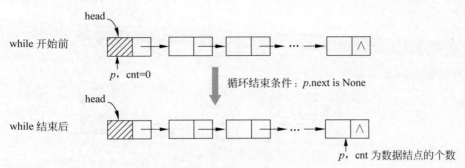

图 2.21 求单链表中数据结点的个数

3) 求单链表中序号 i 的元素值：GetElem(i)

该运算采用__getitem__()方法实现，当序号 i 正确时($0{\leqslant}i{<}n$)，先找到序号 i 的结点 p，然后返回其 data 属性。对应的算法如下：

```
def __getitem__(self,i):              #求序号 i 的元素
    assert i>=0                        #检测参数 i 正确性的断言
    p=self.geti(i)                     #查找序号 i 的结点 p
    assert p is not None               #p 不为空的检测
    return p.data
```

对于单链表对象 L，可以通过 $L[i]$ 调用上述运算获取序号 i 的元素值。该算法的时间复杂度为 $O(n)$。

4) 设置单链表中序号 i 的元素值：SetElem(i,e)

该运算采用__setitem__()方法实现，当序号 i 正确时($0{\leqslant}i{<}n$)，先找到序号 i 的结点 p，然后设其 data 属性为 e。对应的算法如下：

```
def __setitem__(self, i, e):          #设置序号 i 的元素值
    assert i>=0                        #检测参数 i 正确性的断言
    p=self.geti(i)                     #查找序号 i 的结点 p
    assert p is not None               #p 不为空的检测
    p.data=e
```

对于单链表对象 L，可以通过 $L[i]=e$ 调用上述运算将序号 i 的元素值设置为 e。该算法的时间复杂度为 $O(n)$。

5) 求单链表中第一个值为 e 的元素的序号：GetNo(e)

该运算的设计思路如图 2.22 所示，先置 j 为 0，p 指向首结点，当 p 非空且指向的不是 e 结点时将 j 增 1、p 后移一个结点。循环结束时若 p 为空，表示不存在这样的元素，返回 -1，否则表示找到这样的结点，返回其序号 j。对应的算法如下：

```
def GetNo(self,e):                    #查找第一个值为 e 的元素的序号
    j=0
    p=self.head.next
    while p is not None and p.data!=e:
        j+=1                          #查找元素 e
        p=p.next
```

```
if p is None:
    return −1                          ＃未找到时返回−1
else:
    return j                           ＃找到后返回其序号
```

本算法的时间复杂度为 $O(n)$。

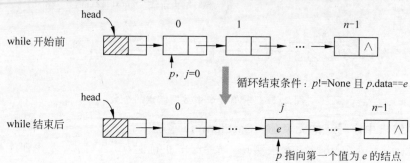

图 2.22　在单链表中查找第一个值为 e 的数据结点

6）在单链表中插入 e 作为第 i 个元素：Insert(i,e)

该运算在参数 i 正确时($0 \leqslant i \leqslant n$)，先新建一个存放元素 e 的结点 s，找到第 $i-1$ 个结点 p，在 p 结点之后插入 s 结点。对应的算法如下：

```
def Insert(self, i, e):                ＃在单链表中序号 i 的位置插入元素 e
    assert i>=0                        ＃检测参数 i 正确性的断言
    s=LinkNode(e)                      ＃建立新结点 s
    p=self.geti(i−1)                   ＃查找序号 i−1 的结点 p
    assert p is not None               ＃p 不为空的检测
    s.next=p.next                      ＃在 p 结点后面插入 s 结点
    p.next=s
```

本算法的时间复杂度为 $O(n)$。

7）在单链表中删除第 i 个数据元素：Delete(i)

该运算在参数 i 正确时($0 \leqslant i \leqslant n-1$)，先找到第 $i-1$ 个结点 p，再删除 p 结点的后继结点。对应的算法如下：

```
def Delete(self,i):                    ＃在单链表中删除序号 i 位置的元素
    assert i>=0                        ＃检测参数 i 正确性的断言
    p=self.geti(i−1)                   ＃查找序号 i−1 的结点 p
    assert p!=None and p.next is not None    ＃p 和 p.next 不为空的检测
    p.next=p.next.next                 ＃删除 p 结点的后继结点
```

本算法的时间复杂度为 $O(n)$。

8）输出单链表的所有元素：display()

该运算是依次遍历单链表中的各数据结点并输出结点值。对应的算法如下：

```
def display(self):                     ＃输出单链表
    p=self.head.next
    while p is not None:
        print(p.data,end=' ')
        p=p.next
    print()
```

本算法的时间复杂度为 $O(n)$。

2.3.3 单链表的应用算法设计示例

本节的示例均采用单链表 LinkList 对象 L 存储线性表,利用单链表的基本操作设计满足示例需要的算法。

扫一扫

视频讲解

1. 基于单链表基本操作的算法设计

在这类算法设计中主要包括单链表结点的查找、插入和删除等基本操作。

【例 2.6】 有一个长度大于 2 的整数单链表 L,设计一个算法查找 L 的中间位置的元素。例如,$L=(1,2,3)$,返回元素为 2;$L=(1,2,3,4)$,返回元素为 2。

解 针对长度大于 2 的整数单链表 L 求中间位置的元素,下面给出两种解法。

计数法:计算出 L 的长度 n,假设首结点的编号为 1,则满足题目要求的结点的编号为 $(n-1)/2+1$(这里的除法为整除)。置 $j=1$,指针 p 指向首结点,让其后移 $(n-1)/2$ 结点即可。对应的算法如下:

```
def Middle1(L):                          # 求解算法 1
    j=1
    n=L.getsize()
    p=L.head.next                        # p 指向首结点
    while j<=(n-1)//2:                    # 找中间位置的 p 结点
        j+=1
        p=p.next
    return p.data
```

快慢指针法:设置快慢指针 fast 和 slow,首先均指向首结点,当 fast 结点后面至少存在两个结点时,让慢指针 slow 每次后移一个结点,让快指针 fast 每次后移两个结点,否则 slow 指向的结点就是满足题目要求的结点。对应的算法如下:

```
def Middle2(L):                          # 求解算法 2
    slow=L.head.next
    fast=L.head.next                     # 均指向首结点
    while fast!=None and fast.next!=None and fast.next.next!=None:
        slow=slow.next                   # 慢指针每次后移一个结点
        fast=fast.next.next              # 快指针每次后移两个结点
    return slow.data
```

尽管上述两个算法的时间复杂度都是 $O(n)$,但前一种解法遍历整个单链表 1.5 趟(调用 getsize() 计一趟),而后一种解法遍历整个单链表一趟,后者效率更高。

【例 2.7】 有一个整数单链表 L,其中可能存在多个值相同的结点,设计一个算法查找 L 中最大值结点的个数。

解 先遍历单链表 L 的所有数据结点,求出其中的最大结点值 maxe,再遍历 L 的所有数据结点,累计其中结点值为 maxe 的结点个数 cnt,最后返回 cnt。

该方法需要遍历 L 两趟,可以改为仅遍历一趟,先让 p 指向首结点,用 maxe 记录首结点值,将其看成最大值结点,cnt 置为 1。按以下方式循环,直到 p 指向尾结点为止:

① 若 p.next.data > maxe,将 p.next 看成新的最大值结点,置 maxe=p.next.data,cnt=1。

② 若 p.next.data=maxe,maxe 仍为最大结点值,将 cnt 增 1。

③ p 后移一个结点。

最后返回的 cnt 即为最大值结点个数。对应的算法如下：

```
def Maxcount(L):                            #求解算法
    cnt=1
    p=L.head.next                           #p指向首结点
    maxe=p.data                             #maxe置为首结点值
    while p.next!=None:                      #循环到p结点为尾结点
        if p.next.data>maxe:                 #找到更大的结点
            maxe=p.next.data
            cnt=1
        elif p.next.data==maxe:              #p结点为当前最大值结点
            cnt+=1
        p=p.next
    return cnt
```

本算法的时间复杂度为 $O(n)$，空间复杂度为 $O(1)$。

【例 2.8】 有一个整数单链表 L，其中可能存在多个值相同的结点，设计一个算法删除 L 中所有的最大值结点。

解 先遍历 L 的所有结点，求出最大结点值 maxe，再遍历一次删除所有值为 maxe 的结点，在删除中通过（pre，p）一对指针指向相邻的两个结点，若 p.data==maxe，再通过 pre 结点删除 p 结点。对应的算法如下：

```
def Delmaxnodes(L):                         #求解算法
    p=L.head.next                           #p指向首结点
    maxe=p.data                             #maxe置为首结点值
    while p.next!=None:                      #从第2个结点开始找最大结点值maxe
        if p.next.data>maxe:
            maxe=p.next.data
        p=p.next
    pre=L.head                              #pre指向头结点
    p=pre.next                              #p指向pre的后继结点
    while p!=None:                          #p遍历所有结点
        if p.data==maxe:                    #p结点为最大值结点
            pre.next=p.next                 #删除p结点
            p=pre.next                      #让p指向pre的后继结点
        else:
            pre=pre.next                    #pre后移一个结点(或pre=p)
            p=pre.next                      #让p指向pre的后继结点
```

说明：本例不能像例 2.7 那样只需要遍历单链表一趟，因为仅遍历单链表一趟无法确定哪些结点是应删除的结点。

2. 基于整体建立单链表的算法设计

这类算法设计主要以整体建立单链表的两种方法为基础，根据求解问题的需要采用头插法或者尾插法。

【例 2.9】 有一个整数单链表 L，设计一个算法逆置 L 中的所有结点。例如 $L=(1,2,3,4,5)$，逆置后 $L=(5,4,3,2,1)$。

解 采用头插法建表的思路，先让 p 指向整数单链表 L 的首结点，置 L 为空单链表，然后遍历 L 的其余数据结点，将 p 结点插入单链表 L 的头部。对应的算法如下：

扫一扫

视频讲解

```
def Reverse(L):                          # 求解算法
    p=L.head.next                        #p 指向首结点
    L.head.next=None                     # 将 L 置为一个空表
    while p!=None:
        q=p.next                         #q 临时保存 p 结点的后继结点
        p.next=L.head.next               # 将 p 结点插入表头
        L.head.next=p
        p=q
```

本算法的时间复杂度为 $O(n)$，空间复杂度为 $O(1)$。

【例 2.10】　有一个含 $2n$ 个整数的单链表 $L=(a_0,b_0,a_1,b_1,\cdots,a_{n-1},b_{n-1})$，设计一个算法将其拆分成两个带头结点的单链表 A 和 B，其中 $A=(a_0,a_1,\cdots,a_{n-1})$，$B=(b_{n-1},b_{n-2},\cdots,b_0)$。

解　本题利用原单链表 L 中的所有数据结点通过改变指针属性重新组成两个单链表 A 和 B。由于 A 中结点的相对顺序与 L 中的相同，所以采用尾插法建立单链表 A；由于 B 中结点的相对顺序与 L 中的相反，所以采用头插法建立单链表 B，如图 2.23 所示。

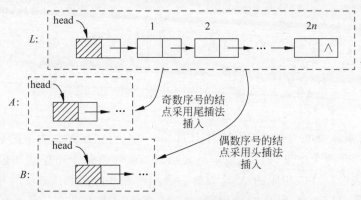

图 2.23　将 L 拆分成两个单链表 A 和 B

对应的算法如下：

```
def Split(L,A,B):                        # 求解算法
    p=L.head.next                        #p 指向 L 的首结点
    t=A.head                             #t 始终指向 A 的尾结点
    while p!=None:                       # 遍历 L 的所有数据结点
        t.next=p
        t=p                              # 采用尾插法建立 A
        p=p.next                         #p 后移一个结点
        if p!=None:
            q=p.next                     # 临时保存 p 结点的后继结点
            p.next=B.head.next           # 采用头插法建立 B
            B.head.next=p
            p=q                          #p 指向 q 结点
    t.next=None                          # 尾结点的 next 置空
```

本算法的时间复杂度为 $O(n)$，空间复杂度为 $O(1)$。

3. 有序单链表的算法设计

有序单链表是有序表的单链表存储结构，如同有序顺序表一样可以利用二路归并方法

扫一扫

视频讲解

提高相关算法的效率。

【例 2.11】 有两个递增有序整数单链表 A 和 B，设计一个算法采用二路归并方法将 A 和 B 的所有数据结点合并到递增有序单链表 C 中，要求算法的空间复杂度为 $O(1)$。

解 采用二路归并思路，由于要求算法的空间复杂度为 $O(1)$，所以不能采用复制结点的方法，只能将 A 和 B 中的结点重组来建立单链表 C（这样算法执行后单链表 A 和 B 不复存在），而建立单链表 C 的过程采用尾插法。有序单链表的二路归并算法如下：

```
def Merge2(A,B):                          # 求解算法
    p=A.head.next                         # p 指向 A 的首结点
    q=B.head.next                         # q 指向 B 的首结点
    C=LinkList()                          # 新建单链表 C
    t=C.head                              # t 为 C 的尾结点
    while p!=None and q!=None:            # 两个单链表都没有遍历完
        if p.data<q.data:                 # 将较小结点 p 链接到 C 的末尾
            t.next=p
            t=p
            p=p.next
        else:                             # 将较小结点 q 链接到 C 的末尾
            t.next=q
            t=q
            q=q.next
    t.next=None                           # 尾结点的 next 置空
    if p!=None: t.next=p
    if q!=None: t.next=q
    return C
```

本算法的时间复杂度为 $O(m+n)$，其中 m、n 分别为 A、B 单链表中的数据结点个数。

【例 2.12】 有两个递增有序整数单链表 A 和 B，假设每个单链表中没有值相同的结点，但两个单链表中存在值相同的结点，设计一个尽可能高效的算法建立一个新的递增有序整数单链表 C，其中包含 A 和 B 中值相同的结点，要求算法执行后不改变单链表 A 和 B。

解 采用二路归并＋尾插法新建单链表 C 的思路，由于要求算法执行后不改变单链表 A 和 B，所以单链表 C 的每个结点都是通过复制新建的，如图 2.24 所示。对应的算法如下：

```
def Commnodes(A,B):                       # 求解算法
    p=A.head.next                         # p 指向 A 的首结点
    q=B.head.next                         # q 指向 B 的首结点
    C=LinkList()                          # 新建单链表 C
    t=C.head                              # t 为 C 的尾结点
    while p!=None and q!=None:            # 两个单链表都没有遍历完
        if p.data<q.data:                 # 跳过较小的 p 结点
            p=p.next
        elif q.data<p.data:               # 跳过较小的 q 结点
            q=q.next
        else:                             # p 结点和 q 结点的值相同
            s=LinkNode(p.data)            # 新建 s 结点
            t.next=s
            t=s                           # 将 s 结点链接到 C 的末尾
            p=p.next
            q=q.next
    t.next=None                           # 尾结点的 next 置空
    return C
```

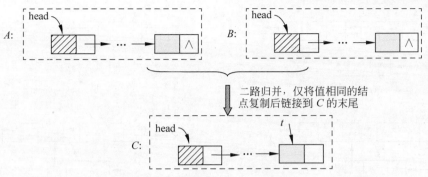

图 2.24　建立新单链表 C 的过程

本算法的时间复杂度为 $O(m+n)$，空间复杂度为 $O(\min(m,n))$，其中 m、n 分别为 A、B 单链表中的数据结点个数，$\min()$ 为取最小值方法。

2.3.4　双链表

与单链表的结点类型定义类似，双链表中的结点类型 DLinkNode 定义如下：

```
class DLinkNode:                         # 双链表结点类
    def __init__(self, data=None):       # 构造方法
        self.data = data                 # data 属性
        self.next = None                 # next 属性
        self.prior = None                # prior 属性
```

双链表类 DLinkList（用 DLinkList.py 文件存放）包含双链表的基本运算方法，其中 dhead 域为双链表的头结点：

```
class DLinkList:                         # 双链表类
    def __init__(self):                  # 构造方法
        self.dhead = DLinkNode()         # 头结点 dhead
        self.dhead.next = None
        self.dhead.prior = None
    # 基本运算算法
```

双链表中的每个结点有两个指针属性，一个指向其后继结点，另一个指向其前趋结点，因此与单链表相比，在双链表中访问一个结点的前、后相邻结点更方便。

和单链表一样，这里的双链表也是由头结点 dhead 唯一标识的。

1. 插入和删除结点操作

在双链表中插入和删除结点是最基本的操作，这是双链表算法设计的基础。

1）插入结点操作

假设在双链表中的 p 结点之后插入一个 s 结点，插入过程如图 2.25 所示，共涉及 4 个指针属性的变化。

其操作语句描述如下：

```
s.next = p.next
p.next.prior = s
s.prior = p
p.next = s
```

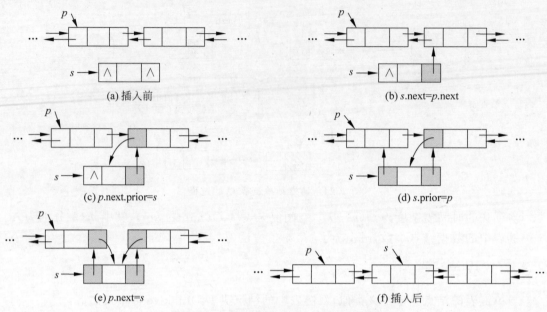

(a) 插入前

(b) s.next=p.next

(c) p.next.prior=s

(d) s.prior=p

(e) p.next=s

(f) 插入后

图 2.25　在双链表中插入结点的过程

说明：当在双链表中的 p 结点之后插入 s 结点时，p 结点是直接给定的，而 p 结点的后继结点是间接找到的，一般先做间接找到结点的相关操作，后做直接给定结点的相关操作，例如 $p.\text{next}=s$ 总是放在前两个语句之后执行。

2）删除结点操作

假设删除双链表中的 p 结点，删除过程如图 2.26 所示，共涉及两个指针属性的变化。

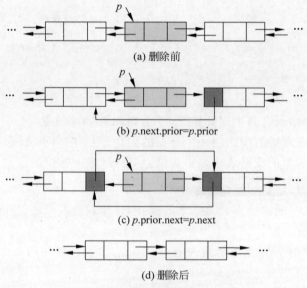

(a) 删除前

(b) p.next.prior=p.prior

(c) p.prior.next=p.next

(d) 删除后

图 2.26　在双链表中删除结点的过程

其操作语句描述如下：

```
p.next.prior = p.prior
p.prior.next = p.next
```

2. 整体建立双链表

整体建立双链表是由一个数组的所有元素创建一个双链表，和整体建立单链表一样，也有头插法和尾插法两种方法。

1）头插法建表

与头插法建立单链表的过程相似，每次都是将新结点 s 插入表头，这里仅改为按双链表方式插入结点。对应的算法如下：

扫一扫

视频讲解

```
def CreateListF(self, a):              # 头插法：由数组 a 整体建立双链表
    for i in range(0,len(a)):          # 循环建立数据结点 s
        s=DLinkNode(a[i])              # 新建存放 a[i] 元素的结点 s，将其插入表头
        s.next=self.dhead.next         # 修改 s 结点的 next 属性
        if self.dhead.next!=None:      # 修改头结点的非空后继结点的 prior
            self.dhead.next.prior=s
        self.dhead.next=s              # 修改头结点的 next
        s.prior=self.dhead             # 修改 s 结点的 prior
```

2）尾插法建表

与尾插法建立单链表的过程相似，每次都是将新结点 s 链接在表尾，这里仅改为按双链表方式插入结点。对应的算法如下：

```
def CreateListR(self, a):              # 尾插法：由数组 a 整体建立双链表
    t=self.dhead                       # t 始终指向尾结点，开始时指向头结点
    for i in range(0,len(a)):          # 循环建立数据结点 s
        s=DLinkNode(a[i])              # 新建存放 a[i] 元素的结点 s
        t.next=s                       # 将 s 结点插入 t 结点之后
        s.prior=t
        t=s
    t.next=None                        # 将尾结点的 next 属性置为 None
```

上述两个建立双链表的算法的时间复杂度均为 $O(n)$，空间复杂度均为 $O(n)$。

3. 线性表的基本运算在双链表中的实现

扫一扫

视频讲解

在双链表中，许多运算算法（例如查找序号为 i 的结点、求长度、取元素值和查找元素等）与单链表中的相应算法是相同的，这里不做详述，但涉及结点插入和删除操作的算法需要改为按双链表的方式进行结点的插入和删除。

在双链表 dhead 中序号 i 的位置插入值为 e 的结点的算法如下：

```
def Insert(self, i, e):                # 在双链表中序号 i 的位置插入元素 e
    assert i>=0                        # 检测参数 i 正确性的断言
    s=DLinkNode(e)                     # 建立新结点 s
    p=self.geti(i-1)                   # 查找序号 i-1 的结点 p
    assert p is not None               # p 不为空的检测
    s.next=p.next                      # 修改 s 结点的 next 属性
    if p.next!=None:                   # 修改 p 结点的非空后继结点的 prior 属性
        p.next.prior=s
    p.next=s                           # 修改 p 结点的 next 属性
    s.prior=p                          # 修改 s 结点的 prior 属性
```

说明：上述算法是建立新结点 s，先在双链表中找到序号 $i-1$ 的结点 p（找插入结点的前趋结点），再在 p 结点之后插入 s 结点（即在前趋结点之后插入新结点）；也可以在双链表

中找到序号 i 的结点 p（找插入结点的后继结点），再在 p 结点之前插入 s 结点（即在后继结点之前插入新结点）。

在双链表 dhead 中删除序号 i 的结点的算法如下：

```
def Delete(self, i):                  # 在双链表中删除序号 i 位置的元素
    assert i >= 0                     # 检测参数 i 正确性的断言
    p = self.geti(i)                  # 查找序号 i 的结点 p
    assert p is not None              # p 不为空的检测
    p.prior.next = p.next             # 修改 p 结点的前趋结点的 next
    if p.next != None:                # 修改 p 结点的非空后继结点的 prior
        p.next.prior = p.prior
```

说明：上述算法是先在双链表中找到序号 i 的结点 p，再通过 p 结点的前趋和后继结点删除 p 结点；也可以找到序号 $i-1$ 的结点 p（找删除结点的前趋结点），再删除其后继结点。

上述两个算法的时间复杂度均为 $O(n)$。

扫一扫

视频讲解

2.3.5　双链表的应用算法设计示例

本节的示例均采用双链表 DLinkList 对象 L 存储线性表，利用双链表的基本操作设计满足示例需要的算法。

【例 2.13】　设计一个算法，删除整数双链表 L 中第一个值为 x 的结点，若不存在值为 x 的结点，则不做任何改变。

解　用 p 遍历双链表 L 的数据结点并查找第一个值为 x 的结点，若找到这样的结点 p，通过其前后结点删除 p 结点。对应的算法如下：

```
def Delx(L, x):                       # 求解算法
    p = L.dhead.next                  # p 指向首结点
    while p != None and p.data != x:  # 查找第一个值为 x 的结点 p
        p = p.next
    if p != None:                     # 找到了值为 x 的结点 p
        p.prior.next = p.next         # 删除 p 结点
        if p.next != None:
            p.next.prior = p.prior
```

说明：在单链表中删除一个结点需要找到其前趋结点，而在双链表中删除一个结点不必找到其前趋结点，只需要找到要删除的结点即可实施删除操作。

【例 2.14】　设计一个算法，将整数双链表 L 中最后一个值为 x 的结点与其前趋结点交换，若不存在值为 x 的结点或者该结点是首结点，则不做任何改变。

解　先置 q 为空，通过 p 遍历双链表 L 的所有数据结点查找最后一个值为 x 的结点 q。若 q 为 None 或者结点 q 为首结点，直接返回，否则让 pre 指向 q 结点的前趋结点，删除 q 结点，再将 q 结点插入 pre 结点之前。对应的算法如下：

```
def Swap(L, x):                       # 求解算法
    p = L.dhead.next                  # p 指向首结点
    q = None
    while p != None:                  # 查找最后一个值为 x 的结点
```

```
        if p.data==x:q=p
        p=p.next
    if q==None or L.dhead.next==q:                    ♯不存在 x 结点或者该结点是首结点
        return                                         ♯直接返回
    else:                                              ♯找到了这样的结点 q
        pre=q.prior
        pre.next=q.next                                ♯删除 q 结点
        if q.next!=None:
            q.next.prior=pre
        pre.prior.next=q                               ♯将 q 结点插入 pre 结点之前
        q.prior=pre.prior
        pre.prior=q
        q.next=pre
```

2.3.6　循环链表

循环链表是另一种形式的链式存储结构,分为循环单链表和循环双链表两种形式,它们分别是从单链表和双链表变化而来的。

1. 循环单链表

带头结点 head 的循环单链表如图 2.27 所示,表中尾结点的 next 指针属性不再是空,而是指向头结点,从而整个链表形成一个首尾相接的环。

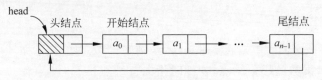

图 2.27　循环单链表 head

循环单链表的特点是从表中任一结点出发都可以找到其他结点,与单链表相比,无须增加存储空间,仅对链接方式稍做修改,即可使得表处理更加方便、灵活。在默认情况下,循环单链表也是通过头结点 head 标识的。

循环单链表中的结点类型与非循环单链表中的结点类型相同,仍为 LinkNode,循环单链表类 CLinkList 定义如下:

```
class CLinkList:                                       ♯循环单链表类
    def __init__(self):                                ♯构造方法
        self.head=LinkNode()                           ♯头结点 head
        self.head.next=self.head                       ♯构成循环单链表
    ♯线性表的基本运算算法
```

循环单链表的插入和删除结点操作与非循环单链表的相同,所以两者的许多基本运算算法是相似的,主要区别如下:

① 初始只有头结点 head,在循环单链表的构造方法中需要通过 head.next=head 语句置为空表。

② 循环单链表中涉及查找操作时需要修改表尾判断的条件,例如用 p 遍历时,尾结点满足的条件是 p.next==head 而不是 p.next==None。

【例 2.15】 有一个整数循环单链表 L,设计一个算法求值为 x 的结点个数。

解 用 p 遍历整个循环单链表 L 的数据结点，用 cnt 累计 data 属性值为 x 的结点个数（初始为 0），最后返回 cnt。对应的算法如下：

```
def Count(L, x):                    # 求解算法
    cnt=0                           # cnt 置为 0
    p=L.head.next                   # 首先 p 指向首结点
    while p!=L.head:                # 遍历循环单链表
        if p.data==x: cnt+=1        # 找到一个值为 x 的结点,cnt 增 1
        p=p.next                    # p 后移一个结点
    return cnt
```

视频讲解

【例 2.16】 编写一个程序求解约瑟夫(Joseph)问题。有 $n(n>3)$ 个小孩围成一圈，给他们从 1 开始依次编号，从编号为 1 的小孩开始报数，报 $m(m>1)$ 的小孩出列，然后从出列的下一个小孩重新开始报数，报 m 的小孩又出列，如此反复，直到所有的小孩全部出列为止，求整个出列序列。例如当 $n=6$、$m=5$ 时的出列序列是 $5,4,6,2,3,1$。

解 该问题的求解过程如下。

❑ **设计存储结构**

本题采用不带头结点的循环单链表存放小孩圈，其结点类如下：

```
class Child:                        # 结点类型
    def __init__(self,no1):         # 构造方法
        self.no=no1                 # 编号的 no 属性
        self.next=None              # next 属性
```

依本题操作，小孩圈循环单链表不带头结点，例如 $n=6$ 时的初始循环单链表如图 2.28(a) 所示，first 指向开始报数的小孩结点，初始时指向首结点。

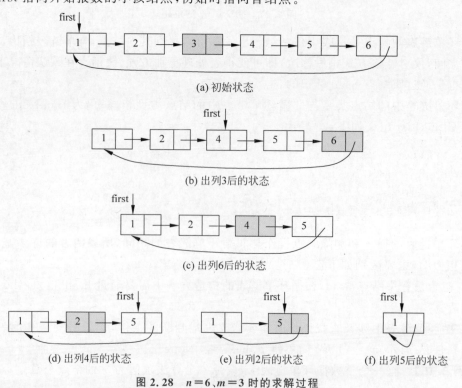

图 2.28　$n=6$、$m=3$ 时的求解过程

□ **设计运算算法**

设计一个求解约瑟夫问题的 Joseph 类，其中包含 n、m 整型属性和首结点指针 first 属性。构造方法用于建立有 n 个结点的不带头结点的循环单链表 first，Jsequence()方法用于产生约瑟夫序列的字符串。Joseph 类的完整代码如下：

```
class Joseph:                           #求解约瑟夫问题类
    def __init__(self, n1, m1):         #构造方法
        self.n=n1
        self.m=m1
        self.first=Child(1)             #循环单链表的首结点
        t=self.first
        for i in range(2, self.n+1):
            p=Child(i)                  #建立一个编号为 i 的新结点 p
            t.next=p                     #将 p 结点链接到末尾
            t=p
        t.next=self.first               #构成一个首结点为 first 的循环单链表

    def Jsequence(self):                #求约瑟夫序列
        for i in range(1, self.n+1):    #共出列 n 个小孩
            p=self.first
            j=1
            while j < self.m-1:         #从 first 结点开始报数,报到第 m−1 个结点
                j+=1                     #报数递增
                p=p.next                 #移到下一个结点
            q=p.next                     #q 指向第 m 个结点
            print(q.no, end=' ')         #该结点的小孩出列
            p.next=q.next                #删除 q 结点
            self.first=p.next            #从下一个结点重新开始
        print()
```

说明：本题中规定 $m>1$，如果允许 $m=1$，则需要修改上述 Jsequence()算法对 $m=1$ 的特殊情况单独处理。

□ **设计主程序**

设计如下代码求解一个约瑟夫序列：

```
n=6
m=3
L=Joseph(n, m)
print("n=%d, m=%d 的约瑟夫序列:" %(n, m))
L.Jsequence()
```

□ **程序执行结果**

本程序的执行结果如下：

```
n=6, m=3 的约瑟夫序列:
3 6 4 2 5 1
```

该约瑟夫问题的求解过程如图 2.28(b)～(f)所示，最后出列编号为 1 的小孩。

2. 循环双链表

循环双链表如图 2.29 所示，尾结点的 next 指针属性指向头结点，头结点的 prior 指针属性指向尾结点。其特点是整个链表形成两个环，由此从表中任一结点出发均可找到其他

视频讲解

结点,最突出的优点是通过头结点在 $O(1)$ 时间内找到尾结点。在默认情况下,循环双链表也是通过头结点 dhead 标识的。

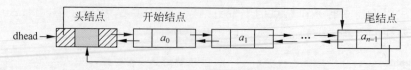

图 2.29　循环双链表 dhead

循环双链表中的结点类型与非循环双链表中的结点类型相同,仍为 DLinkNode,循环双链表类 CDLinkList 定义如下:

```
class CDLinkList:                              # 循环双链表类
    def __init__(self):                        # 构造方法
        self.dhead = DLinkNode()               # 头结点 dhead
        self.dhead.next = self.dhead
        self.dhead.prior = self.dhead
    # 线性表的基本运算算法
```

循环双链表的插入和删除结点操作与非循环双链表的相同,所以两者的许多基本运算算法是相似的,主要区别如下:

① 初始只有头结点 dhead,在循环双链表的构造方法中需要通过 dhead. prior = dhead 和 dhead. next = dhead 两个语句置为空表。

② 循环双链表中涉及查找操作时需要修改表尾判断的条件,例如用 p 遍历时,尾结点满足的条件是 $p.\text{next} == \text{dhead}$ 而不是 $p.\text{next} == \text{None}$。

【例 2.17】　有两个循环双链表 A 和 B,其元素分别为 $(a_0, a_1, \cdots, a_{n-1})$ 和 $(b_0, b_1, \cdots, b_{m-1})$,其中 n、m 均大于 1。设计一个算法将 B 合并到 A 之后,即 A 变为 $(a_0, a_1, \cdots, a_{n-1}, b_0, b_1, \cdots, b_{m-1})$,合并后 A 仍为循环双链表,并分析算法的时间复杂度。

解　用 ta 指向 A 的尾结点,用 tb 指向 B 的尾结点,将 ta 结点的后继结点改为 B 的首结点,最后通过 tb 结点将其改为循环双链表。对应的算法如下:

```
def Comb(A, B):                    # 求解算法
    ta = A.dhead.prior             # ta 指向 A 的尾结点
    tb = B.dhead.prior             # tb 指向 B 的尾结点
    ta.next = B.dhead.next         # 尾首相连
    B.dhead.next.prior = ta
    tb.next = A.dhead
    A.dhead.prior = tb
    return A
```

本算法的时间复杂度为 $O(1)$。

【例 2.18】　有一个带头结点的循环双链表 L,其结点的 data 属性值为整数,设计一个算法判断其所有元素是否对称。如果从前向后读和从后向前读得到的数据序列相同,表示是对称的;否则不是对称的。

解　用 flag 表示循环双链表 L 是否对称(初始时为 True),用 p 从左向右扫描 L,用 q 从右向左扫描 L,然后在 flag 为真时循环。若 p、q 所指结点值不相等,则置 flag 为 False,退出循环并且返回 flag;否则继续比较,直到 $p == q$(数据结点个数为奇数的情况,如

图 2.30(a)所示)或者 $p==q.prior$(数据结点个数为偶数的情况,如图 2.30(b)所示)为止,此时会返回 True。

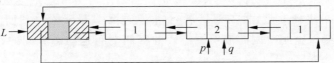

(a) 结点个数为奇数,结束条件为 $p==q$

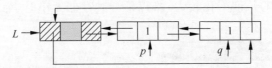

(b) 结点个数为偶数,结束条件为 $p==q.prior$ 或者 $p.next==q$

图 2.30　判断循环双链表是否对称

对应的算法如下:

```
def Symm(L):                              # 求解算法
    flag=True                             # flag 表示 L 是否对称,初始时为真
    p=L.dhead.next                        # p 指向首结点
    q=L.dhead.prior                       # q 指向尾结点
    while flag:
        if p.data!=q.data:                # 对应结点值不相同,置 flag 为假
            flag=False
        else:
            if p==q or p==q.prior: break
            q=q.prior                     # q 前移一个结点
            p=p.next                      # p 后移一个结点
    return flag
```

该算法利用循环双链表 L 的特点,即通过头结点可以直接找到尾结点,然后进行结点值的比较来判断 L 的对称性。如果改为非循环双链表,需要通过遍历找到尾结点,显然不如循环双链表的性能好。

2.4　顺序表和链表的比较

前面介绍了线性表的两种存储结构——顺序表和链表,它们各有所长,在实际应用中究竟选择哪一种存储结构呢? 这需要根据具体问题的要求和性质来决定,通常考虑空间和时间两个方面。

1. 基于空间的考虑

扫一扫

视频讲解

对于一种存储结构,通常用一个结点存储一个逻辑元素,其中数据量占用的存储量与整个结点的存储量之比称为存储密度,即

$$存储密度=\frac{结点中数据本身占用的存储量}{整个结点占用的存储量}$$

一般地,存储密度越大,存储空间的利用率就越高。显然,顺序表的存储密度为 1,而链表的存储密度小于 1。例如,若单链表的结点值为整数,假设指针属性所占的空间和整数相

同，则单链表的存储密度为 50%。仅从存储密度看，顺序表的存储空间利用率高。

另外，顺序表需要预先分配初始空间，所有数据占用一整片地址连续的内存空间，如果分配的空间过小，易出现上溢出，需要扩展空间，会导致大量元素移动而降低效率；如果分配的空间过大，会导致空间空闲而浪费。链表的存储空间是动态分配的，只要内存有空闲，就不会出现上溢出。

所以，当线性表的长度变化不大，易于事先确定时，为了节省存储空间，宜采用顺序表作为存储结构；当线性表的长度变化较大，难以估计其存储大小时，为了节省存储空间，可采用链表作为存储结构。

2. 基于时间的考虑

顺序表具有随机存取特性，即给定序号查找对应的元素值的时间为 $O(1)$；而链表不具有随机存取特性，只能顺序访问，给定序号查找对应的元素值的时间为 $O(n)$。

在顺序表中插入和删除操作平均需要移动半个表的元素；而在链表中插入和删除操作仅需要修改相关结点的指针属性，不必移动结点。

所以，若线性表的运算主要是查找，很少做插入和删除操作，宜采用顺序表作为存储结构；若频繁地做插入和删除操作，宜采用链表作为存储结构。

2.5　线性表的应用——两个多项式相加

本节通过实现求解两个多项式相加问题的示例介绍线性表的应用。

2.5.1　问题描述

假设一个多项式的形式为 $p(x)=c_1 x^{e_1}+c_2 x^{e_2}+\cdots+c_m x^{e_m}$，其中 $e_i(1{\leqslant}i{\leqslant}m)$ 为整数类型的指数，并且没有相同指数的多项式项，$c_i(1{\leqslant}i{\leqslant}m)$ 为实数类型的系数。编写求两个多项式相加的程序，两个多项式的数据分别存放在 abc1.in 和 abc2.in 文本文件中，要求相加的结果多项式的数据存放在 abc.out 文本文件中。

例如，3 个文件的数据如图 2.31 所示，其中 abc1.in 文件数据对应的多项式为 $p(x)=$

```
abc1.in 文件
4
2 3
3.2 5
-6 1
10 0
```

```
abc2.in 文件
6
6 1
1.8 5
-2 3
1 2
-2.5 4
-5 0
```

abc.out 文件

```
第 1 个多项式：  [[2.0, 3], [3.2, 5], [-6.0, 1], [10.0, 0]]
排序后结果：    [[3.2, 5], [2.0, 3], [-6.0, 1], [10.0, 0]]
第 2 个多项式：  [[6.0, 1], [1.8, 5], [-2.0, 3], [1.0, 2], [-2.5, 4], [-5.0, 0]]
排序后结果：    [[1.8, 5], [-2.5, 4], [-2.0, 3], [1.0, 2], [6.0, 1], [-5.0, 0]]
相加多项式：    [[5.0, 5], [-2.5, 4], [1.0, 2], [5.0, 0]]
```

图 2.31　3 个文件的数据

$2x^3+3.2x^5-6x+10$（含 4 个多项式项），abc2.in 文件数据对应的多项式为 $q(x)=6x+1.8x^5-2x^3+x^2-2.5x^4-5$（含 6 个多项式项），abc.out 文件数据包含相加过程和结果多项式 $r(x)=p(x)+q(x)=5x^5-2.5x^4+x^2+5$。

一个多项式由若干个 $c_i x^{e_i}$（$1 \leqslant i \leqslant m$）多项式项组成，这些多项式项之间构成一种线性关系，所以一个多项式可以看成由多个多项式项组成的线性表。在本问题中多项式是最基本的数据结构，假设多项式项的数据类型为 PolyElem，定义多项式抽象数据类型 PolyClass 如下：

```
ADT PolyClass {                              # 多项式抽象数据类型
    数据对象:
        PolyElem={(c_i,e_i) | 1≤i≤n,c_i∈float,e_i∈int}
    数据关系:
        r={<x_i,y_i> | x_i,y_i∈PolyElem,i=1,···,n-1}
    基本运算:
        Add(e): 将多项式项 e 添加到末尾。
        CreateList(fname): 从 fname 文件中读取数据建立多项式。
        getsize(): 返回多项式的项数。
        getitem(i): 返回序号 i 的多项式项。
        getdata(): 返回多项式。
        Sort(): 对多项式按指数递减排序。
        PolyAdd(B): 返回当前多项式与多项式 B 的相加结果。
}
```

2.5.2 问题求解

在求解时首先设计多项式的存储结构，再设计相关的基本运算算法。由于一个多项式是由若干多项式项组成的线性表，可以采用顺序存储结构或者链式存储结构，下面讨论采用顺序存储结构实现的过程（采用链式存储结构实现的原理与之类似）。

❑ 设计顺序存储结构

每个多项式项用一个列表 $[c_i,e_i]$（其中 c_i 为系数，e_i 为指数）存储，一个多项式顺序表用元素为列表 $[c_i,e_i]$ 的列表 data 存储。例如，多项式 $p(x)=2x^3+3.2x^5-6x+10$ 的 data 列表为 $[[2.0,3],[3.2,5],[-6.0,1],[10.0,0]]$。多项式顺序表类 PolyList 的定义如下：

```
class PolyList:                              # 多项式顺序表类
    def __init__(self):                      # 构造方法
        self.data=[]                         # 存放多项式项的列表
    # 其他基本运算算法
```

❑ 设计 PolyList 类的基本运算算法

1) 将多项式项 e 添加到末尾：Add(e)

该运算将一个多项式项 e 添加到 data 的末尾。对应的算法如下：

```
def Add(self,e):                             # 添加一个多项式项 e
    self.data.append(e)
```

2) 创建多项式顺序表：CreateList(fname)

该运算打开 fname 指定的文件，读取其中的数据建立多项式的 data 列表。对应的算法

如下：

```
def CreateList(self, fname):              #从 fname 文件中读取多项式数据并添加到 data
    fin＝open(fname, "r")
    n＝int(fin.readline().strip())
    for i in range(n):
        p＝fin.readline().strip().split()
        self.data.append([float(p[0]), int(p[1])])
    fin.close()
```

3）返回多项式的项数：getsize()

该运算返回一个多项式的 data 列表中的多项式项数。对应的算法如下：

```
def getsize(self):                        #求多项式的项数
    return len(self.data)
```

4）返回序号 i 的多项式项

该运算返回 data 列表中序号 $i(0 \leqslant i < \text{getsize}())$ 的多项式项。对应的算法如下：

```
def __getitem__(self, i):                 #求序号 i 的元素
    return self.data[i]
```

5）返回多项式的 data 列表：getdata()

该运算返回多项式的整个 data 列表。对应的算法如下：

```
def getdata(self):                        #返回多项式列表
    return self.data
```

6）对多项式按指数递减排序：Sort()

该运算利用 sorted() 方法对 data 列表的所有元素 $[c_i, e_i]$ 按 e_i 递减排序。对应的算法如下：

```
def Sort(self):                           #对 data 按指数递减排序
    self.data＝sorted(self.data, key＝itemgetter(1), reverse＝True)
```

7）返回当前多项式与多项式 B 的相加结果：PolyAdd(B)

该运算实现有序多项式顺序表 A（即当前有序多项式顺序表）和有序多项式顺序表 B 的相加运算，并且返回相加的结果多项式顺序表。所谓有序多项式是指按指数递减排序，并且所有多项式项的指数不重复，例如前面的 $p(x)$ 多项式对应的有序多项式顺序表为 $[[3.2, 5], [2.0, 3], [-6.0, 1], [10.0, 0]]$。

PolyAdd 算法采用二路归并方法，用 i、j 分别遍历 A 和 B 的元素，先建立一个空多项式顺序表 C，在 i、j 都没有遍历完时循环，取 i 指向的 A 中元素 a，取 j 指向的 B 中元素 b：

① 若 a 元素的指数（$a[1]$）较大，将 a 元素添加到 C 中，i 增加 1。

② 若 b 元素的指数（$b[1]$）较大，将 b 元素添加到 C 中，j 增加 1。

③ 此时 a、b 元素的指数相同（$a[1]=b[1]$），求出它们的系数和 $k(k=a[0]+b[0])$。如果 $k \neq 0$，由 k 和 $a[1]$ 新建一个元素并添加到 C 中，否则不新建结点，并将 i、j 均增加 1。

上述循环过程结束后，若有一个多项式顺序表没有遍历完，说明余下的多项式项都是指数较小的多项式项，将它们均添加到 C 中，最后返回 C。对应的算法如下：

```
def PolyAdd(self,B):                      # 当前多项式和多项式 B 的相加运算
    C=PolyList()                          # 新建结果多项式顺序表
    m=len(self.data)                      # 多项式 A 的项数
    n=B.getsize()                         # 多项式 B 的项数
    i,j=0,0
    while i < m and j < n:
        a,b=self.data[i],B[j]
        if a[1]>b[1]:                     # 将较大指数的 a 项添加到 C 中
            C.Add(a)
            i+=1
        elif b[1]>a[1]:                   # 将较大指数的 b 项添加到 C 中
            C.Add(b)
            j+=1
        else:                             # 两指数相同,即 a[1]=b[1]
            k=a[0]+b[0]                   # 系数相加为 k
            if (k!=0):                    # k 不为 0 时添加相应项到 C 中
                C.Add([k,a[1]])
                i+=1
                j+=1
    while i < m:                          # 将 A 余下的项添加到 C 中
        a=self.data[i]
        C.Add(b)
        i+=1
    while j < n:                          # 将 B 余下的项添加到 C 中
        b=B[j]
        C.Add(b)
        j+=1
    return C
```

❏ **设计主程序**

　　先打开输出文件"abc.out",再读取"abc1.in"文件的数据创建多项式顺序表 p,读取"abc2.in"文件的数据创建多项式顺序表 q,最后调用 PolyAdd()方法实现 p 和 q 的相加运算得到 r,输出 r 并且关闭文件"abc.out"。对应的主程序如下:

```
fout=open("abc.out","w+")
p=PolyList()                              # 创建第 1 个多项式顺序表 p
p.CreateList("abc1.in")
print("第 1 个多项式:",end=' ',file=fout)    # 将输出结果写到 abc.out 文件中
print(p.getdata(),file=fout)
p.Sort()                                  # 第 1 个多项式顺序表按指数递减排序
print("排序后结果: ",end=' ',file=fout)
print(p.getdata(),file=fout)
q=PolyList()                              # 创建第 2 个多项式顺序表 q
q.CreateList("abc2.in")
print("第 2 个多项式:",end=' ',file=fout)
print(q.getdata(),file=fout)
q.Sort()                                  # 第 2 个多项式顺序表按指数递减排序
print("排序后结果: ",end=' ',file=fout)
print(q.getdata(),file=fout)
r=p.PolyAdd(q)                            # r=p+q
print("相加多项式: ",end=' ',file=fout)
print(r.getdata(),file=fout)
fout.close()
```

【思考题】　采用链表存储多项式,如何设计相应的存储结构及其运算算法?

2.6 练习题 ✳

1. 简述顺序表和链表存储结构的主要优缺点。

2. 对单链表设置一个头结点的作用是什么？

3. 假设均带头结点 h，给出单链表、双链表、循环单链表和循环双链表中 p 所指结点为尾结点的条件。

4. 在单链表、双链表和循环单链表中，若仅知道指针 p 指向某结点，不知道头结点，能否将 p 结点从相应的链表中删除？若可以，其时间复杂度各为多少？

5. 带头结点的双链表和循环双链表相比有什么不同？在何时使用循环双链表？

6. 有一个递增有序的整数顺序表 L，设计一个算法将整数 x 插入适当位置，以保持该表的有序性，并给出算法的时间和空间复杂度。例如，$L=(1,3,5,7)$，插入 $x=6$ 后 $L=(1,3,5,6,7)$。

7. 有一个整数顺序表 L，设计一个尽可能高效的算法删除其中所有值为负整数的元素（假设 L 中值为负整数的元素可能有多个），删除后元素的相对次序不改变，并给出算法的时间和空间复杂度。例如，$L=(1,2,-1,-2,3,-3)$，删除后 $L=(1,2,3)$。

8. 有一个整数顺序表 L，设计一个尽可能高效的算法将所有负整数的元素移到其他元素的前面，并给出算法的时间和空间复杂度。例如，$L=(1,2,-1,-2,3,-3,4)$，移动后 $L=(-1,-2,-3,2,3,1,4)$。

9. 有两个集合采用整数顺序表 A、B 存储，设计一个算法求两个集合的并集 C，C 仍然用顺序表存储，并给出算法的时间和空间复杂度。例如 $A=(1,3,2)$，$B=(5,1,4,2)$，并集 $C=(1,3,2,5,4)$。

说明：这里的集合均指数学意义上的集合，同一个集合中不存在相同值的元素。

10. 有两个集合采用递增有序的整数顺序表 A、B 存储，设计一个在时间上尽可能高效的算法求两个集合的并集 C，C 仍然用顺序表存储，并给出算法的时间和空间复杂度。例如 $A=(1,3,5,7)$，$B=(1,2,4,5,7)$，并集 $C=(1,2,3,4,5,7)$。

11. 有两个集合采用整数顺序表 A、B 存储，设计一个算法求两个集合的差集 C，C 仍然用顺序表存储，并给出算法的时间和空间复杂度。例如 $A=(1,3,2)$，$B=(5,1,4,2)$，并集 $C=(3)$。

12. 有两个集合采用递增有序的整数顺序表 A、B 存储，设计一个在时间上尽可能高效的算法求两个集合的差集 C，C 仍然用顺序表存储，并给出算法的时间和空间复杂度。例如 $A=(1,3,5,7)$，$B=(1,2,4,5,9)$，差集 $C=(3,7)$。

13. 有两个集合采用整数顺序表 A、B 存储，设计一个算法求两个集合的交集 C，C 仍然用顺序表存储，并给出算法的时间和空间复杂度。例如 $A=(1,3,2)$，$B=(5,1,4,2)$，交集 $C=(1,2)$。

14. 有两个集合采用递增有序的整数顺序表 A、B 存储，设计一个在时间上尽可能高效的算法求两个集合的交集 C，C 仍然用顺序表存储，并给出算法的时间和空间复杂度。例如 $A=(1,3,5,7)$，$B=(1,2,4,5,7)$，交集 $C=(1,5,7)$。

15. 有一个整数单链表 L，设计一个算法删除其中所有值为 x 的结点，并给出算法的时间和空间复杂度。例如 $L=(1,2,2,3,1)$，$x=2$，删除后 $L=(1,3,1)$。

16. 有一个整数单链表 L，设计一个尽可能高效的算法将所有负整数的元素移到其他元素的前面。例如，$L=(1,2,-1,-2,3,-3,4)$，移动后 $L=(-1,-2,-3,1,2,3,4)$。

17. 有两个集合采用整数单链表 A、B 存储，设计一个算法求两个集合的并集 C，C 仍然用单链表存储，并给出算法的时间和空间复杂度。例如 $A=(1,3,2)$，$B=(5,1,4,2)$，并集 $C=(1,3,2,5,4)$。

18. 有两个集合采用递增有序的整数单链表 A、B 存储，设计一个在时间上尽可能高效的算法求两个集合的并集 C，C 仍然用单链表存储，并给出算法的时间和空间复杂度。例如 $A=(1,3,5,7)$，$B=(1,2,4,5,7)$，并集 $C=(1,2,3,4,5,7)$。

19. 有两个集合采用整数单链表 A、B 存储，设计一个算法求两个集合的差集 C，C 仍然用单链表存储，并给出算法的时间和空间复杂度。例如 $A=(1,3,2)$，$B=(5,1,4,2)$，差集 $C=(3)$。

20. 有两个集合采用递增有序的整数单链表 A、B 存储，设计一个在时间上尽可能高效的算法求两个集合的差集 C，C 仍然用单链表存储，并给出算法的时间和空间复杂度。例如 $A=(1,3,5,7)$，$B=(1,2,4,5,9)$，差集 $C=(3,7)$。

21. 有两个集合采用整数单链表 A、B 存储，设计一个算法求两个集合的交集 C，C 仍然用单链表存储，并给出算法的时间和空间复杂度。例如 $A=(1,3,2)$，$B=(5,1,4,2)$，交集 $C=(1,2)$。

22. 有两个集合采用递增有序的整数单链表 A、B 存储，设计一个在时间上尽可能高效的算法求两个集合的交集 C，C 仍然用单链表存储，并给出算法的时间和空间复杂度。例如 $A=(1,3,5,7)$，$B=(1,2,4,5,7)$，交集 $C=(1,5,7)$。

23. 有一个递增有序的整数双链表 L，其中至少有两个结点，设计一个算法就地删除 L 中所有值重复的结点，即多个相同值的结点仅保留一个。例如，$L=(1,2,2,2,3,5,5)$，删除后 $L=(1,2,3,5)$。

24. 有两个递增有序的整数双链表 A 和 B，分别含有 m 和 n 个整数元素，假设这 $m+n$ 个元素均不相同，设计一个算法求这 $m+n$ 个元素中第 $k(1 \leqslant k \leqslant m+n)$ 小的元素值。例如，$A=(1,3)$，$B=(2,4,6,8,10)$，$k=2$ 时返回 2，$k=6$ 时返回 8。

2.7　上机实验题

2.7.1　基础实验题

1. 设计整数顺序表的基本运算程序，并用相关数据进行测试。
2. 设计整数单链表的基本运算程序，并用相关数据进行测试。
3. 设计整数双链表的基本运算程序，并用相关数据进行测试。
4. 设计整数循环单链表的基本运算程序，并用相关数据进行测试。
5. 设计整数循环双链表的基本运算程序，并用相关数据进行测试。

2.7.2 应用实验题

1. 编写一个简单的学生成绩管理程序，每个学生记录包含学号、姓名、课程和分数，采用顺序表存储，完成以下功能：

① 屏幕显示所有学生记录。

② 输入一个学生记录。

③ 按学号和课程删除一个学生记录。

④ 按学号排序并输出所有学生记录。

⑤ 按课程排序，对于一门课程，学生按分数递减排序。

2. 编写一个实验程序实现以下功能：

① 从文本文件 xyz.in 中读取 3 行整数，每行的整数递增排列，两个整数之间用一个空格分隔，全部整数的个数为 n，这 n 个整数均不相同。

② 求这 n 个整数中第 $k(1 \leqslant k \leqslant n)$ 小的整数。

3. 编写一个实验程序实现以下功能：

① 输入一个偶数 $n(n>2)$，建立不带头结点的整数单链表 L，$L=(a_1,a_2,\cdots,a_{n/2},\cdots,a_n)$，其中 $a_i=i$。

② 重新排列单链表 L 的结点顺序，改变为 $L=(a_1,a_n,a_2,a_{n-1},\cdots,a_{n/2},a_{n/2+1})$。例如，给定 L 为 $(1,2,3,4)$，重新排列后为 $(1,4,2,3)$。

4. 编写一个实验程序实现以下功能：

① 输入一个正整数 $n(n>2)$，建立带头结点的整数双链表 L，$L=(a_1,a_2,\cdots,a_n)$，其中 $a_i=i$。在该双链表中每个结点除了有 prior、data 和 next 这 3 个属性外，还有一个访问频度属性 freq，初始时该值为 0。

② 可以多次按整数 $x(1 \leqslant x \leqslant n)$ 查找，每次查找 x 时令元素值为 x 的结点的 freq 属性值加 1，并调整表中结点的次序，使其按访问频度的递减顺序排列，以便使频繁访问的结点总是靠近表头。

5. 由 $1 \sim n$（例如 $n=10\,000\,000$）的 n 个整数建立顺序表 a（采用列表表示）和带头结点的单链表 h，编写一个实验程序输出分别将所有元素逆置的时间。

6. 有一个学生成绩文本文件 exp1.txt，第一行为整数 n，接下来为 n 行学生基本信息，包括学号、姓名和班号；然后为整数 m，接下来为 m 行课程信息，包括课程编号和课程名；再然后为整数 k，接下来为 k 行学生成绩，包括学号、课程编号和分数。例如，$n=5$、$m=3$、$k=15$ 时的 exp1.txt 文件实例如下：

```
5
1 陈斌 101
3 王辉 102
5 李君 101
4 鲁明 101
2 张昂 102
3
2 数据结构
1 C 程序设计
3 计算机导论
```

```
15
1 1 82
4 1 78
5 1 85
2 1 90
3 1 62
1 2 77
4 2 86
5 2 84
2 2 88
3 2 80
1 3 60
4 3 79
5 3 88
2 3 86
3 3 90
```

编写一个程序按班号递增排序输出所有学生的成绩,相同班号按学号递增排序,同一个学生按课程编号递增排序,相邻的班号和学生信息不重复输出。例如,上述 exp1.txt 文件对应的输出如下:

```
===============班号:101===============
1   陈斌    C 程序设计 82
            数据结构 78
            计算机导论 85
4   鲁明    C 程序设计 80
            数据结构 60
            计算机导论 79
5   李君    C 程序设计 88
            数据结构 86
            计算机导论 90

===============班号:102===============
2   张昂    C 程序设计 90
            数据结构 62
            计算机导论 77
3   王辉    C 程序设计 86
            数据结构 84
            计算机导论 88
```

说明:可以采用 3 个列表存放基本学生信息、课程信息和成绩信息,通过 sort()方法排序,在连接时采用二路归并思路提高效率。

7. 有 3 个递增有序列表 $L0$、$L1$、$L2$,其中元素均为整数,最大元素不超过 1000。编写一个实验程序采用三路归并得到递增有序列表 L,L 包含全部元素。

8. 定义三元组 (a,b,c)(a、b 和 c 均为正数)的距离 $D=|a-b|+|b-c|+|c-a|$,给定 3 个非空整数集合 $S1$、$S2$ 和 $S3$,按升序分别存储在 3 个数组中。请设计一个尽可能高效的算法,计算并输出所有可能的三元组 (a,b,c)($a \in S1$,$b \in S2$,$c \in S3$)中的最小距离。例如 $S1=\{-1,0,9\}$,$S2=\{-25,-10,10,11\}$,$S3=\{2,9,17,30,41\}$,则最小距离为 2,相应的三元组为 $(9,10,9)$。

2.8 LeetCode 在线编程题

以下题目中的数组采用 Python 列表表示,链表均为不带头结点的单链表,结点类型定义如下:

```
class ListNode:
    def __init__(self, x):
        self.val = x
        self.next = None
```

扫一扫

视频讲解

1. LeetCode27——移除元素

问题描述:给定一个数组 nums 和一个值 val,原地移除所有数值等于 val 的元素,返回移除后数组的新长度。注意不要使用额外的数组空间。例如,给定 nums=[3,2,2,3],val=3,函数应该返回新的长度 2,并且 nums 中的前两个元素均为 2,不需要考虑数组中超出新长度的后面的元素。要求设计满足题目条件的如下方法:

```
def removeElement(self, nums: List[int], val: int) -> int:
```

扫一扫

视频讲解

2. LeetCode26——删除排序数组中的重复项

问题描述:给定一个排序数组,原地删除重复出现的元素,使得每个元素只出现一次,返回移除后数组的新长度。注意不要使用额外的数组空间,即算法的空间复杂度为 $O(1)$。例如,给定数组 nums=[1,1,2],函数应该返回新的长度 2,并且原数组 nums 的前两个元素被修改为 1,2,不需要考虑数组中超出新长度的后面的元素。要求设计满足题目条件的如下方法:

```
def removeDuplicates(self, nums: List[int]) -> int:
```

扫一扫

视频讲解

3. LeetCode80——删除排序数组中的重复项Ⅱ

问题描述:给定一个排序数组,原地删除重复出现的元素,使得每个元素最多出现两次,返回移除后数组的新长度。注意不要使用额外的数组空间,即算法的空间复杂度为 $O(1)$。例如,给定 nums=[1,1,1,2,2,3],函数应返回新的长度 5,并且原数组的前 5 个元素被修改为 1,1,2,2,3,不需要考虑数组中超出新长度的后面的元素。要求设计满足题目条件的如下方法:

```
def removeDuplicates(self, nums: List[int]) -> int:
```

扫一扫

视频讲解

4. LeetCode4——寻找两个有序数组的中位数

问题描述:给定两个大小为 m 和 n 的有序数组 nums1 和 nums2,请找出这两个有序数组的中位数。假设 nums1 和 nums2 不会同时为空。例如,nums1=[1,3],nums2=[2],则中位数是 2.0;nums1=[1,2],nums2=[3,4],则中位数是 (2+3)/2=2.5。要求设计满足题目条件的如下方法:

```
def findMedianSortedArrays(self,nums1: List[int],nums2: List[int]) -> float:
```

5. LeetCode21——合并两个有序链表

问题描述：将两个有序链表合并为一个新的有序链表并返回。新链表是通过拼接给定的两个链表的所有结点组成的。例如，输入链表为 1-> 2-> 4,1-> 3-> 4，输出结果为 1-> 1-> 2-> 3-> 4-> 4。要求设计满足题目条件的如下方法：

```
def mergeTwoLists(self,l1: ListNode,l2: ListNode) -> ListNode:
```

扫一扫

视频讲解

6. LeetCode83——删除排序链表中的重复元素

问题描述：给定一个已经排序的链表，删除所有重复的元素，使得每个元素只出现一次。例如，输入链表为 1-> 1-> 2，输出结果为 1-> 2；输入链表为 1-> 1-> 2-> 3-> 3，输出结果为 1-> 2-> 3。要求设计满足题目条件的如下方法：

```
def deleteDuplicates(self,head: ListNode) -> ListNode:
```

扫一扫

视频讲解

7. LeetCode203——移除链表元素

问题描述：删除链表中等于给定值 val 的所有结点。例如，输入链表为 1-> 2-> 6-> 3-> 4-> 5-> 6,val=6，输出结果为 1-> 2-> 3-> 4-> 5。要求设计满足题目条件的如下方法：

```
def removeElements(self,head: ListNode,val: int) -> ListNode:
```

扫一扫

视频讲解

8. LeetCode19——删除链表的倒数第 n 个结点

问题描述：给定一个链表，删除链表的倒数第 n 个结点，并且返回链表的首结点。例如，给定一个链表为 1-> 2-> 3-> 4-> 5,n=2，当删除了倒数第 2 个结点后，链表变为 1-> 2-> 3-> 5。假设给定的 n 保证是有效的。要求设计满足题目条件的如下方法：

```
def removeNthFromEnd(self,head:ListNode,n:int) -> ListNode:
```

扫一扫

视频讲解

9. LeetCode234——回文链表

问题描述：判断一个链表是否为回文链表。例如，输入链表为 1-> 2，输出为 False；输入链表为 1-> 2-> 2-> 1，输出为 True。要求设计满足题目条件的如下方法：

```
def isPalindrome(self,head: ListNode) -> bool:
```

扫一扫

视频讲解

10. LeetCode61——旋转链表

问题描述：给定一个链表，旋转链表，将链表的每个结点向右移动 k 个位置，其中 k 是非负数。例如，输入链表为 1-> 2-> 3-> 4-> 5-> NULL,k=2，输出结果为 4-> 5-> 1-> 2-> 3-> NULL，即向右旋转一步为 5-> 1-> 2-> 3-> 4-> NULL，再向右旋转两步为 4-> 5-> 1-> 2-> 3-> NULL。要求设计满足题目条件的如下方法：

```
def rotateRight(self,head: ListNode,k: int) -> ListNode:
```

扫一扫

视频讲解

第 **3** 章 栈 和 队 列

栈和队列是两种常用的数据结构,它们的数据元素的逻辑关系也是线性关系,但在运算上不同于线性表。

本章主要学习要点如下。

(1) 栈、队列和线性表的异同,栈和队列抽象数据类型的描述方法。

(2) 顺序栈的基本运算算法的设计方法。

(3) 链栈的基本运算算法的设计方法。

(4) 顺序队的基本运算算法的设计方法。

(5) 链队的基本运算算法的设计方法。

(6) Python 中的双端队列(deque)和优先队列(heapq)及其应用。

(7) 综合运用栈和队列解决一些复杂的实际问题。

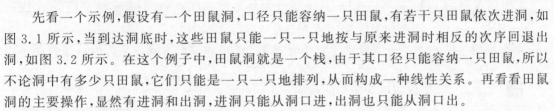

本节先介绍栈的定义,然后讨论栈的存储结构和基本运算算法设计,最后通过两个综合实例说明栈的应用。

扫一扫

视频讲解

3.1.1 栈的定义

先看一个示例,假设有一个田鼠洞,口径只能容纳一只田鼠,有若干只田鼠依次进洞,如图 3.1 所示,当到达洞底时,这些田鼠只能一只一只地按与原来进洞时相反的次序回退出洞,如图 3.2 所示。在这个例子中,田鼠洞就是一个栈,由于其口径只能容纳一只田鼠,所以不论洞中有多少只田鼠,它们只能是一只一只地排列,从而构成一种线性关系。再看看田鼠洞的主要操作,显然有进洞和出洞,进洞只能从洞口进,出洞也只能从洞口出。

抽象起来,栈是一种只能在同一端进行插入或删除操作的线性表。表中允许进行插入、删除操作的一端称为**栈顶**。栈顶的当前位置是动态的,可以用一个称为栈顶指针的位置指示器来指示。表的另一端称为**栈底**。当栈中没有数据元素时称为**空栈**。栈的插入操作通常称为**进栈**或**入栈**,栈的删除操作通常称为**退栈**或**出栈**。

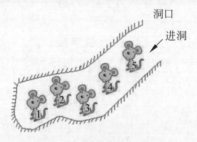

图 3.1 田鼠进洞的情况

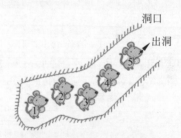

图 3.2 田鼠出洞的情况

说明:对于线性表,可以在中间和两端的任何地方插入和删除元素,而栈只能在同一端插入和删除元素。

栈的主要特点是"后进先出"或者"先进后出",即后进栈的元素先出栈。每次进栈的元素都放在原当前栈顶元素之前成为新的栈顶元素,每次出栈的元素都是当前栈顶元素,栈顶元素出栈后次栈顶元素变成新的栈顶元素。栈也称为**后进先出表**。

抽象数据类型栈的定义如下:

```
ADT Stack {
    数据对象:
        D = {a_i | 0 ≤ i ≤ n-1, n ≥ 0}
    数据关系:
        R = {r}
        r = {<a_i, a_{i+1}> | a_i, a_{i+1} ∈ D, i = 0, …, n-2}
    基本运算:
        empty():判断栈是否为空,若为空栈返回真,否则返回假。
        push(e):进栈操作,将元素 e 插入栈中作为栈顶元素。
        pop():出栈操作,返回栈顶元素。
```

> gettop()：取栈顶操作,返回当前的栈顶元素。
> }

【例 3.1】 若元素进栈的顺序为 1234,能否得到 3142 的出栈序列?

解 为了使 3 作为第一个出栈元素,应该让 1、2、3 依次进栈,再出栈 3,接着要么 2 出栈,要么 4 进栈后出栈,第 2 次出栈的元素不可能是 1,所以得不到 3142 的出栈序列。

【例 3.2】 用 S 表示进栈操作,X 表示出栈操作,若元素进栈的顺序为 1234,为了得到 1342 的出栈顺序,给出相应的 S 和 X 操作串。

解 为了得到 1342 的出栈顺序,其操作过程是 1 进栈,1 出栈,2 进栈,3 进栈,3 出栈,4 进栈,4 出栈,2 出栈,因此相应的 S 和 X 操作串为 SXSSXSXX。

视频讲解

【例 3.3】 设 n 个元素的进栈序列是 $1,2,3,\cdots,n$,通过一个栈得到的出栈序列是 p_1, $p_2,p_3,\cdots,p_n$,若 $p_1=n$,则 $p_i(2 \leqslant i \leqslant n)$ 的值是什么?

解 当 $p_1=n$ 时,说明进栈序列的最后一个进栈的元素最先出栈,此时出栈序列只有一种,即 $n,n-1,\cdots,2,1$,或 $p_1=n,p_2=n-1,\cdots,p_{n-1}=2,p_n=1$,也就是说 $p_i+i=n+1$,推出 $p_i=n-i+1$。

视频讲解

3.1.2 栈的顺序存储结构及其基本运算算法的实现

由于栈中元素的逻辑关系与线性表的相同,因此可以借鉴线性表的两种存储结构来存储栈。

在采用顺序存储结构存储时,用列表 data 来存放栈中元素,称为**顺序栈**。顺序栈存储结构如图 3.3 所示,由于 Python 列表提供了一端动态扩展的功能,为此将 data[0] 端作为栈底,另外一端 data[-1] 作为栈顶,其中的元素个数 len(data) 恰好为栈中实际的元素个数。

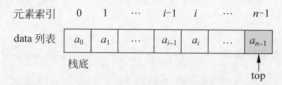

图 3.3 顺序栈的示意图

图 3.4 所示为一个栈的动态示意图,图 3.4(a) 表示一个空栈,图 3.4(b) 表示元素 a 进栈以后的状态,图 3.4(c) 表示元素 b、c、d 进栈以后的状态,图 3.4(d) 表示出栈元素 d 以后的状态。

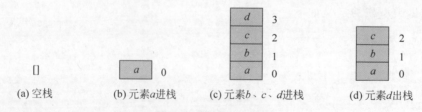

图 3.4 栈操作示意图

从中看到,顺序栈的四要素如下。

① 栈空条件：len(data)==0 或者 not data。

② 栈满条件：由于 data 列表可以动态扩展,所以不必考虑栈满。

③ 元素 *e* 进栈操作：将 *e* 添加到栈顶处。

④ 出栈操作：删除栈顶元素并返回该元素。

说明：顺序栈中的元素始终是向一端生长的，如果采用具有固定容量 capacity 的列表存放栈元素，需要增加一个指向栈顶元素的栈顶指针 top，这样栈中实际的元素个数恰好为 top+1，栈满条件改为 top==capacity−1。在顺序栈中既可以将 data[0] 端作为栈底，也可以将 data[−1] 端作为栈底，但不能将 data 列表的中间位置作为栈底。

顺序栈类 SqStack 设计如下(用 SqStack.py 文件存放)：

```
class SqStack:
    def __init__(self):                          #构造方法
        self.data=[]                             #存放栈中元素,初始为空
    #栈的基本运算算法
```

顺序栈的基本运算算法如下。

1) 判断栈是否为空：empty()

若 len(data) 为 0 表示空栈。对应的算法如下：

```
def empty(self):                                 #判断栈是否为空
    if len(self.data)==0:
        return True
    return False
```

2) 进栈：push(*e*)

元素进栈只能从栈顶进，不能从栈底或中间位置进栈，如图 3.5 所示。

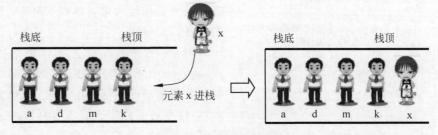

图 3.5　元素进栈示意图

元素 *e* 进栈可以直接利用 data 列表的 append() 方法添加元素 *e*(列表的 append() 方法的时间复杂度为 O(1))。对应的算法如下：

```
def push(self,e):                                #元素 e 进栈
    self.data.append(e)
```

3) 出栈：pop()

元素出栈只能从栈顶出，不能从栈底或中间位置出栈，如图 3.6 所示。

在出栈中，当栈空时抛出异常，否则直接利用 data 列表的 pop() 方法出栈栈顶元素(列表的 pop() 方法的时间复杂度为 O(1))。对应的算法如下：

```
def pop(self):                                   #元素出栈
    assert not self.empty()                      #检测栈为空
    return self.data.pop()
```

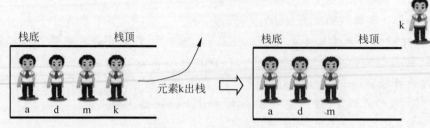

图 3.6 元素出栈示意图

4）取栈顶元素：gettop()

在栈不为空的条件下，返回栈顶元素 $data[len(data)-1]$（或者 $data[-1]$），不移动栈顶指针。对应的算法如下：

```
def gettop(self):                    #取栈顶元素
    assert not self.empty()          #检测栈为空
    return self.data[-1]
```

从以上看出，栈的各种基本运算算法的时间复杂度均为 $O(1)$。

3.1.3 顺序栈的应用算法设计示例

扫一扫

视频讲解

【例 3.4】 设计一个算法，利用顺序栈判断用户输入的表达式中的括号是否配对（假设表达式中可能含有圆括号、方括号和花括号），并用相关数据进行测试。

解 因为各种括号的匹配过程遵循最近匹配原则，任何一个右括号与前面最靠近的未匹配的同类左括号进行匹配，所以采用一个栈来实现匹配过程。

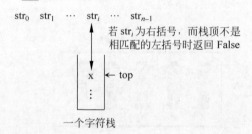

图 3.7 用一个栈判断 str 中的括号是否匹配

用 str 字符串存放含有各种括号的表达式，建立一个字符顺序栈 st，用 i 遍历 str，当遇到各种类型的左括号时进栈，当遇到右括号时，若栈空或者栈顶元素不是匹配的左括号时返回 False（中途就可以确定括号不匹配），如图 3.7 所示，否则退栈一次继续判断。当 str 遍历完毕，栈 st 为空返回 True，否则返回 False。

对应的完整程序如下：

```
from SqStack import SqStack              #引用顺序栈 SqStack
def isMatch(str):                        #判断表达式的各种括号是否匹配的算法
    st=SqStack()                         #建立一个顺序栈
    i=0
    while i<len(str):
        e=str[i]
        if e=='(' or e=='[' or e=='{':
            st.push(e)                   #将左括号进栈
        else:
            if e==')':
                if st.empty() or st.gettop()!='(':
```

```
                return False          #栈空或栈顶不是'('时返回假
            st.pop()
        if e=='] ':
            if st.empty() or st.gettop()!='[ ':
                return False          #栈空或栈顶不是'['时返回假
            st.pop()
        if e=='}':
            if st.empty() or st.gettop()!='{ ':
                return False          #栈空或栈顶不是'('时返回假
            st.pop()
        i+=1                          #继续遍历 str
    return st.empty()

#主程序
print("测试 1")
str="([)]"
if isMatch(str):
    print(str+"方括号是匹配的")
else:
    print(str+"方括号不匹配")
print("测试 2")
str="([])"
if isMatch(str):
    print(str+"方括号是匹配的")
else:
    print(str+"方括号不匹配")
```

上述程序的执行结果如下:

```
测试 1
([)]方括号不匹配
测试 2
([])方括号是匹配的
```

【例 3.5】 设计一个算法,利用顺序栈判断用户输入的字符串表达式是否为回文,并用相关数据进行测试。

解 用 str 存放表达式,其中含 n 个字符,建立一个顺序栈 st,可以将 str 中的 n 个字符 $str_0, str_1, \cdots, str_{n-1}$ 依次进栈再连续出栈,得到反向序列 $str_{n-1}, \cdots, str_1, str_0$,若 str 与该反向序列相同,则是回文,否则不是回文。其可以改为更高效的方法,若 str 的前半部分的反向序列与 str 的后半部分相同,则是回文,否则不是回文。判断过程如下:

① 用 i 从头开始遍历 str,将前半部分字符依次进栈。

② 若 n 为奇数,i 增 1 跳过中间的字符。

③ i 继续遍历其他后半部分字符,每访问一个字符,则出栈一个字符,两者进行比较,如图 3.8 所示,若不相等返回 False。

④ 当 str 遍历完毕返回 True。

对应的完整程序如下:

图 3.8 用一个栈判断 str 是否为回文

```
from SqStack import SqStack          #引用顺序栈 SqStack
def isPalindrome(str):               #判断是否为回文的算法
```

```
st＝SqStack()                          ＃建立一个顺序栈
n＝len(str)
i＝0
while i < n//2:                        ＃将 str 的前半字符进栈
    st.push(str[i])
    i＋＝1                             ＃继续遍历 str
if n％2＝＝1:                          ＃n 为奇数时
    i＋＝1                             ＃跳过中间的字符
while i < n:                           ＃遍历 str 的后半字符
    if st.pop()!＝str[i]:              ＃若 str[i]不等于出栈字符返回 False
        return False
    i＋＝1
return True                            ＃是回文返回 True

＃主程序
print("测试 1")
str＝"abcba"
if isPalindrome(str):
    print(str＋"是回文")
else:
    print(str＋"不是回文")
print("测试 2")
str＝"1221"
if isPalindrome(str):
    print(str＋"是回文")
else:
    print(str＋"不是回文")
```

上述程序的执行结果如下：

```
测试 1
abcba 是回文
测试 2
1221 是回文
```

【例 3.6】 设计最小栈。定义栈的数据结构，添加一个 Getmin()方法用于返回栈中的最小元素，要求方法 Getmin()、push()以及 pop()的时间复杂度都是 $O(1)$。例如：

```
push(5)     ＃栈元素:(5)          最小元素:5
push(6)     ＃栈元素:(6,5)        最小元素:5
push(3)     ＃栈元素:(3,6,5)      最小元素:3
push(7)     ＃栈元素:(7,3,6,5)    最小元素:3
pop()       ＃栈元素:(3,6,5)      最小元素:3
pop()       ＃栈元素:(6,5)        最小元素:5
```

其中栈元素按照栈顶到栈底的顺序列出。

解 由于可能有连续的进栈和出栈操作，并且栈中元素可能重复，所以仅保存栈中的一个最小元素不能满足题目的要求，为此设计满足题目要求的顺序栈类 STACK，它含 data 和 mindata 两个列表，data 列表表示 data 栈（主栈），mindata 列表表示 mindata 栈，后者作为存放当前最小元素的辅助栈。

当元素 $a_0,a_1,\cdots,a_i(i\geqslant1)$进到 data 栈后，min 栈的栈顶元素 b_j 为 $a_0,a_1,\cdots,a_i$ 中的最小元素（含后进栈的重复最小元素），如图 3.9 所示。

例如，前面的栈操作中 data 和 mindata 栈的变化如图 3.10 所示。STACK 类的主要运算算法设计如下：

① Getmin()方法用于返回栈中的最小元素，其操作是取 mindata 栈的栈顶元素。

② 进栈方法 push(x)的操作是，当 data 栈空或者进栈元素 x 小于或等于当前栈中最小元素（即 $x \leqslant$ Getmin()）时，将 x 进 mindata 栈。最后将 x 进 data 栈。

③ 出栈方法 pop()的操作是，当 data 栈不空时，从 data 栈出栈元素 x，若 mindata 栈的栈顶元素等于 x，则同时从 mindata 栈出栈 x。最后返回 x。

④ 取栈顶方法 gettop()的操作是，当 data 栈不空时，返回 data 栈的栈顶元素。

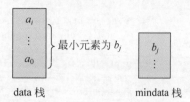

图 3.9　data 栈和 mindata 栈

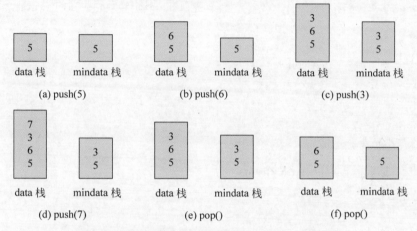

图 3.10　栈操作中 data 栈和 mindata 栈的变化情况

显然上述 4 个运算算法的时间复杂度均为 $O(1)$。对应的程序如下：

```
class STACK:                          # 含 Getmin()的栈类
    def __init__(self):               # 构造方法
        self.data=[]                  # 存放主栈中的元素，初始为空
        self.__mindata=[]             # 存放 min 栈中的元素，初始为空

    # min 栈的基本运算算法
    def __minempty(self):             # 判断 min 栈是否为空
        return len(self.__mindata)==0
    def __minpush(self,e):            # 元素进 min 栈
        self.__mindata.append(e)
    def __minpop(self):               # 元素出 min 栈
        assert not self.__minempty()  # 检测 min 栈为空的异常
        return self.__mindata.pop()
    def __mingettop(self):            # 取 min 栈的栈顶元素
        assert not self.__minempty()  # 检测 min 栈为空的异常
        return self.__mindata[-1]

    # 主栈的基本运算算法
    def empty(self):                  # 判断主栈是否为空
        return len(self.data)==0
    def push(self,x):                 # 元素进主栈
```

```
            if self.empty() or x<=self.Getmin():        #栈空或者 x≤min 栈顶元素时进 min 栈
                self.__mindata.append(x)
            self.data.append(x)                          #将 x 进主栈
        def pop(self):                                   #元素出主栈
            assert not self.empty()                      #检测主栈为空的异常
            x=self.data.pop()                            #从主栈出栈 x
            if x==self.__mingettop():                    #若栈顶元素为最小元素
                self.__minpop()                          #min 栈出栈一次
            return x
        def gettop(self):                                #取主栈的栈顶元素
            assert not self.empty()                      #检测主栈为空的异常
            return self.data[-1]
        def Getmin(self):                                #获取栈中的最小元素
            assert not self.empty()                      #检测主栈为空的异常
            return self.__mindata[-1]                    #返回 min 栈的栈顶元素,即主栈中的最小元素

#主程序
st=STACK()
print("\n 元素 5,6,3,7 依次进栈")
st.push(5)
st.push(6)
st.push(3)
st.push(7)
print("求最小元素并出栈")
while not st.empty():
    print("    最小元素:%d" %(st.Getmin()))
    print("    出栈元素:%d" %(st.pop()))
print()
```

上述程序的执行结果如下：

```
元素 5,6,3,7 依次进栈
求最小元素并出栈
        最小元素:3
        出栈元素:7
        最小元素:3
        出栈元素:3
        最小元素:5
        出栈元素:6
        最小元素:5
        出栈元素:5
```

【例 3.7】 设有两个栈 S1 和 S2，它们都采用顺序栈存储，并且共享一个固定容量的存储区 $s[0..M-1]$，为了尽量利用空间，减少溢出的可能，请设计这两个栈的存储方式。

视频讲解

解 为了尽量利用空间，减少溢出的可能，可以采用让两个栈的栈顶相向（即进栈元素迎面增长）的存储方式，为此设置两个栈的栈顶指针分别为 top1 和 top2（均指向对应栈的栈顶元素），如图 3.11 所示。

栈 S1 空的条件是 top1=-1；栈 S1 满的条件是 top1=top2-1；元素 e 进栈 S1（栈不满时）的操作是 top1 增 1；$s[top1]=e$；元素 e 出栈 S1（栈不空时）的操作是 $e=s[top1]$；top1 减 1。

栈 S2 空的条件是 top2=M；栈 S2 满的条件是 top2=top1+1；元素 e 进栈 S2（栈不满时）的操作是 top2 减 1；$s[top2]=e$；元素 e 出栈 S2（栈不空时）的操作是 $e=s[top2]$；top2 增 1。

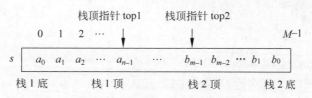

图 3.11　两个顺序栈的存储结构

说明：本例的共享栈主要适合将固定容量的空间用作两个栈，不适合 3 个或者更多栈共享，因为超过两个栈共享时栈的运算性能较低。

3.1.4　栈的链式存储结构及其基本运算算法的实现

扫一扫

视频讲解

采用链式存储的栈称为链栈，这里采用单链表实现。链栈的优点是不需要考虑栈满上溢出的情况。这里用带头结点的单链表 head 表示链栈，如图 3.12 所示，首结点是栈顶结点，尾结点是栈底结点，栈中元素自栈顶到栈底依次是 $a_0, a_1, \cdots, a_{n-1}$。

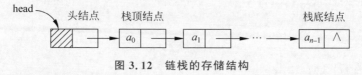

图 3.12　链栈的存储结构

从该链栈的存储结构看到，初始时只含有一个头结点 head 并置 head. next 为 None，这样链栈的四要素如下。

① 栈空条件：head. next==None。

② 栈满条件：由于只有在内存溢出才会出现栈满，通常不考虑这种情况。

③ 元素 e 进栈操作：将包含该元素的结点 s 插入作为首结点。

④ 出栈操作：返回首结点值并且删除该结点。

和普通单链表一样，链栈中每个结点的类型 LinkNode 定义如下：

```
class LinkNode:                          #单链表结点类
    def __init__(self,data=None):        #构造方法
        self.data=data                   #data 属性
        self.next=None                   #next 属性
```

链栈类 LinkStack 的设计如下（用 LinkStack. py 文件存放）：

```
class LinkStack:                         #链栈类
    def __init__(self):                  #构造方法
        self.head=LinkNode()             #头结点 head
        self.head.next=None
    #栈的基本运算算法
```

在链栈中实现栈的基本运算的算法如下。

1）判断栈是否为空：empty()

若 head. next 为 None 表示空栈，即单链表中没有任何数据结点。对应的算法如下：

```
def empty(self):                         #判断栈是否为空
    if self.head.next==None:
```

```
        return True
      return False
```

2）进栈：push(e)

新建包含数据元素 e 的结点 p，将 p 结点插入头结点之后。对应的算法如下：

```
def push(self,e):                              #元素 e 进栈
    p=LinkNode(e)
    p.next=self.head.next
    self.head.next=p
```

3）出栈：pop()

在链栈空时抛出异常，否则让 p 指向首结点，删除结点 p 并返回该结点值。对应的算法如下：

```
def pop(self):                                 #元素出栈
    assert self.head.next!=None                #检测空栈的异常
    p=self.head.next
    self.head.next=p.next
    return p.data
```

4）取栈顶元素：gettop()

在链栈空时抛出异常，否则返回首结点值。对应的算法如下：

```
def gettop(self):                              #取栈顶元素
    assertself.head.next!=None                 #检测空栈的异常
    return self.head.next.data
```

3.1.5　链栈的应用算法设计示例

扫一扫

视频讲解

【例 3.8】　设计一个算法，利用栈的基本运算将一个整数链栈中的所有元素逆置。例如链栈 st 中的元素从栈底到栈顶为(1,2,3,4)，逆置后为(4,3,2,1)。

解　因为这里要求利用栈的基本运算来设计算法，所以不能直接采用单链表逆置方法。先出栈 st 中的所有元素并保存在列表 a 中，再将列表 a 中的所有元素依次进栈。对应的算法如下：

```
from LinkStack import LinkStack                #引用链栈 LinkStack
def Reverse(st):                               #逆置栈 st
    a=[]
    while not st.empty():                      #将出栈的元素放到列表 a 中
        a.append(st.pop())
    for j in range(len(a)):                    #将列表 a 中的所有元素进栈
        st.push(a[j])
    return st
```

扫一扫

视频讲解

【例 3.9】　有一个含 $1\sim n$ 的 n 个整数的序列 a，通过一个栈可以产生多种出栈序列，设计一个算法采用链栈判断序列 b（为 $1\sim n$ 的某个排列）是否为一个合适的出栈序列，并用相关数据进行测试。

解　建立一个整型链栈 st，用 i、j 分别遍历 a、b 序列（初始值均为 0），在 a 序列没有遍

历完时循环。

① 将 $a[i]$ 进栈, i 增 1。

② 栈不空并且栈顶元素与 $b[j]$ 相同时循环: 出栈元素 e, j 增 1。

在上述过程结束后, 如果栈空返回 True, 表示 b 序列是 a 序列的出栈序列; 否则返回 False, 表示 b 序列不是 a 序列的出栈序列。

例如, $a=[1,2,3,4,5]$, $b=[3,2,1,5,4]$, $i=0$, $j=0$, 判断过程如下:

① 栈空, $a[0]$ 进栈(i 增 1 为 $i=1$); $b[0] \neq$ 栈顶元素, $a[1]$ 进栈(i 增 1 为 $i=2$); $b[0] \neq$ 栈顶元素, $a[2]$ 进栈(i 增 1 为 $i=3$), 如图 3.13(a)所示。

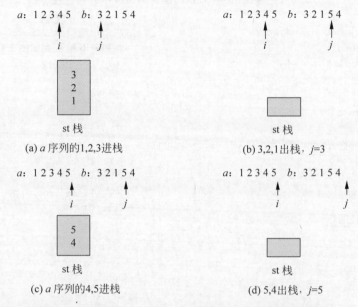

图 3.13 判断 $b=[3,2,1,5,4]$ 是否为出栈序列的过程

② $b[0]=$ 栈顶元素, 出栈一次, j 增 1($j=1$); $b[1]=$ 栈顶元素, 出栈一次, j 增 1($j=2$); $b[2]=$ 栈顶元素, 出栈一次, j 增 1($j=3$), 如图 3.13(b)所示。

③ 栈空, $a[3]$ 进栈(i 增 1 为 $i=4$); $b[3] \neq$ 栈顶元素, $a[4]$ 进栈(i 增 1 为 $i=5$, a 序列遍历完毕), 如图 3.13(c)所示。

④ $b[3]=$ 栈顶元素, 出栈一次, j 增 1($j=4$); $b[4]=$ 栈顶元素, 出栈一次, j 增 1($j=5$), 如图 3.13(d)所示。

此时 a 序列遍历完毕, 栈空返回 True, 表示 b 序列是 a 序列的出栈序列。

又例如, $a=[1,2,3]$, $b=[3,1,2]$, $i=0$, $j=0$, 判断过程如下:

① 栈空, $a[0]$ 进栈(i 增 1 为 $i=1$); $b[0] \neq$ 栈顶元素, $a[1]$ 进栈(i 增 1 为 $i=2$); $b[0] \neq$ 栈顶元素, $a[2]$ 进栈(i 增 1 为 $i=3$, a 序列遍历完毕), 如图 3.14(a)所示。

② $b[0]=$ 栈顶元素, 出栈一次, j 增 1($j=1$); $b[1] \neq$ 栈顶元素, 如图 3.14(b)所示。

此时 a 序列遍历完毕, 栈不空返回 False, 表示 b 序列不是 a 序列的出栈序列。

说明: 对于给定的 n, 在上述两个示例中 $a=[1,2,\cdots,n]$, b 是 $1\sim n$ 的某个排列, 判断 b 序列是否为 a 序列的出栈序列。上述算法适合 a 和 b 序列均为 $1\sim n$ 任意排列的情况。

对应的完整程序如下:

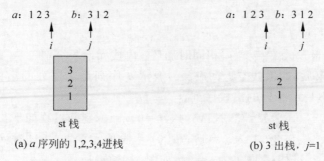

(a) a序列的1,2,3,4进栈　　　　　　(b) 3出栈，j=1

图3.14　判断 b＝[3,1,2]是否为出栈序列的过程

```
from LinkStack import LinkStack              # 引用链栈 LinkStack
def isSerial(a,b,n):                         # 判断 b 是否为 a 的出栈序列的算法
    st＝LinkStack()                          # 建立一个链栈
    i,j＝0,0
    while i < n:                             # 遍历 a 序列
        st.push(a[i])
        i＋＝1                               # i 后移
        while not st.empty() and st.gettop()＝＝b[j]:
            st.pop()                         # 出栈
            j＋＝1                           # j 后移
    return st.empty()                        # 栈空返回 True,否则返回 False

# 主程序
n＝4
a＝[1,2,3,4]
print("测试 1")
b＝[1,3,2,4]
if isSerial(a,b,n):
    print(b,"是合法的出栈序列")
else:
    print(b,"不是合法的出栈序列")
print("测试 2")
c＝[4,3,1,2]
if isSerial(a,c,n):
    print(c,"是合法的出栈序列")
else:
    print(c,"不是合法的出栈序列")
```

上述程序的执行结果如下：

```
测试 1
[1,3,2,4]是合法的出栈序列
测试 2
[4,3,1,2]不是合法的出栈序列
```

说明：本题也可以采用顺序栈,其过程与上述算法类似。

3.1.6　栈的综合应用

本节通过利用栈求简单算术表达式的值和求解迷宫问题两个示例来说明栈的应用。

1. 用栈求简单表达式的值

□ **问题描述**

这里限定的简单算术表达式(简称为表达式)求值问题是,用户输入一个仅包含'＋'、'－'、'＊'、'/'、正整数和圆括号的合法算术表达式,计算该表达式的运算结果。

□ **数据组织**

表达式用字符串 exp 表示。在设计相关算法中用到两个栈,即一个运算符栈 opor 和一个运算数栈 opand,它们均为顺序栈 SqStack 的栈对象,其定义如下:

```
opor＝SqStack()                                    ＃运算符栈
opand＝SqStack()                                   ＃运算数栈
```

□ **设计运算算法**

运算符位于两个运算数中间的表达式称为**中缀表达式**,例如 exp＝"1+2＊(4+12)"就是一个中缀表达式,中缀表达式是最常用的一种表达式形式。计算中缀表达式一般遵循"从左到右,先乘除,后加减,有括号时先括号内,后括号外"的规则,因此中缀表达式不仅要依赖运算符的优先级,而且还要处理括号。

所谓**后缀表达式**,就是运算符放在运算数的后面。后缀表达式有这样的特点,已经考虑了运算符的优先级,不包含括号,只含运算数和运算符。这里后缀表达式用列表 postexp 存放,前面 exp 对应的 postexp 为[1,2,4,12,'＋','＊','＋']。

后缀表达式的求值十分简单,其过程是从左到右遍历后缀表达式,若遇到一个运算数,就将它进运算数栈;若遇到一个运算符 op,就从运算数栈中连续出栈两个运算数,假设为 a 和 b,计算 b op a 之值,并将计算结果进运算数栈;对整个后缀表达式遍历结束后,栈顶元素就是计算结果。

假设给定的简单表达式 exp 是正确的,其求值过程分为两步,即先将中缀表达式 exp 转换成后缀表达式 postexp,然后对后缀表达式求值。设计求表达式值的类 ExpressClass 如下:

```
class ExpressClass:                               ＃求表达式值的类
    def __init__(self, str):                       ＃构造方法
        self.exp＝str                              ＃存放中缀表达式
        self.postexp＝[]                           ＃存放后缀表达式
    def getpostexp(self):                          ＃返回 postexp
        return self.postexp
    def Trans(self):                               ＃将 exp 转换为 postexp
        ...
    def getValue(self):                            ＃计算后缀表达式 postexp 的值
        ...
```

1) 中缀表达式转换成后缀表达式

在将正确的中缀表达式 exp 转换成后缀表达式 postexp 时仅用到运算符栈 opor,其转换过程是遍历 exp,遇到数字符,将连续的数字符转换为一个整数后添加到 postexp;遇到'(',将其进栈;遇到')',退栈运算符并添加到 postexp,直到退栈的是'('为止(该左括号不添加到 postexp 中);遇到运算符 op_2,将其与栈顶运算符 op_1 的优先级进行比较,只有当 op_2 的优先级高于 op_1 的优先级时才直接将 op_2 进栈,否则将栈中'('(如果有)之前的优先级等于或大于 op_2 的运算符均退栈并添加到 postexp,如图 3.15 所示,再将 op_2 进栈。

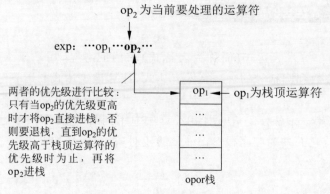

图 3.15 当前运算符的操作

上述过程的说明如下，在遍历 exp 的任何运算符 op 时，除非遍历结束，都不能确定是否立即执行 op，所以将其暂时保存在 opor 栈中。假设 exp 中只有 op_1 和 op_2 运算符，op_2 的处理过程如下：

① 当 op_2 和 op_1 的优先级相同时，由于 op_1 先进栈，说明 exp 中 op_1 在 op_2 的前面，按中缀表达式的运算规则，先做 op_1，即出栈 op_1 并添加到 postexp 中（按后缀表达式的求值过程，先添加的先执行），再将 op_2 进栈。

② 当 op_2 的优先级低于 op_1 的优先级时，显然先做 op_1，也就是出栈 op_1 并添加到 postexp 中，再将 op_2 进栈。

③ 当 op_2 的优先级高于 op_1 的优先级时，按中缀表达式的运算规则，op_2 应该在 op_1 之前做，此时直接将 op_2 进栈，以后 op_2 一定先于 op_1 出栈，从而满足该运算规则。

④ 当 op_2 为'('时，表示开始处理一个表达式（该表达式形如"(…)"，此时遇到开头的'('）或者开始处理一个子表达式，所以无论栈中有什么运算符，都直接将'('进栈。

⑤ 当 op_2 为')'时，表示一个表达式或者子表达式处理结束，由于假设表达式中的括号是匹配的，所以栈中一定存在'('，设从栈顶到栈底方向的第一个'('的位置为 p，如图 3.16 所示，将从栈顶到 p 位置前的所有运算符出栈并添加到 postexp，再出栈'('，该'('不需要添加到 postexp。

图 3.16 遇到')'的处理方式

由于中缀表达式和后缀表达式中所有运算数的相对次序相同，所以遇到每个运算数都直接添加到 postexp。

针对这里的简单算术表达式，只有'＊'和'/'运算符的优先级高于'＋'和'－'运算符的优先级，所以上述过程简化如下：

```
while（若 exp 未读完）{
    从 exp 读取字符 ch
    ch 为数字符：将后续的所有数字符转换为一个整数后{添加到 postexp 中
    ch 为左括号'('：将'('进栈
    ch 为右括号')'：将栈中与之匹配的'('后进栈的运算符依次出栈并添加到 postexp 中，再将'('退栈
    ch 为'＋'或'－'：将 opor 栈中'('后进栈的（如果有'('）所有运算符出栈并添加到 postexp，再将 ch
进栈
```

ch 为 '*' 或 '/': 将 opor 栈中 '(' 后进栈的(如果有 '(')所有 '*' 或 '/' 运算符出栈并添加到 postexp,
再将 ch 进栈

}

若字符串 exp 扫描完毕,则退栈所有运算符并添加到 postexp

例如,对于 exp＝"(56－20)/(4＋2)",其转换成后缀表达式的过程如表 3.1 所示。

表 3.1 表达式"(56－20)/(4＋2)"转换成后缀表达式的过程

ch	操 作	postexp	opor 栈
(	将 '(' 进栈		(
56	将 56 存入 postexp 中	[56]	(
－	由于栈顶为 '(',直接将 '－' 进栈	[56]	(－
20	将 20 添加到 postexp	[56,20]	(－
)	将栈中 '(' 后进栈的运算符出栈并添加到 postexp,再将 '(' 出栈	[56,20,'－']	
/	将 '/' 进栈	[56,20,'－']	/
(	将 '(' 进栈	[56,20,'－']	/(
4	将 4 添加到 postexp	[56,20,'－',4]	/(
＋	由于栈顶为 '(',直接将 '＋' 进栈	[56,20,'－',4]	/(＋
2	将 2 添加到 postexp	[56,20,'－',4,2]	/(＋
)	将栈中 '(' 后进栈的运算符出栈并添加到 postexp,再将 '(' 出栈	[56,20,'－',4,2,'＋']	/
	exp 扫描完毕,将栈中所有的运算符依次出栈并添加到 postexp,得到最后的后缀表达式	[56,20,'－',4,2,'＋','/']	

根据上述原理得到的中缀表达式转后缀表达式的算法如下:

```
def Trans(self):                              ♯ 将 exp 转换为 postexp
    opor＝SqStack()                           ♯ 定义运算符栈
    i＝0                                       ♯ i 作为 exp 的索引
    while i < len(self.exp):                   ♯ 遍历 exp
        ch＝self.exp[i]                        ♯ 提取 str[i]字符 ch
        if ch＝＝"(":                          ♯ 判定为左括号,将左括号进栈
            opor.push(ch)
        elif ch＝＝")":                        ♯ 判定为右括号
            while not opor.empty() and opor.gettop()!＝"(":
                e＝opor.pop()                  ♯ 将栈中最近的"("之前的运算符退栈
                self.postexp.append(e)        ♯ 退栈运算符添加到 postexp
            opor.pop()                         ♯ 再将(退栈
        elif ch＝＝"＋" or ch＝＝"－":          ♯ 判定为加号或减号
            while not opor.empty() and opor.gettop()!＝"(":
                e＝opor.pop()                  ♯ 将栈中不低于 ch 优先级的所有运算符退栈
                self.postexp.append(e)        ♯ 退栈运算符添加到 postexp
            opor.push(ch)                      ♯ 再将"＋"或"－"进栈
        elif ch＝＝"*" or ch＝＝"/":            ♯ 判定为 * 号或/号
            while not opor.empty():
                e＝opor.gettop()
                if e!＝"(" and (e＝＝"*" or e＝＝"/"):
                    e＝opor.pop()              ♯ 将栈中不低于 ch 优先级的所有运算符退栈
                    self.postexp.append(e)    ♯ 退栈运算符添加到 postexp
                else: break
```

```
        opor.push(ch)                    # 再将"*"或"/"进栈
    else:                                # 处理数字字符
        d=""
        while ch>="0" and ch<="9":       # 判定为数字
            d+=ch                        # 提取所有连续的数字字符
            i+=1
            if i<len(self.exp):
                ch=self.exp[i]
            else:
                break
        i-=1                             # 退一个字符
        self.postexp.append(int(d))      # 将连续的数字字符转换为整数并添加到 postexp
    i+=1                                 # 继续处理其他字符
while not opor.empty():                  # 此时 exp 扫描完毕，栈不空时循环
    e=opor.pop()                         # 将栈中所有的运算符退栈并添加到 postexp
    self.postexp.append(e)
```

2）后缀表达式求值

在后缀表达式求值中仅用到运算数栈 opand，后缀表达式求值的过程如下：

```
while（若 postexp 未读完）{
    从 postexp 读取一个元素 opv
    opv 为'+'：出栈两个数值 a 和 b，计算 c=b+a，再将 c 进栈
    opv 为'-'：出栈两个数值 a 和 b，计算 c=b-a，再将 c 进栈
    opv 为'*'：出栈两个数值 a 和 b，计算 c=b*a，再将 c 进栈
    opv 为'/'：出栈两个数值 a 和 b，若 a 不为零，计算 c=b/a，再将 c 进栈
    opv 为数值：将该数值进栈
}
opand 栈中唯一的数值即为表达式的值
```

例如，postexp=[56,20,'-',4,2,'+','/']的求值过程如表 3.2 所示。

表 3.2 后缀表达式"56♯20♯-4♯2♯+/"的求值过程

ch 序列	说 明	opand 栈
56	遇到 56，将 56 进栈	56
20	遇到 20，将 20 进栈	56,20
'-'	遇到'-'，出栈两次，将 56-20=36 进栈	36
4	遇到 4，将 4 进栈	36,4
2	遇到 2，将 2 进栈	36,4,2
'+'	遇到'+'，出栈两次，将 4+2=6 进栈	36,6
'/'	遇到'/'，出栈两次，将 36/6=6 进栈	6
	postexp 遍历完毕，算法结束，栈顶数值 6 即为所求	

根据上述计算原理得到计算后缀表达式的值的算法如下：

```
def getValue(self):                      # 计算后缀表达式 postexp 的值
    opand=SqStack()                      # 定义运算数栈
    i=0
    while i<len(self.postexp):           # 遍历 postexp
        opv=self.postexp[i]              # 从后缀表达式中取一个元素 opv
        if opv=="+":                     # 判定为+号
            a=opand.pop()                # 退栈取运算数 a
```

```
        b＝opand.pop()                    ＃退栈取运算数 b
        c＝b＋a                           ＃计算 c
        opand.push(c)                     ＃将计算结果进栈
    elif opv＝＝"－":                      ＃判定为－号
        a＝opand.pop()                    ＃退栈取运算数 a
        b＝opand.pop()                    ＃退栈取运算数 b
        c＝b－a                           ＃计算 c
        opand.push(c)                     ＃将计算结果进栈
    elif opv＝＝" * ":                     ＃判定为 * 号
        a＝opand.pop()                    ＃退栈取运算数 a
        b＝opand.pop()                    ＃退栈取运算数 b
        c＝b * a                          ＃计算 c
        opand.push(c)                     ＃将计算结果进栈
    elif opv＝＝"/":                       ＃判定为/号
        a＝opand.pop()                    ＃退栈取运算数 a
        b＝opand.pop()                    ＃退栈取运算数 b
        assert a!＝0                      ＃检测 a 为 0 的情况
        c＝b/a                            ＃计算 c
        opand.push(c)                     ＃将计算结果进栈
    else:                                 ＃处理运算数
        opand.push(opv)                   ＃将运算数 opv 进栈
    i＋＝1                                 ＃继续处理 postexp 的其他元素
    return opand.gettop()                 ＃栈顶元素即为求值结果
```

❑ **设计主程序**

设计以下主程序求简单算术表达式"(56－20)/(4＋2)"的值：

```
str＝"(56－20)/(4＋2)"
print("中缀表达式："＋str)
obj＝ExpressClass(str)
obj.Trans()
print("后缀表达式：",obj.getpostexp())
print("求值结果： ％g" ％(obj.getValue()))
```

❑ **程序执行结果**

本程序的执行结果如下：

```
中缀表达式：(56－20)/(4＋2)
后缀表达式：[56,20,'－',4,2,'＋','/']
求值结果： 6
```

上述先转换为后缀表达式再对后缀表达式求值这两步可以合并起来，同样需要设置运算符栈 opor 和运算数栈 opand，合并后的过程是遍历表达式 exp：

① 遇到数字符，将后续的所有数字符合起来转换为数值，进栈到 opand。

② 遇到左括号，进栈到 opor。

③ 遇到右括号，将 opor 栈中与之匹配的'('后进栈的运算符依次出栈并做相应的计算。

④ 遇到运算符 opv，只有优先级高于 opor 栈顶的运算符才直接将 opv 进栈 opor，否则出栈 op 并执行 op 计算，直到栈顶是运算符'('(如果有)时为止，此时'('出栈，最后将 opv 进栈 opor。

若简单表达式遍历完毕，出栈 opor 的所有运算符并执行 op 计算。

其中执行 op 计算的过程是，出栈 opand 两次得到运算数 a 和 b，执行 $c＝b\ op\ a$，然后 c

进栈 opand。最后 opand 栈的栈顶运算数就是简单表达式的值。

2. 用栈求解迷宫问题

❏ 问题描述

给定一个 $M \times N$ 的迷宫图，求一条从指定入口到出口的路径。假设迷宫图如图 3.17 所示（其中 $M=6$，$N=6$，含外围加上的一圈不可走的方块，这样做的目的是避免在查找时出界），迷宫由方块构成，空白方块表示可以走的通道，带阴影方块表示不可走的障碍物。要求所求路径必须是简单路径，即在求得的路径上不能重复出现同一个空白方块，而且从每个方块出发每一步只能走向上、下、左、右 4 个相邻的空白方块。

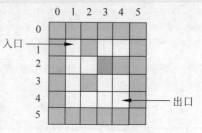

图 3.17　迷宫示意图

❏ 迷宫的数据组织

为了表示迷宫，设置一个数组 mg，其中的每个元素表示一个方块的状态，为 0 时表示对应方块是通道，为 1 时表示对应方块不可走。为了设计算法方便，在迷宫的外围加了一圈围墙。图 3.17 所示的迷宫对应的迷宫数组 mg（由于在迷宫外围加了一圈围墙，所以数组 mg 的外围元素均为 1）如下：

```
mg=[[1,1,1,1,1,1],[1,0,1,0,0,1],[1,0,0,1,1,1],[1,0,1,0,0,1],[1,0,0,0,0,1],
    [1,1,1,1,1,1]]
```

❏ 设计运算算法

求迷宫问题就是在一个指定的迷宫中求出一条从入口到出口的路径。在求解时通常用的是"穷举求解"的方法，即从入口出发，沿着某个方位向前试探，若能走通，则继续往前走；否则进入死胡同，沿原路退回，换一个方位再继续试探，直到所有可能的通路都试探完为止。

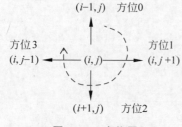

图 3.18　方位图

对于迷宫中的每个方块，有上、下、左、右 4 个相邻方块，如图 3.18 所示，第 i 行第 j 列的方块的位置记为 (i,j)，规定上方方块为方位 0，并按顺时针方向递增编号。对应的方位偏移量如下：

```
dx=[-1,0,1,0]                    #x方向的偏移量
dy=[0,1,0,-1]                    #y方向的偏移量
```

为了保证在任何位置上都能沿原路退回（称为回溯），需要用一个后进先出的栈来保存从入口到当前方块的路径，也就是说每个可走的方块都要进栈，栈中保存的每个方块除了位置信息外，还有走向信息，即从该方块走到相邻方块的方位 di。st 栈用 SqStack 对象表示。每个方块的 Box 类定义如下：

```
class Box:                       #方块类
    def __init__(self,i1,j1,di1):  #构造方法
        self.i=i1                #方块的行号
```

| self.j＝j1 | #方块的列号 |
| self.di＝di1 | #di是可走相邻方位的方位号 |

说明：栈是一种具有记忆功能的数据结构，在应用中重点是确定栈元素保存哪些信息。这里看一个日常生活的例子，如图3.19所示，假设小明住在A地，想到C地去看望好朋友，但他不熟悉路线。他从A地出发，走到了B地，有两条道路，于是他习惯性地走了上方的道路，结果遇到了一条小河，他过不去，只好回到B地。如果他不记下前面走过的路线，他会继续在这条路线上陷入死循环，永远见不到好朋友。小明是个聪明的孩子，他会记下前面走过的路线，于是在B地走另外一条（下方的）道路，结果很快找到了C地，高兴地见到了好朋友。在这个例子中，小明要记下走过的每个地点以及所走方向，小明的记忆功能可以用栈来实现。也就是说，在求解迷宫问题中用栈保存每个走过的方块以及所走方位。

求解从入口（xi，yi）到出口（xe，ye）迷宫路径的过程是先将入口进栈（其初始方位设置为－1），在栈不空时循环：

① 取栈顶方块 b（不退栈）。

② 若 b 方块是出口，则输出栈中的所有方块即为一条迷宫路径，返回 True。

③ 否则从 b 方块的新方位 di＝b.di＋1 开始试探相邻方块是否可走。

④ 若找到 b 方块的 di 方位的相邻方块（i，j）可走，则走到相邻方块（i，j），操作是修改栈顶 b 方块的 di 属性为该 di 值，并将（i，j）方块（对应 $b1$）进栈（其初始方位设置为－1）。

⑤ 若 b 方块找不到相邻可走方块，说明当前路径不可能走通（进入死胡同），b 方块不会是迷宫路径上的方块，则原路回退（即回溯），操作是将 b 方块出栈，从次栈顶方块（试探路径上 b 方块的前一个方块）做相同的试探，如图3.20所示（图中虚线表示回退）。如果一直回退到出口，而出口也没有未试探过的相邻可走方块，说明不存在迷宫路径，返回 False。

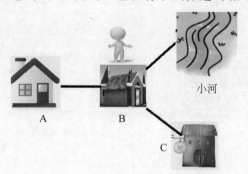

图 3.19　小明找好朋友的过程

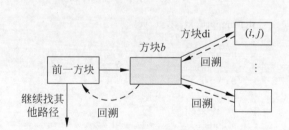

图 3.20　求迷宫路径的回溯过程

为了保证试探的可走相邻方块不是已走路径上的方块，如（i，j）已进栈，在试探（i＋1，j）的下一个可走方块时又试探到（i，j），这样可能引起死循环，为此在一个方块进栈后将对应的 mg 数组元素值改为－1（变为不可走的相邻方块），当退栈时（表示该栈顶方块没有可走相邻方块）将其恢复为0。图3.17中求从入口（1，1）到出口（4，4）的迷宫路径的搜索过程如图3.21所示，图中带"×"的方块是死胡同方块，走到这样的方块后需要回溯，找到出口后，栈中方块对应一条迷宫路径。

说明：这里的迷宫数组 mg 除了表示一个迷宫外，还通过将元素值设置为－1 以记忆路径，当找到出口后，恰好该迷宫路径上所有方块的 mg 元素值均为－1，这样可以在出口处继

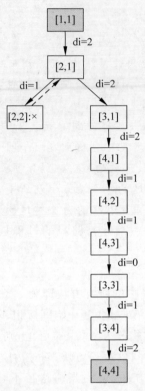

图 3.21　用栈求(1,1)到(4,4)迷宫路径的搜索过程

续回退查找其他迷宫路径。如果在一个方块出栈时不将其 mg 元素值恢复为 0,尽管可以找到一条迷宫路径(当存在迷宫路径时),但会将所有试探方块的 mg 元素值均置为−1,这样不能找到其他可能存在的迷宫路径。

求解迷宫问题的 mgpath()函数如下:

```python
def mgpath(xi,yi,xe,ye):              # 求一条从(xi,yi)到(xe,ye)的
                                      # 迷宫路径
    global mg                         # 迷宫数组为全局变量
    st=SqStack()                      # 定义一个顺序栈
    dx=[-1,0,1,0]                     # x方向的偏移量
    dy=[0,1,0,-1]                     # y方向的偏移量
    e=Box(xi,yi,-1)                   # 建立入口方块对象
    st.push(e)                        # 入口方块进栈
    mg[xi][yi]=-1                     # 为避免来回找相邻方块,将进栈的方块置为-1
    while not st.empty():             # 栈不空时循环
        b=st.gettop()                 # 取栈顶方块,称为当前方块
        if b.i==xe and b.j==ye:       # 找到了出口,输出栈中所有方块构成一条路径
            for k in range(len(st.data)):
                print("["+str(st.data[k].i)+','+str(st.data[k].j)+"]",end=' ')
            return True               # 找到一条路径后返回True
        find=False                    # 否则继续找路径
        di=b.di
        while di<3 and find==False:   # 找b的一个相邻可走方块
            di+=1                     # 找下一个方位的相邻方块
            i,j=b.i+dx[di],b.j+dy[di] # 找b的di方位的相邻方块(i,j)
            if mg[i][j]==0:           # (i,j)方块可走
```

```
            find＝True
        if find:                                ＃找到了一个相邻可走方块(i,j)
            b.di＝di                             ＃修改栈顶方块的 di 为新值
            b1＝Box(i,j,－1)                      ＃建立相邻可走方块(i,j)的对象 b1
            st.push(b1)                          ＃b1 进栈
            mg[i][j]＝－1                         ＃为避免来回找相邻方块,将进栈的方块置为－1
        else:                                    ＃没有路径可走,则退栈
            mg[b.i][b.j]＝0                       ＃恢复当前方块的迷宫值
            st.pop()                             ＃将栈顶方块退栈
    return False                                 ＃没有找到迷宫路径,返回 False
```

当成功找到出口后,st 栈中从栈底到栈顶恰好是一条从入口到出口的迷宫路径,输出该迷宫路径并返回 True,否则说明找不到迷宫路径,返回 False。

❑ **设计主程序**

设计以下主程序求如图 3.17 所示的迷宫图中从(1,1)到(4,4)的一条迷宫路径:

```
xi,yi＝1,1
xe,ye＝4,4
print("一条迷宫路径:",end=' ')
if not mgpath(xi,yi,xe,ye):                      ＃(1,1)->(4,4)
    print("不存在迷宫路径")
```

❑ **程序执行结果**

本程序的执行结果如下:

一条迷宫路径: [1,1] [2,1] [3,1] [4,1] [4,2] [4,3] [3,3] [3,4] [4,4]

该路径如图 3.22 所示(迷宫路径方块上的箭头指示路径中下一个方块的方位),显然这个解不是最优解(即不是最短路径)。在后面使用队列求解时可以找出最短路径。

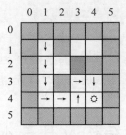

图 3.22　用栈找到的一条迷宫路径

3.2　队　列　

本节先介绍队列的定义,然后讨论队列的存储结构和基本运算算法设计,最后通过迷宫问题的求解说明队列的应用。

3.2.1　队列的定义

同样先看一个示例,假设有一座独木桥,桥右侧有一群小兔子要过桥到桥左侧去,桥宽

扫一扫

视频讲解

只能容纳一只兔子,那么这群小兔子怎么过桥呢? 结论是只能一个接一个地过桥,如图3.23所示。在这个例子中,独木桥就是一个队列,由于其宽度只能容纳一只兔子,所以不论有多少只兔子,它们只能是一只一只地排列过桥,从而构成一种线性关系。再看看独木桥的主要操作,显然有上桥和下桥,上桥表示从桥右侧走到桥上,下桥表示离开桥。

图3.23　一群小兔子过独木桥

归纳起来,队列(简称为队)是一种操作受限的线性表,其限制为仅允许在表的一端进行插入,而在表的另一端进行删除。把进行插入的一端称作**队尾**(rear),把进行删除的一端称作**队头**或**队首**(front)。向队列中插入新元素称为**进队**或**入队**,新元素进队后就成为新的队尾元素;从队列中删除元素称为**出队**或**离队**,元素出队后,其直接后继元素就成为队首元素。

由于队列的插入和删除操作分别是在表的一端进行的,每个元素必然按照进入的次序出队,所以又把队列称为**先进先出表**。

抽象数据类型队列的定义如下:

ADT Queue {
　　数据对象:
　　　　$D = \{a_i \mid 0 \leqslant i \leqslant n-1, n \geqslant 0\}$
　　数据关系:
　　　　$R = \{r\}$
　　　　$r = \{<a_i, a_{i+1}> \mid a_i, a_{i+1} \in D, i = 0, 1, \cdots, n-2\}$
　　基本运算:
　　　　empty():判断队列是否为空,若队列为空,返回真,否则返回假。
　　　　push(e):进队,将元素 e 进队作为队尾元素。
　　　　pop():出队,从队头出队一个元素。
　　　　gethead():取队头,返回队头元素的值而不出队。
}

【例3.10】 若元素的进队顺序为1234,能否得到3142的出队序列?

解 进队顺序为1234,则出队顺序只能是1234(先进先出),所以不能得到3142的出队序列。

3.2.2　队列的顺序存储结构及其基本运算算法的实现

由于队列中元素的逻辑关系与线性表的相同,所以可以借鉴线性表的两种存储结构来存储队列。

当队列采用顺序存储结构存储时,用列表 data 来存放队列中的元素,另外设置两个指针,队头指针为 front(实际上是队头元素的前一个位置),队尾指针为 rear(正好是队尾元素的位置)。

为了简单起见,这里使用固定容量的列表 data(容量用常量 MaxSize 表示),如图3.24所示,队列中从队头到队尾为 $a_0, a_1, \cdots, a_{n-1}$。采用顺序存储结构的队列称为**顺序队**。

顺序队分为非循环队列和循环队列两种方式,下面先讨论非循环队列,并通过说明该类型队列的缺点引出循环队列。

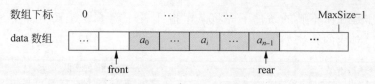

图 3.24　顺序队示意图

1. 非循环队列

图 3.25 是一个非循环队列的动态变化示意图（MaxSize＝5）。图 3.25(a)表示一个空队；图 3.25(b)表示进队 5 个元素后的状态；图 3.25(c)表示出队一次后的状态；图 3.25(d)表示再出队 4 次后的状态。

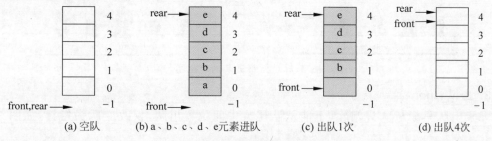

(a) 空队　　(b) a、b、c、d、e元素进队　　(c) 出队1次　　(d) 出队4次

图 3.25　队列操作的示意图

从中看到，初始时置 front 和 rear 均为－1(front＝＝rear)，非循环队列的四要素如下。

① 队空条件：front＝＝rear，图 3.25(a)和图 3.25(d)满足该条件。

② 队满（队上溢出）条件：rear＝＝MaxSize－1（因为每个元素进队都让 rear 增 1，当 rear 到达最大下标时不能再增加），图 3.25(d)满足该条件。

③ 元素 e 进队操作：先将队尾指针 rear 增 1，然后将元素 e 放在该位置（进队的元素总是在尾部插入的）。

④ 出队操作：先将队头指针 front 增 1，然后取出该位置的元素（出队的元素总是从头部出来的）。

非循环队列类 SqQueue 的定义如下（用 SqQueue.py 文件存放）：

```
MaxSize＝100                          ♯假设容量为100
class SqQueue:                        ♯非循环队列类
    def __init__(self):              ♯构造方法
        self.data＝[None] * MaxSize   ♯存放队列中的元素
        self.front＝－1                ♯队头指针
        self.rear＝－1                 ♯队尾指针
    ♯队列的基本运算算法
```

在非循环队列中实现队列的基本运算算法如下。

1）判断队列是否为空：empty()

若满足 front＝＝rear 条件，返回 True，否则返回 False。对应的算法如下：

```
def empty(self):                      ♯判断队列是否为空
    return self.front＝＝self.rear
```

2）进队运算：push(e)

元素 e 进队只能从队尾插入，不能从队头或中间位置进队，仅改变队尾指针，如图 3.26

所示。进队操作是在队不满的条件下先将队尾指针 rear 增 1，然后将元素 e 放到该位置处，否则抛出异常。对应的算法如下：

```
def push(self,e):                           # 元素e进队
    assert not self.rear==MaxSize−1         # 检测队满
    self.rear+=1
    self.data[self.rear]=e
```

图 3.26　元素进队的示意图

3）出队：pop()

元素出队只能从队头删除，不能从队尾或中间位置出队，仅改变队头指针，如图 3.27 所示。

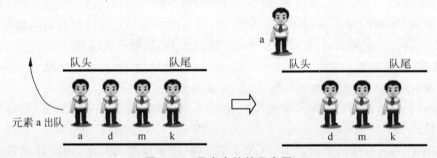

图 3.27　元素出队的示意图

出队操作是在队列不为空的条件下将队头指针 front 增 1，并返回该位置的元素值，否则抛出异常。对应的算法如下：

```
def pop(self):                              # 出队元素
    assert not self.empty()                 # 检测队空
    self.front+=1
    return self.data[self.front]
```

4）取队头元素：gethead()

与出队类似，但不需要移动队头指针 front。对应的算法如下：

```
def gethead(self):                          # 取队头元素
    assert not self.empty()                 # 检测队空
    return self.data[self.front+1]
```

上述算法的时间复杂度均为 $O(1)$。

2. 循环队列

在前面的非循环队列中，元素进队时队尾指针 rear 增 1，元素出队时队头指针 front 增

扫一扫

视频讲解

1,当进队 MaxSize 个元素后,满足设置的队满条件,即 rear＝＝MaxSize－1 成立,此时即使出队若干元素,队满条件仍成立(实际上队列中有空位置),这种队列中有空位置但仍然满足队满条件的上溢出称为**假溢出**。也就是说,非循环队列存在假溢出现象。为了克服非循环队列的假溢出,充分使用数组中的存储空间,可以把 data 数组的前端和后端连接起来,形成一个循环数组,即把存储队列元素的表从逻辑上看成一个环,称为**循环队列**(也称为**环形队列**)。

循环队列首尾相连,当队尾指针 rear＝MaxSize－1 时,再前进一个位置就应该到达 0 位置,这可以利用数学上的求余运算($\%$)实现。

① 队首指针循环进 1: front＝(front＋1) $\%$ MaxSize。

② 队尾指针循环进 1: rear＝(rear＋1) $\%$ MaxSize。

循环队列的队头指针和队尾指针均初始化为 0,即 front＝rear＝0。在进队元素和出队元素时,队头和队尾指针都循环前进一个位置。

那么循环队列的队满和队空的判断条件是什么呢? 若设置队空条件是 rear＝＝front,如果进队元素的速度快于出队元素的速度,队尾指针很快就赶上了队头指针,此时可以看出循环队列队满时也满足 rear＝＝front,所以这种设置无法区分队空和队满。

实际上循环队列的结构与非循环队列相同,也需要通过 front 和 rear 标识队列状态,一般是采用它们的相对值(即|front－rear|)实现的,当 data 数组的容量为 MaxSize 时,则队列的状态有 MaxSize＋1 种,分别是队空、队中有 1 个元素、队中有 2 个元素、……、队中有 MaxSize 个元素(队满)。而 front 和 rear 的取值范围均为 0～MaxSize－1,这样|front-rear|只有 MaxSize 个值,显然 MaxSize＋1 种状态不能直接用|front-rear|区分,因为必定有两种状态不能区分。为此让队列中最多只有 MaxSize－1 个元素,这样队列恰好只有 MaxSize 种状态,就可以通过 front 和 rear 的相对值区分所有状态了。

在规定队列中最多只有 MaxSize－1 个元素时,设置队空条件仍然是 rear＝＝front。当队列中有 MaxSize－1 个元素时一定满足(rear＋1)$\%$MaxSize＝＝front。这样循环队列在初始时置 front＝rear＝0,其四要素如下。

① 队空条件: rear＝＝front。

② 队满条件:(rear＋1)$\%$MaxSize＝＝front(相当于试探进队一次,若 rear 达到 front,则认为队满了)。

③ 元素 e 进队操作: rear＝(rear＋1)$\%$MaxSize,将元素 e 放置在该位置。

④ 元素出队操作: front＝(front＋1)$\%$MaxSize,取出该位置的元素。

图 3.28 说明了循环队列的几种状态,这里假设 MaxSize 等于 5。图 3.28(a)为空队,此时 front＝rear＝0;图 3.28(b)表示队列中有 3 个元素,当进队元素 d 后,队中有 4 个元素,此时满足队满的条件。

循环队列类 CSqQueue 的定义如下(用 CSqQueue.py 文件存放):

```
MaxSize＝100                              ＃全局变量,假设容量为100
class CSqQueue:                          ＃循环队列类
    def __init__(self):                  ＃构造方法
        self.data＝[None] * MaxSize       ＃存放队列中的元素
        self.front＝0                     ＃队头指针
```

113

```
        self.rear＝0                                     ♯队尾指针
    ♯队列的基本运算算法
```

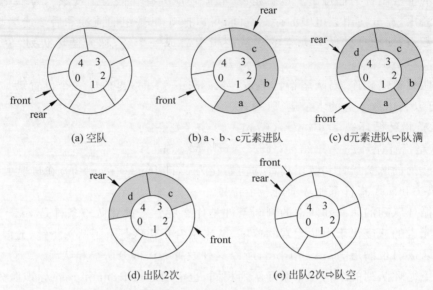

(a) 空队　　　　　　(b) a、b、c元素进队　　　　(c) d元素进队⇨队满

(d) 出队2次　　　　　(e) 出队2次⇨队空

图 3.28　循环队列进队和出队操作示意图

在这样的循环队列中，实现队列的基本运算算法如下。

1）判断队列是否为空：empty()

若满足 front＝＝rear 条件，返回 True，否则返回 False。对应的算法如下：

```
def empty(self):                                    ♯判断队列是否为空
    return self.front＝＝self.rear
```

2）进队：push(*e*)

在队列不满的条件下，先将队尾指针 rear 循环增 1，然后将元素 *e* 放到该位置处，否则抛出异常。对应的算法如下：

```
def push(self,e):                                   ♯元素 e 进队
    assert (self.rear＋1)％MaxSize!＝self.front      ♯检测队满
    self.rear＝(self.rear＋1)％MaxSize
    self.data[self.rear]＝e
```

3）出队：pop()

在队列不为空的条件下将队头指针 front 循环增 1，并返回该位置的元素值，否则抛出异常。对应的算法如下：

```
def pop(self):                                      ♯出队元素
    assert not self.empty()                         ♯检测队空
    self.front＝(self.front＋1)％MaxSize
    return self.data[self.front]
```

4）取队头元素：gethead()

与出队类似，但不需要移动队头指针 front。对应的算法如下：

```
def gethead(self):                              #取队头元素
    assert not self.empty()                     #检测队空
    head=(self.front+1)%MaxSize                 #求队头元素的位置
    return self.data[head]
```

上述 4 个算法的时间复杂度均为 $O(1)$。

3.2.3　循环队列的应用算法设计示例

【例 3.11】　在 CSqQueue 循环队列类中增加一个求元素个数的算法 size()。对于一个整数循环队列 qu，利用队列基本运算和 size()算法设计进队和出队第 $k(k \geqslant 1$，队头元素的序号为 1)个元素的算法。

解　在前面的循环队列中，队头指针 front 指向队中队头元素的前一个位置，队尾指针 rear 指向队中的队尾元素，可以求出队中元素个数$=(rear - front + MaxSize)\%MaxSize$。为此在 CSqQueue 循环队列类中增加 size()算法如下：

```
def size(self):                                 #返回队中元素个数
    return ((self.rear-self.front+MaxSize)%MaxSize)
```

在队列中并没有直接进队和出队第 $k(k \geqslant 1)$个元素的基本运算，进队第 k 个元素 e 的算法思路是出队前 $k-1$ 个元素，边出边进，再将元素 e 进队，最后将剩下的元素边出边进。该算法如下：

```
def pushk(qu,k,e):                              #进队第 k 个元素 e
    n=qu.size()
    if k<1 or k>n+1:
        return False                            #参数 k 错误返回 False
    if k<=n:
        for i in range(1,n+1):                  #循环处理队中的所有元素
            if i==k:
                qu.push(e)                       #将 e 元素进队到第 k 个位置
            x=qu.pop()                           #出队元素 x
            qu.push(x)                           #进队元素 x
    else: qu.push(e)                            #k=n+1 时直接进队 e
    return True
```

出队第 $k(k \geqslant 1)$个元素 e 的算法思路是出队前 $k-1$ 个元素，边出边进，再出队第 k 个元素 e，e 不进队，最后将剩下的元素边出边进。该算法如下：

```
def popk(qu,k):                                 #出队第 k 个元素
    n=qu.size()
    assert k>=1 and k<=n                        #检测参数 k 错误
    for i in range(1,n+1):                      #循环处理队中的所有元素
        x=qu.pop()                              #出队元素 x
        if i!=k: qu.push(x)                     #将非第 k 个元素进队
        else: e=x                               #取第 k 个出队的元素
    return e
```

【例 3.12】　对于循环队列来说，如果知道队头指针和队中元素个数，则可以计算出队尾指针。也就是说，可以用队中元素个数代替队尾指针。设计出这种循环队列的判队空、进队、出队和取队头元素的算法。

解 本例的循环队列包含 data 列表、队头指针 front 和队中元素个数 count，可以由 front 和 count 求出队尾位置，公式如下。

$$rear1 = (self.front + self.count) \% MaxSize$$

初始时 front 和 count 均置为 0。队空条件为 count==0；队满条件为 count==MaxSize；元素 e 进队操作是先根据上述公式求出队尾指针 rear1，将 rear1 循环增 1，然后将元素 e 放置在 rear1 处；出队操作是先将队头指针循环增 1，然后取出该位置的元素。设计本例的循环队列类 CSqQueue1 如下：

```
MaxSize=100                                      #全局变量，假设容量为100
class CSqQueue1:                                  #本例的循环队列类
    def __init__(self):                           #构造方法
        self.data=[None] * MaxSize                #存放队列中的元素
        self.front=0                              #队头指针
        self.count=0                              #队中元素个数
    def empty(self):                              #判断队列是否为空
        return self.count==0
    def push(self,e):                             #元素 e 进队
        rear1=(self.front+self.count)%MaxSize
        assert self.count!=MaxSize                #检测队满
        rear1=(rear1+1) % MaxSize
        self.data[rear1]=e
        self.count+=1                             #元素个数增1
    def pop(self):                                #出队元素
        assert not self.empty()                   #检测队空
        self.count-=1                             #元素个数减1
        self.front=(self.front+1)%MaxSize         #队头指针循环增1
        return self.data[self.front]
    def gethead(self):                            #取队头元素
        assert not self.empty()                   #检测队空
        head=(self.front+1)%MaxSize               #求队头元素的位置
        return self.data[head]
```

说明：本例设计的循环队列中最多可保存 MaxSize 个元素。

从上述循环队列的设计看出，如果将 data 数组的容量改为可以扩展的，在队满时新建更大容量的数组 newdata 后，不能像顺序表、顺序栈那样简单地将 data 中的元素复制到 newdata 中，需要按队列操作，将 data 中的所有元素出队后进队到 newdata 中，这里不再详述。

3.2.4 队列的链式存储结构及其基本运算算法的实现

队列的链式存储结构也是通过由结点构成的单链表实现的，此时只允许在单链表的表首进行删除操作（出队）和在单链表的表尾进行插入操作（进队），这里的单链表是不带头结点的，需要使用两个指针（即队首指针 front 和队尾指针 rear）来标识，front 指向队首结点，rear 指向队尾结点。用于存储队列的单链表简称为**链队**。

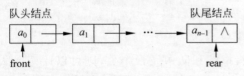

图 3.29　链队的存储结构示意图

链队的存储结构如图 3.29 所示，链队中存放元素的结点类 LinkNode 定义如下：

```
class LinkNode:                              #链队结点类
    def __init__(self,data=None):           #构造方法
        self.data=data                      #data 属性
        self.next=None                      #next 属性
```

设计链队类 LinkQueue 如下(用 LinkQueue.py 文件存放):

```
class LinkQueue:                            #链队类
    def __init__(self):                     #构造方法
        self.front=None                     #队头指针
        self.rear=None                      #队尾指针
    #队列的基本运算算法
```

图 3.30 说明了一个链队的动态变化过程。图 3.30(a)是链队的初始状态,图 3.30(b)是进队 3 个元素后的状态,图 3.30(c)是出队两个元素后的状态。

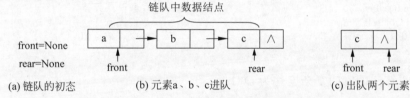

图 3.30 一个链队的动态变化过程

从图 3.30 中看到,初始时置 front=rear=None。链队的四要素如下。

① 队空条件: front=rear==None,不妨仅以 front==None 作为队空条件。

② 队满条件: 由于只有在内存溢出时才出现队满,通常不考虑这样的情况。

③ 元素 e 进队操作: 在单链表的尾部插入一个存放 e 的 s 结点,并让队尾指针指向它。

④ 出队操作: 取出队首结点的 data 值并将其从链队中删除。

对应队列的基本运算算法如下。

1) 判断队列是否为空: empty()

链队的 front 为空表示队列为空,返回 True,否则返回 False。对应的算法如下:

```
def empty(self):                           #判断队列是否为空
    return self.front==None
```

2) 进队: push(e)

创建存放元素 e 的结点 s。若原队列为空,则将 front 和 rear 均指向 s 结点,否则将 s 结点链接到单链表的末尾,并让 rear 指向它。对应的算法如下:

```
def push(self,e):                          #元素 e 进队
    s=LinkNode(e)                          #新建结点 s
    if self.empty():                       #原链队为空
        self.front=self.rear=s
    else:                                  #原链队不为空
        self.rear.next=s                   #将 s 结点链接到 rear 结点的后面
        self.rear=s
```

3) 出队: pop()

若原队为空,抛出异常;若队中只有一个结点(此时 front 和 rear 都指向该结点),取首

结点的 data 值赋给 e，并删除它，即置 front＝rear＝None；否则说明链队中有多个结点，取首结点的 data 值赋给 e，并删除它。最后返回 e。对应的算法如下：

```
def pop(self):                          # 出队操作
    assert not self.empty()             # 检测队空
    if self.front==self.rear:           # 原链队只有一个结点
        e=self.front.data               # 取首结点值
        self.front=self.rear=None       # 置为空队
    else:                               # 原链队有多个结点
        e=self.front.data               # 取首结点值
        self.front=self.front.next      # front 指向下一个结点
    return e
```

4）取队头元素：gethead()

与出队类似，但不需要删除首结点。对应的算法如下：

```
def gethead(self):                      # 取队头元素
    assert not self.empty()             # 检测队空
    e=self.front.data                   # 取首结点值
    return e
```

上述 4 个算法的时间复杂度均为 $O(1)$。

3.2.5　链队的应用算法设计示例

【例 3.13】　采用链队求解第 2 章例 2.16 的约瑟夫问题。

解　先定义一个链队 qu，对于(n,m)约瑟夫问题，依次将 $1\sim n$ 进队。循环 n 次出列 n 个小孩：每次循环先出队 $m-1$ 次，将所有出队的元素立即进队（将他们从队头出队后插入队尾），再出队第 m 个元素并且输出（出列第 m 个小孩）。

对应的程序如下：

```
from LinkQueue import LinkQueue        # 引用链队 LinkQueue
def Jsequence(n,m):                    # 求约瑟夫序列
    qu=LinkQueue()                     # 定义一个链队
    for i in range(1,n+1):             # 进队编号为 1~n 的 n 个小孩
        qu.push(i)
    for i in range(1,n+1):             # 共出列 n 个小孩
        j=1
        while j<=m-1:                  # 出队 m-1 个小孩，并将他们进队
            qu.push(qu.pop())
            j+=1
        x=qu.pop()                     # 出队第 m 个小孩
        print(x,end=' ')
    print()

# 主程序
print()
print(" 测试 1: n=6,m=3")
print(" 出列顺序:",end=' ')
Jsequence(6,3)
print(" 测试 2: n=8,m=4")
print(" 出列顺序:",end=' ')
Jsequence(8,4)
```

上述程序的执行结果如下：

测试 1：n＝6，m＝3
出列顺序：3 6 4 2 5 1
测试 2：n＝8，m＝4
出列顺序：4 8 5 2 1 3 7 6

说明：与第 2 章例 2.16 相比，这里相当于用带首尾结点指针的链队替代了循环单链表。

3.2.6 Python 中的双端队列

扫一扫

视频讲解

双端队列是在队列的基础上扩展而来的，其示意图如图 3.31 所示。双端队列与队列一样，元素的逻辑关系也是线性关系，但队列只能在一端进队，在另外一端出队，而双端队列可以在两端进行进队和出队操作，具有队列和栈的特性，因此使用更加灵活。

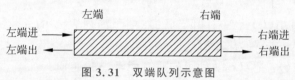

图 3.31　双端队列示意图

Python 提供了一个集合模块 collections，里面封装了多个集合类，其中包括 deque，即双端队列（double-ended queue）。

1. 创建双端队列

创建一个双端队列的基本方法如下。

1）创建一个空双端队列

使用的语法格式如下：

```
qu＝deque()
```

此时 qu 为空，它是一个可以动态扩展的双端队列。

2）创建一个固定长度的双端队列

使用的语法格式如下：

```
qu＝deque(maxlen＝N)
```

此时 qu 为空，但固定长度为 N，当有新的元素加入而双端队列已满时会自动移除最老的那个元素。

3）由一个列表元素创建一个双端队列

使用的语法格式如下：

```
qu＝deque(L)
```

此时 qu 包含列表 L 中的元素。

2. 双端队列的函数

deque 没有提供判空方法，可以使用内置函数 len() 求其中的元素个数，通过 len(qu)＝＝0 或者 notqu 判断双端队列是否为空，其时间复杂度为 $O(1)$。

3. 双端队列的方法

deque 提供的主要方法如下。

① deque. clear()：清除双端队列中的所有元素。

② deque. append(x)：在双端队列的右端添加元素 x，时间复杂度为 $O(1)$。

③ deque. appendleft(x)：在双端队列的左端添加元素 x，时间复杂度为 $O(1)$。

④ deque. pop()：在双端队列的右端出队一个元素，时间复杂度为 $O(1)$。

⑤ deque. popleft()：在双端队列的左端出队一个元素，时间复杂度为 $O(1)$。

⑥ deque. remove(x)：在双端队列中删除首个和 x 匹配的元素（从左端开始匹配的），如果没有找到抛出异常，其时间复杂度为 $O(n)$。

⑦ deque. count(x)：计算双端队列中元素为 x 的个数，时间复杂度为 $O(n)$。

⑧ deque. extend(L)：在双端队列的右端添加列表 L 的元素。例如，qu 为空，$L=$ $[1,2,3]$，执行后 qu 从左向右为 $[1,2,3]$。

⑨ deque. extendleft(L)：在双端队列的左端添加列表 L 的元素。例如，qu 为空，$L=$ $[1,2,3]$，执行后 qu 从左向右为 $[3,2,1]$。

⑩ deque. reverse()：把双端队列里的所有元素中的逆置。

⑪ deque. rotate(n)：双端队列的移位操作，如果 n 是正数，则队列中的所有元素向右移动 n 个位置；如果是负数，则队列中的所有元素向左移动 n 个位置。

4. 用双端队列实现栈

栈只在一端进行进栈和出栈操作，若定义 st＝deque()，也就是用 deque 实现栈，其两种方式如下：

① 以左端作为栈底（左端保持不动），右端作为栈顶（右端动态变化，st[−1]为栈顶元素），栈操作在右端进行，则用 append() 作为进栈方法，pop() 作为出栈方法；

② 以右端作为栈底（右端保持不动），左端作为栈顶（左端动态变化，st[0]为栈顶元素），栈操作在左端进行，则用 appendleft() 作为进栈方法，popleft() 作为出栈方法。

例如，以下程序为采用方法①将 deque 作为栈的使用方法。

```
from collections import deque          #引用 deque
st＝deque()
st. append(1)
st. append(2)
st. append(3)
while len(st)>0:
    print(st.pop(),end=' ')           #输出：3 2 1
print()
```

5. 用双端队列实现普通队列

普通队列只在一端进行进队操作，在另外一端进行出队操作，若定义 qu＝deque()，也就是用 deque 实现队列，其两种方式如下：

① 以左端作为队头（出队端），右端作为队尾（进队端），则用 popleft() 作为出队方法，append() 作为进队方法。在队列非空时 qu[0]为队头元素，qu[−1]为队尾元素；

② 以右端作为队头（出队端），左端作为队尾（进队端），则用 pop() 作为出队方法，

appendleft()作为进队方法。在队列非空时 qu[-1]为队头元素,qu[0]为队尾元素。

例如,以下程序为采用方法①将 deque 作为普通队列的使用方法。

```
from collections import deque
qu=deque()
qu.append(1)
qu.append(2)
qu.append(3)
while len(qu)>0:
    print(qu.popleft(),end=' ')          #输出:1 2 3
print()
```

3.2.7 队列的综合应用

本节通过用队列求解迷宫问题来讨论队列的应用。

❏ **问题描述**

参见 3.1.6 节。

❏ **迷宫的数据组织**

参见 3.1.6 节。

❏ **设计运算算法**

用队列求迷宫路径的思路是从入口开始试探,当试探到一个方块 b 时,若为出口,输出对应的迷宫路径并返回,否则找其所有相邻可走方块,假设找到的顺序为 $b_1,b_2,\cdots,b_k$,称 b 方块为这些方块的前趋方块,称这些方块为 b 方块的后继方块,然后按 $b_1,b_2,\cdots,b_k$ 的顺序试探每一个方块。为此用一个队列存放这些方块,这里采用 deque 实现队列,定义如下:

```
qu=deque()                              #定义一个队列
```

当找到出口后如何求出迷宫路径呢? 由于每个试探的方块可能有多个后继方块,但一定只有唯一的前趋方块(除了入口方块外),为此设置队列中的元素类型如下:

```
class Box:                              #方块类
    def __init__(self,i1,j1):           #构造方法
        self.i=i1                       #方块的行号
        self.j=j1                       #方块的列号
        self.pre=None                   #前趋方块
```

假设当前试探的方块位置是 (i,j),对应的队列元素(Box 对象)为 b,如图 3.32 所示,一次性找它所有的相邻可走方块,假设有 4 个相邻可走方块(实际上最多 3 个),则这 4 个相邻可走的方块均进队,同时置每个 b_i 的 pre 属性(即前趋方块)为 b,即 $b_i.\mathrm{pre}=b$。所以找到出口后,从出口通过 pre 属性回退到入口即找到一条迷宫路径。

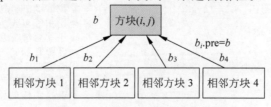

图 3.32 当前方块 b 和相邻方块

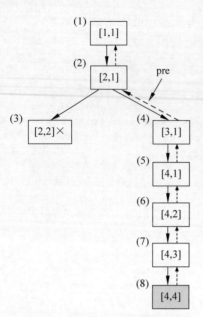

图 3.33　用队列求从(1,1)到(4,4)
迷宫路径的搜索过程

查找一条从(xi,yi)到(xe,ye)的迷宫路径的过程是首先建立入口方块(xi,yi)的 Box 对象 *b*,将 *b* 进队,在队列 qu 不为空时循环:出队一次,称该出队的方块 *b* 为当前方块,做如下处理。

① 如果 *b* 是出口,则从 *b* 出发沿着 pre 属性回退到出口,找到一条迷宫逆路径 path,反向输出该路径后返回 True。

② 否则,按顺时针方向一次性查找方块 *b* 的 4 个方位中的相邻可走方块,每个相邻可走方块均建立一个 Box 对象 *b*1,置 *b*1.pre=*b*,将 *b*1 进 qu 队列。与用栈求解一样,一个方块进队后,将其迷宫值置为-1,以避免回过来重复搜索。

如果队空都没有找到出口,表示不存在迷宫路径,返回 False。

在图 3.17 所示的迷宫图中求从入口(1,1)到出口(4,4)迷宫路径的搜索过程如图 3.33 所示,图中带"×"的方块表示没有相邻可走方块,每个方块旁的数字表示搜索顺序,找到出口后,通过虚线(即 pre)找到一条迷宫逆路径。

用队列求解迷宫问题的 mgpath()算法如下:

```
def mgpath(xi,yi,xe,ye):                      # 求(xi,yi)到(xe,ye)的一条迷宫路径
    global mg                                  # 迷宫数组为全局变量
    dx=[-1,0,1,0]                              # x 方向的偏移量
    dy=[0,1,0,-1]                              # y 方向的偏移量
    qu=deque()                                 # 定义一个队列
    b=Box(xi,yi)                               # 建立入口结点 b
    qu.appendleft(b)                           # 结点 b 进队
    mg[xi][yi]=-1                              # 进队方块置为-1
    while len(qu)!=0:                          # 队不空时循环
        b=qu.pop()                             # 出队一个方块 b
        if b.i==xe and b.j==ye:               # 找到了出口,输出路径
            p=b                                # 从 b 出发回推导出迷宫路径并输出
            path=[]                            # path 存放逆路径
            while p!=None:                     # 找到入口为止
                path.append("["+str(p.i)+","+str(p.j)+"]")
                p=p.pre
            for i in range(len(path)-1,-1,-1): # 反向输出 path 得到正向路径
                print(path[i],end=' ')
            return True                        # 找到一条路径时返回 True
        for di in range(4):                    # 循环扫描每个相邻方位的方块
            i,j=b.i+dx[di],b.j+dy[di]         # 找 b 的 di 方位的相邻方块(i,j)
            if mg[i][j]==0:                    # 找相邻可走方块
                b1=Box(i,j)                    # 建立后继方块结点 b1
                b1.pre=b                       # 设置其前趋方块为 b
                qu.appendleft(b1)              # b1 进队
                mg[i][j]=-1                    # 进队方块置为-1
    return False                               # 未找到任何路径时返回 False
```

❑ **设计主程序**

设计以下主程序用于求图 3.17 所示的迷宫图中从(1,1)到(4,4)的一条迷宫路径:

```
xi,yi=1,1
xe,ye=4,4
print("一条迷宫路径:",end=' ')
if not mgpath(xi,yi,xe,ye):                    #(1,1)->(4,4)
    print("不存在迷宫路径")
print()
```

❑ **程序执行结果**

本程序的执行结果如下:

一条迷宫路径:[1,1] [2,1] [3,1] [4,1] [4,2] [4,3] [4,4]

该路径如图 3.34 所示,迷宫路径上方块的箭头表示其前趋方块的方位。显然这个解是最优解,也就是最短路径。至于为什么用栈求出的迷宫路径不一定是最短路径,而用队列求出的迷宫路径一定是最短路径,该问题将在第 7 章中说明。

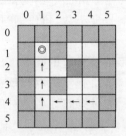

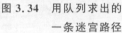
图 3.34 用队列求出的
一条迷宫路径

扫一扫

视频讲解

3.2.8 优先队列

所谓优先队列,就是指定队列中元素的优先级,按优先级越大越优先出队,而普通队列中按进队的先后顺序出队,可以看成进队越早越优先。实际上优先队列就是第 9 章中讨论的堆,根按照大小分为大根堆和小根堆,大根堆的元素越大越优先出队(即元素越大优先级越大),小根堆的元素越小越优先出队(即元素越小优先级越大)。

在 Python 中提供了 heapq 模块,其中包含的堆的基本操作方法用于创建堆,默认情况下创建小根堆。其主要方法如下。

① heapq.heapify(heap):把列表 heap 调整为堆。

② heapq.heappush(heap,item):向堆 heap 中插入元素 item(进队 item 元素),该方法会维护堆的性质。

③ heapq.heappop(heap):从堆 heap 中删除最小元素并且返回该元素值。

④ heapq.heapreplace(heap,item):从堆 heap 中删除最小元素并且返回该元素值,同时将 item 插入并且维护堆的性质。它优于调用函数 heappop(heap)和 heappush(heap,item)。

⑤ heapq.heappushpop(heap,item):把元素 item 插入堆 heap 中,然后从 heap 中删除最小元素并且返回该元素值。它优于调用函数 heappush(heap,item)和 heappop(heap)。

⑥ heapq.nlargest(n,iterable[,key]):返回迭代数据集合 iterable 中第 n 大的元素,可以指定比较的 key。它比通常计算多个列表中第 n 大的元素的方法更方便、快捷。

⑦ heapq.nsmallest(n,iterable[,key]):返回迭代数据集合 iterable 中第 n 小的元素,可以指定比较的 key。它比通常计算多个列表中第 n 小的元素的方法更方便、快捷。

⑧ heapq.merge(*iterables):把多个堆合并,并返回一个迭代器。

使用 heapq 创建优先队列有两种方式,一种是使用一个空列表,然后使用 heapq.heappush()添加元素;另一种是使用 heap.heapify(heap)方法将 heap 列表转换成堆结构。

例如,定义一个 heap 列表,将其调整为小根堆,调用一系列 heapq 方法如下:

```
import heapq
heap=[6,5,4,1,8]                              # 定义一个列表 heap
heapq.heapify(heap)                           # 将 heap 列表调整为堆
print(heap)                                   # 输出:[1,5,4,6,8]
heapq.heappush(heap,3)                        # 进队 3
print(heap)                                   # 输出:[1,5,3,6,8,4]
print(heapq.heappop(heap))                    # 输出:1
print(heap)                                   # 输出:[3,5,4,6,8]
print(heapq.heapreplace(heap,2))             # 输出:3(出队最小元素,再插入 2)
print(heap)                                   # 输出:[2,5,4,6,8]
print(heapq.heappushpop(heap,1))             # 输出:1(插入 1,再出队最小元素)
print(heap)                                   # 输出:[2,5,4,6,8]
```

由于 heapq 不支持大根堆,那么如何创建大根堆呢? 对于数值类型,一个最大数的相反数就是最小数,可以通过对数值取反,仍然创建小根堆的方式来获取最大数。

例如,一个列表 list 的元素形如"[年龄,姓名]",假设所有的年龄都不相同,需要求最大的年龄及对应的姓名。

将所有年龄取相反数,建立相应的小根堆,出队最小元素 s,其 $-s[0]$ 即为最大的年龄,$s[1]$ 为对应的姓名。对应的程序及其输出结果如下:

```
import heapq
list=[[20,"Mary"],[24,"John"],[21,"Smith"]]      # 定义一个列表
heap=[]
for i in range(len(list)):
    heap.append([-list[i][0],list[i][1]])
print(heap)             # 输出:[[-20, 'Mary'], [-24, 'John'], [-21, 'Smith']]
heapq.heapify(heap)     # 将 heap 列表调整为堆
print(heap)             # 输出:[[-24, 'John'], [-20, 'Mary'], [-21, 'Smith']]
s=heapq.heappop(heap)   # 出队最大者
print("年龄最大为%d 岁,是%s" %(-s[0],s[1]))  # 输出:年龄最大为 24 岁,是 John
```

3.3 练习题 ※

1. 简述线性表、栈和队列的异同。

2. 有 5 个元素,其进栈次序为 $abcde$,在各种可能的出栈次序中,以元素 c、d 最先出栈(即 c 第一个且 d 第二个出栈)的次序有哪几个?

3. 假设以 I 和 O 分别表示进栈和出栈操作,则初态和终态为栈空的进栈和出栈的操作序列可以表示为仅由 I 和 O 组成的序列,称可以实现的栈操作序列为合法序列(例如 IIOO 为合法序列,IOOI 为非法序列)。试给出区分给定序列为合法序列或非法序列的一般准则。

4. 什么叫"假溢出"? 如何解决假溢出?

5. 假设循环队列的元素存储空间为 data[0..$m-1$],队头指针 f 指向队头元素,队尾指针 r 指向队尾元素的下一个位置(例如 data[0..5],队头元素为 data[2],则 front=2,队尾元素为 data[3],则 rear=4),则在少用一个元素空间的前提下表示队空和队满的条件各是什么?

6. 在算法设计中,有时需要保存一系列临时数据元素,如果先保存的后处理,应该采用什么数据结构存放这些元素? 如果先保存的先处理,应该采用什么数据结构存放这些元素?

7. 给定一个字符串 str,设计一个算法采用顺序栈判断 str 是否为形如"序列1@序列2"的合法字符串,其中序列 2 是序列 1 的逆序,在 str 中恰好只有一个@字符。

8. 设计一个算法利用一个栈将一个循环队列中的所有元素倒过来,队头变队尾,队尾变队头。

9. 对于给定的正整数 $n(n>2)$,利用一个队列输出 n 阶杨辉三角形,5 阶杨辉三角形如图 3.35(a)所示,其输出结果如图 3.35(b)所示。

(a) $n=5$的杨辉三角形   (b) 输出结果

图 3.35 5 阶杨辉三角形及其输出结果

10. 有一个整数数组 a,设计一个算法将所有偶数位元素移动到所有奇数位元素的前面,要求它们的相对次序不改变。例如,$a=\{1,2,3,4,5,6,7,8\}$,移动后 $a=\{2,4,6,8,1,3,5,7\}$。

11. 设计一个循环队列,用 data[0..MaxSize−1]存放队列元素,用 front 和 rear 分别作为队头和队尾指针,另外用一个标志 tag 标识队列可能空(False)或可能满(True),这样加上 front==rear 可以作为队空或队满的条件,要求设计队列的相关基本运算算法。

12. 设计一个算法以 Python 中 deque 作为栈求一条迷宫路径。

13. 给定一个含 n 个整数的数组 a,设计一个算法利用优先队列求其中第 $k(1\leqslant k\leqslant n)$ 小元素(不是第 k 个不同的元素)。例如,$a=(1,3,2,2)$,$k=1$ 时答案为 1,$k=2$ 时答案为 2,$k=3$ 时答案为 2,$k=4$ 时答案为 3。

3.4 上机实验题

3.4.1 基础实验题

1. 设计整数顺序栈的基本运算程序,并用相关数据进行测试。
2. 设计整数链栈的基本运算程序,并用相关数据进行测试。
3. 设计整数循环队列的基本运算程序,并用相关数据进行测试。
4. 设计整数链队的基本运算程序,并用相关数据进行测试。

3.4.2 应用实验题

1. 一个 b 序列的长度为 n,其元素恰好是 $1\sim n$ 的某个排列,编写一个实验程序判断 b 序列是否是以 $1,2,\cdots,n$ 为进栈序列的出栈序列,如果不是,输出相应的提示信息;如果是,输出由该进栈序列通过一个栈得到 b 序列的过程。

2. 改进用栈求解迷宫问题的算法,累计如图 3.17 所示的迷宫的路径条数,并输出所有迷宫路径。

3. 括号匹配问题:在某个字符串(长度不超过 100)中有左括号、右括号和大/小写字母,规定(与常见的算术表达式一样)任何一个左括号都从内到外与它右边距离最近的右括号匹配。编写一个实验程序,找到无法匹配的左括号和右括号,输出原来的字符串,并在下一行标出不能匹配的括号,不能匹配的左括号用"$"标注,不能匹配的右括号用"?"标注。例如,输出样例如下:

```
( (ABCD(x)
$ $
)(rttyy())sss)(
?          ? $
```

4. 修改《教程》3.2 节中的循环队列算法,使其容量可以动态扩展,当进队时,若元素当前容量满时按两倍扩大容量;当出队时,若当前容量大于初始容量并且元素的个数只有当前容量的 1/4,缩小当前容量为一半。通过测试数据说明队列容量变化的情况。

5. 采用不带头结点只有一个尾结点指针 rear 的循环单链表存储队列,设计出这种链队的进队、出队、判队空和求队中元素个数的算法。

6. 对于如图 3.36 所示的迷宫图,编写一个实验程序,先采用队列求一条最短迷宫路径长度 minlen(路径中经过的方块个数),再采用栈求所有长度为 minlen 的最短迷宫路径。在搜索所有路径时进行这样的优化操作:当前路径尚未到达出口但长度超过 minlen,便结束该路径的搜索。

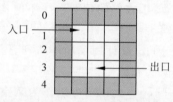

图 3.36 一个迷宫的示意图

3.5 LeetCode 在线编程题

1. LeetCode20——有效的括号

问题描述:给定一个只包括 '('、')'、'{'、'}'、'['、']' 的字符串,判断字符串是否有效。有效字符串需满足左括号必须用相同类型的右括号闭合,左括号必须以正确的顺序闭合。注意空字符串可被认为是有效字符串。例如,输入字符串"()",输出为 True;输入字符串"([)]",输出为 False。要求设计满足题目条件的如下方法:

```
defisValid(self, s: str) -> bool:
```

2. LeetCode150——逆波兰表达式求值

问题描述:根据逆波兰表示法求表达式的值,有效的运算符包括 ＋、－、＊、/。每个运算对象可以是整数,也可以是另一个逆波兰表达式。假设给定的逆波兰表达式总是有效的,即表达式总会得出有效数值且不存在除数为 0 的情况。其中整数除法只保留整数部分。例如,输入["2","1","＋","3","＊"],输出结果为9;输入["4","13","5","/","＋"],输出结

果为 6。要求设计满足题目条件的如下方法：

```
def evalRPN(self, tokens: List[str]) -> int:
```

3. LeetCode71——简化路径

问题描述：以 UNIX 风格给出一个文件的绝对路径，并且简化它，也就是说将其转换为规范路径。在 UNIX 风格的文件系统中，一个点(.)表示当前目录本身，两个点(..)表示将目录切换到上一级(指向父目录)，两者都可以是复杂相对路径的组成部分。注意，返回的规范路径必须始终以斜杠(/)开头，并且两个目录名之间只有一个斜杠/，最后一个目录名(如果存在)不能以/结尾。此外，规范路径必须是表示绝对路径的最短字符串。例如，输入字符串"/home/"，输出结果为"/home"，输入字符串"/a//b////c/d//././//.."，输出结果为"/a/b/c"。要求设计满足题目条件的如下方法：

```
def simplifyPath(self, path: str) -> str:
```

4. LeetCode51——n 皇后

问题描述：n 皇后问题研究的是如何将 n 个皇后放置在 $n \times n$ 的棋盘上，并且使皇后彼此之间不能相互攻击。给定一个整数 n，返回所有不同的 n 皇后问题的解决方案。每一种解法包含一个明确的 n 皇后问题的棋子放置方案，在该方案中'Q'和'.'分别代表了皇后和空位。例如输入 4，输出(共两个解法)结果如下：

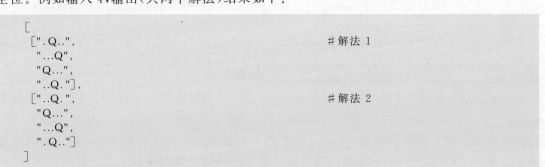

```
[
 [".Q..",           #解法 1
  "...Q",
  "Q...",
  "..Q."],
 ["..Q.",           #解法 2
  "Q...",
  "...Q",
  ".Q.."]
]
```

要求设计满足题目条件的如下方法：

```
def solveNQueens(self, n: int) -> List[List[str]]:
```

5. LeetCode622——设计循环队列

问题描述：循环队列是一种线性数据结构，其操作表现基于 FIFO(先进先出)原则，并且队尾被连接在队首之后以形成一个循环，它也被称为"环形缓冲器"。循环队列的一个好处是用户可以利用这个队列之前用过的空间。在一个普通队列里，一旦一个队列满了就不能插入下一个元素，即使在队列的前面仍有空间，但是在使用循环队列时可以使用这些空间去存储新的值。设计应该支持如下操作。

① MyCircularQueue(k)：构造器，设置队列长度为 k。

② Front()：从队首获取元素。如果队列为空，则返回 −1。

③ Rear()：获取队尾元素。如果队列为空，则返回−1。

④ enQueue(value)：向循环队列插入一个元素。如果成功插入，则返回 True。

⑤ deQueue()：从循环队列中删除一个元素。如果成功删除，则返回 True。

⑥ isEmpty()：检查循环队列是否为空。

⑦ isFull()：检查循环队列是否已满。

例如：

```
MyCircularQueue circularQueue＝new MycircularQueue(3)        ♯ 设置长度为 3
circularQueue.enQueue(1)                                    ♯ 返回 True
circularQueue.enQueue(2)                                    ♯ 返回 True
circularQueue.enQueue(3)                                    ♯ 返回 True
circularQueue.enQueue(4)                                    ♯ 返回 False，队列已满
circularQueue.Rear()                                       ♯ 返回 3
circularQueue.isFull()                                     ♯ 返回 True
circularQueue.deQueue()                                    ♯ 返回 True
circularQueue.enQueue(4)                                    ♯ 返回 True
circularQueue.Rear()                                       ♯ 返回 4
```

提示：所有的值都在 0～1000 的范围内，操作数将在 1～1000 的范围内，不要使用内置的队列库。

扫一扫
视频讲解

6. LeetCode119——杨辉三角 Ⅱ

问题描述：给定一个非负索引 k，其中 $k \leqslant 33$，返回杨辉三角的第 k 行。在杨辉三角中，每个数是它左上方和右上方的数的和。例如输入整数 3，输出为 [1,3,3,1]。要求设计满足题目条件的如下方法：

```
def getRow(self,rowIndex: int) -> List[int]:
```

扫一扫
视频讲解

7. LeetCode347——前 k 个高频元素

问题描述：给定一个非空的整数数组，返回其中出现频率前 k 个高的元素。例如，输入 nums＝[1,1,1,2,2,3]，$k＝2$，输出结果为 [1,2]；输入 nums＝[1]，$k＝1$，输出结果为 [1]。可以假设给定的 k 总是合理的，且 $1 \leqslant k \leqslant$ 数组中不相同的元素的个数。另外算法的时间复杂度必须优于 $O(n\log_2 n)$，n 是数组的大小。要求设计满足题目条件的如下方法：

```
def topKFrequent(self,nums: List[int],k: int) -> List[int]:
```

扫一扫
视频讲解

8. LeetCode23——合并 k 个排序链表

问题描述：合并 k 个排序链表，返回合并后的排序链表。分析和描述算法的复杂度。例如，输入如下：

```
[
  1-> 4-> 5,
  1-> 3-> 4,
  2-> 6
]
```

输出的链表为 1-> 1-> 2-> 3-> 4-> 4-> 5-> 6。要求设计满足题目条件的如下方法：

```
def mergeKLists(self,lists: List[ListNode]) -> ListNode:
```

第 4 章　串和数组

串是字符串的简称,它属于一种特殊的线性表,在实际中的应用十分广泛。数组可以看成是线性表的推广。二维数组也称为矩阵,对一些特殊的矩阵可以采用压缩存储方法。

本章主要学习要点如下。

(1) 串的相关概念,串与线性表之间的异同。

(2) 顺序串和链串中串的基本运算算法设计。

(3) 模式匹配算法 BF 和 KMP 算法的设计及应用。

(4) 数组和一般线性表之间的差异。

(5) 数组的存储结构和元素地址的计算方法。

(6) 各种特殊矩阵(例如对称矩阵、上/下三角矩阵和对角矩阵)的压缩存储方法。

(7) 稀疏矩阵的各种存储结构以及基本运算实现算法。

(8) 灵活运用串和数组解决一些较复杂的应用问题。

4.1　串

串在计算机非数值处理中占有重要的地位，例如信息检索系统、文字编辑等都是以串数据作为处理对象。本节介绍串的相关定义和串的抽象数据类型。

扫一扫

视频讲解

4.1.1　串的基本概念

串是由零个或多个字符组成的有限序列，记作 $str="a_0a_1\cdots a_{n-1}"(n\geq 0)$，其中 str 是串名，用双引号或单引号括起来的字符序列为串值，引号是界限符，$a_i(0\leq i\leq n-1)$ 是一个任意字符（字母、数字或其他字符），它称为串的元素，该元素的序号为 i。字符是构成串的基本单位，串中所包含的字符个数 n 称为**串的长度**，当 $n=0$ 时称为**空串**。

通常将仅由一个或多个空格组成的串称为空白串。注意空串和空白串的不同，例如" "（含一个空格）和""（不含任何字符）分别表示长度为 1 的空白串和长度为零的空串。一个串中任意连续的字符组成的子序列称为该串的**子串**，例如，"a"、"ab"、"abc" 和 "abcd" 等都是 "abcde" 的子串。包含子串的串相应地称为**主串**。

若两个串的长度相等且对应位置的字符都相等，则称**两个串相等**。当两个串不相等时，可按"词典顺序"区分大小。

【例 4.1】 设 s 是一个长度为 n 的串，其中的字符各不相同，则 s 中的所有子串个数是多少？

解 对于这样的串 s，空串是其子串，计 1 个；每个字符构成的串是其子串，计 n 个；每 2 个连续的字符构成的串是其子串，计 $n-1$ 个；每 3 个连续的字符构成的串是其子串，计 $n-2$ 个；…；每 $n-1$ 个连续的字符构成的串是其子串，计 2 个；s 是其自身的子串，计 1 个。

所有子串个数 $=1+n+(n-1)+\cdots+2+1=n(n+1)/2+1$。例如，$s="software"$ 的子串个数 $=(8\times 9)/2+1=37$。

抽象数据类型串的定义如下：

ADT String {
　　数据对象：
　　　　$D=\{a_i\mid 0\leq i\leq n-1,n\geq 0,a_i$ 为字符类型$\}$
　　数据关系：
　　　　$R=\{r\}$
　　　　$r=\{<a_i,a_{i+1}>\mid a_i,a_{i+1}\in D,i=0,\cdots,n-2\}$
　　基本运算：
　　　　StrAssign(cstr)：由字符串常量 cstr 创建一个串，即生成其值等于 cstr 的串。
　　　　StrCopy()：串复制，返回由当前串复制产生的一个串。
　　　　getsize()：求串长，返回当前串中的字符个数。
　　　　geti(i)：返回序号为 i 的字符。
　　　　seti(i,x)：设置序号为 i 的字符为 x。
　　　　Concat(t)：串连接，返回一个当前串和串 t 连接后的结果。
　　　　SubStr(i,j)：求子串，返回当前串中从第 i 个字符开始的 j 个连续字符组成的子串。
　　　　InsStr(i,t)：串插入，返回串 t 插入当前串的第 i 个位置后的子串。

DelStr(i,j)：串删除，返回当前串中删去从第 i 个字符开始的 j 个字符后的结果。

RepStr(i,j,t)：串替换，返回用串 t 替换当前串中从第 i 个字符开始的 j 个字符后的结果。

DispStr()：输出字符串。

}

4.1.2　串的存储结构

和线性表一样，串也有顺序存储结构和链式存储结构两种。前者简称为顺序串，后者简称为链串。

扫一扫

视频讲解

1. 串的顺序存储结构——顺序串

在顺序串中，串中字符被依次存放在一组连续的存储单元里。和顺序表一样，用一个 data 列表和一个整型变量 size 来表示一个顺序串，size 表示 data 列表中实际字符的个数。为了简单，data 列表采用固定容量 MaxSize（读者可以模仿顺序表改为动态容量方式）。设计顺序串类 SqString 如下（用 SqString.py 文件存放）：

```
MaxSize＝100                          # 假设容量为100
class SqString:                       # 顺序串类
    def __init__(self):               # 构造方法
        self.data＝[None] * MaxSize    # 存放串中的字符
        self.size＝0                   # 串中字符的个数
    # 串的基本运算算法
```

顺序串上的基本运算算法设计与顺序表类似，这里仅以求子串为例说明。对于一个顺序串，在求从序号 i 开始长度为 j 的子串时，先创建一个空串 s，当参数正确时，s 子串的字符序列为 data$[i..i+j-1]$，共 j 个字符，当 i 或者 $i+j-1$ 不在有效序号 $0\sim size-1$ 的范围内时，参数错误，此时返回空串。对应的算法如下：

```
def SubStr(self,i,j):                                    # 求子串的运算算法
    s＝SqString()                                         # 新建一个空串
    assert i>=0 and i<self.size and j>0 and i+j<=self.size   # 检测参数
    for k in range(i,i+j):                               # 将 data[i..i+j-1]-> s
        s.data[k-i]＝self.data[k]
    s.size＝j
    return s                                             # 返回新建的顺序串
```

例如，由顺序串 s 产生子串 t 的示意如图 4.1 所示，$s=$"abcd123"，执行 $t=s.$SubStr(2,4) 返回 s 中从序号 2 开始的 4 个字符构成的子串 t，即 $t=$"cd12"。

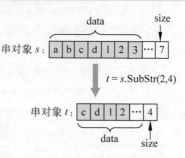

图 4.1　求子串示意图

【例 4.2】　设计一个算法 Strcmp(s,t)，以字典顺序比较两个英文字母串 s 和 t 的大小，假设两个串均以顺序串存储。

解　本例的算法思路如下。

（1）比较 s 和 t 两个串共同长度范围内的对应字符：

① 若 s 的字符大于 t 的字符，返回 1。

② 若 s 的字符小于 t 的字符，返回 -1。

③ 若 s 的字符等于 t 的字符,按上述规则继续比较。

(2) 当(1)中对应字符均相同时,比较 s 和 t 的长度:

① 两者相等时,返回 0。

② s 的长度大于 t 的长度,返回 1。

③ s 的长度小于 t 的长度,返回 -1。

对应的算法如下:

```
def Strcmp(s,t):                          #比较串 s 和 t 的算法
    minl=min(s.getsize(),t.getsize())     #求 s 和 t 中的最小长度
    for i in range(minl):                 #在共同长度内逐个字符比较
        if s[i]>t[i]: return 1
        elif s[i]<t[i]: return -1
    if s.getsize()==t.getsize():          #s==t
        return 0
    elif s.getsize()>t.getsize():         #s>t
        return 1
    else:                                 #s<t
        return -1
```

2. 串的链式存储结构——链串

链串的组织形式与一般的链表类似,主要区别在于链串中的一个结点可以存储一个或者多个字符。通常将链串中每个结点所存储的字符个数称为结点大小。图 4.2 和图 4.3 分别表示了同一个串"ABCDEFGHIJKLMN"的结点大小为 4(存储密度大)和 1(存储密度小)的链式存储结构。

图 4.2 结点大小为 4 的链串

图 4.3 结点大小为 1 的链串

当结点大小大于 1(例如结点大小等于 4)时,链串尾结点的各个数据域不一定总能被字符占满,此时应在这些未占用的数据域里补上不属于字符集的特殊符号(例如'#'字符),以示区别(见图 4.2 中的最后一个结点)。

在设计链串时,结点大小越大,则存储密度越大,但当链串结点大小大于 1 时,一些操作(如插入、删除、替换等)可能因大量字符移动而十分麻烦。为简便起见,这里规定链串结点大小均为 1。链串的结点类型 LinkNode 定义如下:

```
class LinkNode:                           #链串结点类型
    def __init__(self,d=None):            #构造方法
        self.data=d                       #存放一个字符
        self.next=None                    #指向下一个结点的指针
```

一个链串用一个头结点 head 来唯一标识,设计链串类 LinkString 如下(用 LinkString.py

文件存放）：

```
class LinkString:                                    # 链串类
    def __init__(self):                              # 构造方法
        self.head=LinkNode()                         # 建立头结点
        self.size=0
    # 串的基本运算算法
```

链串上的基本运算算法设计与单链表类似，这里仅以串插入算法为例说明。在当前链串中序号为 i 的位置插入串 t 时，先创建一个空串 s，当参数正确时，采用尾插法建立结果串 s 并返回 s。

① 将当前链串的前 i 个结点复制到 s 中。

② 将 t 中的所有结点复制到 s 中。

③ 将当前串的剩余结点复制到 s 中。

如果参数错误，返回空串。对应的算法如下：

```
def InsStr(self,i,t):                                # 串插入运算的算法
    s=LinkString()                                   # 新建一个空串
    assert i>=0 and i<self.size                       # 检测参数
    p,p1=self.head.next, t.head.next
    r=s.head                                          # r指向新建链表的尾结点
    for k in range(i):                                # 将当前链串的前i个结点复制到s
        q=LinkNode(p.data)
        r.next=q; r=q                                 # 将q结点插入尾部
        p=p.next
    while p1!=None:                                    # 将t中的所有结点复制到s
        q=LinkNode(p1.data)
        r.next=q;r=q                                   # 将q结点插入尾部
        p1=p1.next
    while p!=None:                                     # 将p及其后的结点复制到s
        q=LinkNode(p.data)
        r.next=q; r=q                                  # 将q结点插入尾部
        p=p.next
    s.size=self.size+t.size
    r.next=None                                        # 尾结点的next置为空
    return s                                           # 返回新建的链串
```

例如，在串对象 s 中插入串对象 t 产生对象 $t1$ 的示意如图 4.4 所示，$s=$"abcd"，$t=$"123"，执行 $t1=s.\text{InsStr}(2,t)$，在 s 中序号为 2 的位置插入 t，得到 $t1=$"ab123cd"。

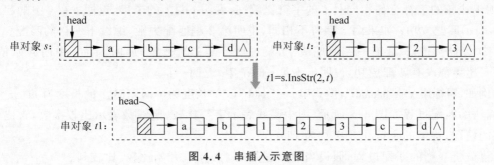

图 4.4 串插入示意图

【例 4.3】 假设字符串采用链串存储，设计一个算法 StrEqual(s,t) 比较两个链串 s、t 是否相等。

解 两个串 s、t 相等的条件是它们的长度相等且所有对应位置上的字符均相同。当 s 和 t 采用链串存储时，先看它们的长度是否相同，如果不相同返回 False。当长度相同时从头开始依次比较相应字符是否相同，只要有一次比较不相同便返回 False，若两个链串均比较完毕，返回 True。对应的算法如下：

```
def StrEqual(s,t):                              #判断链串 s 和 t 是否相等的算法
    if s.getsize()!=t.getsize():
        return False
    p,q=s.head.next, t.head.next
    while p!=None and q!=None:
        if p.data!=q.data:
            return False
        p,q=p.next, q.next
    return True
```

由于链串中 getsize() 的时间复杂度为 $O(n)$，若链串 s 和 t 的长度分别为 m 和 n，则上述算法的时间复杂度为 $O(m+n)$。实际上不必做长度相等的比较，删除该 if 语句后算法的时间复杂度为 $O(\min(m,n))$。

4.1.3 串的模式匹配

设有两个串 s 和 t，串 t 的定位操作就是在串 s 中查找与子串 t 相等的子串。通常把串 s 称为**目标串**，把串 t 称为**模式串**，因此定位也称作模式匹配。模式匹配成功是指在目标串 s 中找到了一个模式串 t，不成功则指目标串 s 中不存在模式串 t。模式匹配的算法有多种，这里主要讨论 BF 算法和 KMP 算法。

1. BF 算法

BF 是 Brute Force 的英文缩写，暴力的意思，BF 算法也称为简单匹配算法。设目标串 $s=\text{"}s_0s_1\cdots s_{n-1}\text{"}$，模式串 $t=\text{"}t_0t_1\cdots t_{m-1}\text{"}$，分别用 i、j 遍历 s 和 t（初始均为 0），其基本过程如下：

① 第 1 趟匹配，$i=0$，从 s_0/t_0 开始比较，若两个字符相同，继续比较各自的下一个字符，如果比较的字符全部相同且 t 的字符比较完，说明 t 是 s 的子串，返回 t 在 s 中的起始位置 0，表示匹配成功；如果两个字符不相同，说明第 1 趟匹配失败，继续下一趟的匹配。

② 第 2 趟匹配，$i=1$，从 s_1/t_0 开始比较，若两个字符相同，继续比较各自的下一个字符，如果比较的字符全部相同且 t 的字符比较完，说明 t 是 s 的子串，返回 t 在 s 中的起始位置 1，表示匹配成功；如果两个字符不相同，说明第 2 趟匹配失败，继续下一趟的匹配。

③ 以此类推，只要有一趟匹配成功，就说明 t 是 s 的子串，返回 t 在 s 中的起始位置。如果 i 超界都没有匹配成功，说明 t 不是 s 的子串，返回 -1。

例如，目标串 $s=\text{"aaaaab"}$，模式串 $t=\text{"aaab"}$，s 的长度为 $n(n=6)$，t 的长度为 $m(m=4)$，BF 算法的匹配过程如图 4.5 所示（图中竖线表示字符比较，竖线数表示比较次数，含比较不相同的情况，这里的字符比较次数为 12）。

再分析一趟的匹配过程，假设当前一趟是从 s_{i-j}/t_0 开始比较，比较到 s_i/t_j：

① 若 $s_i=t_j$（两个比较的字符相同），则继续比较各自的下一个字符，即 i、j 均增 1（从 s_{i-j}/t_0 开始比较，i 和 j 递增的次数相同，共比较 $j+1$ 次，除了最后一次比较时两个字符

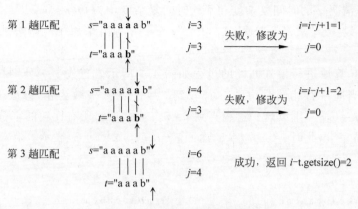

图 4.5　BF 算法的匹配过程

不相同外，其他比较的两个字符均相同）。

②　若 $s_i \neq t_j$（两个比较的字符不相同，称该位置为**失配处**），表示这一趟匹配失败，下一趟应该从 s_{i-j+1}/t_0 开始比较继续匹配（见图 4.6），即执行 $i=i-j+1$（回退到 s 的上一趟首字符的下一个字符，称为回溯），$j=0$。

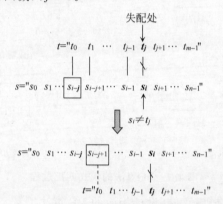

图 4.6　BF 算法在比较失败时转向下一趟

对应的 BF 算法如下：

```
def BF(s,t):                                    #BF 算法
    i,j=0,0
    while i<s.getsize() and j<t.getsize():      #两串未遍历完时循环
        if s[i]==t[j]:                          #两个字符相同
            i,j=i+1,j+1                          #继续比较下一对字符
        else:
            i,j=i-j+1,0                          #目标串从下一个位置开始,模式串从头开始匹配
    if j>=t.getsize():
        return i-t.getsize()                    #返回匹配的首位置
    else:
        return -1                               #模式匹配不成功
```

由于 BF 算法采用穷举思路枚举所有的情况，其结果一定是正确的。也就是说，若 t 是 s 的子串，一定会找到 t 在 s 中出现的首位置，否则返回 -1。BF 算法简单易懂，但效率不高，主要原因是主串指针 i 在字符比较中若有一对字符比较不相等，仍需回溯（即 $i=i-j+1$）。该算法在最好情况下的时间复杂度为 $O(m)$，即目标串的前 m 个字符正好等于模式串的 m

个字符；在最坏情况下的时间复杂度和平均时间复杂度均为 $O(n \times m)$。

【例 4.4】 设 $s =$ "ababcabcacbab"，$t =$ "abcac"，给出采用 BF 算法进行模式匹配的过程。

解 采用 BF 算法进行模式匹配的过程如图 4.7 所示。首先 i、j 分别扫描主串和模式串，$i=0/j=0$，当前字符相同时均增 1，比较到 $i=2/j=2$ 失败为止，修改 $i=i-j+1=1$（回溯到前面），$j=0$，…，继续这一过程直到 $i=5/j=0$，这时所有比较的字符均相同，i、j 递增到模式串扫描完毕，此时 $i=10/j=5$，返回 $i-t.getsize()=5$，表示 t 是 s 的子串，对应序号为 5。

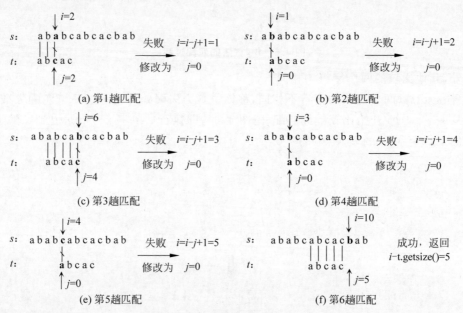

图 4.7　BF 算法的模式匹配过程

【例 4.5】 假设串采用链串存储，设计相应的 BF 算法。

解 初始时，p 指向串 s 的首结点，i 置为 0，让 $p1$ 指向 p 结点，q 指向串 t 的首结点，$p1$ 和 q 结点的字符相等时同步后移，若 q 为空表示串 t 比较完毕，说明串 t 是串 s 的子串，返回序号 i，否则 p 移向串 s 的下一个结点，i 增 1，继续上述过程。如果 p 为空则串 s 比较完毕，表示串 t 不是串 s 的子串，返回 -1。对应的算法如下：

```
def BF1(s,t):                                    #链串的 BF 算法
    p=s.head.next                                #p 指向 s 串的首结点
    i=0                                          #i(p 指的首结点的序号)为 0
    while p!=None:
        p1=p
        q=t.head.next                            #q 指向串 t 的首结点
        while p1!=None and q!=None and p1.data==q.data:
            p1=p1.next                           #比较 p1 结点和 q 结点的字符,相等时同步后移
            q=q.next
        if q==None:return i                      #串 t 比较完毕,返回 i
        p=p.next                                 #p 移到串 s 的下一个结点
        i+=1
    return -1                                    #串 t 不是串 s 的子串时返回 -1
```

2. KMP 算法

1）基本的 KMP 算法

Knuth-Morris-Pratt（简称 KMP）算法比 BF 算法有较大的改进，主要是消除了目标串指针的回溯，从而提高了匹配效率。

那么如何消除了目标串指针的回溯呢？先看一个示例，假设目标串 $s=$ "aaaaab"，模式串 $t=$ "aaab"，看其匹配过程：

① 当进行第 1 趟匹配时，失配处为 $i=3/j=3$。尽管本趟匹配失败了，但得到这样的启发信息，s 的前 3 个字符 "$s_0 s_1 s_2$" 与 t 的前 3 个字符 "$t_0 t_1 t_2$" 相同，显然 "$s_1 s_2$"$=$"$t_1 t_2$" 是成立的。

② 从 t 中观察到 "$t_0 t_1$"$=$"$t_1 t_2$"，这样就有 "$s_1 s_2$"$=$"$t_1 t_2$"$=$"$t_0 t_1$"。按照 BF 算法，下一趟匹配应该从 s_1/t_0 比较开始，而此时已有 "$s_1 s_2$"$=$"$t_0 t_1$"，没有必要再做重复比较，下一步只需将 s_3 与 t_2 比较，即做 s_3/t_2 的比较，如图 4.8 所示。

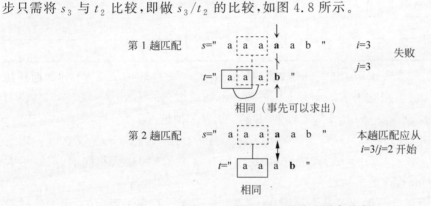

图 4.8 利用已匹配的信息提高效率

这种"观察信息"就是当失配处为 s_i/t_j 时，需要找出模式串 t 中 t_j 前面最多有多少个字符与 t 开头的字符相同（称为 t_j 的局部匹配信息），用 k 表示时有 "$t_0 t_1 \cdots t_{k-1}$"$=$"$t_{j-k} t_{j-k+1} \cdots t_{j-1}$" 成立，前者称为前缀，后者称为后缀，$k$ 就是最长相同前、后缀的字符个数。

如果每次都要计算 k 会浪费时间，所以对于模式串 t 来说，可以提前计算出每个失配位置 j（对应字符 t_j）的 k 值，采用一个 next 数组表示，即 $\text{next}[j]=k$。求 $\text{next}[j]$（$0 \leq j \leq m-1$）的公式如下：

$$\text{next}[j]=\begin{cases} \text{MAX}\{k \mid 0<k<j \text{ 且 "} t_0 t_1 \cdots t_{k-1}\text{"}=\text{"}t_{j-k} t_{j-k+1} \cdots t_{j-1}\text{"}\} & \text{前缀非空} \\ -1 & j=0 \\ 0 & \text{其他} \end{cases}$$

对于模式串 $t=$"$t_0 t_1 \cdots t_{m-1}$"，手工计算 $\text{next}[j]$（$0 \leq j \leq m-1$）的过程是考虑字符串 $p=$"$t_0 t_1 \cdots t_{j-1}$"（为 t_j 前面所有字符构成的字符串，不含 t_j 字符，称为 p 串），p 串的前缀有 "t_0"，"$t_0 t_1$"，$\cdots$，"$t_0 t_1 \cdots t_{j-2}$"（t_0 开始的子串，但不包含字符串 p 本身），p 串的后缀有 "t_{j-1}"，"$t_{j-2} t_{j-1}$"，$\cdots$，"$t_1 \cdots t_{j-2} t_{j-1}$"[最多以 t_1 开头（即不包含字符串 p 本身）、必须以 t_{j-1} 结尾的子串]，找到所有相同的前、后缀，其中最长相同前、后缀的字符个数即为 $\text{next}[j]$。由于下标 0 对应 t_0 之前的位置，实际上不存在该位置，所以置 $\text{next}[0]$ 为 -1。

例如，对于模式串 $t=$"abcac"，求其 next 数组的过程如下：

① 对于序号 0，规定 next[0]$=-1$。

② 对于序号 1，置 next[1]$=0$，实际上 next[1]总是为 0。

③ 对于序号 2，$p=$"ab"，其前缀有"a"，其后缀有"b"，前、后缀没有相同者，置 next[2]$=0$。

④ 对于序号 3，$p=$"abc"，其前缀有"a"和"ab"，后缀有"c"和"bc"，前、后缀没有相同者，置 next[3]$=0$。

⑤ 对于序号 4，$p=$"abca"，其前缀有"a"、"ab"和"abc"，后缀有"a"、"ca"和"bca"，相同的前、后缀只有"a"，它包含一个字符，置 next[4]$=1$。

这样模式串 t$=$"abcac"对应的 next 数组如表 4.1 所示。

表 4.1　模式串的 next 数组值

j	0	1	2	3	4
$t[j]$	a	b	c	a	c
next$[j]$	-1	0	0	0	1

可以采用迭代方式求模式串 t 的 next 数组，从 next[0]$=-1$，$j=0$，$k=-1$ 开始循环执行，现在已经求出 next[j]，由它再求 next[$j+1$]的值。不妨设求出的 next[j]$=k(k<j)$，说明有"$t_0t_1\cdots t_{k-1}$"$=$"$t_{j-k}t_{j-k+1}\cdots t_{j-1}$"，比较 t_j 和 t_k，分为 3 种情况：

（1）若 $t_j=t_k$，由于已有"$t_0t_1\cdots t_{k-1}$"$=$"$t_{j-k}t_{j-k+1}\cdots t_{j-1}$"，当 $t_j=t_k$ 成立时一定有"$t_0t_1\cdots t_{k-1}t_k$"$=$"$t_{j-k}t_{j-k+1}\cdots t_{j-1}t_j$"成立，说明 $p=$"$t_0t_1\cdots t_j$"的最大相同前、后缀中含 $k+1$ 个字符，所以置 next[$j+1$]$=k+1$。

（2）若 $t_j\neq t_k$，那么是不是直接从 $k=0$ 开始求 next[j]呢？答案是否定的，因为这样做效率低下，而是采用一步一步回推方式，假设 $k'=$next[k]（因为 k' 表示 t_k 前面最多有长度为 k' 的后缀与前缀相同，所以 $k'<k$），即有"$t_0t_1\cdots t_{k'-1}$"$=$"$t_{k-k'}t_{k-k'+1}\cdots t_{k-1}$"（长度均为 k'）。由前面求出的 next[j]$=k(k<j)$，即有"$t_0t_1\cdots t_{k-1}$"$=$"$t_{j-k}t_{j-k+1}\cdots t_{j-1}$"（长度均为 k），由于 $k'<k$，则有"$t_0t_1\cdots t_{k'-1}$"$=$"$t_{j-k'}t_{j-k'+1}\cdots t_{j-1}$"（长度均为 k'）。此时再比较 $t_{k'}/t_j$ 分为两种子情况：

① 若 $t_{k'}=t_j$，说明 t_{j+1} 前面最多有 $k'+1$ 个字符和 t 开头的字符相同，即置 next[$j+1$]为 $k'+1$ 也就是置 next[$j+1$]$=$next[k]$+1$。

② 若 $t_{k'}\neq t_j$，则采用类似的方式继续回推，也就是求出 $k''=$next[k']，看 $t_{k''}=t_{k'}$ 是否成立再做相应的处理。

（3）$k=-1$ 是特殊情况，这里的 -1 表示"没有前缀可以匹配"或者"没有之前的字符可以回退"，在 s 和 t 的模式匹配中表示下一趟应该从 s_i/t_0 开始比较，所以置 next[$j+1$]$=0$，这种情况可以和情况（1）统一起来。

例如，$t=$"aaaabaaaaabc"，假设已经求出 next[0..9]如表 4.2 所示，现在由 next[9]求 next[10]。此时 next[9]$=4$，$j=9$，$k=4$，由于 $t[9]\neq t[4]$，置 $k'=$next[k]$=3$，而 $t[9]=t[3]$成立，所以让 j、k' 均增 1($j=10$，$k'=4$)，next[j]$=$next[k']$+1=4$，即 $t[10]$前面最多有 4 个字符（即 $t[6..9]$）与 t 开头的 4 个字符（即 $t[0..3]$）相同，如图 4.9 所示。从中看出不需要从 $k=0$ 开始，而是从 $k'=$next[k]的位置开始比较效率更高。

表 4.2 模式串的 next 数组部分值

j	0	1	2	3	4	5	6	7	8	9	10	11
$t[j]$	a	a	a	a	b	a	a	a	a	a	b	c
$next[j]$	−1	0	1	2	3	0	1	2	3	4		

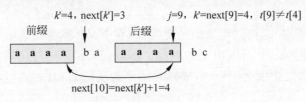

图 4.9 求 next[10]

对应的求模式串 t 的 next 数组的算法如下：

```
def GetNext(t, next):                          #由模式串 t 求出 next 数组值
    j, k = 0, −1
    next[0] = −1
    while j < t.getsize() − 1:
        if k == −1 or t[j] == t[k]:            #j 遍历后缀, k 遍历前缀
            j, k = j+1, k+1
            next[j] = k
        else:
            k = next[k]                        #k 置为 next[k]
```

设模式串 t 的长度为 m，上述算法中只遍历模式串 t 一次，并且对于每个位置所进行的回退操作的次数与 m 无关，仅与 t 中的字符分布相关，因此 next 数组的计算过程具有线性时间复杂度 $O(m)$。

设 s 为目标串，t 为模式串，在求出模式串 t 的 next 数组后，KMP 算法的过程如下，用 i 和 j 指针分别指向目标串和模式串中正待比较的字符（i 和 j 均从 0 开始）。

① 若有 $s_i = t_j$，则 i 和 j 分别增 1。

② 否则，失配处为 s_i/t_j，i 不变，j 退回到 $j = next[j]$ 的位置（即模式串右滑），再比较 s_i 和 t_j，若相等则 i、j 各增 1，否则 j 再次退回到下一个 $j = next[j]$ 的位置，以此类推，直到出现下列两种情况之一：一种情况是 j 退回到某个 $j = next[j]$ 位置时有 $s_i = t_j$，则指针各增 1 后继续匹配；另一种情况是 j 退回到 $j = −1$ 时，此时令 i、j 指针各增 1，即下一次比较 s_{i+1} 和 t_0，从而开始新的一趟匹配。

简单地说，KMP 算法利用得到的局部匹配信息，保持 i 指针不回溯，通过修改 j 指针，让模式串尽量地移动到有效的位置。

对应的基本 KMP 算法如下：

```
def KMP(s, t):                                 #KMP 算法
    next = [None] * MaxSize
    GetNext(t, next)                           #求 next 数组
    i, j = 0, 0
    while i < s.getsize() and j < t.getsize():
        if j == −1 or s[i] == t[j]:
            i, j = i+1, j+1                     #i, j 各增 1
```

```
        else:
            j＝next[j]                        #i不变,j回退
    if j>＝t.getsize():
        return i－t.getsize()                 # 返回起始序号
    else:
        return －1                           #返回－1
```

设目标串 s 的长度为 n，模式串 t 的长度为 m，在 KMP 算法中求 next 数组的时间复杂度为 $O(m)$，在后面的匹配中因主串 s 的下标 i 不减（即不回溯），比较次数可记为 $O(n)$。KMP 算法的最好时间复杂度为 $O(m)$，最坏时间复杂度仍为 $O(n \times m)$，平均时间复杂度为 $O(n+m)$。

视频讲解

【例 4.6】 设 $s=$"ababcabcacbab"，$t=$"abcac"，给出采用 KMP 算法进行模式匹配的过程。

解 模式串对应的 next 数组如表 4.1 所示，其采用 KMP 算法的模式匹配过程如图 4.10 所示。首先 $i=0$，$j=0$，匹配到 $i=2/j=2$ 失败为止；i 值不变（不回溯到前面），修改 $j=$ next$[j]=0$，匹配到 $i=6/j=1$ 失败为止；i 值不变（不回溯到前面），修改 $j=$ next$[j]=1$，匹配到 $i=10/j=5$（t 的字符比较完），返回 $i－t.getsize()=5$，表示 t 是 s 的子串，且位置为 5。

视频讲解

2) KMP 算法的说明

与 BF 算法相比，KMP 算法可以跳过一些中间趟，从而提高模式匹配的效率。例如，$s=$"ababca"，$t=$"abca"，求出 next$=\{-1,0,0,0\}$，KMP 算法的模式匹配过程如图 4.11 所示，仅需要两趟匹配，而 BF 算法需要 3 趟匹配（含 s_1/t_0 开始比较的一趟）。

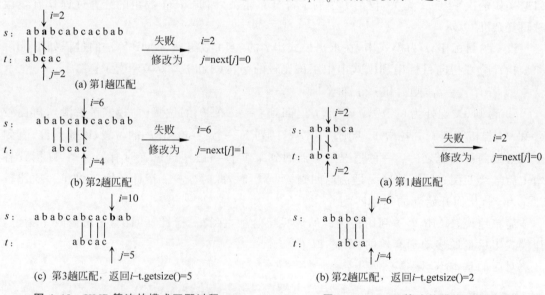

图 4.10 KMP 算法的模式匹配过程　　　　图 4.11 KMP 算法的模式匹配过程

在上述例子中，KMP 算法跳过了 s_1/t_0 开始比较的一趟，那么结果正确吗？因为第 1 趟是从 s_0/t_0 开始比较的，失配处为 s_2/t_2，说明"s_0s_1"="t_0t_1"，可以推出"s_1"="t_1"，而事先求出 next$[2]=0$，说明一定有"t_1"≠"t_0"（因为如果"t_1"="t_0"，则 next$[2]$ 应该是 1 而不是 0），这样就有"s_1"≠"t_0"，那么再做 s_1/t_0 开始的比较趟一定是失败的。所以 KMP 算法

跳过的一些比较趟一定是失败的匹配趟,从而说明了 KMP 的正确性。

3) KMP 算法的改进

上述 next 数组在某些情况下尚有缺陷。例如,设 $s=$" aaabaaaab", $t=$" aaaab", t 对应的 next 数组如表 4.3 所示,两串匹配的过程如图 4.12 所示,共有 15 次比较。

表 4.3   模式串 t 的 next 数组值

j	0	1	2	3	4
$t[j]$	a	a	a	a	b
next[j]	−1	0	1	2	3

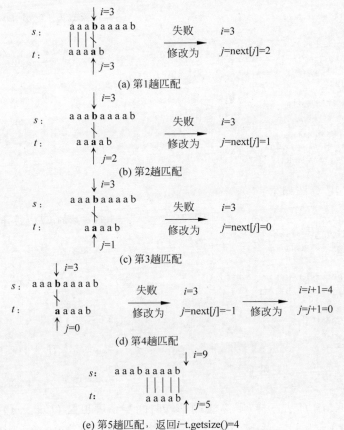

图 4.12   KMP 算法的模式匹配过程

从中看到,当失配处为 $i=3/j=3$ 时,$s_3 \neq t_3$,next[3]=2,下一步做 s_3/t_2 的比较,实际上由于 t_2 和 t_3 相同即 $t_2=t_3$,则 s_3/t_2 的比较一定是失败的。

当失配处为 $i=3/j=2$ 时,$s_3 \neq t_2$,next[2]=1,下一步做 s_3/t_1 的比较,实际上由于 t_1 和 t_2 相同即 $t_1=t_2$,则 s_3/t_1 的比较一定是失败的。

当失配处为 $i=3/j=1$ 时,$s_3 \neq t_1$,next[1]=0,下一步做 s_3/t_0 的比较,实际上由于 t_0 和 t_1 相同即 $t_0=t_1$,则 s_3/t_0 的比较一定是失败的。

也就是说,当失配处为 $i=3/j=3$ 时,由 next[j]的指示还需进行 $i=3/j=2$、$i=3/j=1$、$i=3/j=0$ 共 3 次比较。实际上,因为模式 t 中的 t_2、t_1、t_0 字符和 t_3 字符都相等,所以,不

需要再和 s 串中的 s_3 字符相比较，而可以将模式串 t 一次向右滑动 4 个字符的位置直接进行 $i=4/j=0$ 时的字符比较。

上述示例中存在的问题可以通过改进 next 数组得到解决，将 next 数组改为 nextval 数组，与 next[0] 一样，先置 nextval[0]=−1。假设求出 next[j]=k，现在失配处为 s_i/t_j，即 $s_i \neq t_j$：

① 如果有 $t_j = t_k$ 成立，可以直接推导出 $s_i \neq t_k$ 成立，没有必要再做 s_i/t_k 的比较，直接置 nextval[j]=nextval[k]（即 nextval[next[j]]），即下一步做 $s_i/t_{\text{nextval}[j]}$ 的比较。

② 如果有 $t_j \neq t_k$，没有改进的，置 nextval[j]=next[j]。

改进后的求 nextval 数组的算法如下：

```
def GetNextval(t,nextval):                    #由模式串 t 求出 nextval 值
    j,k=0,−1
    nextval[0]=−1
    while j < t.getsize()−1:
        if k==−1 or t[j]==t[k]:
            j,k=j+1,k+1
            if t[j]!=t[k]:
                nextval[j]=k
            else:
                nextval[j]=nextval[k]
        else: k=nextval[k]
```

改进后的 KMP 算法如下：

```
def KMPval(s,t):                              #改进后的 KMP 算法
    nextval=[None] * MaxSize
    GetNextval(t,nextval)                     #求 nextval 数组
    i,j=0,0
    while i < s.getsize() and j < t.getsize():
        if j==−1 or s[i]==t[j]:
            i,j=i+1,j+1                        #i,j 各增 1
        else: j=nextval[j]                     #i 不变,j 回退
    if j >= t.getsize():
        return(i−t.getsize())                 #返回起始序号
    else:
        return(−1)                            #返回−1
```

与改进前的 KMP 算法一样，本算法的平均时间复杂度也是 $O(n+m)$。

【例 4.7】 设 $s=$"aaabaaaab"，$t=$"aaaab"，计算模式串 t 的 nextval 函数值，并画出利用改进的 KMP 算法进行模式匹配时每一趟的匹配过程。

解 模式串 t 的 nextval 函数值如表 4.4 所示。

表 4.4　模式串 t 的 nextval 函数值

j	0	1	2	3	4
$t[j]$	a	a	a	a	b
next[j]	−1	0	1	2	3
nextval[j]	−1	−1	−1	−1	3

利用改进的 KMP 算法的匹配过程如图 4.13 所示，共有 9 次比较，从中看到匹配效率得到进一步提高。

扫一扫

视频讲解

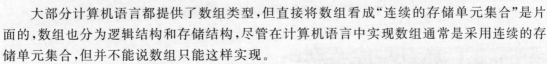

(a) 第1趟匹配

(b) 第2趟匹配，返回 $i-t.\text{getsize}()=4$

图 **4.13**　改进的 KMP 算法的模式匹配过程

4.2　数　组

本节介绍数组的定义、数组的存储结构和几种特殊矩阵的压缩存储等。

4.2.1　数组的基本概念

大部分计算机语言都提供了数组类型，但直接将数组看成"连续的存储单元集合"是片面的，数组也分为逻辑结构和存储结构，尽管在计算机语言中实现数组通常是采用连续的存储单元集合，但并不能说数组只能这样实现。

从逻辑结构上看，数组是一个二元组 (idx, value) 的集合，对于每个 idx，都有一个 value 值与之对应。idx 称为下标，可以由一个整数、两个整数或多个整数构成，下标含有 $d(d \geq 1)$ 个整数称维数是 d。数组按维数分为一维、二维和多维数组。

一维数组 A 是 $n(n > 1)$ 个相同特性的元素 $a_0, a_1, \cdots, a_{n-1}$ 构成的有限序列，其逻辑表示为 $A = (a_0, a_1, \cdots, a_{n-1})$，其中，$A$ 是数组名，$a_i(0 \leq i \leq n-1)$ 是数组 A 中序号为 i 的元素。

一个二维数组可以看作每个数据元素都是相同特性的一维数组的一维数组，如图 4.14 所示。以此类推，多维数组可以看作一个这样的线性表，其中每个元素又是一个线性表。也可以这样看，一个 d 维数组中含有 $b_1 \times b_2 \times \cdots \times b_d$（假设第 i 维的大小为 b_i）个元素，每个元素受到 d 个关系的约束，且这 d 个关系都是线性关系。当 $d=1$ 时，数组就退化为定长的线性表，当 $d > 1$ 时，d 维数组可以看成是线性表的推广。例如，图 4.14 所示的二维数组的逻辑关系用二元组表示如下：

$$\begin{bmatrix} 1 & 2 & 3 & 4 \\ 5 & 6 & 7 & 8 \\ 9 & 10 & 11 & 12 \end{bmatrix}$$

图 **4.14**　一个二维数组

$B = (D, R)$
$R = \{r_1, r_2\}$
$r_1 = \{<1,2>, <2,3>, <3,4>, <5,6>, <6,7>, <7,8>, <9,10>, <10,11>, <11,12>\}$
$r_2 = \{<1,5>, <5,9>, <2,6>, <6,10>, <3,7>, <7,11>, <4,8>, <8,12>\}$

其中含有 12 个元素，这些元素之间有两种关系，r_1 表示行关系，r_2 表示列关系，r_1 和 r_2 均为线性关系。

数组具有以下特点：

① 数组中的各元素具有相同的特性（如所有元素均为整数）。

② $d(d \geqslant 1)$ 维数组中的非边界元素具有 d 个前趋元素和 d 个后继元素。

③ 数组的维数确定后，数据元素个数和元素之间的关系不再发生改变，特别适合于顺序存储。

④ 每个有意义的下标都存在一个与其相对应的数组元素值。

d 维数组的抽象数据类型的定义如下：

ADT Array {
    数据对象：
        $D = \{$数组中的所有元素$\}$
    数据关系：
        $R = \{r_1, r_2, \cdots, r_d\}$
        $r_i = \{$元素之间第 i 维的线性关系 $\mid i = 1, 2, \cdots, d\}$
    基本运算：
        $\text{Value}(A, i_1, i_2, \cdots, i_d)$：$A$ 是已存在的 d 维数组，其运算结果是返回 $A[i_1, i_2, \cdots, i_d]$ 值。
        $\text{Assign}(A, e, i_1, i_2, \cdots, i_d)$：$A$ 是已存在的 d 维数组，其运算结果是置 $A[i_1, i_2, \cdots, i_d] = e$。
        $\cdots$
}

数组的主要运算有两种即存取元素值，没有插入和删除操作，所以数组通常采用顺序存储方式来实现。

1. 一维数组

一维数组的所有元素依逻辑次序存放在一片连续的内存存储单元中，其起始地址为元素 a_0 的地址，即 $\text{LOC}(a_0)$。假设每个数据元素占用 k 个存储单元，则元素 $a_i (0 \leqslant i < n)$ 的存储地址 $\text{LOC}(a_i)$ 就可以由以下公式求出：

$$\text{LOC}(a_i) = \text{LOC}(a_0) + i \times k$$

该式说明一维数组中任一元素的存储地址可直接计算得到，即一维数组中的任一元素可直接存取，正因如此，一维数组具有随机存取特性。

在 Python 中长度为 n 的一维数组 $\{a_0, a_1, \cdots, a_{n-1}\}$ 通常采用形如 $[a_0, a_1, \cdots, a_{n-1}]$ 的列表表示。例如，以下语句创建一个长度为 MAXN 的一维数组 a，初始元素值均为 None：

```
MAXN = 10
a = [None] * MAXN
```

2. d 维数组

对于 $d(d \geqslant 2)$ 维数组，必须约定其元素的存放次序（即存储方案），这是因为存储单元是一维的（计算机内存地址是线性的），而数组是 d 维的。通常 d 维数组的存储方案有按行优先和按列优先两种。

下面以 m 行 n 列的二维数组 $\mathbf{A}_{m \times n} = (a_{i,j})$ 为例讨论（二维数组也称为矩阵）。

二维数组 $\mathbf{A}$ 按行优先存储的形式如图 4.15 所示，假设每个元素占 k 个存储单元，$\text{LOC}(a_{0,0})$ 表示 $a_{0,0}$ 元素的存储地址，对于元素 $a_{i,j} (0 \leqslant i, j < n)$，其存储地址为

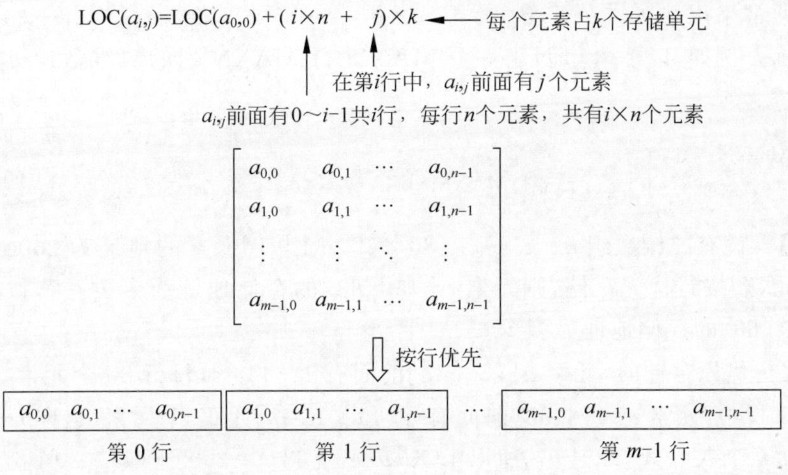

$$\text{LOC}(a_{i,j}) = \text{LOC}(a_{0,0}) + (i \times n + j) \times k \longleftarrow \text{每个元素占} k \text{个存储单元}$$

在第 i 行中，$a_{i,j}$ 前面有 j 个元素

$a_{i,j}$ 前面有 $0 \sim i-1$ 共 i 行，每行 n 个元素，共有 $i \times n$ 个元素

$$\begin{bmatrix} a_{0,0} & a_{0,1} & \cdots & a_{0,n-1} \\ a_{1,0} & a_{1,1} & & a_{1,n-1} \\ \vdots & \vdots & \ddots & \vdots \\ a_{m-1,0} & a_{m-1,1} & \cdots & a_{m-1,n-1} \end{bmatrix}$$

$\Downarrow$ 按行优先

$a_{0,0}$ $a_{0,1}$ $\cdots$ $a_{0,n-1}$	$a_{1,0}$ $a_{1,1}$ $\cdots$ $a_{1,n-1}$	$\cdots$	$a_{m-1,0}$ $a_{m-1,1}$ $\cdots$ $a_{m-1,n-1}$
第 0 行	第 1 行		第 $m-1$ 行

图 4.15 二维数组 **A** 按行优先存储

二维数组 **A** 按列优先存储的形式如图 4.16 所示，对于元素 $a_{i,j}$，其存储地址为

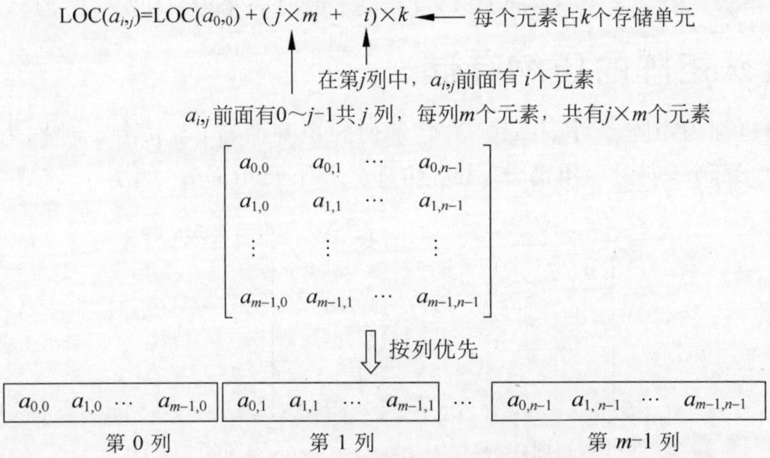

$$\text{LOC}(a_{i,j}) = \text{LOC}(a_{0,0}) + (j \times m + i) \times k \longleftarrow \text{每个元素占} k \text{个存储单元}$$

在第 j 列中，$a_{i,j}$ 前面有 i 个元素

$a_{i,j}$ 前面有 $0 \sim j-1$ 共 j 列，每列 m 个元素，共有 $j \times m$ 个元素

$$\begin{bmatrix} a_{0,0} & a_{0,1} & \cdots & a_{0,n-1} \\ a_{1,0} & a_{1,1} & & a_{1,n-1} \\ \vdots & \vdots & & \vdots \\ a_{m-1,0} & a_{m-1,1} & \cdots & a_{m-1,n-1} \end{bmatrix}$$

$\Downarrow$ 按列优先

$a_{0,0}$ $a_{1,0}$ $\cdots$ $a_{m-1,0}$	$a_{0,1}$ $a_{1,1}$ $\cdots$ $a_{m-1,1}$	$\cdots$	$a_{0,n-1}$ $a_{1,n-1}$ $\cdots$ $a_{m-1,n-1}$
第 0 列	第 1 列		第 $m-1$ 列

图 4.16 二维数组 **A** 按列优先存储

前面均假设二维数组的行、列下界为 0，更一般的情况是二维数组的行下界是 c_1、行上界是 d_1，列下界是 c_2，列上界是 d_2，即为数组 $\boldsymbol{A}[c_1..d_1, c_2..d_2]$[①]，则该数组按行优先存储时有：

$$\text{LOC}(a_{i,j}) = \text{LOC}(a_{c1,c2}) + [(i - c_1) \times (d_2 - c_2 + 1) + (j - c_2)] \times k$$

按列优先存储时有：

$$\text{LOC}(a_{i,j}) = \text{LOC}(a_{c1,c2}) + [(j - c_2) \times (d_1 - c_1 + 1) + (i - c_1)] \times k$$

综上所述，从二维数组的元素地址计算公式 $\text{LOC}(a_{i,j})$ 看出，一旦数组元素的下标和元素类型确定，对应元素的存储地址就可以直接计算出来，也就是说，与一维数组相同，二维数组也具有随机存取特性。这样的推导公式和结论可推广至三维甚至更高维数组中。

在 Python 中 m 行 n 列的二维数组 $\{\{a_{0,0}, a_{0,1}, \cdots, a_{0,n-1}\}, \cdots, \{a_{m-1,0}, a_{m-1,1}, \cdots,$

---

① $\boldsymbol{A}[c_1..d_1, c_2..d_2]$ 表示数组 $\boldsymbol{A}$ 的行号从 c_1 到 c_2，列号从 d_1 到 d_2，通常数组的下标从 0 开始，所以 $\boldsymbol{A}[m]$ 数组可以表示为 $\boldsymbol{A}[0..m-1]$，$\boldsymbol{A}[m][n]$ 或 $\boldsymbol{A}[m, n]$ 数组可以表示为 $\boldsymbol{A}[0..m-1, 0..n-1]$。

$a_{m-1,n-1}\}\}$通常采用形如$[[a_{0,0},a_{0,1},\cdots,a_{0,n-1}],\cdots,[a_{m-1,0},a_{m-1,1},\cdots,a_{m-1,n-1}]]$的嵌套列表表示。例如,以下语句创建一个 MAXM 行 MAXN 列的二维数组 a,初始元素值均为 None:

```
MAXM, MAXN = 3, 4
a = [[None] * MAXN for i in range(MAXM)]
```

【例 4.8】 设有二维数组 $a[1..50,1..80]$,其 $a[1][1]$ 元素的地址为 2000,每个元素占两个存储单元,若按行优先存储,则元素 $a[45][68]$ 的存储地址为多少? 若按列优先存储,则元素 $a[45][68]$ 的存储地址为多少?

解 当按行优先存储时,元素 $a[45][68]$ 前面有 1～44 行,每行 80 个元素,计 44×80 个元素,在第 45 行中,元素 $a[45][68]$ 前面有 $a[45][1..67]$ 计 67 个元素,这样元素 $a[45][68]$ 前面存储的元素个数 $=44\times80+67$,所以 $\mathrm{LOC}(a[45][68])=2000+(44\times80+67)\times2=9174$。

当按列优先存储时,元素 $a[45][68]$ 前面有 1～67 列,每列 50 个元素,计 67×50 个元素,在第 68 列中,元素 $a[45][68]$ 前面有 $a[1..44][68]$ 计 44 个元素,这样元素 $a[45][68]$ 前面存储的元素个数 $=67\times50+44$,所以 $\mathrm{LOC}(a[45][68])=2000+(67\times50+44)\times2=8788$。

4.2.2　特殊矩阵的压缩存储

扫一扫
视频讲解

二维数组也称为矩阵。对于一个 m 行 n 列的矩阵而言,当 $m=n$ 时称为方阵,方阵的元素可以分为三部分,即上三角部分、主对角部分和下三角部分,如图 4.17 所示。

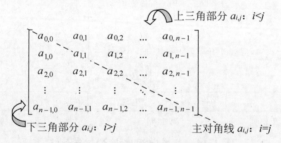

上三角部分 $a_{i,j}$: $i<j$

下三角部分 $a_{i,j}$: $i>j$　　　　主对角线 $a_{i,j}$: $i=j$

图 4.17　一个方阵的三部分

所谓特殊矩阵是指非零元素或常量元素的分布有一定规律的矩阵,为了节省存储空间,可以利用特殊矩阵的规律对它们进行压缩存储,例如让多个相同值的元素共享同一个存储单元等。这里主要讨论对称矩阵、三角矩阵和对角矩阵,它们都是方阵。

1. 对称矩阵的压缩存储

若一个 n 阶方阵 $\boldsymbol{A}$ 的元素满足 $a_{i,j}=a_{j,i}$($0\leqslant i,j\leqslant n-1$),则称其为 n 阶对称矩阵。

如果直接采用二维数组来存储对称矩阵,占用的内存空间为 n^2 个元素大小。由于对称矩阵的元素关于主对角线对称,所以在存储时可只存储其上三角和主对角线部分的元素,或者下三角和主对角线部分的元素,使得对称的元素共享同一存储空间,这样就可以将 n^2 个元素压缩存储到 $n(n+1)/2$ 个元素的空间中。不失一般性,在按行优先存储时仅存储其下三角和主对角线部分的元素,如图 4.18 所示。

用一维数组 $B=\{b_k\}$ 作为 n 阶对称矩阵 $\boldsymbol{A}$ 的压缩存储结构,在 B 中只存储对称矩阵 $\boldsymbol{A}$ 的下三角和主对角线部分的元素 $a_{i,j}$($i\geqslant j$),这样 B 中的元素个数为 $n(n+1)/2$。

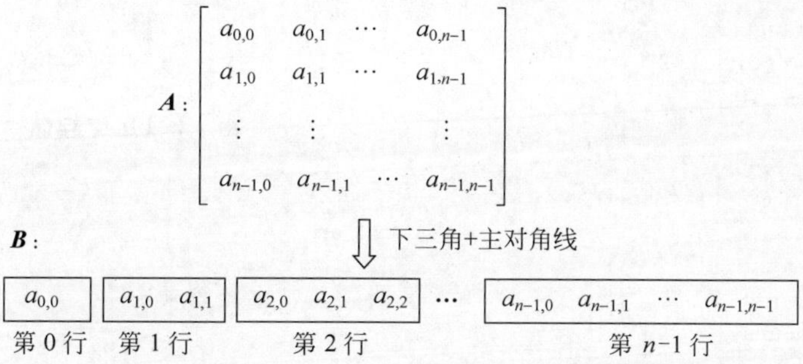

$$
A: \begin{bmatrix} a_{0,0} & a_{0,1} & \cdots & a_{0,n-1} \\ a_{1,0} & a_{1,1} & \cdots & a_{1,n-1} \\ \vdots & \vdots & & \vdots \\ a_{n-1,0} & a_{n-1,1} & \cdots & a_{n-1,n-1} \end{bmatrix}
$$

B：⇓ 下三角+主对角线

| $a_{0,0}$ | $a_{1,0}$ $a_{1,1}$ | $a_{2,0}$ $a_{2,1}$ $a_{2,2}$ | $\cdots$ | $a_{n-1,0}$ $a_{n-1,1}$ $\cdots$ $a_{n-1,n-1}$ |

第 0 行　　第 1 行　　　第 2 行　　　　　　　　第 n-1 行

图 4.18　对称矩阵的压缩存储

（1）将 A 中下三角和主对角线部分的元素 $a_{i,j}(i \geqslant j)$ 存储在 B 数组的 b_k 元素中。那么 k 和 i,j 之间是什么关系呢？

对于这样的元素 $a_{i,j}$，求出它前面共存储的元素个数。不包括第 i 行，它前面共有 i 行（行下标为 $0 \sim i-1$，第 0 行有 1 个元素，第 1 行有 2 个元素，…，第 $i-1$ 行有 i 个元素），则这 i 行有 $1+2+\cdots+i=i(i+1)/2$ 个元素。在第 i 行中，元素 $a_{i,j}$ 的前面也有 j 个元素，则元素 $a_{i,j}$ 之前共有 $i(i+1)/2+j$ 个元素，所以有 $k=i(i+1)/2+j$。

（2）对于 A 中上三角部分的元素 $a_{i,j}(i<j)$，其值等于 $a_{j,i}$，而 $a_{j,i}$ 元素在 B 中的存储位置 $k=j(j+1)/2+i$。

归纳起来，A 中任一元素 $a_{i,j}$ 和 B 中元素 b_k 之间存在着如下对应关系：

$$
k = \begin{cases} i(i+1)/2+j & i \geqslant j \\ j(j+1)/2+i & i<j \end{cases}
$$

【例 4.9】　有两个 n 阶整型对称矩阵 A、B，编写一个程序完成以下功能：

（1）将 A、B 均采用按行优先顺序存放其下三角和主对角线元素的压缩存储方式，A、B 的压缩结果存放在一维数组 a 和 b 中。

（2）通过 a 和 b 实现求 A、B 的乘积的运算，结果存放在二维数组 C 中。并通过相关数据进行测试。

解　对于两个 n 阶对称矩阵 A、B，在求乘积 C 数组时，计算公式如下。

$$
C[i][j] = \sum_{k=0}^{n-1} A[i][k] \times B[k][j]
$$

由于 A、B 均采用 a、b 压缩存储，设计 getk(i,j)算法由 i,j 求压缩存储中的下标 k。在矩阵乘法中，求出 k1＝getk(i,k)，k2＝getk(k,j)，在求 $C[i][j]$ 时 $A[i][k]$ 用 $a[k1]$ 替代，$B[k][j]$ 用 $b[k2]$ 替代即可。

对应的程序如下：

```
def disp(A):                                    #输出 A
    n=len(A)
    for i in range(n):
        for j in range(n):
            print(" %d" %(A[i][j]),end=' ')
        print()
def compression(A,a):                           #将 A 压缩存储到 a 中
    for i in range(len(A)):
```

```
        for j in range(i+1):
            k=i*(i+1)//2+j
            a[k]=A[i][j]
    def getk(i,j):                                  #由 i,j 求压缩存储中的下标 k
        if i>=j:
            return(i*(i+1)//2+j)
        else:
            return(j*(j+1)//2+i)
    def Mult(a,b,C,n):                              #矩阵乘法
        for i in range(n):
            for j in range(n):
                s=0
                for k in range(n):
                    k1=getk(i,k)
                    k2=getk(k,j)
                    s+=a[k1]*b[k2]
                C[i][j]=s
    #主程序
    n=3
    m=n*(n+1)//2
    A=[[1,2,3],[2,4,5],[3,5,6]]
    B=[[2,1,3],[1,5,2],[3,2,4]]
    C=[[0]*n for i in range(n)]
    a=[0]*m
    b=[0]*m
    print("A:");disp(A)
    print("A 压缩存储到 a 中")
    compression(A,a)
    print("a:",end=' ')
    for i in range(m):
        print(" %d"%(a[i]),end=' ')
    print()
    print("B:");disp(B)
    print("B 压缩存储到 b 中")
    compression(B,b)
    print("b:",end=' ')
    for i in range(m):
        print(" %d" %(b[i]),end=' ')
    print()
    print("C=A*B")
    Mult(a,b,C,n)
    print("C:");disp(C)
```

上述程序的执行结果如下：

```
A:
   1  2  3
   2  4  5
   3  5  6
A 压缩存储到 a 中
a: 1 2 4 3 5 6
B:
   2  1  3
   1  5  2
   3  2  4
```

B 压缩存储到 b 中
b: 2 1 5 3 2 4
C=A * B
C:
   13   17   19
   23   32   34
   29   40   43

2. 三角矩阵的压缩存储

有些非对称的矩阵也可借用上述方法存储,例如 n 阶下(上)三角矩阵。所谓 n 阶下(上)**三角矩阵**,是指矩阵的上(下)三角部分(不包括主对角线)中的元素均为常数 c 的 n 阶方阵。

用一维数组 $B=\{b_k\}$ 作为 n 阶三角矩阵 A 的存储结构,B 中的元素个数为 $n(n+1)/2+1$(其中常数 c 占用一个元素空间),则 A 中任一元素 $a_{i,j}$ 和 B 中元素 b_k 之间存在着如下对应关系:

上三角矩阵:

$$k=\begin{cases} i(2n-i+1)/2+j-i & i\leqslant j \\ n(n+1)/2 & i>j \end{cases}$$

下三角矩阵:

$$k=\begin{cases} i(i+1)/2+j & i\geqslant j \\ n(n+1)/2 & i<j \end{cases}$$

其中,B 的最后元素 $b_{n(n+1)/2}$ 中存放常数 c。

3. 对角矩阵的压缩存储

若一个 n 阶方阵 A 满足其所有非零元素都集中在以主对角线为中心的带状区域中,其他元素均为 0,则称其为 n 阶**对角矩阵**。其主对角线上、下方各有 b 条次对角线,称 b 为矩阵半带宽,$(2b+1)$ 为矩阵的带宽。对于半带宽为 $b(0\leqslant b\leqslant(n-1)/2)$ 的对角矩阵,其 $|i-j|\leqslant b$ 的元素 $a_{i,j}$ 不为零,其余元素为零。图 4.19 所示为半带宽为 b 的对角矩阵示意图。

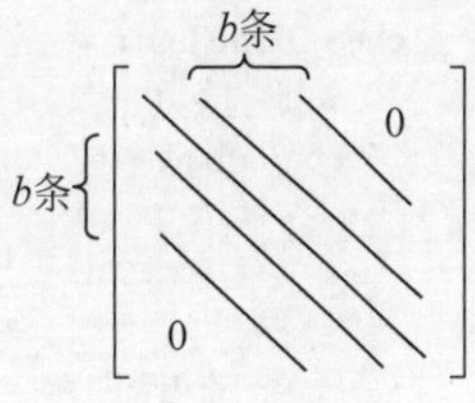

对于 $b=1$ 的对角矩阵 A,只存储其非零元素,并按行优先存储到一维数组 B 中,将 A 的非零元素 $a_{i,j}$ 存储到 B 的元素 b_k 中,k 的计算过程如下:

图 4.19 半带宽为 b 的对角矩阵

① 当 $i=0$ 时为第 0 行,共 2 个元素。

② 当 $i>0$ 时,第 0 行~第 $i-1$ 行共 $2+3(i-1)$ 个元素。

③ 对于非零元素 $a_{i,j}$,第 i 行最多 3 个元素,该行的首非零元素为 $a_{i,i-1}$(另外两个元素是 $a_{i,i}$ 和 $a_{i,i+1}$),即该行中元素 $a_{i,j}$ 前面存储的非零元素个数为 $j-(i-1)=j-i+1$。

所以非零元素 $a_{i,j}$ 前面压缩存储的元素总个数 $=2+3(i-1)+j-i+1=2i+j$,即 $k=2i+j$。

以上讨论的对称矩阵、三角矩阵、对角矩阵的压缩存储方法是把有一定分布规律的值相同的元素(包括 0)压缩存储到一个存储空间中,这样的压缩存储只需在算法中按公式作一映射即可实现矩阵元素的随机存取。

4.2.3　稀疏矩阵

当一个阶数较大的矩阵中的非零元素个数 s 相对于矩阵元素的总个数 t 非常小时，即 $s \ll t$ 时，称该矩阵为**稀疏矩阵**。例如一个 100×100 的矩阵，若其中只有 100 个非零元素，就可以称其为稀疏矩阵。

扫一扫

视频讲解

抽象数据类型稀疏矩阵与抽象数据类型 $d(d=2)$ 维数组的定义相似，这里不再介绍。

1. 稀疏矩阵的三元组表示

由于稀疏矩阵中非零元素的个数很少，显然其压缩存储方法就是只存储非零元素。但不同于前面介绍的各种特殊矩阵，稀疏矩阵中非零元素的分布没有规律（或者说随机分布），所以在存储非零元素时除了存储元素值还需存储对应的行、列下标。这样稀疏矩阵中的每个非零元素需由一个三元组 $(i,j,a_{i,j})$ 来表示，稀疏矩阵中的所有非零元素构成一个三元组线性表。

图 4.20 所示为一个 6×7 阶稀疏矩阵 A（为图示方便，所取的行、列数都很小）及其对应的三元组表示。从中看到，这里的稀疏矩阵三元组表示是一种顺序存储结构。

$$A_{6 \times 7} = \begin{bmatrix} 0 & 0 & 1 & 0 & 0 & 0 & 0 \\ 0 & 2 & 0 & 0 & 0 & 0 & 0 \\ 3 & 0 & 0 & 0 & 0 & 0 & 0 \\ 0 & 0 & 0 & 5 & 0 & 0 & 0 \\ 0 & 0 & 0 & 0 & 6 & 0 & 0 \\ 0 & 0 & 0 & 0 & 0 & 7 & 4 \end{bmatrix}$$

i	j	$a_{i,j}$
0	2	1
1	1	2
2	0	3
3	3	5
4	4	6
5	5	7
5	6	4

图 4.20　一个稀疏矩阵 A 及其对应的三元组表示

三元组表示中每个元素的类定义如下：

```
class TupElem:                          #三元组元素类
    def __init__(self,r1,c1,d1):        #构造方法
        self.r=r1                       #行号
        self.c=c1                       #列号
        self.d=d1                       #元素值
```

设计稀疏矩阵的三元组存储结构类 TupClass 如下：

```
class TupClass:                         #三元组表示类
    def __init__(self,rs,cs,ns):        #构造方法
        self.rows=rs                    #行数
        self.cols=cs                    #列数
        self.nums=ns                    #非零元素的个数
        self.data=[]                    #稀疏矩阵对应的三元组顺序表
```

TupClass 类中包含以下基本运算方法。

① CreateTup(A,m,n)：由 m 行 n 列的稀疏矩阵 A 创建其三元组表示。

② Setvalue(i,j,x)：利用三元组给稀疏矩阵的元素赋值，即执行 $A[i][j]=x$。

③ Getvalue(i,j)：利用三元组取稀疏矩阵的元素值，即执行 $x=A[i][j]$。

④ DispTup()：输出稀疏矩阵的三元组表示。

其中，data 列表用于存放稀疏矩阵中的所有非零元素，通常按行优先顺序排列。这种

有序结构可简化大多数稀疏矩阵运算算法。

　　说明：从上述算法设计看到，若稀疏矩阵采用一个二维数组存储，此时具有随机存取特性；若稀疏矩阵采用一个三元组顺序表存储，此时不再具有随机存取特性。

2. 稀疏矩阵的十字链表表示

　　十字链表是稀疏矩阵的一种链式存储结构。

　　对于一个 $m \times n$ 的稀疏矩阵，每个非零元素用一个结点表示，在该结点中存放该零元素的行号、列号和元素值。同一行中的所有非零元素结点链接成一个带行头结点的行循环单链表，将同一列的所有非零元素结点链接成一个带列头结点的列循环单链表。之所以采用循环单链表，是因为矩阵运算中常常是一行（列）操作完后进行下一行（列）操作，最后一行（列）操作完后进行首行（列）操作。

　　这样对稀疏矩阵的每个非零元素结点来说，它既是某个行链表中的一个结点，同时又是某个列链表中的一个结点，每个非零元素就好比在一个十字路口，由此称作**十字链表**。

　　每个非零元素结点的类型设计成如图 4.21(a)所示的结构，其中 i、j、value 分别代表非零元素所在的行号、列号和相应的元素值；down 和 right 分别称为向下指针和向右指针，分别用来链接同列中和同行中的下一个非零元素结点。

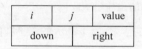
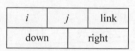

(a)元素结点类型　　　　　　　(b)头结点类型

图 4.21　十字链表结点结构

　　这样行循环单链表个数为 m（每一行对应一个行循环单链表），列循环单链表个数为 n（每一列对应一个列循环单链表），那么行列头结点的个数就是 $m+n$。实际上，行头结点与列头结点是共享的，即 $h[i]$ 表示第 i 行循环单链表的头结点，同时也是第 i 列循环单链表的头结点，这里 $0 \leqslant i < \max\{m,n\}$，即行列头结点的个数是 $\max\{m,n\}$，所有行列头结点的类型与非零元素结点的类型相同。

　　另外，将所有行列头结点再链接起来构成一个带头结点的循环单链表，这个头结点称为总头结点，即 hm，通过 hm 来标识整个十字链表。

　　总头结点的类型设计成如图 4.21(b)所示的结构（之所以这样设计，是为了与非零元素结点的类型一致，这样在整个十字链表中采用指针遍历所有结点时更方便），它的 link 域指向第一个行列头结点，其 i、j 域分别存放稀疏矩阵的行数 m 和列数 n，而 down 和 right 域没有作用。

　　从中看出，在 $m \times n$ 的稀疏矩阵的十字链表存储结构中有 m 个行循环单链表，n 个列循环单链表，另外有一个行列头结点构成的循环单链表，总的循环单链表个数是 $m+n+1$，总的头结点个数是 $\max\{m,n\}+1$。

　　设稀疏矩阵如下：

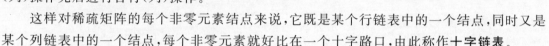

$$\boldsymbol{B}_{3 \times 4} = \begin{bmatrix} 1 & 0 & 0 & 2 \\ 0 & 0 & 3 & 0 \\ 0 & 0 & 0 & 4 \end{bmatrix}$$

对应的十字链表如图 4.22 所示。为图示清楚，把每个行列头结点分别画成两个，实际上行列值相同的头结点只有一个。

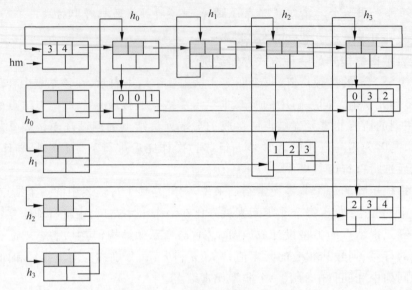

图 4.22　一个稀疏矩阵的十字链表

稀疏矩阵采用十字链表表示时的相关运算算法与三元组表示的类似，但更复杂，这里不再讨论。

4.3　练　习　题

1. 设 s 为一个长度为 n 的串，其中的字符各不相同，则 s 中的互异非平凡子串（非空且不同于 s 本身）的个数是多少？

2. 在 KMP 算法中计算模式串的 next 时，当 $j = 0$ 时为什么要取 next[0] = -1？

3. KMP 算法是 BF 算法的改进，是不是说在任何情况下 KMP 算法的性能都比 BF 算法好？

4. 设目标串 $s =$ "abcaabbabcabaacbacba"，模式串 $t =$ "abcabaa"，计算模式串 t 的 nextval 函数值，并画出利用改进的 KMP 算法进行模式匹配时每一趟的匹配过程。

5. 为什么数组一般不使用链式结构存储？

6. 如果某个一维整数数组 A 的元素个数 n 很大，存在大量重复的元素，且所有值相同的元素紧跟在一起，请设计一种压缩存储方式使得存储空间更节省。

7. 一个 n 阶对称矩阵存入内存，在采用压缩存储和采用非压缩存储时占用的内存空间分别是多少？

8. 设计一个算法，计算一个顺序串 s 中最大字符出现的次数。

9. 设计一个算法，将一个链串 s 中的所有子串"abc"删除。

10. 假设字符串 s 采用 String 对象存储，设计一个算法，在串 s 中查找子串 t 最后一次出现的位置。例如，$s =$ "abcdabcd"，$t =$ "abc"，结果为 4。

（1）采用 BF 算法求解。

（2）采用 KMP 算法求解。

11. 设计一个算法，将含有 n 个整数元素的数组 $a[0..n-1]$ 循环右移 m 位，要求算法的空间复杂度为 $O(1)$。

12. 设计一个算法，求一个 n 行 n 列的二维整型数组 a 的左上角—右下角和右上角—左下角两条主对角线的元素之和。

4.4　上机实验题

4.4.1　基础实验题

1. 设计顺序串的基本运算程序，并用相关数据进行测试。

2. 设计链串的基本运算程序，并用相关数据进行测试。

3. 设计字符串 s 和 t 匹配的 BF 和 KMP 算法，并用相关数据进行测试。

4.4.2　应用实验题

1. 编写一个实验程序，假设串用 Python 字符串类型表示，求字符串 s 中出现的最长的可重叠的重复子串。例如，$s=$ "ababababa"，输出结果为"abababa"。

2. 编写一个实验程序，假设串用 Python 字符串类型表示，给定两个字符串 s 和 t，求串 t 在串 s 中不重叠出现的次数，如果不是子串则返回 0。例如，$s=$ "aaaab"，$t=$ "aa"，则 t 在 s 中出现 2 次。

3. 编写一个实验程序，假设串用 Python 字符串类型表示，给定两个字符串 s 和 t，求串 t 在串 s 中不重叠出现的次数，如果不是子串则返回 0，注意在判断子串时是与大小写无关的。例如，$s=$ "aAbAabaab"，$t=$ "aab"，则 t 在 s 中出现 3 次。

4. 求马鞍点问题。如果矩阵 a 中存在一个元素 $a[i][j]$ 满足这样的条件：$a[i][j]$ 是第 i 行中值最小的元素，且又是第 j 列中值最大的元素，则称为该矩阵的一个马鞍点。设计一个程序，计算出 $m \times n$ 的矩阵 a 的所有马鞍点。

5. 对称矩阵压缩存储的恢复。一个 n 阶对称矩阵 A 采用一维数组 a 压缩存储，压缩方式为按行优先顺序存放 A 的下三角和主对角线的各元素，完成以下功能：

① 由 A 产生压缩存储 a。

② 由 b 来恢复对称矩阵 C。

通过相关数据进行测试。

4.5　LeetCode 在线编程题

扫一扫

1. LeetCode344——反转字符串

问题描述：编写一个函数，其作用是将输入的字符串反转过来。输入字符串以字符数组 char[] 的形式给出，不要给另外的数组分配额外的空间，必须原地修改输入数组，使用 $O(1)$ 的额外空间解决这一问题。可以假设数组中的所有字符都是 ASCII 码表中的可打印

视频讲解

字符。例如，输入["h","e","l","l","o"]，输出结果为["o","l","l","e","h"]；输入["H","a","n","n","a","h"]，输出结果为["h","a","n","n","a","H"]。要求设计满足题目条件的如下方法：

```
def reverseString(self,s: List[str]) -> None:
```

2. LeetCode443——压缩字符串

问题描述：给定一组字符，使用原地算法将其压缩。压缩后的长度必须始终小于或等于原数组的长度，数组的每个元素应该是长度为1的字符（不是int类型）。在完成原地修改输入数组后，返回数组的新长度。例如，输入["a","a","b","b","c","c","c"]，输出结果为6，输入数组的前6个字符应该是["a","2","b","2","c","3"]。其中，"aa"被"a2"替代，"bb"被"b2"替代，"ccc"被"c3"替代。注意每个数字在数组中都有它自己的位置，所有字符都有一个ASCII值在[35,126]区间内，$1 \leqslant len(chars) \leqslant 1000$。要求设计满足题目条件的如下方法：

```
def compress(self,chars: List[str]) -> int:
```

3. LeetCode3——无重复字符的最长子串

问题描述：给定一个字符串，请找出其中不含有重复字符的最长子串的长度。例如，输入字符串"abcabcbb"，输出结果是3。因为无重复字符的最长子串是"abc"，所以其长度为3。要求设计满足题目条件的如下方法：

```
def lengthOfLongestSubstring(self,s: str) -> int:
```

4. LeetCode28——实现 strStr()

问题描述：给定一个 haystack 字符串和一个 needle 字符串，在 haystack 字符串中找出 needle 字符串出现的第一个位置（从 0 开始），如果不存在则返回−1。例如，输入 haystack="hello"，needle="ll"，输出结果为2。要求设计满足题目条件的如下方法：

```
def strStr(self,haystack: str,needle: str) -> int:
```

5. LeetCode867——转置矩阵

问题描述：给定一个矩阵 A，返回 A 的转置矩阵。矩阵的转置是指将矩阵的主对角线翻转，交换矩阵的行索引与列索引。例如，输入[[1,2,3],[4,5,6],[7,8,9]]，输出结果为[[1,4,7],[2,5,8],[3,6,9]]。要求设计满足题目条件的如下方法：

```
def transpose(self,A: List[List[int]]) -> List[List[int]]:
```

6. LeetCode48——旋转图像

问题描述：给定一个 $n \times n$ 的二维矩阵表示一个图像，将图像顺时针旋转 $90°$。注意必须在原地旋转图像，这意味着需要直接修改输入的二维矩阵。请不要使用另一个矩阵来旋转图像。例如，给定 matrix=[[1,2,3],[4,5,6],[7,8,9]]，原地旋转输入矩阵，使其变为[[7,4,1],[8,5,2],[9,6,3]]。要求设计满足题目条件的如下方法：

```
def rotate(self,matrix: List[List[int]]) -> None:
```

第 5 章 递归

　　在算法设计中经常需要用递归方法求解，特别是后面的树和二叉树、图、查找及排序等章节中会大量地遇到递归算法。递归是计算机科学中的一个重要工具，很多程序设计语言（如 Python）都支持递归程序设计。本章介绍递归的定义和递归算法设计方法等，为后面的学习打下基础。

　　本章主要学习要点如下。

（1）递归的定义和递归模型。

（2）递归算法设计的一般方法。

（3）灵活运用递归算法解决一些较复杂的应用问题。

5.1 什么是递归

5.1.1 递归的定义

在定义一个过程或函数时出现调用本过程或本函数的成分,称为递归。若调用自身,称为直接递归。若过程或函数 A 调用过程或函数 B,而 B 又调用 A,称为间接递归。在算法设计中,任何间接递归算法都可以转换为直接递归算法来实现,所以后面主要讨论直接递归。

递归不仅是数学中的一个重要概念,也是计算技术中重要的概念之一。在计算技术中,与递归有关的概念有递归数列、递归过程、递归算法、递归程序和递归方法等。

【例 5.1】 以下是求 $n!$（n 为正整数）的递归函数,它属于什么类型的递归?

```python
def fun(n):
    if n==1:              # 语句1
        return 1          # 语句2
    else:                 # 语句3
        return fun(n-1) * n   # 语句4
```

解 在函数 $fun(n)$ 的求解过程中调用 $fun(n-1)$（语句4）,它是一个直接递归函数。

递归算法通常把一个大的复杂问题层层转化为一个或多个与原问题相似的规模较小的问题来求解,递归策略只需少量的代码就可以描述出解题过程所需的多次重复计算,大大减少了算法的代码量。

一般来说,能够用递归解决的问题应该满足以下 3 个条件。

① 需要解决的问题可以转化为一个或多个子问题来求解,而这些子问题的求解方法与原问题完全相同,只是在数量规模上不同。

② 递归调用的次数必须是有限的。

③ 必须有结束递归的条件来终止递归。

递归算法的优点是结构简单、清晰,易于阅读,方便其正确性证明;缺点是算法执行中占用的内存空间较多,执行效率低,不容易优化。

5.1.2 何时使用递归

在以下 3 种情况下经常要用到递归方法。

1. 定义是递归的

有许多数学公式、数列等的定义是递归的,例如求 $n!$ 和 Fibonacci（斐波那契）数列等。这些问题的求解可以将其递归定义直接转化为对应的递归算法,例如求 $n!$ 可以转化为例 5.1 的递归算法。求 Fibonacci 数列的递归算法如下:

```python
def Fib(n):                    # 求 Fibonacci 数列的第 n 项
    if n==1 or n==2:
        return 1
```

```
    else:
        return Fib(n-1)+Fib(n-2)
```

2. 数据结构是递归的

有些数据结构是递归的。例如,第 2 章中介绍过的单链表就是一种递归数据结构,其结点类定义如下:

```
class LinkNode:                          # 单链表结点类
    def __init__(self,data=None):        # 构造函数
        self.data=data                   # dat 属性
        self.next=None                   # next 属性
```

其中,next 属性是一种指向自身类型结点的指针,所以它是一种递归数据结构。

对于递归数据结构,采用递归的方法编写算法既方便又有效。例如,求一个不带头结点单链表 p 中所有 data 成员(假设为 int 型)之和的递归算法如下:

```
def Sum(p):                     # 求不带头结点单链表 p 中所有结点值之和
    if p==None:
        return 0
    else:
        return p.data+Sum(p.next)
```

说明:对于第 2 章讨论的单链表对象 L,$L.head$ 为头结点,将 $L.head.next$ 看成不带头结点的单链表。

3. 问题的求解方法是递归的

有些问题的解法是递归的,典型的有 Hanoi 问题。该问题的描述是设有 3 个分别命名为 X、Y 和 Z 的塔座,在 X 塔座上套有 n 个直径各不相同的盘片,从小到大依次编号为 1,2,$\cdots$,n。现要求将 X 塔座上的这 n 个盘片移到 Z 塔座上并仍按同样的顺序叠放,盘片移动时必须遵守以下规则:每次只能移动一个盘片;盘片只能套在 X、Y 和 Z 中的任一塔座;任何时候都不能将一个较大的盘片放在较小的盘片上。图 5.1 所示为 $n=4$ 时的 Hanoi 问题。设计求解该问题的算法。

图 5.1 Hanoi 问题(n=4)

Hanoi 问题特别适合采用递归方法来求解。设 Hanoi(n,X,Y,Z)表示将 n 个盘片从 X 塔座借助 Y 塔座移动到 Z 塔座上,递归分解的过程如下:

$$\text{Hanoi}(n, X, Y, Z) \Longrightarrow \begin{array}{l} \text{Hanoi}(n\text{-}1,\ X,\ Z,\ Y); \\ \text{move}(n,\ X,\ Z): \text{将第}n\text{个盘片从X移到Z}; \\ \text{Hanoi}(n\text{-}1,\ Y,\ X,\ Z) \end{array}$$

其含义是首先将 X 塔座上的 $n-1$ 个盘片借助 Z 塔座移动到 Y 塔座上;此时 X 塔座上只有一个编号为 n 的盘片,将其直接移动到 Z 塔座上;再将 Y 塔座上的 $n-1$ 个盘片借助 X

塔座移动到 Z 塔座上。由此得到 Hanoi 递归算法如下：

```
def Hanoi(n, X, Y, Z):                      # Hanoi 递归算法
    if n==1:                                # 只有一个盘片的情况
        print("将第%d个盘片从%c移动到%c" %(n,X,Z))
    else:                                   # 有两个或多个盘片的情况
        Hanoi(n−1, X, Z, Y)
        print("将第%d个盘片从%c移动到%c" %(n,X,Z))
        Hanoi(n−1, Y, X, Z)
```

调用 Hanoi(3,'X','Y','Z')的输出结果如下：

```
将第1个盘片从X移动到Z
将第2个盘片从X移动到Y
将第1个盘片从Z移动到Y
将第3个盘片从X移动到Z
将第1个盘片从Y移动到X
将第2个盘片从Y移动到Z
将第1个盘片从X移动到Z
```

扫一扫

视频讲解

5.1.3 递归模型

递归模型是递归算法的抽象，它反映一个递归问题的递归结构。例如，例 5.1 的递归算法对应的递归模型如下：

$$f(n)=1 \qquad n=1$$
$$f(n)=nf(n-1) \qquad n>1$$

其中，第一个式子给出了递归的终止条件，第二个式子给出了 $f(n)$ 的值与 $f(n-1)$ 的值之间的关系，把第一个式子称为**递归出口**，把第二个式子称为**递归体**。

一般地，一个递归模型由递归出口和递归体两部分组成。**递归出口**确定递归到何时结束，即指出明确的递归结束条件。**递归体**确定递归求解时的递推关系。

递归出口的一般格式如下：

$$f(s_1)=m_1$$

这里的 s_1 与 m_1 均为常量，有些递归问题可能有几个递归出口。递归体的一般格式如下：

$$f(s_n)=g(f(s_i), f(s_{i+1}), \cdots, f(s_{n-1}), c_j, c_{j+1}, \cdots, c_m)$$

其中，n、i、j、m 均为正整数。这里的 s_n 是一个递归"大问题"，s_i、s_{i+1}、……、s_{n-1} 为递归"小问题"，c_j、c_{j+1}、……、c_m 是若干可以直接（用非递归方法）解决的问题，g 是一个非递归函数，可以直接求值。

实际上，递归思路是把一个不能或不好直接求解的"大问题"转化成一个或几个"小问题"来解决，如图 5.2 所示，再把这些"小问题"进一步分解成更小的"小问题"来解决，如此分

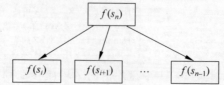

图 5.2 把大问题 $f(s_n)$ 转化成几个小问题来解决

解,直到每个"小问题"都可以直接解决(此时分解到递归出口)。但递归分解不是随意分解,递归分解要保证"大问题"与"小问题"相似,即求解过程与环境都相似。

5.1.4　递归与数学归纳法

数学归纳法是一种数学证明方法,通常被用于证明某个给定命题在整个(或者局部)自然数范围内成立。先看一个简单示例,采用数学归纳法证明下式:

$$1+2+\cdots+n=n(n+1)/2$$

其证明过程如下:

① 当 $n=1$ 时,左式$=1$,右式$=(1\times2)/2=1$,左、右两式相等,等式成立。

② 假设当 $n=k-1$ 时等式成立,有 $1+2+\cdots+(k-1)=k(k-1)/2$。

③ 当 $n=k$ 时,左式$=1+2+\cdots+k=1+2+\cdots+(k-1)+k=k(k-1)/2+k=k(k+1)/2=$右式。即证。

数学归纳法证明问题的过程分为两个步骤,先考虑特殊情况,然后假设 $n=k-1$ 成立(第二数学归纳法是假设 $n\leqslant k-1$ 均成立),再证明 $n=k$ 时成立,即假设"小问题"成立,再推导出"大问题"成立。

而递归模型中的递归体就是表示"大问题"和"小问题"解之间的关系,如果已知 s_i,$s_{i+1},\cdots,s_{n-1}$ 这些"小问题"的解,就可以计算出 s_n "大问题"的解。从数学归纳法的角度来看,这相当于数学归纳法的归纳步骤。只不过数学归纳法是一种论证方法,而递归是算法和程序设计的一种实现技术,数学归纳法是递归求解问题的理论基础。

5.1.5　递归的执行过程

为了讨论方便,将前面一般化的递归模型简化如下(即将一个"大问题"分解为一个"小问题"):

$$f(s_1)=m_1$$
$$f(s_n)=g(f(s_{n-1}),c_{n-1})$$

在求 $f(s_n)$ 时的分解过程是 $f(s_n)\rightarrow f(s_{n-1})\rightarrow\cdots\rightarrow f(s_2)\rightarrow f(s_1)$。

一旦遇到递归出口,分解过程结束,开始求值过程,所以分解过程是"量变"过程,即原来的"大问题"在慢慢变小,但尚未解决,遇到递归出口后便发生了"质变",即原递归问题转化成直接可解问题。

其求值过程是 $f(s_1)=m_1\rightarrow f(s_2)=g(f(s_1),c_1)\rightarrow f(s_3)=g(f(s_2),c_2)\rightarrow\cdots\rightarrow f(s_n)=g(f(s_{n-1}),c_{n-1})$。

这样 $f(s_n)$ 便计算出来了。因此递归的执行过程由分解和求值两部分构成,分解部分就是用递归体将"大问题"分解成"小问题",直到递归出口为止,然后进行求值过程,即已知"小问题",计算"大问题"。前面的 fun(5) 求解过程如图 5.3 所示。

在递归算法的执行中,最长的递归调用的链长称为该算法的**递归调用深度**。例如,求 $n!$ 对应的递归算法在求 fun(5) 时递归调用深度是 5。

对于复杂的递归算法,在其执行过程中可能需要循环反复地分解和求值才能获得最终解。例如,对于前面求 Fibonacci 数列的 Fib 算法,求 Fib(6) 的过程构成的递归树如图 5.4

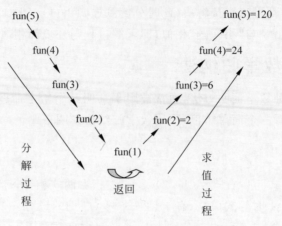

图 5.3　fun(5)求解过程

所示,向下的实箭头表示分解,向上的虚箭头表示求值,每个方框旁边的数字是该方框的求值结果,最后求得 Fib(6)为 8。该递归树的高度为 5,所以递归调用深度也是 5。

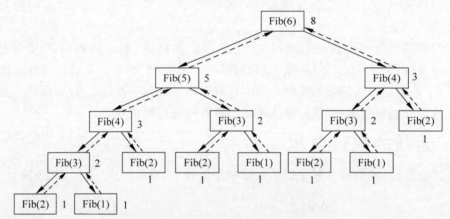

图 5.4　求 Fib(6)对应的递归树

那么在系统内部如何执行递归算法呢? 实际上一个递归函数的调用过程类似于多个函数的嵌套的调用,只不过调用函数和被调用函数是同一个函数。为了保证递归函数的正确执行,系统需设立一个工作栈。具体地说,递归调用的内部执行过程如下。

① 执行开始时,首先为递归调用建立一个工作栈,其结构包括参数、局部变量和返回地址。

② 每次执行递归调用之前,把递归函数的参数和局部变量的当前值以及调用后的返回地址进栈。

③ 每次递归调用结束后,将栈顶元素出栈,使相应的参数值和局部变量值恢复为调用前的值,然后转向返回地址指定的位置继续执行。

例如有以下程序段:

```python
def S(n):
    if n<=0: return 0
    else: return S(n-1)+n
```

```
def main():
    print(S(1))
```

在程序执行时使用一个栈来保存调用过程的信息,这些信息用 main()、S(0)和 S(1)表示,那么自栈底到栈顶保存的信息的顺序是怎么样的呢?

首先从 main()开始执行程序,将 main()信息进栈,遇到调用 S(1),将 S(1)信息进栈,在执行递归函数 S(1)时又遇到调用 S(0),再将 S(0)信息进栈,如图 5.5 所示。所以,自栈底到栈顶保存的信息的顺序是 main()→S(1)→S(0)。

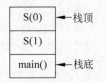

图 5.5 系统栈的状态

用递归算法的参数值表示状态,由于递归算法执行中系统栈保存了递归调用的参数值、局部变量和返回地址,所以在递归算法中一次递归调用后会自动恢复该次递归调用前的状态。例如有以下递归算法,其状态为参数 n 的值:

```
def f(n):                              # 递归函数
    if (n==0):                         # 递归出口
        return
    else:                              # 递归体
        print("Pre:  n=%d" %(n))
        print("执行 f(%d)" %(n-1))
        f(n-1)
        print("Post: n=%d" %(n))
```

执行 f(4)的结果如下:

```
Pre: n=4
执行 f(3)                               # 递归调用 f(3)
Pre: n=3
执行 f(2)                               # 递归调用 f(2)
Pre: n=2
执行 f(1)                               # 递归调用 f(1)
Pre: n=1
执行 f(0)                               # 递归调用 f(0)
Post: n=1                              # 恢复 f(0)调用前的 n 值
Post: n=2                              # 恢复 f(1)调用前的 n 值
Post: n=3                              # 恢复 f(2)调用前的 n 值
Post: n=4                              # 恢复 f(3)调用前的 n 值
```

从中看出,参数 n 的值在每次递归调用后都自动恢复了,有时说递归算法参数可以自动回退(回溯)就是这个意思。但全局变量并不能自动恢复,因为在系统栈中并不保存全局变量值。

5.1.6 Python 中递归函数的参数

Python 递归函数中的参数分为可变类型和不可变类型,实际上只有不可变类型的参数才保存在系统栈中,具有自动回退的功能,而可变类型的参数类似全局变量,不具有自动回退的功能。例如有以下 fun()函数,其中形参 i 为整数(不可变类型),lst 为列表(可变类型),每次调用时输出它们的地址:

扫一扫

视频讲解

```
def fun(i,lst):
    print(id(i),id(lst))
    if i>=0:
        print(lst[i],end=' ')
        fun(i-1,lst)

#主程序
L=[1,2,3]
fun(len(L)-1,L)
```

上述程序的执行结果如下：

```
1518494912    1721848
3    1518494896    1721848
2    1518494880    1721848
1    1518494864    1721848
```

从中看到，每次递归调用fun()时形参 i 的地址均不同，而lst的地址始终是一样的，所以完全可以直接用全局变量lst替代形参lst，对应的程序如下：

```
lst=[1,2,3]
def fun(i):
    print(id(i),id(lst))
    if i>=0:
        print(lst[i],end=' ')
        fun(i-1)

#主程序
fun(len(lst)-1)
```

扫一扫

视频讲解

5.1.7 递归算法的时空分析

从前面递归算法的执行过程看到，递归算法的执行过程不同于非递归算法，所以其时空分析也不同于非递归算法。如果非递归算法分析是定长时空分析，递归算法分析就是变长时空分析。

1. 递归算法的时间分析

在递归算法的时间分析中，首先给出执行时间对应的递推式，然后求解递推式得出算法的执行时间 $T(n)$，再由 $T(n)$ 得到时间复杂度。

例如，对于前面求解Hanoi问题的递归算法，求问题规模为 n 时的时间复杂度。求解方法是设大问题 $Hanoi(n,X,Y,Z)$ 的执行时间为 $T(n)$，则小问题 $Hanoi(n-1,X,Y,Z)$ 的执行时间为 $T(n-1)$。当 $n>1$ 时，大问题分解为两个小问题和一步移动操作，大问题的执行时间为两个小问题的执行时间＋1，对应的递推式如下：

$$T(n)=1 \qquad\qquad n=1$$
$$T(n)=2T(n-1)+1 \quad n>1$$

求解递推式的过程如下：

$$T(n)=2T(n-1)+1=2(2T(n-2)+1)+1$$
$$=2^2 T(n-2)+2+1=2^2(2T(n-3)+1)+2+1$$

$$= 2^3 T(n-3) + 2^2 + 2 + 1$$
$$= \cdots$$
$$= 2^{n-1} T(1) + 2^{n-2} + \cdots + 2^2 + 2 + 1$$
$$= 2^n - 1 = O(2^n)$$

所以问题规模为 n 时的时间复杂度是 $O(2^n)$。

2. 递归算法的空间分析

对于递归算法,为了实现递归过程用到一个递归工作栈,所以需要根据递归深度得到执行算法的空间。

例如,对于前面求解 Hanoi 问题的递归算法,求问题规模为 n 时的空间。求解方法是设大问题 $\text{Hanoi}(n, X, Y, Z)$ 的临时空间为 $S(n)$,则小问题 $\text{Hanoi}(n-1, X, Y, Z)$ 的临时空间为 $S(n-1)$。当 $n>1$ 时,大问题分解为两个小问题和一步移动操作,但第一个小问题执行后会释放其空间,释放的空间可以被第二个小问题重复使用,所以大问题的临时空间为一个小问题的临时空间+1,对应的递推式如下:

$$S(n) = 1 \qquad\qquad n = 1$$
$$S(n) = S(n-1) + 1 \quad n > 1$$

求解递推式的过程如下:

$$S(n) = S(n-1) + 1$$
$$= S(n-2) + 1 + 1 = S(n-2) + 2$$
$$= \cdots$$
$$= S(1) + (n-1) = 1 + (n-1)$$
$$= n = O(n)$$

所以问题规模为 n 时的空间复杂度是 $O(n)$。

5.2 递归算法的设计

5.2.1 递归算法设计的步骤

扫一扫

视频讲解

递归算法设计的基本步骤是先确定求解问题的递归模型,再转换成对应的 Python 语言方法。由于递归模型反映递归问题的"本质",所以前一步是关键,也是讨论的重点。

递归算法的求解过程是先将原问题划分为若干子问题,通过分别求解子问题,最后获得原问题的解。这是一种分而治之的思路,通常由原问题划分的若干子问题的求解是独立的,所以求解过程对应一棵递归树。如果在设计算法时就考虑递归树中每一个分解/求值部分,会使问题复杂化。不妨只考虑递归树中第 1 层和第 2 层之间的关系,即"大问题"和"小问题"的关系,其他关系与之相似。

由此得出构造求解问题的递归模型(简化递归模型)的步骤如下。

① 对原问题 $f(s_n)$ 进行分析,假设出合理的"小问题" $f(s_{n-1})$。

② 假设小问题 $f(s_{n-1})$ 是可解的,在此基础上确定大问题 $f(s_n)$ 的解,即给出 $f(s_n)$ 与 $f(s_{n-1})$ 之间的关系,也就是确定递归体(与数学归纳法中假设 $i=n-1$ 时等式成立,再求

证 $i=n$ 时等式成立的过程相似）。

③ 确定一个特定情况（例如 $f(1)$ 或 $f(0)$）的解，由此作为递归出口（与数学归纳法中求证 $i=1$ 或 $i=0$ 时等式成立相似）。

【例 5.2】 采用递归算法求整数数组 $a[0..n-1]$ 中的最小值。

解 假设 $f(a,i)$ 求数组元素 $a[0..i]$（共 $i+1$ 个元素）中的最小值。当 $i=0$ 时，有 $f(a,i)=a[0]$；假设 $f(a,i-1)$ 已求出，显然有 $f(a,i)=\min(f(a,i-1),a[i])$，其中 $\min()$ 为求两个值中较小值的函数。因此得到如下递归模型：

$$f(a,i)=a[0] \qquad\qquad i=0$$
$$f(a,i)=\min(f(a,i-1),a[i]) \quad 其他$$

由此得到如下递归求解算法：

```
def Min(a,i):                              ♯ 求 a[0..i]中的最小值
    if i==0:                               ♯ 递归出口
        return a[0]
    else:                                  ♯ 递归体
        min=Min(a,i-1)
        if (min>a[i]): return a[i]
        else: return min
```

例如，若一个 $a=[3,2,1,5,4]$，调用 $\min(a,4)$ 返回最小元素 1。

扫一扫
视频讲解

5.2.2 基于递归数据结构的递归算法设计

具有递归特性的数据结构称为**递归数据结构**。递归数据结构通常是采用递归方式定义的。在一个递归数据结构中总会包含一个或者多个递归运算。

例如，正整数的定义为 1 是正整数，若 n 是正整数（$n \geqslant 1$），则 $n+1$ 也是正整数。从中看出，正整数就是一种递归数据结构。显然，若 n 是正整数（$n>1$），$m=n-1$ 也是正整数。也就是说，对于大于 1 的正整数 n，$n-1$ 是一种递归运算。

所以在求 $n!$ 的算法中，递归体 $f(n)=nf(n-1)$ 是可行的，因为对于大于 1 的 n，n 和 $n-1$ 都是正整数。

一般地，对于递归数据结构：

$$RD=(D,Op)$$

其中，$D=\{d_i\}$（$1 \leqslant i \leqslant n$，共 n 个元素）为构成该数据结构的所有元素的集合，Op 是递归运算的集合，$Op=\{op_j\}$（$1 \leqslant j \leqslant m$，共 m 个递归运算），对于 $\forall d_i \in D$，不妨设 op_j 为一元运算符，则有 $op_j(d_i) \in D$，也就是说递归运算具有封闭性。

在上述正整数的定义中，D 是正整数的集合，$Op=\{op_1,op_2\}$ 由两个基本递归运算符构成，op_1 的定义为 $op_1(n)=n-1$（$n>1$）；op_2 的定义为 $op_2(n)=n+1$（$n \geqslant 1$）。

对于不带头结点的单链表 head（head 结点为首结点），其结点类型为 LinkNode，每个结点的 next 属性为 LinkNode 类型的指针。这样的单链表通过首结点指针来标识。采用递归数据结构的定义如下：

$$SL=(D,Op)$$

其中,D 是由部分或全部结点构成的单链表的集合(含空单链表),$Op=\{op\}$,op 的定义如下:

$$op(head)=head.next \qquad \sharp head\ 为含一个或一个以上结点的单链表$$

显然这个递归运算符是一元运算符,且具有封闭性。也就是说,若 head 为不带头结点的非空单链表,则 head.next 也是一个不带头结点的单链表。

实际上,构造递归模型中的第 2 步是用于确定递归体。在假设原问题 $f(s_n)$ 合理的"小问题"$f(s_{n-1})$ 时,需要考虑递归数据结构的递归运算。例如,在设计不带头结点的单链表的递归算法时,通常设 s_n 为以 head 为首结点的整个单链表,s_{n-1} 为除首结点外余下结点构成的单链表(由 head.next 标识,而其中的".next"运算为递归运算)。

【例 5.3】 假设有一个不带头结点的单链表 p,完成以下两个算法设计:

(1) 设计一个算法正向输出所有结点值。

(2) 设计一个算法反向输出所有结点值。

解 (1) 设 $f(p)$ 的功能是正向输出单链表 p 的所有结点值,即输出 $a_0\sim a_{n-1}$,为大问题。小问题 $f(p.next)$ 的功能是输出 $a_1\sim a_{n-1}$,如图 5.6 所示。对应的递归模型如下:

$$f(p)\equiv 不做任何事件 \qquad\qquad p=None$$
$$f(p)\equiv 输出\ p\ 结点值;f(p.next) \quad 其他$$

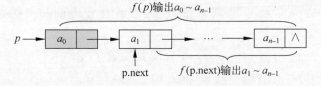

图 5.6 正向输出 head 的所有结点值

其中,"$\equiv$"表示功能等价关系。对应的递归算法如下:

```
def Positive(p):                           # 正向输出所有结点值
    if p==None:
        return
    else:
        print("%d" %(p.data),end=' ')
        Positive(p.next)
```

(2) 设 $f(p)$ 的功能是反向输出 p 的所有结点值,即输出 $a_{n-1}\sim a_0$,为大问题。小问题 $f(p.next)$ 的功能是输出 $a_{n-1}\sim a_1$,如图 5.7 所示。对应的递归模型如下:

$$f(p)\equiv 不做任何事件 \qquad\qquad p=None$$
$$f(p)\equiv f(p.next);输出\ p\ 结点值 \quad 其他$$

对应的递归算法如下:

```
def Reverse(p):                            # 反向输出所有结点值
    if p==None:
        return
    else:
        Reverse(p.next)
        print("%d" %(p.data),end=' ')
```

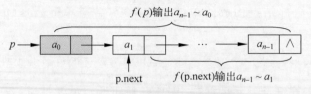

图 5.7　一个不带头结点的单链表

从中看出，两个算法的功能完全相反，但算法在设计上仅两行语句的顺序不同，而且两个算法的时间复杂度和空间复杂度完全相同。如果采用第 2 章的遍历方法，这两个算法在设计上有较大的差异。

说明：在设计单链表的递归算法时，通常采用不带头结点的单链表，这是因为小问题处理的单链表不可能带头结点，大、小问题处理的单链表需要在结构上相同，所以整个单链表也不应该带头结点。实际上，若单链表对象 L 是带头结点的，则 L.head.next 就看成是一个不带头结点的单链表。

所以在对采用递归数据结构存储的数据设计递归算法时，通常先对该数据结构及其递归运算进行分析，从而设计出正确的递归体，再假设一种特殊情况，得到对应的递归出口。

5.2.3　基于归纳方法的递归算法设计

通过对求解问题的分析归纳转换成递归方法求解（如 n 皇后问题等）。

例如有一个位数为 n 的十进制正整数 x，求所有数位的和。例如 $x=123$，结果为 $1+2+3=6$。

不妨将 x 表示为 $x=x_{n-1}x_{n-2}\cdots x_1 x_0$，设大问题 $f(x)=x_{n-1}+x_{n-2}+\cdots+x_1+x_0$（$n\geqslant 1$），由于 $y=x/10=x_{n-1}x_{n-2}\cdots x_1$，$x\%10=x_0$，所以对应的小问题为 $f(y)=x_{n-1}+x_{n-2}+\cdots+x_1$。假设小问题是可求的，则 $f(x)=f(x/10)+x\%10$。特殊情况是 x 的位数为1，此时结果就是 x。对应的递归模型如下：

$$f(x)=x \qquad\qquad\quad x\text{ 为一位整数}$$
$$f(x)=f(x/10)+x\%10 \quad \text{其他}$$

对应的递归算法如下：

```
def Sum(x):                    # 求整数 x 的所有数位的和
    if x>=0 and x<=9:
        return x
    else:
        return Sum(x//10)+x%10
```

从中看出，在采用递归方法求解时，关键是对问题本身进行分析，确定大、小问题解之间的关系，构造合理的递归体，而其中最重要的又是假设出"合理"的小问题。对于上一个问题，如果假设小问题为 $f(y)=x_{n-2}+x_{n-2}+\cdots+x_0$，就不如假设小问题为 $f(y)=x_{n-1}+x_{n-2}+\cdots+x_1$ 简单。

【例 5.4】　若算法 pow(x,n)用于计算 x^n（n 为大于 1 的整数），完成以下任务：

（1）采用递归方法设计 pow(x,n)算法。

（2）问执行 pow(x,10)发生几次递归调用？求 pow(x,n)对应的算法时间复杂度是多少?

解 (1) 设 $f(x,n)$ 用于计算 x^n,则有以下递归模型。

$$
\begin{aligned}
&f(x,n)=x && n=1\\
&f(x,n)=x*f(x,n/2)*f(x,n/2) && n \text{ 为大于 1 的奇数}\\
&f(x,n)=f(x,n/2)*f(x,n/2) && n \text{ 为大于 1 的偶数}
\end{aligned}
$$

对应的递归算法如下:

```
def pow(x, n):                              # 求 x 的 n 次幂
    if n==1:
        return x
    p=pow(x, n//2)
    if n%2==1:
        return x * p * p                    # n 为奇数
    else:
        return p * p                        # n 为偶数
```

(2) 执行 $pow(x,10)$ 的递归调用顺序是 $pow(x,10)\rightarrow pow(x,5)\rightarrow pow(x,2)\rightarrow pow(x,1)$,共发生 4 次递归调用。求 $pow(x,n)$ 对应的算法时间复杂度是 $O(\log_2 n)$。

【例 5.5】 创建一个 n 阶螺旋矩阵并输出。例如,$n=4$ 时的螺旋矩阵如下:

```
1   2   3   4
12  13  14  5
11  16  15  6
10  9   8   7
```

解 设 $f(x,y,\text{start},n)$ 用于创建左上角为 (x,y)、起始元素值为 start 的 n 阶螺旋矩阵,如图 5.8 所示,共 n 行 n 列,它是大问题。$f(x+1,y+1,\text{start},n-2)$ 用于创建左上角为 $(x+1,y+1)$、起始元素值为 start 的 $n-2$ 阶螺旋矩阵,共 $n-2$ 行 $n-2$ 列,它是小问题。例如,如果 4 阶螺旋矩阵为大问题,那么 2 阶螺旋矩阵就是小问题,如图 5.9 所示。

对应的递归模型如下(大问题的 start 从 1 开始,在产生一圈元素时 start 依次递增):

$$
\begin{aligned}
&f(x,y,\text{start},n)\equiv\text{不做任何事情} && n\leqslant 0\\
&f(x,y,\text{start},n)\equiv\text{产生只有一个元素的螺旋矩阵} && n=1\\
&f(x,y,\text{start},n)\equiv\text{产生}(x,y)\text{的那一圈;} && n>1\\
&\qquad\qquad f(x+1,y+1,\text{start},n-2)
\end{aligned}
$$

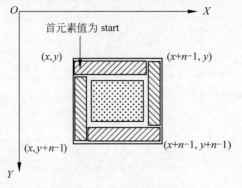

图 5.8　n 阶螺旋矩阵

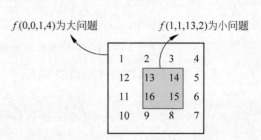

图 5.9　$n=4$ 时的大问题和小问题

对应的完整程序如下：

```
N=15
a=[[0] * N for i in range(N)]                    #存放螺旋矩阵
def Spiral(x,y,start,n):                          #递归创建螺旋矩阵
    if n<=0: return                              #递归结束条件
    if n==1:                                      #矩阵大小为1时
        a[x][y]=start
        return
    for j in range(x,x+n-1):                      #上一行
        a[y][j]=start
        start+=1
    for i in range(y,y+n-1):                      #右一列
        a[i][x+n-1]=start
        start+=1
    for j in range(x+n-1,x,-1):                   #下一行
        a[y+n-1][j]=start
        start+=1
    for i in range(y+n-1,y,-1):                   #左一列
        a[i][x]=start
        start+=1
    Spiral(x+1,y+1,start,n-2)                     #递归调用

#主程序
n=4
Spiral(0,0,1,n)
for i in range(0,n):
    for j in range(0,n):
        print("%3d" %(a[i][j]),end=' ')
    print()
```

【例5.6】 采用递归算法求解迷宫问题，输出从入口到出口的所有迷宫路径。

解 迷宫问题在第3章介绍过，这里用path[0..d]数组存放迷宫路径（d 为整数，表示路径中最后一个方块的索引），其中的元素[i,j]为迷宫路径上的方块。

设 mgpath(xi,yi,xe,ye,path,d)是求从入口(xi,yi)到出口(xe,ye)的所有迷宫路径，是"大问题"，当从(xi,yi)方块找到一个相邻可走方块(i,j)后，mgpath(i,j,xe,ye,path,d)表示求从(i,j)到出口(xe,ye)的所有迷宫路径，是"小问题"，则有大问题＝走一步＋小问题，如图5.10所示。

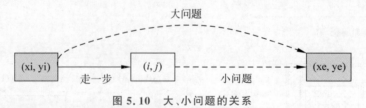

图5.10 大、小问题的关系

求解上述迷宫问题的递归模型如下：

mgpath(xi,yi,xe,ye,path,d)≡d++;将(xi,yi)添加到 path 中； 若(xi,yi)＝(xe,ye)，即找到出口
置 mg[xi][yi]=-1;
输出 path 中的迷宫路径；
恢复出口迷宫值为0，即置 mg[xe][ye]=0

mgpath(xi,yi,xe,ye,path,d)≡d++; 将(xi,yi)添加到 path 中;   若(xi,yi)不是出口
                          置 mg[xi][yi]=−1;
                          对于(xi,yi)的每个相邻可走方块(i,j),调用 mgpath(i,j,xe,ye,path,d);
                          从(xi,yi)回退一步,即置 mg[xi][yi]=0;

以第 3 章图 3.17 所示的迷宫为例,求入口(1,1)到出口(4,4)所有迷宫路径的完整程序如下:

```
mg=[[1,1,1,1,1,1],[1,0,1,0,0,1],[1,0,0,1,1,1], [1,0,1,0,0,1],[1,0,0,0,0,1],
    [1,1,1,1,1,1]]
dx=[−1,0,1,0]                      #x 方向的偏移量
dy=[0,1,0,−1]                      #y 方向的偏移量
cnt=0                             #累计迷宫路径数
def mgpath(xi,yi,xe,ye,path,d):    #求解迷宫路径为(xi,yi)->(xe,ye)
    global cnt
    d+=1; path[d]=[xi,yi]          #将(xi,yi)方块对象添加到路径中
    mg[xi][yi]=−1                  #mg[xi][yi]=−1
    if xi==xe and yi==ye:          #找到了出口,输出一个迷宫路径
        cnt+=1
        print("迷宫路径%d: " %(cnt),end='')      #输出第 cnt 条迷宫路径
        for k in range(d+1):
            print("(%d,%d)" %(path[k][0],path[k][1]),end=' ')
        print()
        mg[xi][yi]=0              #从出口回退,恢复其 mg 值
        return
    else:                        #(xi,yi)不是出口
        di=0
        while di<4:              #处理(xi,yi)四周的每个相邻方块(i,j)
            i,j=xi+dx[di],yi+dy[di]   #找(xi,yi)的 di 方位的相邻方块(i,j)
            if mg[i][j]==0:       #若(i,j)可走
                mgpath(i,j,xe,ye,path,d)   #从(i,j)出发查找迷宫路径
            di+=1                #继续处理(xi,yi)的下一个相邻方块
        mg[xi][yi]=0             #(xi,yi)的所有相邻方块处理完,回退并恢复 mg 值

#主程序
xi,yi=1,1
xe,ye=4,4
print("[%d,%d]到[%d,%d]的所有迷宫路径:" %(xi,yi,xe,ye))
path=[None]*100
d=−1
mgpath(xi,yi,xe,ye,path,d)
```

上述程序的执行结果如下:

```
[1,1]到[4,4]的所有迷宫路径:
迷宫路径 1: (1,1) (2,1) (3,1) (4,1) (4,2) (4,3) (3,3) (3,4) (4,4)
迷宫路径 2: (1,1) (2,1) (3,1) (4,1) (4,2) (4,3) (4,4)
```

本例算法求出所有的迷宫路径,可以通过比较路径长度求出最短迷宫路径(可能存在多条最短迷宫路径)。

5.3 练 习 题 ※

1. 求两个正整数的最大公约数（gcd）的欧几里得定理是，对于两个正整数 a 和 b，当 $a>b$ 并且 $a\%b=0$ 时，最大公约数为 b，否则最大公约数等于其中较小的那个数和两数相除余数的最大公约数。请给出对应的递归模型。

2. 有以下递归函数：

```python
def fun(n):
    if n==1:
        print("a:%d" %(n))
    else:
        print("b:%d" %(n))
        fun(n-1)
        print("c:%d" %(n))
```

分析调用 fun(5) 的输出结果。

3. 有以下递归函数 fact(n)，求问题规模为 n 时的时间复杂度和空间复杂度。

```python
def fact(n):
    if n<=1:
        return 1
    else:
        return n * fact(n-1)
```

4. 对于含 n 个整数的数组 $a[0..n-1]$，可以这样求最大元素值：

① 若 $n=1$，则返回 $a[0]$。

② 否则，取中间位置 mid，求出前半部分中的最大元素值 max1，求出后半部分中的最大元素值 max2，返回 max(max1,max2)。

给出实现上述过程的递归算法。

5. 设有一个不带表头结点的整数单链表 p，设计一个递归算法 getno(p,x)查找第一个值为 x 的结点的序号（假设首结点的序号为 0），没有找到时返回 -1。

6. 设有一个不带表头结点的整数单链表 p（所有结点值均位于 1～100），设计两个递归算法，maxnode(p)返回单链表 p 中的最大结点值，minnode(p)返回单链表 p 中的最小结点值。

7. 设有一个不带表头结点的整数单链表 p，设计一个递归算法 delx(p,x)删除单链表 p 中第一个值为 x 的结点。

8. 设有一个不带表头结点的整数单链表 p，设计一个递归算法 delxall(p,x)删除单链表 p 中所有值为 x 的结点。

5.4 上机实验题 ※

5.4.1 基础实验题

1. 在求 $n!$ 的递归算法中增加若干输出语句，以显示求 $n!$ 时的分解和求值过程，并输出

求 5!的过程。

2．采用递归算法求 Fibonacci 数列的第 n 项时存在重复计算，设计对应的非递归算法避免这些重复计算，并且输出递归和非递归算法的前 10 项结果。

5.4.2　应用实验题

1．求楼梯走法数问题。一个楼梯有 n 个台阶，上楼可以一步上一个台阶，也可以一步上两个台阶。编写一个实验程序，求上楼梯共有多少种不同的走法，并用相关数据进行测试。

2．假设 L 是一个带头结点的非空单链表，设计以下递归算法：

（1）逆置单链表 L。

（2）求结点值为 x 的结点个数。

并用相关数据进行测试。

3．输入一个正整数 $n(n>5)$，随机产生 n 个 $1\sim99$ 的整数，采用递归算法求其中的最大整数和次大整数。

5.5　LeetCode 在线编程题

1. LeetCode7——整数反转

问题描述：给出一个 32 位的有符号整数，你需要将这个整数中每位上的数字进行反转。

示例 1：输入 123，输出 321。

示例 2：输入 −123，输出 −321。

示例 3：输入 120，输出 21。

假设我们的环境只能存储得下 32 位的有符号整数，则其数值范围为 $[-2^{31}, 2^{31}-1]$。根据这个假设，如果反转后整数溢出，就返回 0。

要求设计满足题目条件的如下方法：

```
def reverse(self, x: int) -> int:
```

视频讲解

2. LeetCode24——两两交换链表中的结点

问题描述：给定一个链表，两两交换其中相邻的结点，并返回交换后的链表。注意不能只是单纯地改变结点内部的值，而是需要实际地进行结点交换。例如，给定链表为 1-> 2-> 3-> 4，返回结果为 2-> 1-> 4-> 3。要求设计满足题目条件的如下方法：

```
def swapPairs(self, head:ListNode)-> ListNode:
```

3. LeetCode59——螺旋矩阵Ⅱ

问题描述：给定一个正整数 n，生成一个包含 $1\sim n^2$ 的所有元素，且元素按顺时针顺序螺旋排列的正方形矩阵。例如输入 3，输出结果如下：

视频讲解

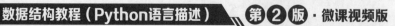

```
[
  [1,2,3],
  [8,9,4],
  [7,6,5]
]
```

要求设计满足题目条件的如下方法：

```
def generateMatrix(self, n:int)-> List[List[int]]:
```

扫一扫

视频讲解

4. LeetCode52——n 皇后 Ⅱ

问题描述：n 皇后问题研究的是如何将 n 个皇后放置在 $n \times n$ 的棋盘上，并且使皇后彼此之间不能相互攻击。给定一个整数 n，返回 n 皇后不同的解决方案的数量。要求设计满足题目条件的如下方法：

```
def totalNQueens(self, n:int)-> int:
```

第6章 树和二叉树

前面介绍了几种常用的线性结构，本章讨论树形结构。树形结构属非线性结构，常用的树形结构有树和二叉树。在树形结构中，一个结点可以与多个结点相对应，因此能够表示元素或结点之间的一对多关系。

本章主要学习要点如下。

（1）树的相关概念、树的性质和树的各种存储结构。

（2）二叉树的概念和二叉树的性质。

（3）二叉树的存储结构，包括二叉树顺序存储结构和链式存储结构。

（4）二叉树的基本运算和各种遍历算法的实现。

（5）线索二叉树的概念和相关算法的实现。

（6）哈夫曼树的定义、哈夫曼树的构造过程和哈夫曼编码的产生方法。

（7）树和二叉树的转换与还原过程。

（8）并查集的实现及其应用。

（9）灵活运用树和二叉树数据结构解决一些综合应用问题。

6.1　树

树是一种最典型的树形结构，它由树根、树支和树叶等组成。本节介绍树的定义、逻辑结构表示，以及树的性质、树的基本运算和存储结构等。

6.1.1　树的定义

树是由 $n(n\geqslant0)$ 个结点组成的有限集合（记为 T）。如果 $n=0$，则它是一棵空树，这是树的特例；如果 $n>0$，这 n 个结点中存在（有且仅存在）一个结点作为树的根结点（root），其余结点可分为 $m(m\geqslant0)$ 个互不相交的有限集 $T_1,T_2,\cdots,T_m$，其中每个子集本身又是一棵符合本定义的树，称为根结点的子树，如图 6.1 所示。

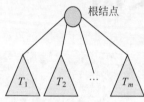

图 6.1　一棵树

树是一种非线性数据结构，具有以下特点：它的每个结点可以有零个或多个后继结点，但有且只有一个前趋结点（根结点除外）；这些数据结点按分支关系组织起来，清晰地反映了数据元素之间的层次关系。可以看出，数据元素之间存在的关系是一对多的关系。

抽象数据类型树的定义如下：

> **ADT Tree** {
> 　　数据对象：
> 　　　　$D=\{a_i\mid0\leqslant i\leqslant n-1,n\geqslant0\}$
> 　　数据关系：
> 　　　　$R=\{r\}$
> 　　　　$r=\langle a_i,a_j\rangle\mid a_i,a_j\in D,0\leqslant i,j\leqslant n-1$，其中每个结点最多只有一个前趋结点，可以有零个
> 　　　　　　或多个后继结点，根结点没有前趋结点}
> 　　基本运算：
> 　　　　CreateTree()：由树的逻辑结构表示建立其存储结构。
> 　　　　DispTree()：输出树的括号表示串。
> 　　　　GetParent(int i)：求编号为 i 的结点的双亲结点值。
> 　　　　……
> }

6.1.2　树的逻辑结构表示方法

树的逻辑结构表示方法有多种，但不管采用哪种表示方法，都应该能够正确地表达出树中数据元素之间的层次关系。下面是几种常见的树的逻辑结构表示方法。

① 树形表示法：用一个圆圈表示一个结点，圆圈内的符号代表该结点的数据信息，结点之间的关系通过连线表示。图 6.2(a)所示为一棵树的树形表示。

② 文氏图表示法：每棵树对应一个圆圈，圆圈内包含根结点和子树的圆圈，同一个根结点下的各子树对应的圆圈是不能相交的。在用这种方法表示的树中，结点之间的关系是通过圆圈的包含来表示的。图 6.2(a)所示的树对应的文氏图表示法如图 6.2(b)所示。

③ 凹入表示法：每棵树的根对应着一个条形，子树的根对应着一个较短的条形，且树根在上，子树的根在下，同一个根下的各子树的根对应的条形长度是一样的。图 6.2(a)所示的树对应的凹入表示法如图 6.2(c)所示。

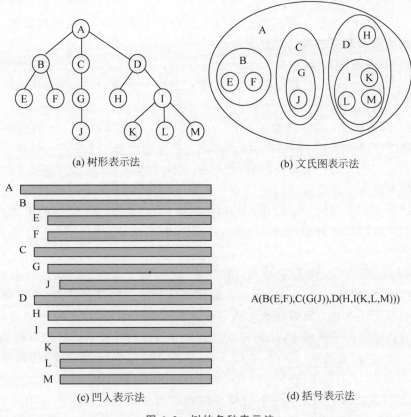

(a) 树形表示法   (b) 文氏图表示法

(c) 凹入表示法   (d) 括号表示法

A(B(E,F),C(G(J)),D(H,I(K,L,M)))

图 6.2 树的各种表示法

④ 括号表示法：每棵树对应一个由根作为名字的表，表名放在表的左边，表是由一个括号里的各子树对应的子表组成的，子表之间用逗号分开，即"根结点(子树$_1$,子树$_2$,…,子树$_m$)"。在用这种方法表示的树中，结点之间的关系是通过括号嵌套来表示的。图 6.2(a)所示的树对应的括号表示法如图 6.2(d)所示。

⑤ 列表表示法：可以将树的括号表示串转换为列表表示形式，即"[根结点,子树$_1$,子树$_2$,…,子树$_m$]"，每棵子树的表示与树的表示类似。例如，图 6.2(a)所示的树的列表表示如下：

```
['A',
    ['B',['E'],['F']],          #第 1 棵子树
    ['C',['G',['J']]],          #第 2 棵子树
    ['D',['H'],['I',['K'],['L'],['M']]]]   #第 3 棵子树
]
```

6.1.3 树的基本术语

下面介绍树的常用术语。

① 结点的度与树的度：树中某个结点的子树的个数称为该**结点的度**。树中各结点的度的最大值称为**树的度**，通常将度为 m 的树称为 m 次树。例如，图 6.2(a)所示为一棵 3

视频讲解

次树。

② 分支结点与叶子结点：度不为零的结点称为非终端结点，又叫**分支结点**。度为零的结点称为**终端结点**或**叶子结点**。在分支结点中，每个结点的分支数就是该结点的度。对于度为 1 结点，其分支数为 1，被称为单分支结点；对于度为 2 的结点，其分支数为 2，被称为双分支结点，其余类推。例如，在图 6.2(a) 所示的树中，B、C 和 D 等是分支结点，而 E、F 和 J 等是叶子结点。

③ 路径与路径长度：对于任意两个结点 k_i 和 k_j，若树中存在一个结点序列 $k_i, k_{i1}, k_{i2}, \cdots, k_j$，使得序列中除 k_i 外的任一结点都是其在序列中前一个结点的后继结点，则称该结点序列为由 k_i 到 k_j 的一条**路径**，用路径所通过的结点序列 $(k_i, k_{i1}, k_{i2}, \cdots, k_j)$ 表示这条路径。**路径长度**等于路径所通过的结点个数减 1（即路径上的分支数目）。可见，路径就是从 k_i 出发"自上而下"到达 k_j 所通过的树中结点的序列。显然，从树的根结点到树中其余结点均存在一条路径。例如，在图 6.2(a) 所示的树中，从结点 A 到结点 K 的路径为 A→D→I→K，其长度为 3。

④ 孩子结点、双亲结点和兄弟结点：在一棵树中，每个结点的后继结点被称作该结点的**孩子结点**（或子女结点）。相应地，该结点被称作孩子结点的**双亲结点**（或父母结点）。具有同一双亲的孩子结点互为**兄弟结点**。进一步推广这些关系，可以把每个结点的所有子树中的结点称为该结点的**子孙结点**，从树根结点到达该结点的路径上经过的所有结点（除自身外）被称作该结点的**祖先结点**。例如，在图 6.2(a) 所示的树中，结点 B、C 互为兄弟结点，结点 D 的子孙结点有 H、I、K、L 和 M；结点 I 的祖先结点有 A、D。

⑤ 结点的层次和树的高度：树中的每个结点都处在一定的层次上。结点的层次从树根开始定义，根结点为第一层，它的孩子结点为第二层，以此类推，一个结点所在的层次为其双亲结点所在的层次加 1。树中结点的最大层次称为**树的高度**（或树的深度）。

⑥ 有序树和无序树：若树中各结点的子树是按照一定的次序从左向右安排的，且相对次序是不能随意变换的，则称为**有序树**，否则称为**无序树**。默认为有序树。

⑦ 森林：$n(n>0)$ 个互不相交的树的集合称为**森林**。森林的概念与树的概念十分相近，因为只要把树的根结点删去就成了森林；反之，只要给 n 棵独立的树加上一个结点，并把这 n 棵树作为该结点的子树，则森林就变成了树。

6.1.4 树的性质

扫一扫

视频讲解

性质 1：树中的结点数等于所有结点度之和加 1。

证明：根据树的定义，在一棵树中除根结点外，每个结点有且仅有一个双亲结点（即前趋结点），而每个前趋关系对应一条分支，所以结点数等于分支数之和加 1（根结点没有这样的分支）。每个结点的度为几恰好对应有几条分支，所以所有结点度之和等于所有分支数之和。这样可以推出树中结点数等于所有结点度之和加 1。

性质 2：度为 m 的树中第 i 层上最多有 m^{i-1} 个结点($i \geqslant 1$)。

证明：采用数学归纳法证明。对于第一层，因为树中的第一层上只有一个结点，即整个树的根结点，而由 $i=1$ 代入 m^{i-1}，得 $m^{i-1}=m^{1-1}=1$，显然结论成立。

假设对于第 $i-1$ 层($i>1$)命题成立，即度为 m 的树中第 $i-1$ 层上最多有 m^{i-2} 个结点，则根据树的度的定义，度为 m 的树中每个结点最多有 m 个孩子结点，所以第 i 层上的结

点数最多为第 $i-1$ 层上结点数的 m 倍,即最多为 $m^{i-2} \times m = m^{i-1}$ 个,这与命题相同,故命题成立。

推广:当一棵 m 次树的第 i 层上有 m^{i-1} 个结点($i \geqslant 1$)时,称该层是满的,若一棵 m 次树的所有叶子结点在同一层并且所有层都是满的,称为**满 m 次树**。显然,满 m 次树是所有相同高度的 m 次树中结点总数最多的树。也可以说,对于 n 个结点,构造的 m 次树为满 m 次树或者接近满 m 次树,此时树的高度最小。

性质 3:高度为 h 的 m 次树最多有 $\dfrac{m^h-1}{m-1}$ 个结点。

证明:由树的性质 2 可知,第 i 层上最多结点数为 $m^{i-1}(i=1,2,\cdots,h)$,显然当高度为 h 的 m 次树(即度为 m 的树)为满 m 次树时,整棵 m 次树具有最多结点数。因此有:

整棵树的最多结点数 = 每一层最多结点数之和 = $m^0 + m^1 + m^2 + \cdots + m^{h-1} = \dfrac{m^h-1}{m-1}$

所以,满 m 次树的另一种定义为:当一棵高度为 h 的 m 次树上的结点数等于 $\dfrac{m^h-1}{m-1}$ 时,则称该树为满 m 次树。例如,对于一棵高度为 5 的满 2 次树,结点数为 $(2^5-1)/(2-1)=31$;对于一棵高度为 5 的满 3 次树,结点数为 $(3^5-1)/(3-1)=121$。

性质 4:具有 n 个结点的 m 次树的最小高度为 $\lceil \log_m(n(m-1)+1) \rceil$[①]。

证明:设具有 n 个结点的 m 次树的最小高度为 h,这样的树中前 $h-1$ 层都是满的,即每一层的结点数都等于 m^{i-1} 个($1 \leqslant i \leqslant h-1$),第 h 层(即最后一层)的结点数可能满,也可能不满,但至少有一个结点。

根据树的性质 3 可得

$$\frac{m^{h-1}-1}{m-1} < n \leqslant \frac{m^h-1}{m-1}$$

乘 $(m-1)$ 后得

$$m^{h-1} < n(m-1)+1 \leqslant m^h$$

以 m 为底取对数后得

$$h-1 < \log_m(n(m-1)+1) \leqslant h$$

即

$$\log_m(n(m-1)+1) \leqslant h < \log_m(n(m-1)+1)+1$$

因 h 只能取整数,所以 $h = \lceil \log_m(n(m-1)+1) \rceil$,结论得证。

例如,对于 2 次树,求最小高度的计算公式为 $\lceil \log_2(n+1) \rceil$,若 $n=20$,则最小高度为 5;对于 3 次树,求最小高度的计算公式为 $\lceil \log_3(2n+1) \rceil$,若 $n=20$,则最小高度为 4。

【例 6.1】 若一棵 3 次树中度为 3 的结点为 2 个,度为 2 的结点为 1 个,度为 1 的结点为 2 个,则该 3 次树中总的结点个数和叶子结点个数分别是多少?

解 设该 3 次树中总的结点个数、叶子结点个数、度为 1 的结点个数、度为 2 的结点个数和度为 3 的结点个数分别为 n、n_0、n_1、n_2 和 n_3。显然,每个度为 i 的结点在所有结点的度数之和中贡献 i 个度。依题意有 $n_1=2$,$n_2=1$,$n_3=2$。由树的性质 1 可知:

---

① $\lceil x \rceil$ 表示大于或等于 x 的最小整数,例如,$\lceil 2.4 \rceil = 3$;$\lfloor x \rfloor$ 表示小于或等于 x 的最大整数,例如,$\lfloor 2.8 \rfloor = 2$。

$$n = \text{所有结点的度数之和} + 1 = 0 \times n_0 + 1 \times n_1 + 2 \times n_2 + 3 \times n_3 + 1$$
$$= 1 \times 2 + 2 \times 1 + 3 \times 2 + 1 = 11$$

又因为 $n = n_0 + n_1 + n_2 + n_3$，即

$$n_0 = n - n_1 - n_2 - n_3 = 11 - 2 - 1 - 2 = 6$$

所以该 3 次树中总的结点个数和叶子结点个数分别是 11 和 6。

说明：在 m 次树中计算结点时常用的关系式有树中所有结点的度之和＝分支树＝$n-1$；所有结点的度之和＝$n_1 + 2n_2 + \cdots + m \times n_m$；$n = n_0 + n_1 + \cdots + n_m$。

扫一扫

视频讲解

6.1.5 树的基本运算

由于树属于非线性结构，结点之间的关系比线性结构复杂，所以树的运算比以前讨论过的各种线性数据结构的运算要复杂许多。

树的运算主要分为三大类：

① 查找满足某种特定关系的结点，例如查找当前结点的双亲结点等。

② 插入或删除某个结点，例如在树的当前结点上插入一个新结点或删除当前结点的第 i 个孩子结点等。

③ 遍历树中的每个结点。

树的遍历运算是指按某种方式访问树中的每个结点，且每个结点只被访问一次。树的遍历运算主要有先根遍历、后根遍历和层次遍历 3 种。注意下面的先根遍历和后根遍历过程都是递归的。

1. 先根遍历

先根遍历的过程如下：

① 访问根结点。

② 按照从左到右的次序先根遍历根结点的每一棵子树。

例如，对于图 6.2(a)所示的树，采用先根遍历得到的结点序列为 ABEFCGJDHIKLM。

2. 后根遍历

后根遍历的过程如下：

① 按照从左到右的次序后根遍历根结点的每一棵子树。

② 访问根结点。

例如，对于图 6.2(a)所示的树，采用后根遍历得到的结点序列为 EFBJGCHKLMIDA。

3. 层次遍历

层次遍历的过程为从根结点开始，按照从上到下、从左到右的次序访问树中的每个结点。例如，对于图 6.2(a)所示的树，采用层次遍历得到的结点序列为 ABCDEFGHIJKLM。

扫一扫

视频讲解

6.1.6 树的存储结构

树的存储要求既要存储结点的数据元素本身，又要存储结点之间的逻辑关系。树的存储结构有多种，下面介绍 4 种常用的存储结构，即双亲存储结构、孩子链存储结构、长子兄弟链存储结构和列表存储结构。

1. 双亲存储结构

这种存储结构是一种顺序存储结构,采用元素形如"[结点值,双亲结点索引]"的列表表示。通常每个结点有唯一的索引(或者伪地址),根结点的索引为 0,它没有双亲结点,其双亲结点的索引为 -1。例如,图 6.3(a)所示的树对应的双亲存储结构如下:

t=[['A',−1], ['B',0], ['C',0], ['D',1], ['E',1], ['F',1], ['G',4]]　　#树的双亲存储结构

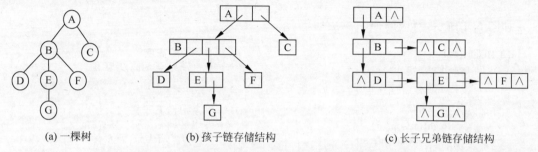

|(a) 一棵树|(b) 孩子链存储结构|(c) 长子兄弟链存储结构|

图 6.3　树的孩子链存储结构和长子兄弟链存储结构

在该存储结构 t 中,索引为 i 的结点是 $t[i]$,其中 $t[i][0]$ 为结点值,$t[i][1]$ 为该结点的双亲结点的索引。

【例 6.2】　若一棵树采用双亲存储结构 t 存储,设计一个算法求指定索引是 i 的结点的层次。

解　用 cnt 表示索引 i 的结点的层次(初始为 1)。沿着双亲指针向上移动,当没有到达根结点时循环: cnt 增 1,i 向上移动一次。当到达根结点时 cnt 恰好为原索引 i 结点的层次,最后返回 cnt。对应的算法如下:

```
def Level(t,i):                  ♯ 求 t 中索引 i 的结点的层次
    assert i>=0 and i<len(t)     ♯检测参数
    cnt=1
    while t[i][1]!=−1:           ♯没有到达根结点时循环
        cnt+=1
        i=t[i][1]                ♯移动到双亲结点
    return cnt
```

双亲存储结构利用了每个结点(根结点除外)只有唯一双亲的性质。在这种存储结构中,求某个结点的双亲结点十分容易,但求某个结点的孩子结点时需要遍历整个结构。

2. 孩子链存储结构

在这种存储结构中,每个结点不仅包含数据值,还包括指向所有孩子结点的指针。孩子链存储结构的结点类 SonNode 定义如下:

```
class SonNode:                   ♯孩子链存储结构的结点类
    def __init__(self,d=None):   ♯构造方法
        self.data=d              ♯结点的值
        self.sons=[]             ♯指向孩子结点的指针列表
```

其中,sons 列表为空的结点是叶子结点。例如,如图 6.3(a)所示的一棵树,对应的孩子链存储结构如图 6.3(b)所示。

【例 6.3】 若一棵树采用孩子链存储结构 t 存储,设计一个算法求其高度。

解 一棵树的高度为根的所有子树的高度的最大值加 1。求整棵树的高度为"大问题",求每棵子树的高度为"小问题"。设 $f(t)$ 为求树 t 的高度,对应的递归模型如下:

$$f(t)=0 \qquad\qquad\qquad t\ 为空$$
$$f(t)=1 \qquad\qquad\qquad t\ 为叶子结点$$
$$f(t)=\max_i\{f(t.\mathrm{sons}[i])\}+1 \quad 其他$$

如图 6.4 所示,对应的递归算法如下:

```python
def Height(t):                       # 求 t 的高度
    if len(t.sons)==0:               # 叶子结点的高度为 1
        return 1
    maxsh=0
    for i in range(len(t.sons)):     # 遍历所有子树
        sh=Height(t.sons[i])         # 求子树 t.sons[i] 的高度
        maxsh=max(maxsh,sh)          # 求所有子树的最大高度
    return maxsh+1
```

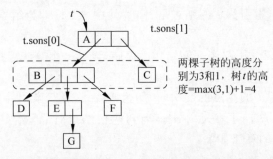

图 6.4 在树的孩子链存储结构中求树的高度

孩子链存储结构的优点是查找某结点的孩子结点十分方便,其缺点是查找某结点的双亲结点比较费时。

说明: Python 属于弱类型语言,在孩子链存储结构中每个结点的 sons 容量不必相同。如果按树的度(即树中所有结点度的最大值)设计结点的孩子结点指针个数,这样可以证明含有 n 个结点的 m 次树采用孩子链存储结构时有 $mn-n+1$ 个空指针,当 m 较大时,存储空间利用率较低。

3. 长子兄弟链存储结构

长子兄弟链存储结构(也称为孩子兄弟链存储结构)是为每个结点固定设计 3 个属性:一个数据元素属性,一个指向该结点长子(第一个孩子结点)的指针,一个指向该结点下一个兄弟结点的指针。长子兄弟链存储结构中的结点类 EBNode 定义如下:

```python
class EBNode:                        # 长子兄弟链存储结构中的结点类
    def __init__(self,d=None):       # 构造方法
        self.data=d                  # 结点的值
        self.brother=None            # 指向兄弟
        self.eson=None               # 指向长子结点
```

例如,如图 6.3(a)所示的树的长子兄弟链存储结构如图 6.3(c)所示。

【例6.4】 若一棵树采用长子兄弟链存储结构 t 存储，设计一个算法求其高度。

解 求一棵树的高度的递归模型与例6.3中的相同。在长子兄弟链存储结构 t 中，将 t.eson 结点及其所有兄弟结点看成一个以 brother 指针链接的单链表，它们都是 t 结点的孩子，如图6.5所示。对应的递归算法如下：

```
def Height(t):                          # 求 t 的高度
    if t==None:                         # 空树返回 0
        return 0
    maxsh=0
    p=t.eson                            # p 指向 t 结点的长子
    while p!=None:
        q=p.brother                     # q 临时保存结点 p 的后继结点
        sh=Height(p)                    # 递归求结点 p 的子树的高度
        maxsh=max(maxsh,sh)             # 求结点 t 的所有子树的最大高度
        p=q
    return maxsh+1                       # 返回 maxsh+1
```

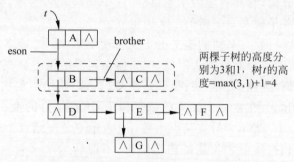

图6.5 在长子兄弟链存储结构中求树的高度

长子兄弟链存储结构的优/缺点与孩子链存储结构相同。

4. 列表存储结构

将树的列表表示（树的逻辑表示法之一）直接采用 Python 中的列表数据类型表示，称为树的列表存储结构。例如，图6.3(a)所示的树的列表存储结构如下：

$t=['A', ['B',['D'],['E',['G']],['F']], ['C']]$

在列表存储结构中，若一个子表元素 t' 的长度为1，即只有结点值 $t'[0]$，没有任何孩子结点，则它对应一个叶子结点。

【例6.5】 若一棵树采用列表存储结构 t 存储，设计一个算法求其高度。

解 求一棵树的高度的递归模型与例6.3中的相同。在树的列表存储结构中，若 t 有 m 个元素，$t[0]$ 表示根结点值，$t[i]$($1 \leqslant i \leqslant m$)为第 i 棵子树。对应的递归算法如下：

```
def Height(t):                          # 求 t 的高度
    if len(t)==1:                       # 叶子结点的高度为 1
        return 1
    m=len(t)
    maxsh=0
    for i in range(1,m):                # 遍历所有子树
        sh=Height(t[i])                 # 求子树 t[i] 的高度
```

```
        maxsh=max(maxsh,sh)                          #求所有子树的最大高度
        return maxsh+1
```

树的列表存储结构简单、直观，其优/缺点与孩子链存储结构相同。

6.2 二 叉 树

二叉树和树一样都属于树形结构，但属于两种不同的树形结构。本节讨论二叉树的定义、二叉树的性质、二叉树的存储结构、二叉树的遍历和线索二叉树等。

6.2.1 二叉树的概念

1. 二叉树的定义

二叉树也称为二分树，它是有限的结点集合，这个集合或者为空，或者由一个根结点和两棵互不相交的称为左子树和右子树的二叉树组成。

显然，和树的定义一样，二叉树的定义也是一个递归定义。二叉树的结构简单，存储效率高，其运算算法的实现也相对简单。因此，二叉树在树形结构中具有很重要的地位。

二叉树中的许多概念（例如结点度、孩子结点、双亲结点、结点层次、子孙结点和祖先结点等）与树中的概念相同。在含 n 个结点的二叉树中，所有结点的度小于或等于 2，通常用 n_0 表示叶子结点个数，n_1 表示单分支结点个数，n_2 表示双分支结点个数。

需要注意二叉树和树是两种不同的树形结构，不能认为二叉树就是度为 2 的树（2 次树），实际上二叉树和度为 2 的树（2 次树）是不同的，其差别如下：

① 度为 2 的树中至少有一个结点的度为 2，也就是说，度为 2 的树中至少有 3 个结点，而二叉树没有这种要求，二叉树可以为空。

② 度为 2 的树中一个度为 1 的结点不区分左、右子树，而二叉树中一个度为 1 的结点是严格区分左、右子树的。

二叉树有 5 种基本形态，如图 6.6 所示，任何复杂的二叉树都是这 5 种基本形态的组合。其中图 6.6(a)是空二叉树，图 6.6(b)是单结点的二叉树，图 6.6(c)是右子树为空的二叉树，图 6.6(d)是左子树为空的二叉树，图 6.6(e)是左、右子树都不空的二叉树。

(a) 空二叉树　(b) 单结点二叉树　(c) 右子树为空的二叉树　(d) 左子树为空的二叉树　(e) 左、右子树都不空的二叉树

图 6.6　二叉树的 5 种基本形态

二叉树的逻辑表示法也与树的类似，但需要结合二叉树的特点（严格区分左、右子树）稍做改变。另外，上一节介绍的树的所有术语对于二叉树都适用。

2. 二叉树的抽象数据类型

二叉树的抽象数据类型的描述如下：

```
ADT BTree {
    数据对象：
        D = {a_i | 0 ≤ i ≤ n-1, n ≥ 0}        # 为了简单，除了特别说明外假设结点值类型为 char
    数据关系：
        R = {r}
        r = {<a_i, a_j> | a_i, a_j ∈ D, 0 ≤ i, j ≤ n-1, 当 n = 0 时，称为空二叉树；否则其中有一个根结
            点，其他结点构成根结点的互不相交的左、右子树，该左、右两棵子树也是二叉树}
    基本运算：
        SetRoot(b)：设置二叉树的根结点为 b。
        DispBTree()：返回二叉树的括号表示串。
        FindNode(x)：在二叉树中查找值为 x 的结点。
        int Height()：求二叉树的高度。
        ...
}
```

3. 满二叉树和完全二叉树

在一棵二叉树中，如果所有分支结点都有左、右孩子结点，并且叶子结点都集中在二叉树的最下一层，这样的的二叉树称为**满二叉树**，图 6.7(a)所示就是一棵满二叉树。用户可以对满二叉树的结点进行层序编号，根结点编号为 1（或者 0），再按照层数从小到大、同一层从左到右的次序进行，图 6.7(a)中每个结点旁的数字为该结点的编号，其中根结点编号为 1（如果根结点编号为 0，所有结点的编号相应减 1）。满二叉树也可以从结点个数和树高度之间的关系来定义，即一棵高度为 h 且有 $2^h - 1$ 个结点的二叉树称为满二叉树。

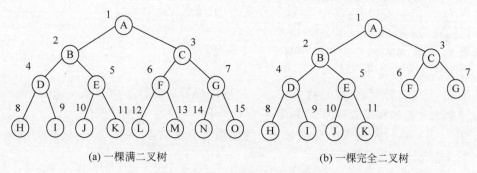

(a) 一棵满二叉树　　　　　　　　　　(b) 一棵完全二叉树

图 6.7　满二叉树和完全二叉树

满二叉树的特点如下：

① 叶子结点都在最下一层。

② 只有度为 0 和度为 2 的结点。

③ 含 n 个结点的满二叉树的高度为 $\log_2(n+1)$，叶子结点个数为 $\lfloor n/2 \rfloor + 1$，度为 2 的结点个数为 $\lfloor n/2 \rfloor$。

若二叉树中最多只有最下面两层的结点的度可以小于 2，并且最下面一层的叶子结点都依次排列在该层最左边的位置上，则这样的二叉树称为**完全二叉树**，如图 6.7(b)所示为一棵完全二叉树。同样可以对完全二叉树中的每个结点进行层序编号，编号的方法和满二叉树相同，图中每个结点外边的数字为对该结点的编号。

不难看出，满二叉树是完全二叉树的一种特例，并且完全二叉树与等高度的满二叉树对应结点的层序编号相同。图 6.7(b)所示的完全二叉树与等高度的满二叉树相比，它在最后

一层的右边缺少了 4 个结点。

完全二叉树的特点如下：

① 叶子结点只可能出现在最下面两层中。

② 最下一层中的叶子结点都依次排列在该层最左边的位置上。

③ 如果有度为 1 的结点，只可能有一个，且该结点只有左孩子结点而无右孩子结点。

④ 按层序编号后，一旦出现某结点（其编号为 i）为叶子结点或只有左孩子结点，则编号大于 i 的结点均为叶子结点。

6.2.2 二叉树的性质

性质 1：非空二叉树上的叶子结点数等于双分支结点数加 1。

证明：在一棵二叉树中，总结点数 $n = n_0 + n_1 + n_2$。

除根结点外，每个结点有且仅有一个双亲结点（即前趋结点），每个这样的父子关系对应一条分支，所以结点数等于分支数之和加 1（根结点没有这样的分支），即分支数 $= n - 1$。

在分支数中，每个度为 i 的结点贡献 i 个分支（度），即分支数等于单分支结点数加上双分支结点数的两倍，也就是分支数 $= n_1 + 2n_2$。

由上面 3 个等式可得 $n_1 + 2n_2 = n_0 + n_1 + n_2 - 1$，即 $n_0 = n_2 + 1$。

说明：在二叉树中计算结点时常用的关系式有所有结点的度之和 $=$ 分支数 $= n - 1$；所有结点的度之和 $= n_1 + 2n_2$；$n = n_0 + n_1 + n_2$。

性质 2：非空二叉树上的第 i 层最多有 2^{i-1} 个结点（$i \geqslant 1$）。

由树的性质 2 可推出。

性质 3：高度为 h 的二叉树最多有 $2^h - 1$ 个结点（$h \geqslant 1$）。

由树的性质 3 可推出。

性质 4：完全二叉树（结点总数为 n，$n \geqslant 1$）层序编号后的性质如下。

若完全二叉树的根结点编号为 1，对于编号为 i（$1 \leqslant i \leqslant n$）的结点有：

① 若 $i \leqslant \lfloor n/2 \rfloor$，即 $2i \leqslant n$，则编号为 i 的结点为分支结点，否则为叶子结点，也就是说，最后一个分支结点的编号为 $n/2$。

② 若 n 为奇数，则 $n_1 = 0$，每个分支结点都是双分支结点（例如图 6.7(b)所示的完全二叉树就是这种情况，其中 $n = 11$，分支结点 1～5 都是双分支结点，其他为叶子结点）；若 n 为偶数，则 $n_1 = 1$，只有一个单分支结点。

③ 若编号为 i 的结点有左孩子结点，则左孩子结点的编号为 $2i$；若编号为 i 的结点有右孩子结点，则右孩子结点的编号为 $2i + 1$。

④ 若编号为 i 的结点有左兄弟结点，左兄弟结点的编号为 $i - 1$；若编号为 i 的结点有右兄弟结点，右兄弟结点的编号为 $i + 1$。

⑤ 若编号为 i 的结点有双亲结点，其双亲结点的编号为 $\lfloor i/2 \rfloor$。

简单地说，当完全二叉树的根结点编号从 1 开始时，结点 i 的双亲和孩子编号如图 6.8(a) 所示。

若完全二叉树的根结点编号为 0，对于编号为 i（$0 \leqslant i \leqslant n - 1$）的结点有：

① 若 $i \leqslant \lfloor n/2 \rfloor - 1$，则编号为 i 的结点为分支结点，否则为叶子结点，也就是说，最后一个分支结点的编号为 $\lfloor n/2 \rfloor - 1$。

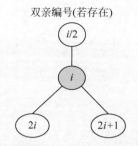

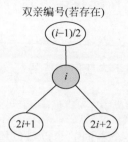

(a) 根结点编号从1开始的情况   (b) 根结点编号从0开始的情况

图 6.8 完全二叉树中编号为 i 的结点的双亲和孩子结点编号

② 若 n 为奇数,则 $n_1=0$,每个分支结点都是双分支结点;若 n 为偶数,则 $n_1=1$,只有一个单分支结点。

③ 若编号为 i 的结点有左孩子结点,则左孩子结点的编号为 $2i+1$;若编号为 i 的结点有右孩子结点,则右孩子结点的编号为 $2i+2$。

④ 若编号为 i 的结点有左兄弟结点,左兄弟结点的编号为 $i-1$;若编号为 i 的结点有右兄弟结点,右兄弟结点的编号为 $i+1$。

⑤ 若编号为 i 的结点有双亲结点,其双亲结点的编号为 $\lfloor (i-1)/2 \rfloor$。

简单地说,当完全二叉树的根结点编号从 0 开始时,结点 i 的双亲和孩子编号如图 6.8(b) 所示。

上述性质均可采用归纳法证明,请读者自己完成。

性质 5 具有 n 个($n>0$)结点的完全二叉树的高度为 $\lceil \log_2(n+1) \rceil$ 或 $\lfloor \log_2 n \rfloor +1$。

由完全二叉树的定义和树的性质 3 可推出。

说明:一棵完全二叉树可以由结点总数 n 确定其树形,n_1 只能是 0 或 1,当 n 为偶数时,$n_1=1$;当 n 为奇数时,$n_1=0$。层序编号为 i 的结点层次恰好为 $\lceil \log_2(i+1) \rceil$ 或者 $\lfloor \log_2 i \rfloor +1$。

【例 6.6】 一棵含有 882 个结点的二叉树中有 365 个叶子结点,求度为 1 的结点个数和度为 2 的结点个数。

解 这里 $n=882$,$n_0=365$,由二叉树的性质 1 可知 $n_2=n_0-1=364$,而 $n=n_0+n_1+n_2$,即 $n_1=n-n_0-n_2=882-365-364=153$。所以该二叉树中度为 1 的结点和度为 2 的结点个数分别是 153 和 364。

【例 6.7】 若用 $f(n)$ 表示结点个数为 n 的不同形态的二叉树的个数(假设所有结点值不同),试推导出 $f(n)$ 的循环公式。

解 一棵非空二叉树包括树根 N、左子树 L 和右子树 R。设 n 为该二叉树的结点个数,n_L 为左子树的结点个数,n_R 为右子树的结点个数,则 $n=1+n_L+n_R$。对于 (n_L,n_R),共有 n 种不同的可能,即 $(0,n-1)$,$(1,n-2)$,$\cdots$,$(n-1,0)$。

对于 $(0,n-1)$ 的情况,L 是空子树,R 为有 $n-1$ 个结点的子树,这种情况共有 $f(0)f(n-1)$ 种不同的二叉树。

对于 $(1,n-2)$ 的情况,共有 $f(1)f(n-2)$ 种不同的二叉树。

......

对于$(n-1,0)$的情况，共有$f(n-1)f(0)$种不同的二叉树。因此有：

$$f(n)=f(0)f(n-1)+f(1)f(n-2)+\cdots+f(n-1)f(0)=\sum_{i=1}^{n}f(i-1)f(n-i)$$

其中，$f(0)=1$（不含任何结点的二叉树个数为1），$f(1)=1$（含1个结点的二叉树个数为1）。

可以推出$f(n)=\dfrac{1}{n+1}C_{2n}^{n}$。

例如，由3个不同的结点可以构造出$\dfrac{1}{3+1}C_6^3=5$种不同形态的二叉树。

【例6.8】 一棵完全二叉树中有501个叶子结点，则至少有多少个结点？

解 在该二叉树中$n_0=501$，由二叉树的性质1可知$n_0=n_2+1$，所以$n_2=n_0-1=500$，则$n=n_0+n_1+n_2=1001+n_1$，由于完全二叉树中$n_1=0$或$n_1=1$，则$n_1=0$时结点个数最少，此时$n=1001$，即至少有1001个结点。

6.2.3 二叉树的存储结构

二叉树主要有顺序存储结构、链式存储结构和列表存储结构。

1. 二叉树的顺序存储结构

顺序存储一棵二叉树，就是用一组连续的存储单元存放二叉树中的结点。由二叉树的性质4可知，对于完全二叉树和满二叉树，树中结点的层序编号可以唯一地反映出结点之间的逻辑关系（根结点编号为1时如图6.8(a)所示，根结点编号为0时如图6.8(b)所示），所以可以用一维数组按层序编号顺序存储树中的所有结点值，编号为i的结点值存放在数组索引为i的元素中，通过数组元素的索引关系反映完全二叉树或满二叉树中结点之间的逻辑关系。

例如，若根结点编号为1，图6.7(b)所示的完全二叉树对应的顺序存储结构sb如图6.9(a)所示（不使用sb的索引为0的元素）；若根结点编号为0，图6.7(b)所示的完全二叉树对应的顺序存储结构sb如图6.9(b)所示。

图6.9 一棵完全二叉树的顺序存储结构

然而对于普通的二叉树，如果仍按照从上到下和从左到右的顺序将树中的结点顺序存储在一维数组中，则数组元素的索引关系不能反映二叉树中结点之间的逻辑关系，这时可将普通二叉树进行改造，增添一些并不存在的空结点，使之成为一棵完全二叉树的形式。图6.10(a)所示为一棵普通二叉树，添加空结点使其成为一棵完全二叉树的结果如图6.10(b)所示，并对所有结点进行层序编号（假设根结点编号为0），再把各结点值按编号存储到一维数组中（空结点在数组中用特殊值（例如'♯'）表示），如图6.11所示。也就是说，普通的二叉树采用顺序存储结构后，各结点的编号与等高度的完全二叉树中对应位置上结点的编号相同。

(a) 一棵二叉树

(b) 添加空结点成为一棵完全二叉树

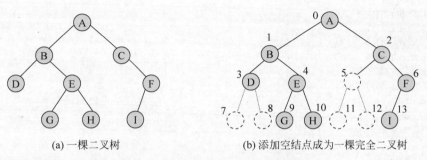

图 6.10　一般二叉树按完全二叉树结点编号

位置	0	1	2	3	4	5	6	7	8	9	10	11	12	13	…	MaxSize-1
sb	A	B	C	D	E	#	F	#	#	G	H	#	#	I	#	#

图 6.11　一棵二叉树的顺序存储结构

一般地，若结点值为字符类型，二叉树顺序存储结构可以采用 Python 字符串存储。例如，图 6.11 所示的顺序存储结构表示如下：

```
sb="ABCDE#F##GH##I##"
```

若二叉树结点值为其他类型，对应的顺序存储结构可以采用 Python 列表存储。

显然，完全二叉树或满二叉树采用顺序存储结构比较合适，既能够最大可能地节省存储空间，又可以利用数组元素索引确定结点在二叉树中的位置以及结点之间的关系。对于普通二叉树，如果它接近于完全二叉树形态，需要增加的空结点个数不多，也可采用顺序存储结构。如果需要增加很多空结点才能将普通二叉树改造成为一棵完全二叉树，采用顺序存储结构会造成空间的大量浪费，这时不宜采用顺序存储结构。最坏情况是右单支树(除叶子结点外每个结点只有一个右孩子)，一棵高度为 h 的右单支树，只有 h 个结点，却需要分配 2^h-1 个存储单元。另外，在顺序存储结构中，查找一个结点的孩子、双亲结点都很方便。

2. 二叉树的链式存储结构

二叉树的链式存储结构是指用一个链表来存储一棵二叉树，二叉树中的每个结点用链表中的一个链结点来存储。在二叉树中，标准存储方式的结点结构为(lchild，data，rchild)，其中，data 为值成员变量，用于存储对应的数据元素；lchild 和 rchild 分别为左、右指针变量，用于存储左孩子和右孩子结点(即左、右子树的根结点)的地址。这种链式存储结构通常简称为**二叉链**。

对应的二叉链结点类 BTNode 定义如下：

```
class BTNode:                              #二叉链中的结点类
    def __init__(self, d=None):            #构造方法
        self.data=d                        #结点值
        self.lchild=None                   #左孩子指针
        self.rchild=None                   #右孩子指针
```

例如，图 6.12(a)所示的二叉树对应的二叉链存储结构如图 6.12(b)所示，整棵二叉树

通过根结点 b 来唯一标识。其建立过程如下：

```
b＝BTNode('A')              ♯建立各个结点
p1＝BTNode('B')
p2＝BTNode('C')
p3＝BTNode('D')
p4＝BTNode('E')
p5＝BTNode('F')
p6＝BTNode('G')
b.lchild＝p1               ♯建立结点之间的关系
b.rchild＝p2
p1.lchild＝p3
p3.rchild＝p6
p2.lchild＝p4
p2.rchild＝p5
```

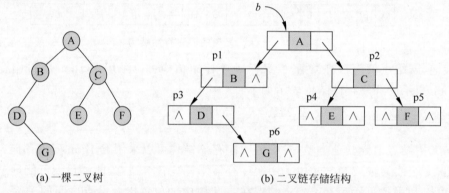

(a) 一棵二叉树　　　　　　　　(b) 二叉链存储结构

图 6.12　二叉树及其二叉链存储结构

相对于顺序存储结构，二叉链方便进行二叉树的修改。普通二叉树和完全二叉树同样适合二叉链存储。在二叉链中查找一个结点的孩子结点十分方便，但查找一个结点的双亲结点需要遍历二叉树。

3. 二叉树的列表存储结构

在二叉树的列表存储结构中，每个结点为"[结点值，左子树列表，右子树列表]"的三元组，当左或者右子树为空时取值 None。对应的结点类如下：

```
class LNode                      ♯列表存储结构的结点类
    def __init__(self,d＝None):    ♯构造方法
        self.data＝d               ♯结点值
        self.lchild＝None           ♯左子树列表
        self.rchild＝None           ♯右子树列表
```

图 6.12(a)所示的二叉树的列表存储结构如下：

t＝['A',['B',['D',None,['G',None,None]]],['C',['E',None,None],['F',None,None]]]

6.2.4　二叉树的递归算法设计

二叉树是一种典型的递归数据结构。在 5.2.2 节讨论过递归数据结构通常有一个或一组基本递归运算，以二叉树的二叉链存储结构为例，其基本递归运算就是求一个结点 p 的

左子树($p.$lchild)和右子树($p.$rchild),而 $p.$lchild 和 $p.$rchild 一定是一棵二叉树(这是为什么二叉树的定义中空树也是二叉树的原因)。

一般地,二叉树的递归结构如图 6.13 所示,对于二叉树 b,设 $f(b)$ 是求解的"大问题",则 $f(b.$lchild) 和 $f(b.$rchild) 为"小问题",假设 $f(b.$lchild) 和 $f(b.$rchild) 是可求的,在此基础上得出 $f(b)$ 和 $f(b.$lchild)、$f(b.$rchild) 之间的关系,从而得到递归体,再考虑 $b=$None 或只有一个结点的特殊情况,从而得到递归出口。

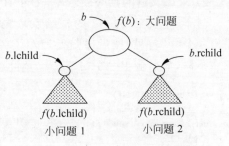

例如,假设二叉树中的所有结点值为整数,采用二叉链存储结构,求该二叉树 b 中的所有结点值之和。

设 $f(b)$ 为二叉树 b 中的所有结点值之和,则 $f(b.$lchild) 和 $f(b.$rchild) 分别求根结点 b 的左、

图 6.13 二叉树的递归结构

右子树的所有结点值之和,显然有 $f(b)=b.$data$+f(b.$lchild)$+f(b.$rchild)。当 $b=$None 时 $f(b)=0$,从而得到以下递归模型:

$$f(b)=0 \qquad\qquad\qquad b=\text{None}$$
$$f(b)=b.\text{data}+f(b.\text{lchild})+f(b.\text{rchild}) \quad \text{其他}$$

对应的递归算法如下:

```
def fun(b):                      #计算以 b 为根的二叉树的结点值之和
    if b==None:return 0
    else: return b.data+fun(b.lchild)+fun(b.rchild)
```

6.2.5 二叉树的基本运算算法及其实现

为了简单,本节讨论的二叉树均采用二叉链存储结构。

视频讲解

1. 二叉树类的设计

在二叉链中通过根结点 b 来唯一标识二叉树,对应的二叉树类设计如下(用 BTree.py 文件存放):

```
class BTree:                     #二叉树类
    def __init__(self):          #构造方法
        self.b=None              #根结点指针
    #二叉树的基本运算算法
```

2. 二叉树的基本运算算法的实现

下面讨论二叉树的基本运算算法的实现。

1)设置二叉树的根结点:SetRoot(b)

对应的算法如下:

```
def SetRoot(sclf,r):             #设置根结点为 r
    self.b=r
```

例如,当建立好图 6.12(b)所示的二叉链后,若根结点为 b,通过以下语句创建二叉树对

象 bt 并且设置该二叉树的根：

```
bt＝BTree()
bt.SetRoot(b)
```

2）求二叉链的括号表示串：DispBTree()

对于非空二叉树 t（t 为根结点），先输出 t 结点的值，当 t 结点存在左孩子或右孩子时，输出一个"("符号，然后递归处理左子树；当存在右孩子时，输出一个","符号，然后递归处理右子树，最后输出一个")"符号。对应的递归算法如下：

```
def DispBTree(self):                          ♯返回二叉链的括号表示串
    return self._DispBTree(self.b)
def _DispBTree(self,t):                        ♯被 DispBTree()方法调用
    if t＝＝None:                               ♯空树返回空串
        return ""
    else:
        bstr＝t.data                           ♯输出根结点值
        if t.lchild!＝None or t.rchild!＝None:
            bstr＋＝"("                         ♯有孩子结点时输出"("
            bstr＋＝self._DispBTree(t.lchild)    ♯递归输出左子树
            if  t.rchild!＝None:
                bstr＋＝","                     ♯有右孩子结点时输出","
            bstr＋＝self._DispBTree(t.rchild)    ♯递归输出右子树
            bstr＋＝")"                         ♯输出")"
        return bstr
```

例如，对于图 6.12(b)所示的二叉链，调用上述算法 DispBTree()得到的二叉链括号表示串为"A(B(D(,G)),C(E,F))"。

3）查找值为 x 的结点：FindNode(x)

采用递归算法 $f(t,x)$ 在以 t 为根结点的二叉树中查找值为 x 的结点，找到后返回其引用，否则返回 None。其递归模型如下：

$$f(t,x)=None \qquad t=None$$
$$f(t,x)=t \qquad t.data=x$$
$$f(t,x)=p \qquad 在左子树中找到了，即 p=f(t.lchild,x)且 p!=None$$
$$f(t,x)=f(t.rchild,x) \qquad 其他$$

对应的递归算法如下：

```
def FindNode(self,x):                          ♯查找值为 x 的结点的算法
    return self._FindNode(self.b,x)
def _FindNode(self,t,x):                        ♯被 FindNode()方法调用
    if t＝＝None:
        return None                            ♯t 为空时返回 None
    elif t.data＝＝x:
        return t                               ♯t 所指结点值为 x 时返回 t
    else:
        p＝self._FindNode(t.lchild,x)           ♯在左子树中查找
        if p!＝None:
            return p                           ♯在左子树中找到 p 结点，返回 p
        else:
            return self._FindNode(t.rchild,x)  ♯返回在右子树中查找的结果
```

4）求高度：Height()

设以 t 为根结点的二叉树的高度为 $f(t)$，空树的高度为 0，非空树的高度为左、右子树中较大的高度加 1。对应的递归模型如下：

$$f(t)=0 \qquad\qquad\qquad\qquad t=None$$
$$f(t)=MAX\{f(t.lchild),f(t.rchild)\}+1 \quad 其他$$

对应的递归算法如下：

```
def Height(self):                           #求二叉树高度的算法
    return self._Height(self.b)
def _Height(self,t):                        #被 Height() 方法调用
    if t==None:
        return 0                            #空树的高度为 0
    else:
        lh=self._Height(t.lchild)           #求左子树的高度 lchildh
        rh=self._Height(t.rchild)           #求右子树的高度 rchildh
        return max(lh,rh)+1
```

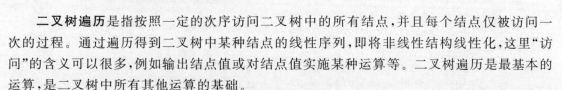

6.3 二叉树的先序、中序和后序遍历

6.3.1 二叉树遍历的概念

扫一扫

视频讲解

二叉树遍历是指按照一定的次序访问二叉树中的所有结点，并且每个结点仅被访问一次的过程。通过遍历得到二叉树中某种结点的线性序列，即将非线性结构线性化，这里"访问"的含义可以很多，例如输出结点值或对结点值实施某种运算等。二叉树遍历是最基本的运算，是二叉树中所有其他运算的基础。

在二叉树中左子树和右子树是有严格区别的，在遍历一棵非空二叉树时，根据访问根结点、遍历左子树和遍历右子树之间的先后关系可以组合成 6 种遍历方法（假设 N 为根结点，L、R 分别为左、右子树，这 6 种遍历方法是 NLR、LNR、LRN、NRL、RNL、RLN），若子树一律先左后右遍历，则对于非空二叉树，可得到以下 3 种递归的遍历方法（即 NLR、LNR 和 LRN）。

1）先序遍历

先序遍历二叉树的过程如下：

① 访问根结点。

② 先序遍历左子树。

③ 先序遍历右子树。

例如，图 6.12(a)所示的二叉树的先序序列为 ABDGCEF。显然，在一棵二叉树的先序序列中，第一个元素即为根结点对应的结点值。

2）中序遍历

中序遍历二叉树的过程如下：

① 中序遍历左子树。

② 访问根结点。

③ 中序遍历右子树。

例如，图 6.12(a)所示的二叉树的中序序列为 DGBAECF。显然，在一棵二叉树的中序序列中，根结点值将其序列分为前、后两部分，前部分为左子树的中序序列，后部分为右子树的中序序列。

3）后序遍历

后序遍历二叉树的过程如下：

① 后序遍历左子树。

② 后序遍历右子树。

③ 访问根结点。

例如，图 6.12(a)所示的二叉树的后序序列为 GDBEFCA。显然，在一棵二叉树的后序序列中，最后一个元素即为根结点对应的结点值。

6.3.2　先序、中序和后序遍历的递归算法

假设二叉树采用二叉链存储结构，由二叉树的先序、中序和后序 3 种遍历过程直接得到相应的递归算法。

1）先序遍历的递归算法

从根结点 t 出发进行先序遍历的递归算法_PreOrder(t)如下，它被 PreOrder(bt.b)调用以输出 bt 的先序遍历序列。对应的递归算法如下：

```
def PreOrder(bt):                          ♯先序遍历的递归算法
    _PreOrder(bt.b)
def _PreOrder(t):                          ♯被 PreOrder()方法调用
    if t!=None:
        print(t.data,end=' ')              ♯访问根结点
        _PreOrder(t.lchild)                ♯先序遍历左子树
        _PreOrder(t.rchild)                ♯先序遍历右子树
```

在上述先序遍历_PreOrder(t)的方法中，又通过递归调用_PreOrder(t.lchild)和_PreOrder(t.rchild)遍历左、右子树，整个遍历过程从根结点 t 出发，最后回到根结点 t。例如，对于图 6.12(a)所示的二叉树，其先序遍历过程如图 6.14(a)所示，图中虚线表示这种遍历过程，在每个结点左边画一条线与虚线相交，该相交点表示访问点，然后按虚线遍历次序列出相交点得到先序遍历序列，即 ABDGCEF。

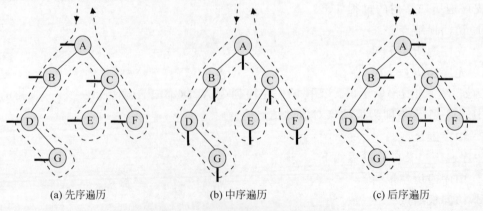

(a) 先序遍历　　　　　　(b) 中序遍历　　　　　　(c) 后序遍历

图 6.14　二叉树的 3 种递归遍历过程

说明：在遍历过程中到达某个结点时，被称为"访问"该结点，通常是为了在这个结点处执行某种操作，例如查看结点值或输出结点值等，上述递归算法中的访问是输出结点值。

2）中序遍历的递归算法

从根结点 t 出发进行中序遍历的递归算法 _InOrder(t) 如下，它被 InOrder(bt.b) 调用以输出 bt 的中序遍历序列。对应的递归算法如下：

```
def InOrder(bt):                          #中序遍历的递归算法
    _InOrder(bt.b)
def _InOrder(t):                          #被 InOrder() 方法调用
    if t! = None:
        _InOrder(t.lchild)               #中序遍历左子树
        print(t.data,end=' ')            #访问根结点
        _InOrder(t.rchild)               #中序遍历右子树
```

对于图 6.12(a)所示的二叉树，其中序遍历过程如图 6.14(b)所示，在每个结点底部画一条线与虚线相交，该相交点表示访问点，然后按虚线遍历次序列出相交点得到中序遍历序列，即 DGBAECF。

3）后序遍历的递归算法

从根结点 t 出发进行后序遍历的递归算法 _PostOrder(t) 如下，它被 PostOrder(bt.b) 调用以输出 bt 的后序遍历序列。对应的递归算法如下：

```
def PostOrder(bt):                        #后序遍历的递归算法
    _PostOrder(bt.b)
def _PostOrder(t):                        #被 PostOrder() 方法调用
    if t! = None:
        _PostOrder(t.lchild)             #后序遍历左子树
        _PostOrder(t.rchild)             #后序遍历右子树
        print(t.data,end=' ')            #访问根结点
```

对于图 6.12(a)所示的二叉树，其后序遍历过程如图 6.14(c)所示，在每个结点右边画一条线与虚线相交，该相交点表示访问点，然后按虚线遍历次序列出相交点得到后序遍历序列，即 GDBEFCA。

6.3.3 递归遍历算法的应用

本节通过几个示例说明递归遍历算法的应用。

【例 6.9】 假设二叉树采用二叉链存储结构存储，设计一个算法求一棵给定二叉树中的结点个数。

扫一扫

视频讲解

解 求一棵二叉树中的结点个数是以遍历算法为基础的，任何一种遍历算法都可以求出一棵二叉树中的结点个数，以下给出了以先序、中序和后序遍历为基础的算法。

```
def NodeCount1(bt):                       #基于先序遍历求结点个数
    return _NodeCount1(bt.b)
def _NodeCount1(t):
    if t== None:                         #空树的结点个数为 0
        return 0
    k=1                                  #根结点计数 1,相当于访问根结点
    m= _NodeCount1(t.lchild)             #遍历求左子树的结点个数
    n= _NodeCount1(t.rchild)             #遍历求右子树的结点个数
```

```
        return k+m+n

def NodeCount2(bt):                              #基于中序遍历求结点个数
    return _NodeCount2(bt.b)
def _NodeCount2(t):
    if t==None:                                  #空树的结点个数为 0
        return 0
    m=_NodeCount2(t.lchild)                       #遍历求左子树的结点个数
    k=1                                          #根结点计数 1,相当于访问根结点
    n=_NodeCount2(t.rchild)                       #遍历求右子树的结点个数
    return k+m+n

def NodeCount3(bt):                              #基于后序遍历求结点个数
    return _NodeCount3(bt.b)
def _NodeCount3(t):
    if t==None:                                  #空树的结点个数为 0
        return 0
    m=_NodeCount3(t.lchild)                       #遍历求左子树的结点个数
    n=_NodeCount3(t.rchild)                       #遍历求右子树的结点个数
    k=1                                          #根结点计数 1,相当于访问根结点
    return k+m+n
```

实际上,也可以从递归算法设计的角度来求解。设 $f(b)$ 求二叉树 b 中的所有结点个数,它是"大问题",$f(b.\text{lchild})$ 和 $f(b.\text{rchild})$ 分别求左、右子树的结点个数,它们是"小问题",如图 6.13 所示,对应的递归模型 $f(b)$ 如下:

$$f(b)=0 \qquad\qquad b=\text{None}$$
$$f(b)=f(b.\text{lchild})+f(b.\text{rchild})+1 \quad \text{其他}$$

对应的递归算法如下:

```
def NodeCount4(bt):                              #递归求解
    return _NodeCount4(bt.b)
def _NodeCount4(t):
    if t==None:
        return 0                                 #空树的结点个数为 0
    else:
        return _NodeCount4(t.lchild)+_NodeCount4(t.rchild)+1
```

从递归遍历的角度看,其中"+1"相当于访问结点,放在不同位置体现不同的递归遍历思路(在前 3 种递归遍历算法中对应 $k=1$),_NodeCount4() 方法是将"+1"放在最后,体现出后序遍历的算法思路。

【例 6.10】 假设二叉树采用二叉链存储结构存储,设计一个算法按从左到右的顺序输出一棵二叉树的所有叶子结点值。

解 由于先序、中序和后序递归遍历算法都是按从左到右的顺序访问叶子结点的,所以本题可以基于这 3 种递归遍历算法求解。对应的算法如下:

```
def Displeaf1(bt):                               #基于先序遍历输出叶子结点
    _Displeaf1(bt.b)
def _Displeaf1(t):
    if t!=None:
        if t.lchild==None and t.rchild==None:
```

```
            print(t.data,end=' ')                    #输出叶子结点
        _Displeaf1(t.lchild)                          #遍历左子树
        _Displeaf1(t.rchild)                          #遍历右子树

    def Displeaf2(bt):                                #基于中序遍历输出叶子结点
        _Displeaf2(bt.b)
    def _Displeaf2(t):
        if t!=None:
            _Displeaf2(t.lchild)                      #遍历左子树
            if t.lchild==None and t.rchild==None:
                print(t.data,end=' ')                #输出叶子结点
            _Displeaf2(t.rchild)                      #遍历右子树

    def Displeaf3(bt):                                #基于后序遍历输出叶子结点
        _Displeaf3(bt.b)
    def _Displeaf3(t):
        if t!=None:
            _Displeaf3(t.lchild)                      #遍历左子树
            _Displeaf3(t.rchild)                      #遍历右子树
            if t.lchild==None and t.rchild==None:
                print(t.data,end=' ')                #输出叶子结点
```

本题也可以直接采用递归算法设计方法求解。设 $f(b)$ 的功能是从左到右输出以 b 为根结点的二叉树的所有叶子结点值,为"大问题",显然 $f(b.\text{lchild})$ 和 $f(b.\text{rchild})$ 是两个"小问题"。当 b 不是叶子结点时,先调用 $f(b.\text{lchild})$ 再调用 $f(b.\text{rchild})$。对应的递归模型 $f(b)$ 如下:

$$f(b) \equiv 不做任何事情 \qquad\qquad b = None$$
$$f(b) \equiv 输出 b 结点 \qquad\qquad b 为叶子结点$$
$$f(b) \equiv f(b.\text{lchild});\ f(b.\text{rchild}) \quad 其他$$

对应的递归算法如下:

```
    def Displeaf4(bt):                                #基于递归算法思路
        _Displeaf4(bt.b)
    def _Displeaf4(t):
        if t!=None:
            if t.lchild==None and t.rchild==None:
                print(t.data,end=' ')                #输出叶子结点
            else:
                _Displeaf4(t.lchild)                  #遍历左子树
                _Displeaf4(t.rchild)                  #遍历右子树
```

_Displeaf4() 算法基于先序遍历思路。从上述两例看出,基于递归遍历思路和直接采用递归算法设计方法完全相同。实际上,当求解的问题较复杂时,直接采用递归算法设计方法更加简单、方便。

仅从递归遍历角度看,上述两例基于 3 种递归遍历思路中的任意一种都是可行的,但有些情况并非如此。一般地,二叉树由根和左、右子树 3 部分构成,但可以看成两类,即根和子树,如果需要先处理根再处理了树,可以采用先序遍历思路;如果需要先处理子树再处理根,可以采用后序遍历思路。

【例 6.11】 假设二叉树采用二叉链存储结构存储,设计一个算法将二叉树 bt1 复制到

扫一扫

视频讲解

二叉树 bt2。

解 采用直接递归算法设计方法。设 $f(t1,t2)$ 是由二叉链 $t1$ 复制产生 $t2$，这是"大问题"，$f(t1.\text{lchild},t2.\text{lchild})$ 和 $f(t1.\text{rchild},t2.\text{rchild})$ 分别复制左子树和右子树，它们是"小问题"。假设小问题可解，也就是说左、右子树都可复制，则只需复制根结点，如图 6.15 所示。

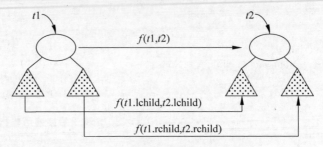

图 6.15 由二叉树 $t2$ 复制产生二叉树 $t2$

对应的递归模型如下：

$$
\begin{aligned}
&f(t1,t2)\equiv t2=\text{None} && t1=\text{None}\\
&f(t1,t2)\equiv \text{由 } t1 \text{ 根结点复制产生 } t2 \text{ 根结点}; && t1\neq\text{None}\\
&\qquad\qquad f(t1.\text{lchild},t2.\text{lchild});\\
&\qquad\qquad f(t1.\text{rchild},t2.\text{rchild});
\end{aligned}
$$

对应的递归算法如下：

```python
def CopyBTree1(bt1):                        # 基于先序遍历复制二叉树
    bt2 = BTree()
    bt2.SetRoot(_CopyBTree1(bt1.b))
    return bt2
def _CopyBTree1(t1):                        # 由 t1 复制产生 t2
    if t1 == None:
        return None
    else:
        t2 = BTNode(t1.data)               # 复制根结点
        t2.lchild = _CopyBTree1(t1.lchild) # 递归复制左子树
        t2.rchild = _CopyBTree1(t1.rchild) # 递归复制右子树
        return t2
```

显然上述算法是基于先序遍历的，因为先复制根结点，相当于二叉树先序遍历算法中的访问根结点语句，然后分别复制二叉树的左子树和右子树，这相当于二叉树先序遍历算法中的遍历左子树和右子树。实际上，本题也可以基于后序遍历思路，对应的求解算法如下：

```python
def CopyBTree2(bt1):                        # 基于后序遍历复制二叉树
    bt2 = BTree()
    bt2.SetRoot(_CopyBTree2(bt1.b))
    return bt2
def _CopyBTree2(t1):                        # 由 t1 复制产生 t2
    if t1 == None:
        return None
    else:
        l = _CopyBTree2(t1.lchild)         # 递归复制左子树
        r = _CopyBTree2(t1.rchild)         # 递归复制右子树
        t2 = BTNode(t1.data)               # 复制根结点
```

```
        t2.lchild=l
        t2.rchild=r
        return t2
```

那么是否可以基于中序遍历呢?尽管理论上可行,但不建议采用中序遍历思路求解,因为在复制中处理一个结点时最好先创建该结点,然后再一次性建立其左、右子树,这样思路更加清晰,所以基于先序遍历复制二叉树是最佳方法。又例如交换一棵二叉树中的所有结点的左、右子树,采用先序遍历和后序遍历思路均可,但不能采用中序遍历思路,而后序遍历思路最佳。

【例 6.12】 假设一棵二叉树采用二叉链存储结构,且所有结点值均不相同,设计一个算法求二叉树中指定结点值的结点所在的层次(根结点的层次计为 1)。

扫一扫

视频讲解

解 二叉树中的每个结点都有一个相对于根结点的层次,根结点的层次为 1,那么如何指定这种情况呢?可以采用递归算法参数赋初值的方法,即设 $f(b,x,h)$ 为"大问题",增加第 3 个参数 h 表示第一个参数 b 指向结点的层次,在初始调用时 b 指向根结点,h 对应的实参为 1,从而指定了根结点的层次为 1 的情况。

大问题 $f(b,x,h)$ 的功能是在以 b 结点(层次为 h)为根的子树中查找值为 x 的结点的层次,若找到返回其层次,若找不到返回 0(因为只要找到 x 结点,其层次至少为 1)。对应的递归模型如下:

$$
\begin{aligned}
&f(b,x,h)=0 && b=None \\
&f(b,x,h)=h && b.data=x \\
&f(b,x,h)=l && l=f(b.lchild,x,h+1),\text{且 } l\neq0\text{(在左子树中找到了)} \\
&f(b,x,h)=f(b.rchild,x,h+1) && \text{其他}
\end{aligned}
$$

对应的递归算法如下:

```
def Level(bt,x):                              ♯求解算法
    return _Level(bt.b,x,1)

def _Level(t,x,h):                            ♯被 Level()算法调用
    if t==None:
        return 0                              ♯空树不能找到该结点
    elif t.data==x:
        return h                              ♯根结点即为所找,返回其层次
    else:
        l=_Level(t.lchild,x,h+1)              ♯在左子树中查找
        if l!=0:
            return l                          ♯在左子树中找到了,返回其层次 l
        else:
            return _Level(t.rchild,x,h+1)     ♯在左子树中未找到,再在右子树中查找
```

【例 6.13】 假设一棵二叉树采用顺序存储结构,设计一个算法建立对应的二叉链。

解 二叉树的顺序存储结构采用字符串数组 sb 存放(根结点编号从 0 开始),现在由 sb 转换产生二叉链存储结构 bt。对于 sb,用 sb[i] 表示编号为 i 的结点的子树,显然由 sb[0] 创建整棵二叉链 b。设 $f(sb,i)$ 返回编号为 i 的结点的子树(该子树的根结点),对应的递归模型如下:

$$f(sb,i) = None \qquad\qquad i \geqslant len(sb) \text{ 或 } sb[i] = '\#'$$
$$f(sb,i) = \text{建立 } t \text{ 结点；置 } t.data = sb[i]; \qquad \text{其他}$$
$$\qquad\qquad t.lchild = f(sb, 2*i+1);$$
$$\qquad\qquad t.rchild = f(sb, 2*i+2)$$

对应的递归算法如下：

```
def Trans(sb):                          #由顺序存储结构 sb 创建二叉链
    bt=BTree();
    bt.SetRoot(_Trans(sb,0))            #以 sb[0]为根创建二叉链
    return bt
def _Trans(sb,i):                       #被 Trans()函数调用
    if i<len(sb):
        if sb[i]!='#':
            t=BTNode(sb[i])             #建立根结点
            t.lchild=_Trans(sb,2*i+1)   #递归转换左子树
            t.rchild=_Trans(sb,2*i+2)   #递归转换右子树
            return t
        else: return None               #"#"结点返回空
    else: return None                   #无效结点返回空
```

在 Trans()函数中调用_Trans(sb,0)时采用了递归算法参数赋初值。例如，如图 6.10(a) 所示的二叉树的顺序存储结构 sb="ABCDE#F##GH##I#####"，可以通过执行 bt=Trans(sb)语句创建该二叉树的二叉链存储结构。

【例 6.14】 假设二叉树采用二叉链存储结构，且所有结点值均不相同，设计一个算法求二叉树中第 k($1 \leqslant k \leqslant$二叉树的高度)层的结点个数。

解 采用先序遍历思路，设计_KCount(t,h,k)递归算法在根结点 t 的二叉树中求第 k 层的结点个数 cnt，其中 h 表示 t 指向结点的层次(采用参数赋初值方法，t 为根结点时，h 对应的实参数为 1)。对应的算法如下：

```
def KCount(bt,k):                       #先序遍历求二叉树第 k 层的结点个数
    global cnt
    cnt=0
    _KCount1(bt.b,1,k)
    return cnt
def _KCount(t,h,k):
    global cnt
    if t==None: return                  #空树返回
    if h==k: cnt+=1                      #当前层的结点在第 k 层,cnt 增 1
    if h<k:                              #当前层次小于 k,递归处理左、右子树
        _KCount(t.lchild,h+1,k)
        _KCount(t.rchild,h+1,k)
```

该算法针对图 6.12(a)所示的二叉树 bt，求出第 0 层到第 5 层的结点个数分别为 0、1、2、3、1 和 0。

【例 6.15】 假设二叉树采用二叉链存储结构，且所有结点值均不相同，设计一个算法输出值为 x 的结点的所有祖先。

解法 1：根据二叉树中祖先的定义可知，若一个结点的左孩子或右孩子的值为 x，则该结点是 x 结点的祖先结点；若一个结点的左孩子或右孩子为 x 结点的祖先结点，则该结点也为 x 结点的祖先结点。设 $f(t,x)$ 表示 t 结点是否为 x 结点的祖先结点，对应的递归模型

扫一扫

视频讲解

$f(t,x)$如下：

$f(b,x)=$False	$b==$None
$f(b,x)=$True，并输出 b 结点	b 结点有值为 x 的左孩子结点
$f(b,x)=$True，并输出 b 结点	b 结点有值为 x 的右孩子结点
$f(b,x)=$True，并输出 b 结点	$f(b.\text{lchild},x)$ 为 True 或 $f(b.\text{rchild},x)$ 为 True
$f(b,x)=$False	其他

对应的算法如下：

```
def Ancestor1(bt,x):                    #算法 1：返回 x 结点的祖先
    res=[]                              #存放祖先
    _Ancestor1(bt.b, x, res)
    res.reverse()                      #逆置 res
    return res


def _Ancestor1(t,x,res):
    if t==None:                        #空树返回空串
        return False
    if t.lchild!=None and t.lchild.data==x:
        res.append(t.data)             #t 结点是 x 结点的祖先
        return True
    if t.rchild!=None and t.rchild.data==x:
        res.append(t.data)             #t 结点是 x 结点的祖先
        return True
    if _Ancestor1(t.lchild, x, res) or _Ancestor1(t.rchild, x, res):
        res.append(t.data)             #t 结点的孩子是 x 的祖先,则 t 是 x 的祖先
        return True
    return False                       #其他情况返回 False
```

对于图 6.12(a)所示的二叉树 bt,调用 Ancestor1(bt,'G')求出 G 结点的所有祖先是 D B A(离 G 结点越近越先输出)。

解法 2：二叉树中 x 结点的祖先恰好是根结点到 x 结点的路径上除了 x 结点外的所有结点,为此该问题转换为求根结点到 x 结点的路径,设置全局变量 res 存放该路径。采用先序遍历的思路,用一个列表 path 存放路径,当找到 x 结点时将 path 中的 x 结点(最后添加的结点)删除,再将 path 深复制到 res 中并返回,否则遍历左、右子树并回退。对应的算法如下：

```
res=[]                                 #全局变量,存放祖先
def Ancestor2(bt,x):                   #算法 2：返回 x 结点的祖先
    global res
    path=[]
    res=[]
    _Ancestor2(bt.b, x, path)
    return res                         #返回祖先列表 res
def _Ancestor2(t,x,path):
    global res
    if t==None: return                 #空树返回
    path.append(t.data)
    if t.data==x:
        path.pop()                     #删除 x 结点
        res=copy.deepcopy(path)        #深复制,若改为 res=path 则结果是错误的
        return                         #找到后返回
```

```
    _Ancestor2(t.lchild, x, path)          # 在左子树中查找
    _Ancestor2(t.rchild, x, path)          # 在右子树中查找
    path.pop()                             # x 结点处理完毕,回退
```

需要注意的是算法 _Ancestor2(t, x, path) 中的参数 path 为可变类型(相当于全局变量),在执行 path.append(t.data)语句后将当前访问的 t 结点值添加到 path 中,如果不增加最后的 path.pop()语句,这样在找到 x 结点时 path 是一个查找轨迹(包含所有遍历中访问的结点)。对于图 6.12(a)所示的二叉树,当 x = 'F'时,在上述先序遍历中访问到 F 结点时的轨迹为 ABDGCE,而不是根结点到 F 结点的路径,如图 6.16 所示。显然本题不是找轨迹而是找路径,为此在遍历一个结点的左、右子树后执行 path.pop()将该结点从 path 删除,也就是回退,这样 x = 'F'时输出的正确结果为 A C(从根结点开始输出)。

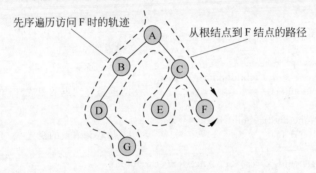

图 6.16 轨迹和路径

上述算法的效率低,例如 x = 'G'时需要访问全部顶点,为此修改_Ancestor2()算法为_Ancestor3()。_Ancestor3()算法在找到 x 结点后返回 True,没有找到时返回 False,所以一旦找到 x 结点时 path 中恰好存放的是根到该结点的路径,立即返回 True,在原路返回中只有当一个结点的左子树处理结果为 False 时才处理右子树,也就是说,当找到 x 结点后 path 不再发生改变。对应的算法如下:

```
def Ancestor3(bt, x):                      # 算法 3: 返回 x 结点的祖先
    path = []
    _Ancestor3(bt.b, x, path)
    return path                            # 返回祖先列表 res
def _Ancestor3(t, x, path):
    if t == None: return False             # 空树返回
    path.append(t.data)
    if t.data == x:
        path.pop()                         # 删除 x 结点
        return True                        # 找到后返回
    if _Ancestor3(t.lchild, x, path) or _Ancestor3(t.rchild, x, path):
        return True                        # 在左子树或者右子树中找到后返回 True
    else:                                  # 在左子树或者右子树中都没有找到
        path.pop()                         # x 结点处理完毕,回退
```

在 x = 'G'时,上述改进算法仅访问 A、B、D、G 结点,从而提高了效率。

当 Python 函数/方法中的形参为不可变类型时(类似 C++或者 Java 中的非引用形参),这类形参具有自动回退功能(不必像算法 2 和算法 3 中通过最后的 path.pop()语句手工回退),为此改为用 path[0..d]存放根到 x 结点的路径(其中 d 为 int 类型,属于不可变类型),

当找到 x 结点后将 $path[0..d-1]$ 复制到 res 中,最后返回 res。对应的算法如下:

```
res=[]                                      #全局变量,存放祖先
def Ancestor4(bt,x):                        #算法4:返回x结点的祖先
    global res
    res=[]
    path=[None]*100                         #假设路径长度最大为100
    d=-1
    _Ancestor4(bt.b,x,path,d)
    return res                              #返回祖先列表res
def _Ancestor4(t,x,path,d):
    global res
    if t==None: return False                #空树返回False
    d+=1;path[d]=t.data                     #将t结点值添加到path
    if t.data==x:
        for i in range(d):                  #将path[0..d-1]复制到res中
            res.append(path[i])
        return True                         #找到后返回True
    if _Ancestor4(t.lchild,x,path,d) or _Ancestor4(t.rchild,x,path,d):
        return True                         #在左子树或者右子树中找到后返回True
```

6.4 二叉树的层次遍历

扫一扫

视频讲解

6.4.1 层次遍历的过程

若二叉树非空(假设其高度为 h),则层次遍历的过程如下:

① 访问根结点(第1层)。

② 从左到右访问第2层的所有结点。

③ 从左到右访问第3层的所有结点、……、第 h 层的所有结点。

例如,图6.12(a)所示的二叉树的层次遍历序列为 ABCDEFG。

6.4.2 层次遍历算法的设计

在二叉树的层次遍历中对一层的结点访问完后,再按照它们的访问次序对各结点的左、右孩子顺序访问,这样一层一层进行,即先访问结点的左、右孩子也先访问,这与队列的先进先出特点吻合。因此层次遍历算法采用一个队列 qu 来实现,这里采用 Python 中的双端队列 deque 实现普通队列。

先将根结点 b 进队,在队不空时循环:从队列中出队一个结点 p,访问它;若它有左孩子结点,将左孩子结点进队;若它有右孩子结点,将右孩子结点进队。如此操作,直到队空为止。对应的算法如下:

```
from collections import deque               #引用双端队列deque
def LevelOrder(bt):                         #层次遍历的算法
    qu=deque()                              #将双端队列作为普通队列qu
    qu.append(bt.b)                         #根结点进队
    while len(qu)>0:                        #队不空时循环
```

```
p＝qu.popleft()                     ＃出队一个结点
print(p.data,end=' ')               ＃访问 p 结点
if p.lchild!＝None:                 ＃有左孩子时将其进队
    qu.append(p.lchild)
if p.rchild!＝None:                 ＃有右孩子时将其进队
    qu.append(p.rchild)
```

例如，对于图 6.12(a)所示的一棵二叉树，在采用二叉链存储后，其层次遍历算法的执行过程如表 6.1 所示（队列 qu 中的 A 表示 A 结点的引用），从中看到，当一层的结点访问完时，队列中存放的恰好是下一层的全部结点。

表 6.1　层次遍历算法的执行过程

执行的操作	访问结点	qu(队头⇨队尾)	说　明
A 结点进队		A	队中恰好为第 1 层的全部结点
出队 A 结点并访问之	A		第 1 层的全部结点访问完毕
将 A 结点的孩子 B、C 进队		BC	队中恰好为第 2 层的全部结点
出队 B 结点并访问之	B	C	
将 B 结点的孩子 D 进队		CD	
出队 C 结点并访问之	C	D	第 2 层的全部结点访问完毕
将 C 结点的孩子 E、F 进队		DEF	队中恰好为第 3 层的全部结点
出队 D 结点并访问之	D	EF	
将 D 结点的孩子 G 进队		EFG	
出队 E 结点并访问之	E	FG	
E 结点没有孩子		FG	
出队 F 结点并访问之	F	G	第 3 层的全部结点访问完毕
F 结点没有孩子		G	队中恰好为第 4 层的全部结点
出队 G 结点并访问之	G		第 4 层的全部结点访问完毕
G 结点没有孩子			队空，算法结束

6.4.3　层次遍历算法的应用

本节通过几个示例说明层次遍历算法的应用。

【例 6.16】　采用层次遍历方法设计例 6.14 的算法，即求二叉树中第 k（$1 \leqslant k \leqslant$ 二叉树的高度）层的结点个数。

解法 1：用 cnt 变量计第 k 层的结点个数（初始为 0）。设计队列中的元素类型为 QNode 类，它包含表示当前结点层次(lev)和结点引用(node)的两个属性。先将根结点进队（根结点的层次为 1），然后在层次遍历中出队一个结点 p：

① 若结点 p 的层次大于 k，返回 cnt（继续进行层次遍历不可能再找到第 k 层的结点）。

② 若结点 p 是第 k 层的结点（p.lno＝k），cnt 增 1。

③ 若结点 p 的层次小于 k，将其孩子进队，孩子的层次为双亲结点的层次加 1。

最后返回 cnt。对应的算法如下：

视频讲解

```
from collections import deque        ＃引用双端队列 deque
class QNode:                         ＃队列元素类
    def __init__(self,l,p):          ＃构造方法
```

```
        self. lev＝1                           ＃结点的层次
        self. node＝p                          ＃结点的引用

def KCount1(bt,k):                            ＃解法1：求二叉树第 k 层的结点个数
    cnt＝0                                    ＃累计第 k 层的结点个数
    qu＝deque()                               ＃定义一个队列 qu
    qu. append(QNode(1,bt.b))                 ＃根结点(层次为1)进队
    while len(qu)>0:                          ＃队不空时循环
        p＝qu.popleft()                       ＃出队一个结点
        if p. lev > k:                        ＃当前结点的层次大于k,返回 cnt
            return cnt
        if p. lev＝＝k:                        ＃当前结点是第 k 层的结点,cnt 增 1
            cnt＋＝1
        else:                                ＃当前结点的层次小于k
            if p. node. lchild!＝None:         ＃有左孩子时将其进队
                qu. append(QNode(p. lev＋1,p. node. lchild))
            if p. node. rchild!＝None:         ＃有右孩子时将其进队
                qu. append(QNode(p. lev＋1,p. node. rchild))
    return cnt
```

解法2：用 cnt 变量计第 k 层的结点个数(初始为0)。设计队列仅保存结点的引用,置当前层次 curl＝1,用 last 变量指示当前层次的最右结点,因为第1层只有一个结点,即根结点,它就是第1层的最右结点,所以置 last 为根结点。根结点进队,队不空时循环:

① 若 curl>k,返回 cnt(继续进行层次遍历不可能再找到第 k 层的结点)。

② 否则出队结点 p,若 curl＝k,表示结点 p 是第 k 层的结点,cnt 增 1。

③ 若结点 p 有左孩子 q,将结点 q 进队;若结点 p 有右孩子 q,将结点 q 进队(总是用 q 表示进队的结点)。

④ 若结点 p 是当前层的最右结点($p＝last$),说明当前层处理完毕,而此时的 q 就是下一层的最右结点,置 last＝q,curl 增 1,进入下一层处理。

说明：该方法采用的是迭代思路,第1层的最右结点 last 就是根结点(在遍历第1层之前就可以确定),而遍历一层后又可以找到下一层的最右结点,以此类推。每一层通过最右结点可以判断该层是否遍历完毕。

最后返回 cnt。对应的算法如下:

```
from collections import deque                 ＃引用双端队列 deque
def KCount2(bt,k):                           ＃解法2：求二叉树第 k 层的结点个数
    cnt＝0                                    ＃累计第 k 层的结点个数
    qu＝deque()                               ＃定义一个队列 qu
    curl＝1                                   ＃当前层次,从 1 开始
    last＝bt. b                               ＃第 1 层的最右结点
    qu. append(bt.b)                          ＃根结点进队
    while len(qu)>0:                          ＃队不空时循环
        if curl > k:                         ＃当层号大于 k 时返回 cnt,不再继续
            return cnt
        p＝qu.popleft()                       ＃出队一个结点
        if curl＝＝k:                          
            cnt＋＝1                           ＃当前结点是第 k 层的结点,cnt 增 1
        if p. lchild!＝None:                   ＃有左孩子时将其进队
            q＝p.lchild
            qu. append(q)
```

```
        if p.rchild!=None:                    #有右孩子时将其进队
            q=p.rchild
            qu.append(q)
        if p==last:                           #当前层的所有结点处理完毕
            last=q                            #让 last 指向下一层的最右结点
            curl+=1
    return cnt
```

解法 3：层次遍历是从第 1 层开始的，在访问一层的全部结点后（此时该层的全部结点已出队）再访问下一层的结点，为此将基本层次遍历过程改为一层一层地遍历，上一层遍历完毕，队中恰好是下一层的全部结点。若 $k<1$，返回 0；否则将根结点进队，当前层次 curl=1。在队不空时循环：

① 若 curl=k，队中恰好包含该层的全部结点，直接返回队中元素的个数。

② 否则求出队中元素的个数 n（当前层 curl 的全部结点个数），循环出队 n 次，每次出队一个结点时将其孩子结点进队。

③ curl 增 1，进入下一层处理。

最后返回 0（k 大于二叉树高度的情况）。对应的算法如下：

```
from collections import deque                 #引用双端队列 deque
def KCount3(bt,k):                            #解法 3：求二叉树第 k 层的结点个数
    if k<1: return 0                          #k<1 时返回 0
    qu=deque()                               #定义一个队列 qu
    curl=1                                    #当前层次，从 1 开始
    qu.append(bt.b)                          #根结点进队
    while len(qu)>0:                          #队不空时循环
        if curl==k:                           #当前层为第 k 层，返回队中元素的个数
            return len(qu)
        n=len(qu)                             #求出当前层的结点个数
        for i in range(n):                    #出队当前层的 n 个结点
            p=qu.popleft()                    #出队一个结点
            if p.lchild!=None:                #有左孩子时将其进队
                qu.append(p.lchild)
            if p.rchild!=None:                #有右孩子时将其进队
                qu.append(p.rchild)
        curl+=1                               #转向下一层
    return 0
```

说明：在上述算法中执行 n=len(qu)，再循环 n 次出队当前层的全部结点，不能改为从 1 到 len(qu) 循环，因为循环中有结点进队列，队列中的结点个数会发生改变。

【例 6.17】 采用层次遍历方法设计例 6.15 的算法，即输出值为 x 的结点的所有祖先。

解 采用例 6.16 的解法 1，设计队列中元素的类型为 QNode 类，包含表示当前结点引用（node）和双亲（pre）的两个属性。先将根结点进队（根结点的双亲为 None），然后在层次遍历中出队一个结点 p（为队列元素类型而不是二叉树结点类型）：

① 若结点 p 为 x 结点（p.node.data=x），从结点 p 出发通过队列元素回推求出所有祖先结点 res（类似用队列求解迷宫路径），返回 res。

② 否则将结点 p 的孩子结点进队，注意二叉树中孩子结点 p.node.lchild 和 p.node.rchild 的双亲结点均为结点 p。

扫一扫

视频讲解

对应的算法如下：

```
from collections import deque              # 引用双端队列 deque
class QNode:                               # 队列元素类
    def __init__(self, p, pre):            # 构造方法
        self.node = p                      # 当前结点的引用
        self.pre = pre                     # 当前结点的双亲结点

def Ancestor4(bt, x):                      # 层次遍历求 x 结点的祖先
    res = []                               # 存放 x 结点的祖先
    qu = deque()                           # 定义一个队列 qu
    qu.append(QNode(bt.b, None))           # 根结点(双亲为 None)进队
    while len(qu) > 0:                      # 队不空时循环
        p = qu.popleft()                   # 出队一个结点
        if p.node.data == x:               # 当前结点 p 为 x 结点
            q = p.pre                      # q 为双亲
            while q != None:               # 找到根结点为止
                res.append(q.node.data)
                q = q.pre
            return res
        if p.node.lchild != None:          # 有左孩子时将其进队
            qu.append(QNode(p.node.lchild, p))  # 置其双亲为 p
        if p.node.rchild != None:          # 有右孩子时将其进队
            qu.append(QNode(p.node.rchild, p))  # 置其双亲为 p
    return res
```

对于图 6.12(a)所示的二叉树 bt，调用 Ancestor4(bt,'G')求出 G 结点的所有祖先是 D B A(离 G 结点越近越先输出)。

6.5 二叉树的构造

6.5.1 由先序/中序序列或后序/中序序列构造二叉树

假设二叉树中每个结点值均不相同，同一棵二叉树具有唯一先序序列、中序序列和后序序列，但不同的二叉树可能具有相同的先序序列、中序序列和后序序列。例如，如图 6.17 所示的 5 棵二叉树，先序序列都为 ABC；如图 6.18 所示的 5 棵二叉树，中序序列都为 ACB；如图 6.19 所示的 5 棵二叉树，后序序列都为 CBA。

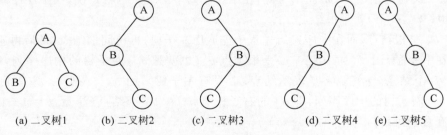

(a) 二叉树1　　(b) 二叉树2　　(c) 二叉树3　　(d) 二叉树4　　(e) 二叉树5

图 6.17　先序序列为 ABC 的 5 棵二叉树

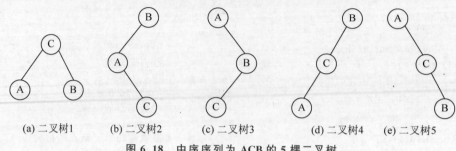

(a) 二叉树1　　(b) 二叉树2　　(c) 二叉树3　　(d) 二叉树4　　(e) 二叉树5

图 6.18　中序序列为 ACB 的 5 棵二叉树

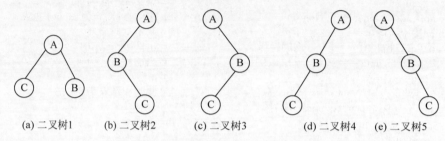

(a) 二叉树1　　(b) 二叉树2　　(c) 二叉树3　　(d) 二叉树4　　(e) 二叉树5

图 6.19　后序序列为 CBA 的 5 棵二叉树

显然，仅由先序序列、中序序列和后序序列中的任何一种无法确定这棵二叉树的树形。但是，如果同时知道一棵二叉树的先序序列和中序序列，或者同时知道中序序列和后序序列，就能确定这棵二叉树。

例如，先序序列是 ABC，而中序序列是 ACB 的二叉树必定如图 6.18(c) 所示。类似地，中序序列是 ACB，而后序序列是 CBA 的二叉树必定如图 6.19(c) 所示。

但是，同时知道先序序列和后序序列仍不能确定二叉树的树形，比如在图 6.17 和图 6.19 中除第一棵外的 4 棵二叉树的先序序列都是 ABC，而后序序列都是 CBA。

扫一扫

视频讲解

定理 6.1：任何 $n(n \geqslant 0)$ 个不同结点的二叉树，都可以由它的中序序列和先序序列唯一地确定。

证明：采用数学归纳法证明。

当 $n=0$ 时，二叉树为空，结论正确。

假设结点数小于 n 的任何二叉树，都可以由其先序序列和中序序列唯一地确定。

若某棵二叉树具有 $n(n>0)$ 个不同结点，其先序序列是 $a_0 a_1 \cdots a_{n-1}$，中序序列是 $b_0 b_1 \cdots b_{k-1} b_k b_{k+1} \cdots b_{n-1}$。

因为在先序遍历过程中，访问根结点后，紧跟着遍历左子树，最后再遍历右子树，所以 a_0 必定是二叉树的根结点，而且 a_0 必然在中序序列中出现。也就是说，在中序序列中必有某个 $b_k (0 \leqslant k \leqslant n-1)$ 就是根结点 a_0。

由于 b_k 是根结点，而在中序遍历过程中先遍历左子树，再访问根结点，最后再遍历右子树，所以在中序序列中 $b_0 b_1 \cdots b_{k-1}$ 必是根结点 b_k（也就是 a_0）左子树的中序序列，即 b_k 的左子树有 k 个结点（注意，$k=0$ 表示结点 b_k 没有左子树），而 $b_{k+1} \cdots b_{n-1}$ 必是根结点 b_k（也就是 a_0）右子树的中序序列，即 b_k 的右子树有 $n-k-1$ 个结点（注意，$k=n-1$ 表示结点 b_k 没有右子树）。

另外，在先序序列中，紧跟在根结点 a_0 之后的 k 个结点 $a_1 \cdots a_k$ 序列就是左子树的先序序列，而 $a_{k+1} \cdots a_{n-1}$ 这 $n-k-1$ 个结点序列就是右子树的先序序列，其示意图如图 6.20 所示。

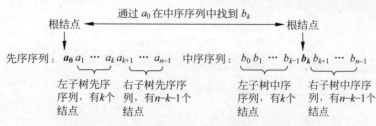

图 6.20 由先序序列和中序序列确定一棵二叉树

根据归纳假设,子先序序列 $a_1 \cdots a_k$ 和子中序序列 $b_0 b_1 \cdots b_{k-1}$ 可以唯一确定根结点 a_0 的左子树,而子先序序列 $a_{k+1} \cdots a_{n-1}$ 和子中序序列 $b_{k+1} \cdots b_{n-1}$ 可以唯一确定根结点 a_0 的右子树。

综上所述,这棵二叉树的根结点已经确定,而且其左、右子树都唯一地确定了,所以整个二叉树也就唯一地确定了。

假设二叉树的每个结点值为单个字符,且没有相同值的结点。由先序序列 $\text{pres}[i..i+n-1]$ 和中序序列 $\text{ins}[j..j+n-1]$ 创建二叉链 t 的过程如图 6.21 所示。

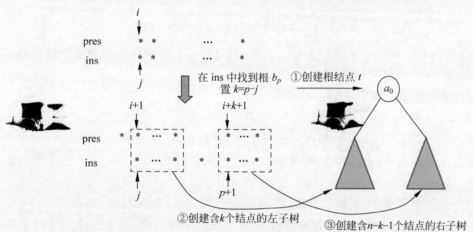

图 6.21 由先序序列 pres 和中序序列 ins 创建二叉链 t 的过程

对应的构造算法如下:

```
def CreateBTree1(pres,ins):              # 由先序序列 pres 和中序序列 ins 创建二叉链
    bt=BTree()
    bt.b=_CreateBTree1(pres,0,ins,0,len(pres))
    return bt
def_CreateBTree1(pres,i,ins,j,n):        # 被 CreateBTree1() 调用
    if n<=0: return None
    d=pres[i]                            # 取根结点值 d
    t=BTNode(d)                          # 创建根结点(结点值为 d)
    p=ins.index(d)                       # 在 ins 中找到根结点的索引 p
    k=p-j                                # 确定左子树中结点的个数 k
    t.lchild=_CreateBTree1(pres,i+1,ins,j,k)        # 递归构造左子树
    t.rchild=_CreateBTree1(pres,i+k+1,ins,p+1,n-k-1) # 递归构造右子树
    return t
```

例如,已知先序序列为 ABDGCEF、中序序列为 DGBAECF,则构造二叉树的过程如图 6.22 所示。

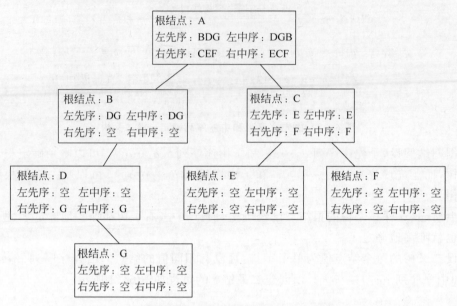

图 6.22　由先序序列和中序序列构造二叉树的过程

扫一扫

视频讲解

定理 6.2：任何 $n(n \geqslant 0)$ 个不同结点的二叉树，都可以由它的中序序列和后序序列唯一地确定。

证明：同样采用数学归纳法证明。

当 $n=0$ 时，二叉树为空，结论正确。

若结点数小于 n 的任何二叉树，都可以由其中序序列和后序序列唯一地确定。

已知某棵二叉树具有 $n(n>0)$ 个不同结点，其中序序列是 $b_0b_1 \cdots b_{n-1}$，后序序列是 $a_0a_1 \cdots a_{n-1}$。

因为在后序遍历过程中先遍历左子树，再遍历右子树，最后访问根结点，所以 a_{n-1} 必定是二叉树的根结点，而且 a_{n-1} 必然在中序序列中出现。也就是说，在中序序列中必有某个 $b_k(0 \leqslant k \leqslant n-1)$ 就是根结点 a_{n-1}。

由于 b_k 是根结点，而在中序遍历过程中先遍历左子树，再访问根结点，最后再遍历右子树，所以在中序序列中 $b_0 \cdots b_{k-1}$ 必是根结点 b_k（也就是 a_{n-1}）左子树的中序序列，即 b_k 的左子树有 k 个结点（注意，$k=0$ 表示结点 b_k 没有左子树），而 $b_{k+1} \cdots b_{n-1}$ 必是根结点 b_k（也就是 a_{n-1}）右子树的中序序列，即 b_k 的右子树有 $n-k-1$ 个结点（注意，$k=n-1$ 表示结点 b_k 没有右子树）。

另外，在后序序列中，在根结点 a_{n-1} 之前的 $n-k-1$ 个结点 $a_k \cdots a_{n-2}$ 序列就是右子树的后序序列，$a_0 \cdots a_{k-1}$ 这 k 个结点序列就是左子树的后序序列，其示意图如图 6.23 所示。

根据归纳假设，子中序序列 $b_0 \cdots b_{k-1}$ 和子后序序列 $a_0 \cdots a_{k-1}$ 可以唯一地确定根结点 b_k（也就是 a_{n-1}）的左子树，而子中序序列 $b_{k+1} \cdots b_{n-1}$ 和子后序序列 $a_k \cdots a_{n-2}$ 可以唯一地确定根结点 b_k 的右子树。

综上所述，这棵二叉树的根结点已经确定，而且其左、右子树都唯一地确定了，所以整个二叉树也就唯一地确定了。

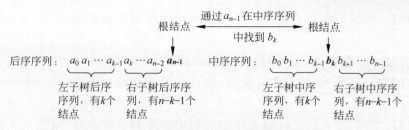

图 6.23　由后序序列和中序序列确定一棵二叉树

假设二叉树的每个结点值为单个字符,且没有相同值的结点。由后序序列 $posts[i..i+n-1]$ 和中序序列 $ins[j..j+n-1]$ 创建二叉链 t 的算法如下:

```
def CreateBTree2(posts, ins):           # 由后序序列 posts 和中序序列 ins 构造二叉链
    bt = BTree()
    bt.b = _CreateBTree2(posts, 0, ins, 0, len(posts))
    return bt
def _CreateBTree2(posts, i, ins, j, n):                 # 被 CreateBTree2() 调用
    if n <= 0: return None
    d = posts[i+n-1]                                     # 取后序序列尾元素,即根结点值 d
    t = BTNode(d)                                        # 创建根结点(结点值为 d)
    p = ins.index(d)                                     # 在 ins 中找到根结点的索引
    k = p-j                                              # 确定左子树中的结点个数 k
    t.lchild = _CreateBTree2(posts, i, ins, j, k)        # 递归构造左子树
    t.rchild = _CreateBTree2(posts, i+k, ins, p+1, n-k-1) # 递归构造右子树
    return t
```

例如,已知中序序列为 DGBAECF、后序序列为 GDBEFCA,则构造二叉树的过程如图 6.24 所示。

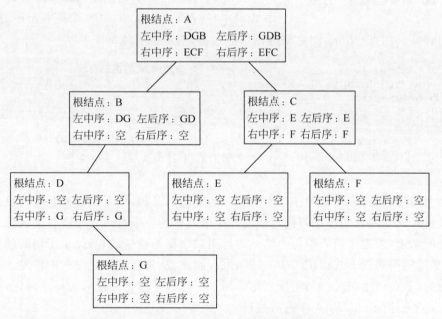

图 6.24　由后序序列和中序序列构造二叉树的过程

说明: 上述两个算法都是假设二叉树中的所有结点值不相同,当存在相同结点值时算法执行错误。如果存在结点值相同的情况,可以采用结点唯一编号来区分。

【例 6.18】 若某非空二叉树的先序序列和后序序列正好相同,则该二叉树的形态是什么?

解 用 N 表示根结点,L、R 分别表示根结点的左、右子树。二叉树的先序序列是 NLR,后序序列是 LRN。要使 NLR＝LRN 成立,则 L 和 R 均为空。所以满足条件的二叉树只有一个根结点。

【例 6.19】 若某非空二叉树的先序序列和中序序列正好相反,则该二叉树的形态是什么?

解 二叉树的先序序列是 NLR,中序序列是 LNR。要使 NLR＝RNL(中序序列反序)成立,则 R 必须为空。所以满足条件的二叉树的形态是所有结点没有右子树。

扫一扫

视频讲解

*6.5.2 序列化和反序列化

序列化和反序列化是针对单种遍历方式的,这里以先序遍历方式为例。

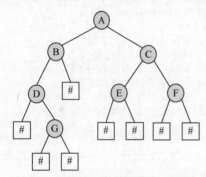

图 6.25 增加空结点的二叉树

所谓序列化就是对二叉树进行先序遍历产生一个字符序列的过程,与一般先序遍历不同的是,这里还要记录空结点。假设二叉树中的结点值为单个字符,并且不含"♯"字符,用"♯"字符表示对应空结点即外部结点,如图 6.12(a)所示的二叉树增加所有外部结点后的结果如图 6.25 所示,称为扩展二叉树。按先序遍历方式遍历扩展二叉树(含外部结点的访问),得到的序列为"ABD♯G♯♯♯CE♯♯F♯♯",称为序列化序列。

在由二叉链 bt 产生先序序列化序列 s(这里的 s 采用 Python 列表表示)时,采用的是基本先序遍历过程,只是在遇到外部结点(None)时需要返回"♯"字符,对应的算法如下:

```
def PreOrderSeq(bt):                          #二叉树 bt 的序列化
    return _PreOrderSeq(bt.b)
def _PreOrderSeq(t):
    if t==None:return ["♯"]
    s=[t.data]                                #含根结点
    s+=_PreOrderSeq(t.lchild)                 #产生左子树的序列化序列
    s+=_PreOrderSeq(t.rchild)                 #产生右子树的序列化序列
    return s
```

前面介绍过,只有先序遍历序列不能唯一构造出二叉树,但是由序列化序列可以唯一构造出二叉树。这是因为先序序列化时使用外部结点作为分隔符或特殊字符来区分不同的子树和结点的结束,而先序遍历中每个结点的访问顺序都是唯一的,且每个子树的划分也是唯一的(如果使用明确的方式标记了子树的结束),因此,从先序序列化序列中恢复二叉树的过程是确定的,不会产生歧义。利用序列化序列 s 构造对应的二叉树称为反序列化,其过程是用 i 从头到尾扫描串 s,采用先序遍历过程:

① 当 i 超界时返回 None。

② 当遇到"♯"字符时返回 None。

③ 当遇到其他字符时创建根结点 t,然后递归构造它的左、右子树。

对应的反序列化算法如下(用迭代器 it 遍历序列化序列 s):

```
def CreateBTree3(s):                    #由序列化序列 s 创建二叉链:反序列化
    bt=BTree()
    it=iter(s)                          #定义 s 的迭代器 it
    bt.SetRoot(_CreateBTree3(it))
    return bt
def _CreateBTree3(it):
    try:
        d=next(it)                      #取下一个元素 d
        if d=="#": return None          #若 d 为"#",返回空
        t=BTNode(d)                     #创建根结点(结点值为 d)
        t.lchild=_CreateBTree3(it)      #递归构造左子树
        t.rchild=_CreateBTree3(it)      #递归构造右子树
        return t                        #返回根结点
    except StopIteration:
        return None                     #若已经取完,返回空
```

由于在反序列化构造二叉树的过程中不像先序/中序和后序/中序那样需要比较根结点值,所以适合构造含相同结点值的二叉树。

6.6　线索二叉树

扫一扫

视频讲解

6.6.1　线索二叉树的定义

对于含 n 个结点的二叉树,在采用二叉链存储结构时,每个结点有两个指针属性,总共有 $2n$ 个指针,又由于只有 $n-1$ 个结点被有效指针所指向(n 个结点中只有根结点没有被有效指针所指向),则共有 $2n-(n-1)=n+1$ 个空指针。

遍历二叉树的结果是一个结点的线性序列。用户可以利用这些空指针存放相应的前趋结点和后继结点的地址(引用)。这样的指向该线性序列中的"前趋结点"和"后继结点"的指针称作**线索**。

由于遍历方式不同,产生的遍历线性序列也不同,做如下规定:当某结点的左指针为空时,让该指针指向对应遍历序列的前趋结点;当某结点的右指针为空时,让该指针指向对应遍历序列的后继结点。那么如何区分左指针指向的结点是左孩子还是前趋结点,右指针指向的结点是右孩子还是后继结点呢? 为此在结点的存储结构上增加两个标志位来区分这两种情况,左、右标志的取值如下:

$$左标志 ltag=\begin{cases} 0 & 表示 lchild 指向左孩子结点 \\ 1 & 表示 lchild 指向前趋结点的线索 \end{cases}$$

$$右标志 rtag=\begin{cases} 0 & 表示 rchild 指向右孩子结点 \\ 1 & 表示 rchild 指向后继结点的线索 \end{cases}$$

按上述方法在每个结点上添加线索的二叉树称作**线索二叉树**。对二叉树以某种方式遍历使其变为线索二叉树的过程称为线索化。

为使算法设计方便，在线索二叉树中再增加一个头结点。头结点的 data 成员为空，lchild 指向二叉树的根结点，ltag 为 0，rchild 指向遍历序列的尾结点，rtag 为 1。图 6.26 为图 6.12(a)所示二叉树的线索二叉树。其中，图 6.26(a)是中序线索二叉树(中序序列为DGBAECF)，图 6.26(b)是先序线索二叉树(先序序列为 ABDGCEF)，图 6.26(c)是后序线索二叉树(后序序列为 GDBEFCA)。图中实线表示二叉树原来指针所指的结点，虚线表示线索二叉树所添加的线索。

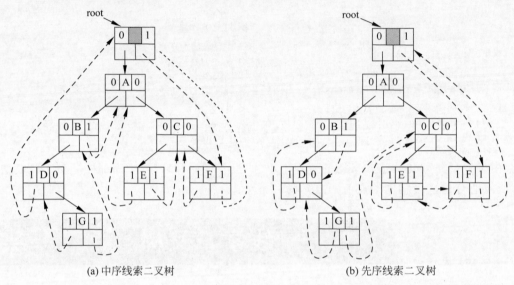

(a) 中序线索二叉树　　　　　　　　　　(b) 先序线索二叉树

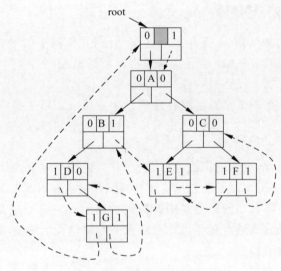

(c) 后序线索二叉树

图 6.26　3 种线索二叉树

注意：在中序、先序和后序线索二叉树中所有实线箭头均相同，即线索化之前的二叉树相同，所有结点的标志位的取值也完全相同，只是当标志位取 1 时，不同的线索二叉树将用不同的虚线表示，即不同的线索树中线索指向的前趋结点和后继结点不同。

6.6.2　线索化二叉树

从 6.6.1 节的讨论得知,对同一棵二叉树的遍历方式不同,所得到的线索树也不同,二叉树有先序、中序和后序 3 种遍历方式,所以线索树也有先序线索二叉树、中序线索二叉树和后序线索二叉树 3 种。这里以中序线索二叉树为例讨论建立线索二叉树的算法。

建立线索二叉树,或者说对二叉树线索化,实质上就是遍历一棵二叉树,在遍历的过程中检查当前结点的左、右指针域是否为空。如果为空,将它们改为指向前趋结点或后继结点的线索。另外,在对一棵二叉树添加线索时,创建一个头结点,并建立头结点与二叉树的根结点的线索。在对二叉树线索化后,还需建立尾结点与头结点之间的线索。

扫一扫

视频讲解

为了实现线索化二叉树,将前面二叉链结点的类型定义修改如下:

```
class ThNode:                          # 线索二叉树的结点类型
    def __init__(self, d=None):        # 构造方法
        self.data = d                  # 结点值
        self.ltag = 0                  # 左标志
        self.rtag = 0                  # 右标志
        self.lchild = None             # 左指针
        self.rchild = None             # 右指针
```

本节仅讨论二叉树的中序线索化,设计中序线索化二叉树类 ThreadTree 如下:

```
class ThreadTree:                      # 中序线索化二叉树类
    def __init__(self, d=None):        # 构造方法
        self.b = None                  # 根结点指针
        self.root = None               # 线索二叉树的头结点
        self.pre = None                # 用于中序线索化,指向中序前趋结点
    # 二叉树的基本操作(结点类型改为 ThNode)
    # def SetRoot(self, r):设置根结点为 r
    # def DispBTree(self):返回二叉链的括号表示串
    # 中序线索二叉树的基本操作
    def CreateThread(self):            # 建立以 root 为头结点的中序线索二叉树
    def ThInOrder(self):               # 中序线索二叉树的中序遍历
```

CreateThread() 算法是将以二叉链存储的二叉树 b(b 指向二叉链的根结点)进行中序线索化,线索化后的头结点为 root。其算法思路是先创建头结点 root,其 lchild 为链指针,rchild 为线索。如果二叉树 b 为空,则将其 lchild 指向自身。

如果二叉树 b 不为空,则将 root 的 lchild 指向 b 结点,表示当前访问结点的前趋的 pre 指向 root 结点(pre 作为类属性)。调用 _Thread(self.b) 对整个二叉树线索化。最后加入指向头结点的线索,并将头结点的 rchild 指针线索化为指向尾结点(由于线索化直到空为止,所以线索化结束后 pre 结点就是尾结点)。

_Thread(p) 算法采用递归中序遍历对以 p 为根结点的二叉树中序线索化。在整个算法中 p 总是指向当前访问的结点,pre 指向其前趋结点:

① 若 p 结点没有左孩子结点,置其 lchild 指针为线索,指向前趋结点 pre,ltag 为 1,如图 6.27(a) 所示;否则表示 lchild 指向其左孩子结点,置其 ltag 为 0。

② 若 pre 结点没有右孩子结点,置其 rchild 指针为线索,指向其后继结点 p,rtag 为 1,如图 6.27(b) 所示;否则表示 rchild 指向其右孩子结点,置其 rtag 置为 0。

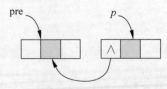 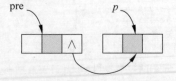

(a) 将结点*p*的左空指针改为线索　　　　(b) 将结点pre的右空指针改为线索

图 6.27　设置线索的过程

再将 pre 替换为 *p* 作为中序遍历下一个访问结点的前趋结点。

中序线索二叉树的算法如下：

```
def CreateThread(self):              # 建立以 root 为头结点的中序线索二叉树
    self.root = ThNode()             # 创建头结点 root
    self.root.ltag = 0               # 头结点标志置初值
    self.root.rtag = 1
    self.root.rchild = b
    if self.b == None:               # b 为空树时
        self.root.lchild = self.root
        self.root.rchild = None
    else:                            # b 不为空树时
        self.root.lchild = self.b
        self.pre = self.root         # pre 是 p 的前趋结点，用于线索化
        self._Thread(self.b)         # 中序遍历线索化二叉树
        self.pre.rchild = self.root  # 尾结点添加指向根结点的右线索
        self.pre.rtag = 1
        self.root.rchild = self.pre  # 根结点右线索化

def _Thread(self, p):                # 对以 p 为根结点的二叉树进行中序线索化
    if p != None:
        self._Thread(p.lchild)       # 左子树线索化
        if p.lchild == None:         # 结点 p 的左指针为空
            p.lchild = self.pre      # 给结点 p 添加前趋线索
            p.ltag = 1
        else: p.ltag = 0
        if self.pre.rchild == None:  # 结点 pre 的右指针为空
            self.pre.rchild = p      # 给结点 pre 添加后继线索
            self.pre.rtag = 1
        else: self.pre.rtag = 0
        self.pre = p                 # 置 p 结点为下一次访问结点的前趋结点
        self._Thread(p.rchild)       # 右子树线索化
```

扫一扫

视频讲解

6.6.3　遍历线索二叉树

遍历某种次序的线索二叉树的过程分为两个步骤，一是找到该次序下的开始结点，访问该结点；二是从刚访问的结点出发，反复找到该结点的后继结点并访问之，直到尾结点为止。

在先序线索二叉树中查找一个结点的先序后继结点很简单，而查找先序前趋结点必须知道该结点的双亲结点。同样，在后序线索二叉树中查找一个结点的后序前趋结点也很简单，而查找后序后继结点必须知道该结点的双亲结点。由于二叉链中没有存放双亲的指针，所以在实际应用中先序线索二叉树和后序线索二叉树较少用到，这里主要讨论中序线索二

叉树的中序遍历。

在中序线索二叉树中,尾结点的 rchild 指针被线索化为指向头结点 root。在其中实现中序遍历的两个步骤如下:

① 求中序序列的开始结点,实际上该结点就是根结点的最左下结点,如图 6.28 所示。

② 对于一个结点 p,求其后继结点,如果 p 结点的 rchild 指针为线索,则 rchild 所指为其后继结点,否则 p 结点的后继结点是其右孩子 q 的最左下结点 post,如图 6.29 所示。

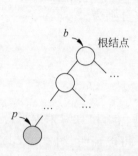

图 6.28 p 结点为中序序列的开始结点

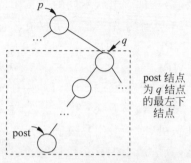

图 6.29 p 结点的非线索后继结点

这样得到在中序线索二叉树中实现中序遍历的算法如下:

```
def ThInOrder(self):                          # 中序线索二叉树的中序遍历
    p = self.root.lchild                      # p 指向根结点
    while p != self.root:
        while p != self.root and p.ltag == 0:  # 找中序序列的开始结点
            p = p.lchild
        print(p.data, end = ' ')               # 访问 p 结点
        while p.rtag == 1 and p.rchild != self.root:
            p = p.rchild                        # 如果是线索,一直找下去
            print(p.data, end = ' ')            # 访问 p 结点
        p = p.rchild                            # 如果不再是线索,转向其右子树
```

显然,该算法是一个非递归算法,算法的时间复杂度为 $O(n)$、空间复杂度为 $O(1)$,相比递归和非递归中序遍历算法的空间复杂度均为 $O(h)$(h 为二叉树的高度),空间性能得到改善。

6.7 哈夫曼树

哈夫曼树是二叉树的应用之一。本节介绍哈夫曼树的定义、建立哈夫曼树和产生哈夫曼编码的算法设计。

6.7.1 哈夫曼树的定义

在许多应用中经常给树中的结点赋一个有着某种意义的数值,称此数值为该结点的权。从树根结点到某个结点的路径长度与该结点上权的乘积称为结点的带权路径长度。一棵二叉树中所有叶子结点的带权路径长度之和称为该树的**带权路径长度**,通常记为

$$\text{WPL} = \sum_{i=0}^{n_0-1} w_i \times l_i$$

其中，n_0 表示叶子结点个数；w_i 和 $l_i (0 \leqslant i \leqslant n_0 - 1)$ 分别表示叶子结点 k_i 的权值和根到 k_i 的路径长度（即从根到达该叶子结点的路径上的分支数）。

在 n_0 个带权叶子结点构成的所有二叉树中，带权路径长度 WPL 最小的二叉树称为**哈夫曼树**（或最优二叉树）。因为构造这种树的算法最早是由哈夫曼于 1952 年提出的，所以这种树被称为哈夫曼树。

例如，给定 4 个叶子结点，设其权值分别为 1、3、5、7，通过两两合并直到一棵二叉树为止，可以构造出许多形状不同的二叉树，其中 4 棵二叉树如图 6.30 所示，图中带阴影的结点表示叶子结点，结点中的值表示权值。它们的带权路径长度分别为

(a) WPL $= 1 \times 2 + 3 \times 2 + 5 \times 2 + 7 \times 2 = 32$

(b) WPL $= 1 \times 2 + 3 \times 3 + 5 \times 3 + 7 \times 1 = 33$

(c) WPL $= 7 \times 3 + 5 \times 3 + 3 \times 2 + 1 \times 1 = 43$

(d) WPL $= 1 \times 3 + 3 \times 3 + 5 \times 2 + 7 \times 1 = 29$

由此可见，对于一组具有确定权值的叶子结点可以构造出多棵具有不同带权路径长度的二叉树，其中最小带权路径长度的二叉树就是哈夫曼树。可以证明，图 6.30(d) 所示的二叉树是一棵哈夫曼树。

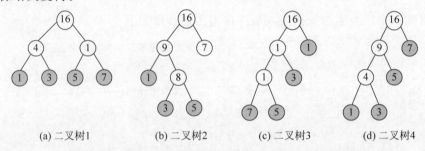

(a) 二叉树1　　　　(b) 二叉树2　　　　(c) 二叉树3　　　　(d) 二叉树4

图 6.30　由 4 个叶子结点构成不同带权路径长度的二叉树

6.7.2　哈夫曼树的构造算法

给定 n_0 个权值，如何构造一棵含有 n_0 个叶子结点的二叉树，使其带权路径长度 WPL 最小呢？哈夫曼最早给出了一个带有一般规律的算法，称为哈夫曼算法，其构造过程如下：

① 根据给定的 n_0 个权值 $W = (w_0, w_1, \cdots, w_{n_0 - 1})$，字符 $D = \{d_0, d_1, \cdots, d_{n_0 - 1}\}$，构造 n_0 棵二叉树的森林 $T = (T_0, T_1, \cdots, T_{n_0 - 1})$，其中每棵二叉树 $T_i (0 \leqslant i \leqslant n_0 - 1)$ 中都只有一个带权值为 w_i 的根结点，其左、右子树均为空。

② 在森林 T 中选取两棵根结点权值最小的子树作为左、右子树构造一棵新的二叉树，且置新的二叉树的根结点的权值为其左、右子树上根的权值之和，这称为合并，每合并一次 T 中减少一棵二叉树。

③ 重复②直到 T 中只含一棵树为止，这棵树便是哈夫曼树。

例如，假设仍采用上例中给定的权值 $W = (1, 3, 5, 7)$ 来构造一棵哈夫曼树，按照上述算法，图 6.31 给出了一棵哈夫曼树的构造过程，其中图 6.31(d) 就是最后生成的哈夫曼树，它的带权路径长度为 29。

说明：在构造哈夫曼树的过程中，每次合并都是取两个最小权值的二叉树合并，并添加一个根结点，这两棵二叉树作为根结点的左、右子树是任意的，这样构造的哈夫曼树可能不

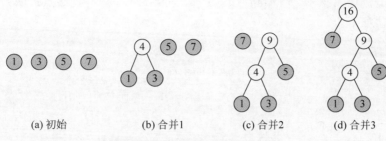

(a) 初始   (b) 合并1   (c) 合并2   (d) 合并3

图 6.31　构造哈夫曼树的过程

相同,但 WPL 一定是相同的。图 6.30(d)和图 6.31(d)所示的哈夫曼树都是由$\{1,3,5,7\}$构造的,尽管树形不同,但它们的 WPL 都是 29。

定理 6.3:对于具有 n_0 个叶子结点的哈夫曼树,共有 $2n_0-1$ 个结点。

证明:从哈夫曼树的构造过程看出,每次合并都是将两棵二叉树合并为一棵,所以哈夫曼树不存在度为 1 的结点,即 $n_1=0$。由二叉树的性质 1 可知 $n_0=n_2+1$,即 $n_2=n_0-1$,则结点总数 $n=n_0+n_1+n_2=n_0+n_2=n_0+n_0-1=2n_0-1$。

对于图 6.31(d)所示的哈夫曼树,$n_0=4$,总结点个数为 $2n_0-1=7$。

假设要对 n_0 个字符编码,数组 $D[0..n_0-1]$ 存放这些字符,数组 $W[0..n_0-1]$ 存放相应的权值(均作为全局变量),这样的哈夫曼树中共有 $2n_0-1$ 个结点,其中 n_0 个叶子结点、n_0-1 个双分支结点。为此采用长度为 $2n_0-1$ 的数组 ht 存储哈夫曼树,其中 $ht[0..n_0-1]$ 存放 n_0 个叶子结点,$ht[n_0..2n_0-2]$ 存放 n_0-1 个分支结点。每棵哈夫曼树中的结点类型如下:

```
class HTNode:                        ＃哈夫曼树结点类
    def __init__(self,d=" ",w=None): ＃构造方法
        self.data=d                  ＃结点值
        self.weight=w                ＃权值
        self.parent=-1               ＃指向双亲结点
        self.lchild=-1               ＃指向左孩子结点
        self.rchild=-1               ＃指向右孩子结点
        self.flag=True               ＃标识是双亲的左(True)或者右(False)孩子
```

说明:在上述哈夫曼树中,每个结点是通过在 ht 中的索引 i 唯一标识的,索引为 0 到 n_0-1 的结点为叶子结点。在建立好哈夫曼树后,parent 为 -1 的结点是根结点。

由于构造哈夫曼树中的合并操作是取两个根结点权值最小的二叉树进行合并,为此设计一个优先队列(按结点 weight 越小越优先)heap(利用 Python 中的 heapq 模块实现,参见第 3 章的 3.2.8 节),heap 中的每个元素为列表 $[w,i]$,其中 i 为 ht 中对应结点的索引,w 为该结点的权值,heap 默认为小根堆,出队时自动按 w 越小越优先出队。构造哈夫曼树的过程如下:

① 先建立 n_0 个叶子结点,即建立 $ht[0..n_0-1]$ 的结点,由 D 和 W 设置这些结点的 data 和 weight,并置它们的 parent、lchild 和 rchild 均为 -1,同时将它们进队到 heap。

② 再建立 n_0-1 个分支结点,i 从 n_0 到 $2n_0-2$ 循环(执行 n_0-1 次合并操作),每次从 heap 出队两个结点 $p1$ 和 $p2$,建立 $ht[i]$ 结点,设置 $p1$ 和 $p2$ 的双亲为 $ht[i]$,求权值和($ht[i].weight=p1.weight+p2.weight$),$p1$ 作为双亲 $ht[i]$ 的左孩子($p1.flag=True$),

$p2$ 作为双亲 ht$[i]$ 的右孩子（$p2$.flag＝False），并将新建立的 ht$[i]$ 结点进队到 heap。

对应的算法如下：

```
def CreateHT():                                  # 构造哈夫曼树
    global ht, n0, D, W                          # 全局变量, 存放哈夫曼树等信息
    ht = [None] * (2 * n0 - 1)                   # 初始为含 2n0 - 1 个空结点
    heap = []                                    # 优先队列元素为[w, i], 按 w 权值建立小根堆
    for i in range(n0):                          # i 从 0 到 n0 - 1 循环建立 n0 个叶子结点并进队
        ht[i] = HTNode(D[i], W[i])               # 建立一个叶子结点
        heapq.heappush(heap, [W[i], i])          # 将[W[i], i]进队
    for i in range(n0, 2 * n0 - 1):              # i 从 n0 到 2n0 - 2 循环做 n0 - 1 次合并操作
        p1 = heapq.heappop(heap)                 # 出队两个权值最小的结点 p1 和 p2
        p2 = heapq.heappop(heap)
        ht[i] = HTNode()                         # 新建 ht[i]结点
        ht[i].weight = ht[p1[1]].weight + ht[p2[1]].weight    # 求权值和
        ht[p1[1]].parent = i                     # 设置 p1 的双亲为 ht[i]
        ht[i].lchild = p1[1]                     # 将 p1 作为双亲 ht[i]的左孩子
        ht[p1[1]].flag = True
        ht[p2[1]].parent = i                     # 设置 p2 的双亲为 ht[i]
        ht[i].rchild = p2[1]                     # 将 p2 作为双亲 ht[i]的右孩子
        ht[p2[1]].flag = False
        heapq.heappush(heap, [ht[i].weight, i])  # 将新结点 ht[i]进队
```

例如，$n_0 = 4$，$D = ['a', 'b', 'c', 'd']$，$W = [1, 3, 5, 7]$，构造的哈夫曼树如表 6.2 所示，与图 6.31(d)相同。

表 6.2　一棵哈夫曼树

i（结点索引）	0	1	2	3	4	5	6
$D[i]$	a	b	c	d			
$W[i]$	1	3	5	7	4	9	16
parent	4	4	5	6	5	6	-1
lchild	-1	-1	-1	-1	0	4	3
rchild	-1	-1	-1	-1	1	2	5

6.7.3　哈夫曼编码

扫一扫

视频讲解

在数据通信中，经常需要将传送的文字转换为由二进制字符 0 和 1 组成的二进制字符串，称这个过程为编码。显然人们希望电文编码的代码长度最短。哈夫曼树可用于构造使电文编码的代码长度最短的编码方案。

具体构造过程如下：设需要编码的字符集合为 D，各个字符在电文中出现的次数集合为 W，构造一棵哈夫曼树，规定哈夫曼树中的左分支为 0、右分支为 1，则从根结点到每个叶子结点所经过的分支对应的 0 和 1 组成的序列便为该结点对应字符的编码。这样的编码称为**哈夫曼编码**。

实际上带权路径长度用于衡量哈夫曼树的效率，其中权值越大的结点离根结点越近，其对应的哈夫曼编码也就越短。在算法实现时只有 ht$[0..n_0 - 1]$ 的叶子结点对应哈夫曼编码，用 hcd$[i]$（$0 \leqslant i \leqslant n_0 - 1$）表示 ht$[i]$ 叶子结点的哈夫曼编码。

当构造好哈夫曼树 ht 后，i 从 0 到 $n_0 - 1$ 循环，从 ht$[i]$ 结点向根结点查找路径并产生

逆向的哈夫曼编号 hcd[i]，将 hcd[i] 逆置得到正向的哈夫曼编码。对应的算法如下：

```
def CreateHCode():                      # 根据哈夫曼树求哈夫曼编码
    global n0
    global ht
    global hcd                          # 全局列表,存放哈夫曼编码
    hcd=[]
    for i in range(n0):                 # 遍历下标从 0 到 n₀-1 的叶子结点
        code=[]                         # 存放 ht[i]结点的哈夫曼编码
        j=i                             # 从 ht[i]开始找双亲结点
        while ht[j].parent!=-1:
            if ht[j].flag:              # ht[j]结点是双亲的左孩子
                code.append("0")
            else:                       # ht[j]结点是双亲的右孩子
                code.append("1")
            j=ht[j].parent
        code.reverse()                  # 逆置 code
        hcd.append(''.join(code))       # 将 code 转换为字符串并添加到 hcd 中
```

例如，由表 6.2 所示的哈夫曼树产生的哈夫曼编码是 a：100，b：101，c：11，d：0。

说明：在一组字符的哈夫曼编码中，任一字符的哈夫曼编码不可能是另一字符的哈夫曼编码的前缀。

【**例 6.20**】 假定用于通信的电文仅由 a、b、c、d、e、f、g、h 共 8 个字母组成($n_0=8$)，字母在电文中出现的频率分别为 0.07、0.19、0.02、0.06、0.32、0.03、0.21 和 0.10。试为这些字母设计哈夫曼编码。

解 构造哈夫曼树的过程如下。

第 1 步由 8 个字母构造 8 个结点(编号分别为 0～7)，结点的权值如上所给；

第 2 步选择频率最低的 c 和 f 结点合并成一棵二叉树，其根结点的频率为 0.05，记为结点 8；

第 3 步选择频率低的结点 8 和 d 结点合并成一棵二叉树，其根结点的频率为 0.11，记为结点 9；

第 4 步选择频率低的 a 和 h 结点合并成一棵二叉树，其根结点的频率为 0.17，记为结点 10；

第 5 步选择频率低的 9 和 10 结点合并成一棵二叉树，其根结点的频率为 0.28，记为结点 11；

第 6 步选择频率低的 b 和 g 结点合并成一棵二叉树，其根结点的频率为 0.4，记为结点 12；

第 7 步选择频率低的 11 和 e 结点合并成一棵二叉树，其根结点的频率为 0.6，记为结点 13；

第 8 步选择频率低的 12 和 13 结点合并成一棵二叉树，其根结点的频率为 1.0，记为结点 14。

最后构造的哈夫曼树如图 6.32 所示(树中结点的数字表示频率，结点旁的数字为结点的编号)，给所有的左分支加上 0，所有的右分支加上 1，从而得到各字母的哈夫曼编码如下：

a：1010　　b：00　　c：10000　　d：1001

e：11　　f：10001　　g：01　　h：1011

这样，在求出每个叶子结点的哈夫曼编码后，求得该哈夫曼树的带权路径长度 WPL ＝ $4\times0.07+2\times0.19+5\times0.02+4\times0.06+2\times0.32+5\times0.03+2\times0.21+4\times0.1=2.61$。

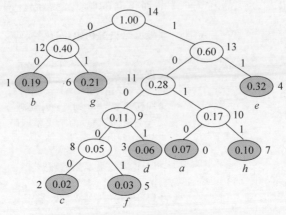

图 6.32　一棵哈夫曼树

6.8　二叉树与树、森林之间的转换 ☀

树、森林与二叉树之间有一个自然的对应关系，它们之间可以互相进行转换，即任何一个森林或一棵树都可以唯一地对应一棵二叉树，而任何一棵二叉树也能唯一地对应到一个森林或一棵树上。正是由于有这样的一一对应关系，可以把在树的处理中的问题对应到二叉树中进行处理，从而把问题简单化，因此二叉树在树的应用中显得特别重要。下面介绍森林、树与二叉树相互转换的方法。

6.8.1　树到二叉树的转换及还原

扫一扫

视频讲解

1. 树到二叉树的转换

对于一棵任意的树，可以按照以下规则转换为二叉树：

① 加线：在各兄弟结点之间加一连线，将其隐含的"兄—弟"关系以"双亲—右孩子"关系显示表示出来。

② 抹线：对任意结点，除了其最左子树之外，抹掉该结点与其他子树之间的"双亲—孩子"关系。

③ 调整：以树的根结点作为二叉树的根结点，将树根与其最左子树之间的"双亲—孩子"关系改为"双亲—左孩子"关系，且将各结点按层次排列，形成二叉树。

经过这种方法转换所对应的二叉树是唯一的，并具有以下特点：

① 此二叉树的根结点只有左子树而没有右子树。

② 转换生成的二叉树中各结点的左孩子是它原来树中的最左孩子（左分支不变），右孩子是它在原来树中的下一个兄弟（兄弟变成右分支）。

【例 6.21】 将如图 6.33(a)所示的一棵树转换为对应的二叉树。

解 其转换过程如图 6.33(b)~图 6.33(d)所示，图 6.33(d)为最终转换成的二叉树。

2. 一棵由树转换的二叉树还原为树

这样的二叉树的根结点没有右子树，可以按照以下规则还原其相应的一棵树。

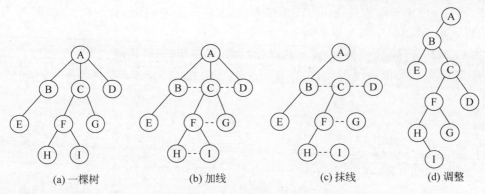

图 6.33 　一棵树转换成一棵二叉树

① 加线：在各结点的双亲与该结点右链上的每个结点之间加一连线，以"双亲—孩子"关系显示表示出来。

② 抹线：抹掉二叉树中所有双亲结点与其右孩子之间的"双亲—右孩子"关系。

③ 调整：以二叉树的根结点作为树的根结点，将各结点按层次排列，形成树。

【例 6.22】 将如图 6.34(a)所示的二叉树还原成树。

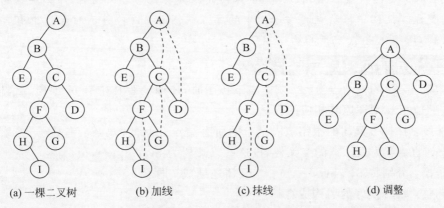

图 6.34 　一棵二叉树还原成一棵树

解 其转换过程如图 6.34(b)～图 6.34(d)所示，图 6.34(d)为由一棵二叉树最终还原成的树。

6.8.2 　森林到二叉树的转换及还原

从树与二叉树的转换中可知，一棵树转换之后的二叉树的根结点没有右子树，如果把森林中的第二棵树的根结点看成是第一棵树的根结点的兄弟，则同样可以导出森林和二叉树的对应关系。

1. 森林转换为二叉树

对于含有两棵或两棵以上的树的森林可以按照以下规则转换为二叉树。

① 转换：将森林中的每一棵树转换成二叉树，设转换成的二叉树为 $bt_1, bt_2, \cdots, bt_m$。

② 连接：将各棵转换后的二叉树的根结点相连。

③ 调整：以 bt_1 的根结点作为整个二叉树的根结点，将 bt_2 的根结点作为 bt_1 的根结点

的右孩子,将 bt_3 的根结点作为 bt_2 的根结点的右孩子……这样得到一棵二叉树,即为该森林转换得到的二叉树。

【例 6.23】 将如图 6.35(a)所示的森林(由 3 棵树组成)转换成二叉树。

解 转换为二叉树的过程如图 6.35(b)~图 6.35(e)所示,最终结果如图 6.35(e)所示。

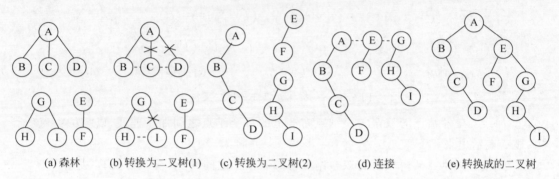

| (a) 森林 | (b) 转换为二叉树(1) | (c) 转换为二叉树(2) | (d) 连接 | (e) 转换成的二叉树 |

图 6.35 森林和转换成的二叉树

说明:从上述转换过程看到,当有 m 棵树的森林转换为二叉树时,除第一棵树外,其余各棵树均变成二叉树中根结点的右子树中的结点。图 6.35(a)所示的森林中有 3 棵树,转换成二叉树后,根结点 A 有两个右下孩子。

2. 二叉树还原为森林

当一棵二叉树的根结点有 $m-1$ 个右下孩子时,还原的森林中有 m 棵树。这样的二叉树可以按照以下规则还原其相应的森林。

① 抹线:抹掉二叉树的根结点右链上的所有结点之间的"双亲—右孩子"关系,分成若干以右链上的结点为根结点的二叉树,设这些二叉树为 $bt_1,bt_2,\cdots,bt_m$。

② 转换:分别将 $bt_1,bt_2,\cdots,bt_m$ 二叉树还原成一棵树。

③ 调整:将转换好的树构成森林。

【例 6.24】 将如图 6.36(a)所示的二叉树还原为森林。

解 还原为森林的过程如图 6.36(b)~图 6.36(e)所示,最终结果如图 6.36(e)所示。

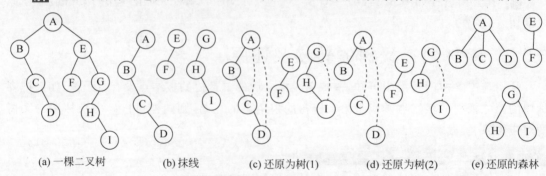

| (a) 一棵二叉树 | (b) 抹线 | (c) 还原为树(1) | (d) 还原为树(2) | (e) 还原的森林 |

图 6.36 一棵二叉树及还原成的森林

注意:当森林、树转换成对应的二叉树后,其左、右子树的概念已改变为左链是原来的孩子关系,右链是原来的兄弟关系。

*6.9 并 查 集 ✳

在计算机科学中,并查集是一种处理一些不交集合(Disjoint Sets)的合并及查询问题的数据结构。按给定的等价关系对所有元素进行划分,每个等价类可以用一棵树表示,所有等价类构成一个森林。

扫一扫

视频讲解

6.9.1 并查集的定义

给定 n 个结点的集合,结点编号为 $1 \sim n$,再给定一个等价关系,由等价关系产生所有结点的一个划分,每个结点属于一个等价类,所有等价类是不相交的。求一个结点所属的等价类,以及合并两个等价类。

求解该问题的基本运算如下。

① Init():初始化。

② Find(x:int):查找 x 结点所属的等价类。

③ Union(x:int,y:int):将 x 和 y 所属的两个等价类合并。

上述数据结构称为并查集,因为主要的运算是查找和合并。等价关系就是满足自反性、对称性和传递性的关系,像图中顶点之间的连通性、亲戚关系等都是等价关系,都可以采用并查集求解,所以并查集的应用十分广泛。

6.9.2 并查集的实现

并查集的实现方式有多种,这里采用树结构实现。将并查集看成一个森林,每个等价类用一棵树表示,包含该等价类的所有结点,即结点子集,每个子集通过一个代表来识别,该代表可以是该子集中的任一结点,通常选择根做这个代表,图 6.37 所示的子集的根结点为 A 结点,称为以 A 为根的子集树。

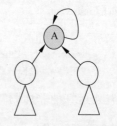

图 6.37 一个以 A 为根的子集

并查集的基本存储结构(实际上是森林的双亲存储结构)如下:

```
MAXN=1005                          #最多结点个数
parent=[−1] * MAXN                 #并查集存储结构
rank=[0] * MAXN                    #存储结点的秩
```

其中,当 parent[i]=j 时,表示结点 i 的双亲结点是 j,初始时每个结点可以看成是一棵子树,置 parent[i]=i(实际上置 parent[i]=−1 也是可以的,只是人们习惯采用前一种方式)。当结点 i 是对应子树的根结点时,用 rank[i] 表示子树的高度,即秩,秩并不与高度完全相同,但它与高度成正比,初始化时置所有结点的秩为 0。

初始化算法如下(该算法的时间复杂度为 $O(n)$):

```
def Init():                        #并查集初始化
    global n,parent,rank
    for i in range(1,n+1):
```

```
            parent[i]＝i
            rank[i]＝0
```

所谓查找就是查找 x 结点所属子集树的根结点（根结点 y 满足条件 parent[y]＝y），这是通过 parent[x] 向上找双亲实现的，显然树的高度越小查找性能越好。为此在查找过程中进行路径的压缩（即在查找过程中把查找路径上结点的双亲逐一指向根结点），如图 6.38 所示，查找 x 结点的根结点为 A，查找路径是 x→C→B→A，找到 A 结点后，将路径上所有结点的双亲置为 A 结点。这样以后再查找 x、B 结点和 C 结点的根结点时效率更高。

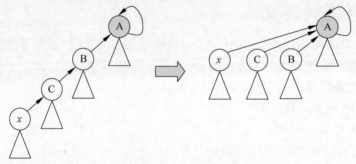

图 6.38　查找中路径压缩

那么为什么不直接将一棵子树中的所有子结点的双亲都置为根结点呢？这是因为还有合并运算，合并运算可能会破坏这种结构。

查找运算的递归算法如下：

```
def Find(x:int):                           ♯递归算法：在并查集中查找 x 结点的根结点
    global parent
    if x!＝parent[x]:
        parent[x]＝Find(parent[x])          ♯路径压缩
    return parent[x]
```

查找运算的非递归算法如下：

```
def Find(x:int):                           ♯非递归算法：在并查集中查找 x 结点的根结点
    rx＝x
    while parent[rx]!＝rx:                   ♯找到 x 的根 rx
        rx＝parent[rx]
    y＝x
    while y!＝rx:                            ♯路径压缩
        tmp＝ parent[y]
        parent[y]＝rx
        y＝tmp
    return rx                               ♯返回根
```

由于一棵子树的高度不超过 $\log_2 n$，所以上述两个查找算法的时间复杂度均不超过 $O(\log_2 n)$。实际上，由于采用了路径压缩，当总结点个数小于 10 000 时，每一棵子树的高度一般不超过 8，从而查找算法的时间复杂度可以看成常数级。

所谓合并，就是给定一个等价关系 (x,y) 后，需要将 x 和 y 所属的子树合并为一棵子树。首先查找 x 和 y 所属子树的根结点 rx 和 ry，若 rx＝＝ry，说明它们属于同一棵子树，不需要合并；否则需要合并，注意合并是根结点 rx 和 ry 的合并，并且希望合并后的子树高度(rx 或者 ry 子树的高度通过秩 rank[rx]或者 rank[ry]反映出来)尽可能小。其过程如下：

① 若 rank[rx]<rank[ry]，将高度较小的 rx 结点作为 ry 的孩子结点，ry 子树的高度不变。

② 若 rank[rx]>rank[ry]，将高度较小的 ry 结点作为 rx 的孩子结点，rx 子树的高度不变。

③ 若 rank[rx]==rank[ry]，将 rx 结点作为 ry 的孩子结点或者将 ry 结点作为 rx 的孩子结点均可，但此时合并后的子树高度增 1。

对应的合并算法如下(该算法的时间复杂度不超过 $O(\log_2 n)$)：

```
def Union(x:int,y:int):              #并查集中 x 和 y 的两个集合的合并
    global parent,rank
    rx=Find(x)
    ry=Find(y)
    if rx==ry:                       #x 和 y 属于同一棵树的情况
        return
    if rank[rx]<rank[ry]:
        parent[rx]=ry               #rx 结点作为 ry 的孩子
    else:
        if rank[rx]==rank[ry]:      #秩相同,合并后 rx 的秩增 1
            rank[rx]+=1
        parent[ry]=rx               #ry 结点作为 rx 的孩子
```

下面通过一个示例讨论并查集的应用。需要说明的是，并查集通常作为求解问题中的一种临时数据结构，是由程序员设计的，程序员可以任意改变这种结构，如果用它来存放主数据并且题目要求不能改变主数据，在这种情况下并查集就不再合适。

【例 6.25】 HDU1232——畅通工程问题。

扫一扫

视频讲解

问题描述：某省调查城镇交通状况，得到现有城镇道路统计表，表中列出了每条道路直接连通的城镇。省政府"畅通工程"的目标是使全省任何两个城镇间都可以实现交通(但不一定有直接的道路相连，只要互相间接通过道路可达即可)。问最少还需要建设多少条道路？

输入格式：测试输入包含若干测试用例。每个测试用例的第 1 行给出两个正整数，分别是城镇数目 $N(N<1000)$ 和道路数目 M，随后的 M 行对应 M 条道路，每行给出一对正整数，分别是该条道路直接连通的两个城镇的编号。为简单起见，城镇从 1 到 N 编号。注意两个城市之间可以有多条道路相通，也就是说：

```
3 3
1 2
1 2
2 1
```

这种输入也是合法的。当 N 为 0 时输入结束，该用例不被处理。

输出格式：对每个测试用例，在一行里输出最少还需要建设的道路数目。

输入样例：

```
4 2
1 3
4 3
3 3
```

```
1 2
1 3
2 3
5 2
1 2
3 5
999 0
0
```

输出样例：

```
1
0
2
998
```

解 要使全省任何两个城镇间都实现交通,最少需要建设的道路是所有城镇之间都有一条路径,即全部城镇构成一棵树。采用并查集求解,由输入构造并查集,每棵子树中的所有城镇是路径相通的,求出其中子树的个数 ans,那么最少还需要建设的道路数就是 ans−1。对应的完整程序如下：

```
MAXN=1005                              #最多结点个数
parent=[−1] * MAXN                     #并查集存储结构
rank=[0] * MAXN                        #存储结点的秩
def Init():                            #并查集初始化
    global n,parent,rank
    for i in range(1,n+1):
        parent[i]=i
        rank[i]=0

def Find(x:int):                       #在并查集中查找 x 结点的根结点
    global parent
    if x!=parent[x]:
        parent[x]=Find(parent[x])      #路径压缩
    return parent[x]

def Union(x:int,y:int):                #并查集中 x 和 y 的两个集合的合并
    global parent,rank
    rx=Find(x)
    ry=Find(y)
    if rx==ry:                         #x 和 y 属于同一棵树的情况
        return
    if rank[rx]<rank[ry]:
        parent[rx]=ry                  #rx 结点作为 ry 的孩子
    else:
        if rank[rx]==rank[ry]:         #秩相同,合并后 rx 的秩增 1
            rank[rx]+=1
        parent[ry]=rx                  #ry 结点作为 rx 的孩子

#主程序
while True:                            #循环处理多个测试用例
    tmp=list(map(int,input().split())) #接受一行整数的输入,并转换为整数列表
    n=tmp[0]
    if n==0: break                     #n=0 时结束
```

```
    m=tmp[1]                                    #m 条道路
    Init()                                      #初始化
    for i in range(m):                          #输入 m 条边
        tmp=list(map(int,input().split()))
        a=tmp[0]
        b=tmp[1]
        Union(a,b)
    ans=0
    for i in range(1,n+1):                      #求子树个数 ans
        if parent[i]==i:
            ans+=1
    print(ans-1)                                #结果为 ans-1
```

说明：在本题中并查集的另一个功能是忽略重复的输入，例如输入两个(1,2)边不影响求解结果。

6.10 练 习 题

扫一扫

自测题

1. 若一棵度为 4 的树中度为 1、2、3、4 的结点个数分别为 4、3、2、2，则该树的总结点个数是多少？

2. 已知一棵完全二叉树的第 6 层(设根结点为第 1 层)有 8 个叶子结点，则该完全二叉树的结点个数最多是多少？最少是多少？

3. 已知一棵完全二叉树有 50 个叶子结点，则该二叉树的总结点数至少应有多少个？

4. 对于以 b 为根结点的一棵二叉树，指出其中序遍历序列的开始结点和尾结点。

5. 指出满足以下各条件的非空二叉树的形态：

① 先序序列和中序序列正好相同。

② 中序序列和后序序列正好相同。

6. 若干包含不同权值的字母已经对应好一组哈夫曼编码，如果某个字母对应的编码为 001，则什么编码不可能对应其他字母？什么编码肯定对应其他字母？

7. 假设二叉树中每个结点值为单个字符，采用二叉链存储结构存储。试设计一个算法，求一棵给定二叉树 bt 中的所有大于 x 的结点个数。

8. 假设二叉树中每个结点值为单个字符，采用二叉链存储结构存储。二叉树 bt 的后序遍历序列为 $a_1, a_2, \cdots, a_n$，设计一个算法按 $a_n, a_{n-1}, \cdots, a_1$ 的次序输出各结点值。

9. 假设二叉树中每个结点值为单个字符，采用二叉链存储结构存储。设计一个算法，按从右到左的次序输出一棵二叉树 bt 中的所有叶子结点。

10. 假设二叉树中每个结点值为单个字符，采用二叉链存储结构存储。设计一个算法，计算一棵给定二叉树 bt 中的所有单分支结点个数。

11. 假设二叉树中每个结点值为单个字符，采用二叉链存储结构存储。设计一个算法，采用先序遍历方法输出二叉树 bt 中所有结点的层次。

12. 假设二叉树采用二叉链存储结构，且所有结点值均不相同。设计一个算法，求二叉树的宽度(即二叉树中结点个数最多的那一层的结点个数)。

13. 假设二叉树中每个结点值为单个字符，采用二叉链存储结构存储。设计一个算法，输出二叉树 bt 中第 k 层上的所有叶子结点个数。

14. 假设二叉树中每个结点值为单个字符，采用二叉链存储结构存储。设计一个算法，判断一棵二叉树 bt 是否为完全二叉树。

6.11 上机实验题

6.11.1 基础实验题

1. 假设二叉树采用二叉链存储，每个结点值为单个字符并且所有结点值不相同。编写一个实验程序，由二叉树的中序序列和后序序列构造二叉链，实现查找、求高度、先序遍历、中序遍历、后序遍历和层次遍历算法，用相关数据进行测试。

2. 假设二叉树采用顺序存储结构存储，每个结点值为单个字符并且所有结点值不相同。编写一个实验程序，由二叉树的中序序列和后序序列构造二叉链，实现查找、求高度、先序遍历、中序遍历、后序遍历和层次遍历算法，用相关数据进行测试。

6.11.2 应用实验题

1. 假设非空二叉树采用二叉链存储结构，所有结点值为单个字符且不相同。编写一个实验程序，将一棵二叉树 bt 的左、右子树进行交换，要求不破坏原二叉树，并且采用相关数据进行测试。

2. 假设二叉树采用二叉链存储结构，所有结点值为单个字符且不相同。编写一个实验程序，求 x 和 y 结点的最近公共祖先结点（LCA），假设二叉树中存在结点值为 x 和 y 的结点，并且采用相关数据进行测试。

3. 假设一棵非空二叉树中的结点值为整数，所有结点值均不相同。编写一个实验程序，给出该二叉树的先序序列 pres 和中序序列 ins，构造该二叉树的二叉链存储结构，再给出其中两个不同的结点值 x 和 y，输出这两个结点的所有公共祖先结点，采用相关数据进行测试。

4. 假设二叉树采用二叉链存储结构，所有结点值为单个字符且不相同。编写一个实验程序，采用例 6.16 的 3 种解法按层次顺序（从上到下、从左到右）输出一棵二叉树中的所有结点，并且利用相关数据进行测试。

5. 假设二叉树采用二叉链存储结构，所有结点值为单个字符且不相同。编写一个实验程序，采用先序遍历和层次遍历方式输出二叉树中从根结点到每个叶子结点的路径，并且利用相关数据进行测试。

6. 编写一个实验程序，利用例 6.20 的数据（为了方便，将该例中的所有权值扩大 100 倍）构造哈夫曼树和哈夫曼编码，要求输出建立的哈夫曼树和相关哈夫曼编码。

6.12 LeetCode 在线编程题

所有题目均为二叉树的算法设计题，二叉树采用二叉链存储结构存储，其结点类型定义如下：

```
class TreeNode:
    def __init__(self, x):
        self.val = x                              #结点值
        self.left = None                          #左孩子结点指针
        self.right = None                         #右孩子结点指针
```

1. LeetCode236——二叉树的最近公共祖先

问题描述：给定一棵二叉树，找到该树中两个指定结点的最近公共祖先。一棵有根树 T 的两个结点 p、q，它们的最近公共祖先表示为一个结点 x，满足 x 是 p、q 的祖先且 x 的深度尽可能大（一个结点也可以是它自己的祖先）。假设该二叉树中所有结点的值都是唯一的，p、q 为不同结点且均存于给定的二叉树中。例如，给定如图 6.39 所示的一棵二叉树，结点 5 和结点 1 的最近公共祖先是结点 3，结点 5 和结点 4 的最近公共祖先是结点 5。题目要求设计返回二叉树 root 中 p 和 q 结点的最近公共祖先的方法：

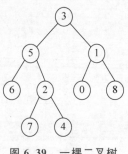

图 6.39　一棵二叉树

```
def lowestCommonAncestor(self, root: 'TreeNode', p: 'TreeNode', q: 'TreeNode')-> 'TreeNode':
```

2. LeetCode101——对称二叉树

问题描述：给定一棵二叉树，检查它是否为镜像对称的。例如，在如图 6.40 所示的两棵二叉树中，$T1$ 是镜像对称的，而 $T2$ 不是镜像对称的。题目要求设计判断二叉树 root 是否为镜像对称的方法：

```
def isSymmetric(self, root: TreeNode) -> bool:
```

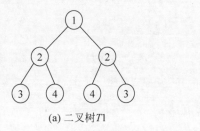

(a) 二叉树 $T1$　　　　　　　　(b) 二叉树 $T2$

图 6.40　两棵二叉树

3. LeetCode111——二叉树的最小深度

问题描述：给定一棵二叉树，找出其最小深度。最小深度是从根结点到最近叶子结点的最短路径上的结点数量。例如，如图 6.41 所示的二叉树的最小深度是 2。题目要求设计求二叉树 root 的最小深度的方法：

```
def minDepth(self, root: TreeNode) -> int:
```

4. LeetCode543——二叉树的直径

问题描述：给定一棵二叉树，设计一个算法求其直径的长度。二叉树中两结点之间的路径长度是以它们之间边的数目表示的，一棵二叉树的直径长度是任意两个结点路径长度中的最大值，这条路径可能穿过根结点。例如，如图 6.42 所示二叉树的直径为 3，它的长度是路径[4,2,1,3]或者 [5,2,1,3]的长度。题目要求设计求二叉树 root 的直径的方法：

```
def diameterOfBinaryTree(self, root: TreeNode) -> int:
```

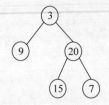

图 6.41   一棵二叉树

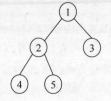

图 6.42   一棵二叉树

5. LeetCode662——二叉树的最大宽度

问题描述：给定一棵二叉树，编写一个函数获取这棵树的最大宽度。树的宽度是所有层中的最大宽度。这棵二叉树与满二叉树（full binary tree）的结构相同，但一些结点为空。每一层的宽度被定义为两个端点（该层最左和最右的非空结点，两端点间的空结点也计入长度）之间的长度。例如，在如图 6.43 所示的 4 棵二叉树中，$T1$、$T2$、$T3$ 和 $T4$ 的最大宽度分别是 4（最大值出现在第 3 层）、2（最大值出现在第 3 层）、2（最大值出现在第 2 层）和 8（最大值出现在第 4 层）。

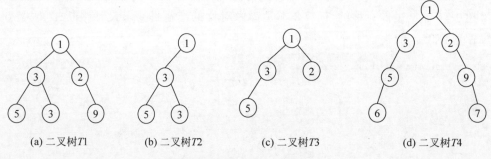

(a) 二叉树$T1$ (b) 二叉树$T2$ (c) 二叉树$T3$ (d) 二叉树$T4$

图 6.43   4 棵二叉树

题目要求设计求二叉树最大宽度的方法：

```
def widthOfBinaryTree(self, root: TreeNode) -> int:
```

第 **7** 章 图

　　图形结构简称图，属于复杂的非线性数据结构。在图中数据元素称为顶点，每个顶点可以有零个或多个前趋顶点，也可以有零个或多个后继顶点，也就是说图中顶点之间是多对多的任意关系。

　　本章主要学习要点如下。

　　(1) 图的相关概念，包括有向图/无向图、完全图、子图、路径/简单路径、路径长度、回路/简单回路、连通图/连通分量、强连通图/强连通分量、权/网等的定义。

　　(2) 图的各种存储结构，主要包括邻接矩阵和邻接表等。

　　(3) 图的基本运算算法设计。

　　(4) 图的遍历过程，包括深度优先遍历和广度优先遍历。

　　(5) 图遍历算法的应用，回溯法算法设计。

　　(6) 生成树和最小生成树，包含 Prim 算法设计和 Kruskal 算法设计。

　　(7) 求图的最短路径，包括单源最短路径的 Dijkstra 算法设计和多源最短路径的 Floyd 算法设计。

　　(8) 拓扑排序过程及其算法设计。

　　(9) 求关键路径的过程及其算法设计。

　　(10) 灵活运用图数据结构解决一些综合的应用问题。

7.1 图的基本概念

在实际应用中很多问题可以用图来描述,例如城市街道图就是用图来表示地理元素之间的关系。本节介绍图的定义和图的基本术语。

7.1.1 图的定义

无论多么复杂的图都是由顶点和边构成的。采用形式化的定义,图 G(Graph)由两个集合 V(Vertex)和 E(Edge)组成,记为 $G=(V,E)$,其中 V 是顶点的有限集合,记为 $V(G)$,E 是连接 V 中两个不同顶点(顶点对)的边的有限集合,记为 $E(G)$。

抽象数据类型图的定义如下:

```
ADT Graph {
    数据对象:
        D={a_i | 0≤i≤n-1,n≥0,a_i 为 int 类型}          ♯a_i 为每个顶点的唯一编号
    数据关系:
        R={r}
        r={<a_i,a_j> | a_i,a_j∈D,0≤i≤n-1,0≤j≤n-1,其中 a_i 可以有零个或多个前趋元素,也
            可以有零个或多个后继元素}
    基本运算:
        void CreateGraph():根据相关数据建立一个图。
        void DispGraph():输出一个图。
        …
}
```

通常用字母或自然数(顶点的编号)标识图中顶点。$E(G)$ 表示图 G 中边的集合,它确定了图 G 中的数据元素的关系,$E(G)$ 可以为空集,当 $E(G)$ 为空集时,图 G 只有顶点而没有边。

在图 G 中,如果代表边的顶点对(或序偶)是无序的,则称 G 为**无向图**。在无向图中代表边的无序顶点对通常用圆括号括起来,以表示一条无向边,例如 (i,j) 表示顶点 i 与顶点 j 的一条无向边,显然 (i,j) 和 (j,i) 所代表的是同一条边。如果表示边的顶点对(或序偶)是有序的,则称 G 为**有向图**。在有向图中代表边的顶点对通常用尖括号括起来,以表示一条有向边(又称为弧),例如 $<i,j>$ 表示从顶点 i 到 j 的一条边,通常用顶点 i 到 j 的箭头表示,可见有向图中 $<i,j>$ 和 $<j,i>$ 是两条不同的边。

说明:图中的边一般不重复出现,如果允许重复边出现,这样的图称为多重图,例如一个无向图中顶点1和2之间出现两条或两条以上的边。在数据结构课程中讨论的图均指非多重图。

图 7.1(a)是一个无向图 G_1,其顶点集合 $V(G_1)=\{0,1,2,3,4\}$,边集合 $E(G_1)=\{(1,2),(1,3),(1,0),(2,3),(3,0),(2,4),(3,4),(4,0)\}$。图 7.1(b)是一个有向图 G_2,其顶点集合 $V(G_2)=\{0,1,2,3,4\}$,边集合 $E(G_2)=\{<1,2>,<1,3>,<0,1>,<2,3>,<0,3>,<2,4>,<4,3>,<4,0>\}$。

说明:本章约定,对于有 n 个顶点的图,其顶点编号为 $0\sim n-1$,用编号 i($0\leq i\leq n-1$)来唯一标识一个顶点。

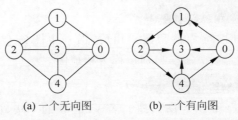

(a) 一个无向图　　　　(b) 一个有向图

图 7.1　无向图 G_1 和有向图 G_2

7.1.2　图的基本术语

下面讨论有关图的各种基本术语。

1. 端点和邻接点

在一个无向图中,若存在一条边 (i,j),则称顶点 i 和顶点 j 为该边的两个端点,并称它们互为**邻接点**,即顶点 i 是顶点 j 的一个邻接点,顶点 j 也是顶点 i 的一个邻接点。

在一个有向图中,若存在一条边 $<i,j>$,则称此边是顶点 i 的一条出边,同时也是顶点 j 的一条入边;称 i 和 j 分别为此边的**起始端点**(简称起点)和**终止端点**(简称终点),并称顶点 j 是 i 的**出边邻接点**,顶点 i 是 j 的**入边邻接点**。

2. 顶点的度、入度和出度

在无向图中,顶点所关联的边的数目称为该顶点的度。在有向图中,顶点 i 的度又分为入度和出度,以顶点 i 为终点的入边的数目称为该顶点的**入度**,以顶点 i 为起点的出边的数目称为该顶点的**出度**。一个顶点的入度与出度的和为该顶点的度。

若一个图(无论有向图或无向图)中有 n 个顶点和 e 条边,每个顶点的度为 $d_i(0 \leqslant i \leqslant n-1)$,则有

$$e = \frac{1}{2} \sum_{i=0}^{n-1} d_i$$

也就是说,一个图中所有顶点的度之和等于边数的两倍,因为图中的每条边分别作为两个邻接点的度各计一次。

3. 完全图

若无向图中的每两个顶点之间都存在着一条边,有向图中的每两个顶点之间都存在着方向相反的两条边,则称此图为**完全图**。显然,含有 n 个顶点的完全无向图有 $n(n-1)/2$ 条边,含有 n 个顶点的完全有向图有 $n(n-1)$ 条边。例如,图 7.2(a)所示的图是一个具有 4 个顶点的完全无向图,共有 6 条边;图 7.2(b)所示的图是一个具有 4 个顶点的完全有向图,共有 12 条边。

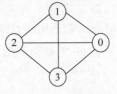　　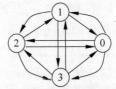

(a) 一个完全无向图　　　　(b) 一个完全有向图

图 7.2　两个完全图

4. 稠密图和稀疏图

当一个图接近完全图时，称为**稠密图**。相反，当一个图含有较少的边数（即无向图有 $e \ll n(n-1)/2$，有向图有 $e \ll n(n-1)$）时，称为**稀疏图**。

5. 子图

设有两个图 $G=(V,E)$ 和 $G'=(V',E')$，若 V' 是 V 的子集，即 $V' \subseteq V$，且 E' 是 E 的子集，即 $E' \subseteq E$，则称 G' 是 G 的子图。

说明：图 G 的子图 G' 一定是一个图，所以并非 V 的任何子集 V'' 和 E 的任何子集 E'' 都能构成 G 的子图，因为这样的 (V'',E'') 并不一定构成一个图。

6. 路径和路径长度

在一个图 $G=(V,E)$ 中，从顶点 i 到顶点 j 的一条路径是一个顶点序列 $(i,i_1,i_2,\cdots,i_m,j)$，若此图 G 是无向图，则边 (i,i_1)、(i_1,i_2)、……、(i_{m-1},i_m)、(i_m,j) 属于 $E(G)$；若此图是有向图，则 $<i,i_1>$、$<i_1,i_2>$、……、$<i_{m-1},i_m>$、$<i_m,j>$ 属于 $E(G)$。**路径长度**是指一条路径上经过的边的数目。若一条路径上除开始点和结束点可以相同外，其余顶点均不相同，则称此路径为**简单路径**。例如，在图 7.2(b)中 $(0,2,1)$ 就是一条简单路径，其长度为 2。

7. 回路或环

若一条路径上的开始点与结束点为同一个顶点，则此路径被称为**回路**或**环**。开始点与结束点相同的简单路径被称为**简单回路**或**简单环**。例如，在图 7.2(b)中 $(0,2,1,0)$ 就是一条简单回路，其长度为 3。

8. 连通、连通图和连通分量

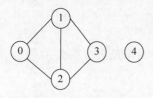

图 7.3　一个无向图

在无向图 G 中，若从顶点 i 到顶点 j 有路径，则称顶点 i 和顶点 j 是**连通的**（顶点 i 和顶点 j 具有连通关系）。若图 G 中的任意两个顶点都是连通的，则称 G 为**连通图**，否则称为**非连通图**。无向图 G 中的极大连通子图称为 G 的**连通分量**。显然，任何连通图的连通分量只有一个，即本身，而非连通图有多个连通分量。

如图 7.3 所示的无向图是非连通图，由两个连通分量构成，对应的顶点集分别是 $\{0,1,2,3\}$ 和 $\{4\}$。

9. 强连通图和强连通分量

在有向图 G 中，若从顶点 i 到顶点 j 有路径且顶点 j 到顶点 i 也有路径，则称从顶点 i 和顶点 j 是**强连通的**（顶点 i 和顶点 j 具有强连通关系）。若图 G 中的任意两个顶点 i 和 j 都是强连通的，则称图 G 是**强连通图**。有向图 G 中的极大强连通子图称为 G 的**强连通分量**。显然，强连通图只有一个强连通分量，即本身，非强连通图有多个强连通分量。

说明：无向图中顶点之间的连通关系和有向图中顶点之间的强连通关系都是等价关系。

如图 7.4(a)所示的有向图是非强连通图，由两个强连通分量构成，如图 7.4(b)所示，对应的顶点集分别是 $\{0,1,2,3\}$ 和 $\{4\}$。

10. 关结点和重连通图

假如在删除图 G 中的顶点 i 以及相关联的各边后，将图的一个连通分量分割成两个或

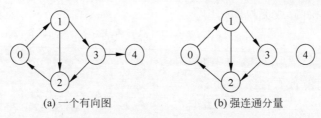

(a) 一个有向图   (b) 强连通分量

图 7.4   一个有向图及其强连通分量

多个连通分量,则称顶点 i 为该图的**关结点**。一个没有关结点的连通图称为**重连通图**。

11. 权和网

图中的每条边都可以附有一个对应的数值,这种与边相关的数值称为**权**。权可以表示从一个顶点到另一个顶点的距离或花费的代价。边上带有权的图称为**带权图**,也称作**网**。例如,图 7.5 所示为一个带权有向图。

【例 7.1】   具有 n 个顶点的强连通图至少有多少条边?这样的有向图是什么形状?

解   根据强连通图的定义可知,图中的任意两个顶点 i 和 j 都连通,即从顶点 i 到顶点 j 和从顶点 j 到顶点 i 都存在路径。这样每个顶点的度 $d_i \geqslant 2$,设图中总的边数为 e,有:

$$e = \frac{1}{2} \sum_{i=0}^{n-1} d_i \geqslant \frac{1}{2} \sum_{i=0}^{n-1} 2 = n$$

即 $e \geqslant n$。因此,具有 n 个顶点的强连通图至少有 n 条边,刚好只有 n 条边的强连通图是环形的,即顶点 0 到顶点 1 有一条有向边,顶点 1 到顶点 2 有一条有向边,……,顶点 $n-1$ 到顶点 0 有一条有向边,如图 7.6 所示。

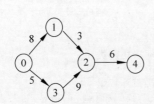

图 7.5   一个带权有向图 G_3

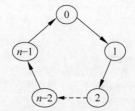

图 7.6   具有 n 个顶点、n 条边的强连通图

7.2   图的存储结构

图的存储结构除了要存储图中各顶点本身的信息外,还要存储顶点与顶点之间的关系(边的信息)。常用的图的存储结构主要有邻接矩阵和邻接表,还可以演变出逆邻接表、十字链表和邻接多重表等。

7.2.1   邻接矩阵

1. 邻接矩阵的存储方法

邻接矩阵是表示顶点之间邻接关系的矩阵。设 $G = (V, E)$ 是含有 $n(n > 0)$ 个顶点的图,各顶点的编号为 $0 \sim n-1$,则 G 的邻接矩阵数组 A 是 n 阶方阵,其定义如下:

扫一扫

视频讲解

如果 G 是不带权图（或无权图），则

$$A[i][j] = \begin{cases} 1 & (i,j) \in E(G) \text{ 或者} <i,j> \in E(G) \\ 0 & \text{其他} \end{cases}$$

如果 G 是带权图（或有权图），则

$$A[i][j] = \begin{cases} w_{ij} & i \neq j \text{ 并且} (i,j) \in E(G) \text{ 或者} <i,j> \in E(G) \\ 0 & i=j \\ \infty & \text{其他} \end{cases}$$

例如，图 7.1(a)所示的无向图 G_1、图 7.1(b)所示的有向图 G_2 和图 7.5 中的带权有向图 G_3 分别对应的邻接矩阵 A_1、A_2 和 A_3 如图 7.7 所示。

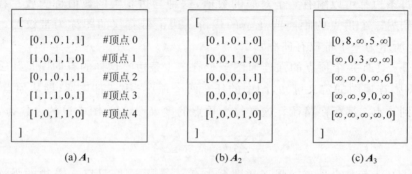

图 7.7　3 个邻接矩阵

设计图的邻接矩阵类 MatGraph（用 MatGraph.py 文件存放，包含邻接矩阵的基本运算算法）如下：

```
import copy
INF=0x3f3f3f3f                          # 表示∞
class MatGraph:                         # 图邻接矩阵类
    def __init__(self,n=0,e=0):         # 构造方法
        self.edges=[]                   # 邻接矩阵数组
        self.vexs=[]                    #vexs[i]存放顶点 i 的信息，暂时未用
        self.n=n                        # 顶点数
        self.e=e                        # 边数
    # 图的基本运算算法
```

邻接矩阵的特点如下：

① 图的邻接矩阵表示是唯一的。

② 对于含有 n 个顶点的图，在采用邻接矩阵存储时，无论是有向图还是无向图，也无论边的数目是多少，其存储空间均为 $O(n^2)$，所以邻接矩阵适合于存储边数较多的稠密图。

③ 无向图的邻接矩阵一定是一个对称矩阵，因此在顶点个数 n 很大时可以采用对称矩阵的压缩存储方法减少存储空间。

④ 对于无向图，邻接矩阵的第 i 行（或第 i 列）非零元素（或非∞元素）的个数正好是顶点 i 的度。

⑤ 对于有向图，邻接矩阵的第 i 行（或第 i 列）非零元素（或非∞元素）的个数正好是顶点 i 的出度（或入度）。

⑥ 在用邻接矩阵存储图时，确定任意两个顶点之间是否有边相连的时间为 $O(1)$，找一

个顶点的所有相邻点的时间为 $O(n)$。

2. 图基本运算在邻接矩阵中的实现

图的主要基本运算算法包括创建图的邻接矩阵和输出图。

1）创建图的邻接矩阵

这里假设给定图的邻接矩阵数组 a、顶点数 n 和边数 e 来建立图的邻接矩阵存储结构（由于给定的邻接矩阵数组中已经确定了图类型，这样不带权图和带权图、有向图和无向图的处理是相同的），对应的算法如下：

```
def CreateMatGraph(self, a, n, e):            #通过数组 a、n 和 e 建立图的邻接矩阵
    self.n=n                                  #置顶点数和边数
    self.e=e
    self.edges=copy.deepcopy(a)               #深复制
```

2）输出图

输出图的邻接矩阵数组，对应的算法如下：

```
def DispMatGraph(self):                       #输出图的邻接矩阵
    for i in range(self.n):
        for j in range(self.n):
            if self.edges[i][j]==INF:
                print("%4s"%("∞"),end=' ')
            else:
                print("%5d" %(self.edges[i][j]),end=' ')
        print()
```

【例 7.2】　一个含有 n 个顶点、e 条边的图采用邻接矩阵 g 存储，设计以下算法：

（1）该图为无向图，求其中顶点 v 的度。

（2）该图为有向图，求该图中顶点 v 的出度和入度。

解　（1）对于采用邻接矩阵存储的无向图，统计第 v 行的非 0 非∞元素的个数即为顶点 v 的度。对应的算法如下：

```
def Degree1(g, v):                            #在无向图邻接矩阵 g 中求顶点 v 的度
    d=0
    for j in range(g.n):                      #统计第 v 行的非 0 非∞元素的个数
        if g.edges[v][j]!=0 and g.edges[v][j]!=INF:
            d+=1
    return d
```

（2）对于采用邻接矩阵存储的有向图，统计第 v 行的非 0 非∞元素的个数即为顶点 v 的出度，统计第 v 列的非 0 非∞元素的个数即为顶点 v 的入度。对应的算法如下：

```
def Degree2(g, v):                            #在有向图邻接矩阵 g 中求顶点 v 的出度和入度
    ans=[0,0]                                 #ans[0]累计出度, ans[1]累计入度
    for j in range(g.n):                      #统计第 v 行的非 0 非∞元素的个数为出度
        if g.edges[v][j]!=0 and g.edges[v][j]!=INF:
            ans[0]+=1
    for i in range(g.n):                      #统计第 v 列的非 0 非∞元素的个数为入度
        if g.edges[i][v]!=0 and g.edges[i][v]!=INF:
            ans[1]+=1
    return ans                                #返回出度和入度
```

7.2.2　邻接表

1. 邻接表的存储方法

扫一扫

视频讲解

在含有 n 个顶点的图 G 的邻接表中，将每个顶点 $i(0 \leqslant i \leqslant n-1)$ 的所有出边构成一个列表，假设顶点 i 的出边有 m 条，即 $<i, j_1>,<i, j_2>,\cdots,<i, j_m>$（权值分别为 $w_{i,j1}$，$w_{i,j2},\cdots,w_{i,jm}$），该出边列表如图 7.8 所示，共 m 个边结点，每个边结点的类型 ArcNode 定义如下：

```
class ArcNode:                    # 边结点
    def __init__(self, adjv, w):  # 构造方法
        self.adjvex = adjv        # 邻接点
        self.weight = w           # 边的权值
```

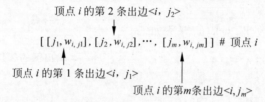

$$[\,[j_1, w_{i,j1}],\,[j_2, w_{i,j2}],\cdots,\,[j_m, w_{i,jm}]\,]\ \#\ \text{顶点}\ i$$

顶点 i 的第 1 条出边 $<i, j_1>$

顶点 i 的第 m 条出边 $<i, j_m>$

图 7.8　顶点 i 的出边列表

图 G 的 n 个顶点的出边列表合起来构成该图的邻接表，用 adjlist 列表表示，其中 adjlist[i] 为顶点 i 的出边列表，adjlist[i][j] 为顶点 i 的第 j 条出边。例如，图 7.1(a) 所示的无向图 G_1、图 7.1(b) 所示的有向图 G_2 和图 7.5 中的带权有向图 G_3 对应的邻接表分别如图 7.9(a)~图 7.9(c) 所示。

```
[
    [[1,1],[3,1],[4,1]]            #顶点0
    [[0,1],[2,1],[3,1]]            #顶点1
    [[1,1],[3,1],[4,1]]            #顶点2
    [[0,1],[1,1],[2,1],[4,1]]     #顶点3
    [[0,1],[2,1],[3,1]]           #顶点4
]
```

(a) 图 G_1 的邻接表

```
[
    [[1,1],[3,1]]                  #顶点0
    [[2,1],[3,1]]                  #顶点1
    [[3,1],[4,1]]                  #顶点2
    []                            #顶点3
    [[0,1],[3,1]]                 #顶点4
]
```

(b) 图 G_2 的邻接表

```
[
    [[1,8],[3,5]]                 #顶点0
    [[2,3]]                       #顶点1
    [[4,6]]                       #顶点2
    [[2,9]]                       #顶点3
    []                           #顶点4
]
```

(c) 图 G_3 的邻接表

图 7.9　3 个邻接表

设计图的邻接表类 AdjGraph(用 AdjGraph.py 文件存放,包含邻接表的基本运算方法)如下:

```
class AdjGraph:                              #图邻接表类
    def __init__(self,n=0,e=0):              #构造方法
        self.adjlist=[]                      #邻接表数组
        self.vexs=[]                         #vexs[i]存放顶点 i 的信息,暂时未用
        self.n=n                             #顶点数
        self.e=e                             #边数
    #图的基本运算算法
```

邻接表的特点如下:

① 邻接表表示不唯一。这是因为每个顶点的出边列表中各边结点的次序可以任意,取决于建立邻接表的算法。

② 对于有 n 个顶点、e 条边的无向图,其邻接表有 $2e$ 个边结点;对于有 n 个顶点、e 条边的有向图,其邻接表有 e 个边结点。显然,对于边数目较少的稀疏图,邻接表比邻接矩阵要节省空间。

③ 对于无向图,顶点 $i(0 \leqslant i \leqslant n-1)$ 对应的出边列表的长度正好是顶点 i 的度。

④ 对于有向图,顶点 $i(0 \leqslant i \leqslant n-1)$ 对应的出边列表的长度仅是顶点 i 的出度。顶点 i 的入度是所有出边列表中含顶点 i 的出边列表的个数。

⑤ 在用邻接表存储图时,确定任意两个顶点之间是否有边相连的时间为 $O(m)$,找一个顶点的所有相邻点的时间也是 $O(m)$(m 为最大顶点出度,$m < n$)。

由于在有向图的邻接表中 adjlist$[i]$ 为出边列表,不易找到顶点 i 的入边,为此可以设计有向图的逆邻接表。所谓逆邻接表,就是在有向图的邻接表中将 adjlist$[i]$ 的出边改为入边,构成顶点 i 的入边列表。例如,图 7.5 中的带权有向图 G_3 对应的逆邻接表如图 7.10 所示。

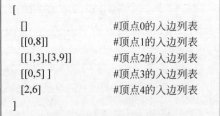

```
[
  []                  #顶点0的入边列表
  [[0,8]]             #顶点1的入边列表
  [[1,3],[3,9]]       #顶点2的入边列表
  [[0,5]]             #顶点3的入边列表
  [2,6]               #顶点4的入边列表
]
```

图 7.10　一个逆邻接表

2. 图基本运算在邻接表中的实现

1) 创建图的邻接表

这里假设给定图的邻接矩阵数组 a、顶点数 n 和边数 e 来建立图的邻接表存储结构。其过程是先置邻接表 adjlist 为空,顶点编号 i 从 0 到 $n-1$ 循环:置顶点 i 的出边列表 adi 为空,j 从 0 到 $n-1$ 循环,若 $a[i][j]$ 是非 0 非 ∞ 元素,表示存在一条顶点 i 到顶点 j 的边,新建一个边结点 p 存放该边的信息,采用尾插法将其插入 adj 的末尾。在 j 循环完毕将 adj 添加到 adjlist 中作为元素 adjlist$[i]$。对应的算法如下:

```
def CreateAdjGraph(self,a,n,e):          #通过数组 a、n 和 e 建立图的邻接表
    self.n=n                             #置顶点数和边数
    self.e=e
    for i in range(n):                   #检查边数组 a 中的每个元素
        adi=[]                           #存放顶点 i 的邻接点,初始为空
        for j in range(n):
            if a[i][j]!=0 and a[i][j]!=INF:    #存在一条边
```

```
        p=ArcNode(j,a[i][j])                # 创建<j,a[i][j]>出边的结点 p
        adi.append(p)                       # 将结点 p 添加到 adi 中
    self.adjlist.append(adi)
```

2）输出图

输出图的邻接表的算法如下：

```
def DispAdjGraph(self):                     # 输出图的邻接表
    for i in range(self.n):                 # 遍历每一个顶点 i
        print("  [%d]" %(i),end='')
        for p in self.adjlist[i]:
            print("->(%d,%d)" %(p.adjvex,p.weight),end='')
        print("->∧")
```

【思考题】 图的两种存储结构（即邻接矩阵和邻接表）分别适合什么场合？

【例 7.3】 一个含有 n 个顶点、e 条边的图采用邻接表存储，设计以下算法：

（1）该图为无向图，求其中顶点 v 的度。

（2）该图为有向图，求该图中顶点 v 的出度和入度。

解 （1）对于一个采用邻接表存储的无向图，统计第 v 个出边列表的长度即为顶点 v 的度。对应的算法如下：

```
def DeGree1(G,v):                           # 在无向图邻接表 G 中求顶点 v 的度
    return len(G.adjlist[v])                # 顶点 v 的度为 G.adjlist[v] 的长度
```

（2）对于一个采用邻接表存储的有向图，统计第 v 个出边列表的长度即为顶点 v 的出度，统计所有出边列表中含顶点 v 的边结点个数即为顶点 v 的入度。对应的算法如下：

```
def DeGree2(G,v):                           # 在有向图邻接表 G 中求顶点 v 的出度和入度
    ans=[0,0]                               # ans[0] 累计出度,ans[1] 累计入度
    ans[0]=len(G.adjlist[v])                # 顶点 v 的出度为 G.adjlist[v] 的长度
    for i in range(G.n):                    # 遍历所有的头结点
        for p in G.adjlist[i]:
            if p.adjvex==v:                 # 存在<i,v>的边
                ans[1]+=1                   # 顶点 v 的入度增加 1
                break
    return ans                              # 返回出度和入度
```

7.3　图 的 遍 历

和树遍历一样，也存在图遍历，所不同的是树中有一个特殊的结点，即根结点，树的遍历总是从根结点出发，而图中没有特殊的顶点，可以从任何顶点出发进行遍历。本节主要讨论图的两种遍历算法及其应用。

7.3.1　图遍历的概念

从给定图中任意顶点（称为初始点）出发，按照某种搜索方法沿着图的边访问图中的所有顶点，使每个顶点仅被访问一次，这个过程称为**图遍历**。如果给定图是连通的无向图或者

是强连通的有向图,则遍历一次就能访问全部顶点,并可按访问的先后顺序得到由该图所有顶点组成的一个序列。

图遍历比树遍历更复杂,因为从树根到达树中的每个顶点只有一条路径,而从图的起始点到达图中的每个顶点可能存在着多条路径。

说明:为了避免同一个顶点被重复访问,必须记住访问过的顶点。为此可设置一个访问标志数组 visited,初始时将所有元素置为 0,当顶点 i 访问过时,该数组元素 visited[i] 置为 1。

根据遍历方式不同,图的遍历方法有两种:一种是深度优先遍历(DFS)方法;另一种是广度优先遍历(BFS)方法。

7.3.2 深度优先遍历

深度优先遍历的过程是从图中某个起始点 v 出发,首先访问初始顶点 v,然后选择一个与顶点 v 邻接且没有访问过的顶点 w 作为初始顶点,再从 w 出发进行深度优先搜索,直到图中与初始顶点 v 邻接的所有顶点都被访问过为止。

从中可以看出,深度优先遍历是一个递归过程,每次都以当前顶点的一个未访问过的邻接点进行深度优先遍历,因此采用递归算法实现非常方便简洁。

图采用邻接表为存储结构,其深度优先遍历算法如下(其中,v 是起始点编号,visited 是全局变量数组):

```
MAXV=100                              #全局变量,表示最多顶点个数
visited=[0] * MAXV
def DFS(G,v):                         #在邻接表 G 中从顶点 v 出发的深度优先遍历
    print(v,end=' ')                  #访问顶点 v
    visited[v]=1                      #置已访问标记
    for j in range(len(G.adjlist[v])):  #处理顶点 v 的所有出边顶点
        w=G.adjlist[v][j].adjvex      #取顶点 v 的第 j 个出边邻接点 w
        if visited[w]==0:             #若 w 顶点未被访问
            DFS(G,w)                  #从 w 开始递归遍历
```

或者

```
def DFS1(G,v):                        #在邻接表 G 中从顶点 v 出发的深度优先遍历
    print(v,end=' ')                  #访问顶点 v
    visited[v]=1                      #置已访问标记
    for p in G.adjlist[v]:            #处理顶点 v 的所有出边顶点
        w=p.adjvex                    #取顶点 v 的一个邻接点 w
        if visited[w]==0:             #若 w 顶点未访问
            DFS1(G,w)                 #若 w 顶点未访问,递归访问它
```

从上述算法看出,在遍历中对图中的每个顶点最多访问一次,所以算法的时间复杂度为 $O(n+e)$。需要注意的是,同一个图可能对应不同的邻接表,而不同的邻接表得到的 DFS 序列可能不同。

例如,对于图 7.11(a)所示的有向图,对应的邻接表如图 7.11(b)所示,针对该邻接表从顶点 0 开始进行深度优先遍历,得到的访问序列是 0 1 5 2 3 4。其遍历过程如图 7.12 所示,图中实线表示查找顶点(对应的边为前向边),虚线表示返回,顶点旁与实线相交的粗棒表示访问点。

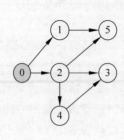

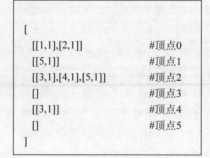

(a) 一个有向图G_4 (b) 图G_4的邻接表

图 7.11 一个有向图 G_4 和邻接表

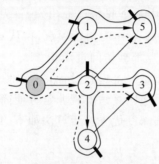

图 7.12 从顶点 0 出发的深度优先遍历过程

从中可以看出，在深度优先遍历中起始点为 v，考虑 v 到图中顶点 u 的最短路径长度，最短路径长度越大的顶点越优先访问。实际上在遍历中产生以 v 为根的搜索子树（若搜索到边 $<v,w>$ 并且 w 是首次访问，则 $<v,w>$ 构成该子树的边），对该子树进行先根遍历得到深度优先遍历序列。

以邻接矩阵为存储结构的图的深度优先遍历算法如下（其中，v 是起始点编号，visited 是全局变量数组）：

```
MAXV=100                                    #最多顶点个数
visited=[0] * MAXV
def DFS(g,v):                               #在邻接矩阵 g 中从顶点 v 出发的深度优先遍历
    print(v,end=" ")                        #访问顶点 v
    visited[v]=1                            #置已访问标记
    for w in range(g.n):
        if g.edges[v][w]!=0 and g.edges[v][w]!=INF:
            if visited[w]==0:               #存在边<v,w>并且 w 没有被访问过
                DFS(g,w)                    #从 w 开始递归遍历
```

上述算法的时间复杂度为 $O(n^2)$。

7.3.3 广度优先遍历

广度优先遍历的过程是首先访问起始点 v，接着访问顶点 v 的所有未访问过的邻接点 $v_1,v_2,\cdots,v_t$，然后再按照 $v_1,v_2,\cdots,v_t$ 的次序访问每一个顶点的所有未访问过的邻接点，以此类推，直到图中所有和初始点 v 有路径相通的顶点或者图中所有已访问顶点的邻接点都被访问过为止。

广度优先遍历类似于树的层次遍历,即按树的深度来遍历,先访问深度为1的结点,再访问深度为2的结点,以此类推。对于图是按起始点为v,由近到远,依次访问和v有路径相通且路径长度为1、2……的顶点的过程。

由于广度优先遍历图中访问顶点的次序是"先访问的顶点的邻接点"先于"后访问的顶点的邻接点",所以使用一个队列暂存访问过的顶点。

图采用邻接表为存储结构,其广度优先遍历算法如下(其中,v是起始点编号,visited是全局变量数组,可以改为局部数组):

```
from collections import deque
MAXV=100                              #全局变量,表示最多顶点个数
visited=[0] * MAXV
def BFS(G,v):                         #在邻接表 G 中从顶点 v 出发的广度优先遍历
    qu=deque()                        #将双端队列作为普通队列 qu
    print(v,end=" ")                  #访问顶点 v
    visited[v]=1                      #置已访问标记
    qu.append(v)                      #v 进队
    while len(qu)>0:                  #队不空时循环
        v=qu.popleft()               #出队顶点 v
        for j in range(len(G.adjlist[v])):    #处理顶点 v 的所有出边
            w=G.adjlist[v][j].adjvex          #取顶点 v 的第 j 个出边邻接点 w
            if visited[w]==0:                 #若 w 未被访问
                print(w,end=" ")             #访问顶点 w
                visited[w]=1                 #置已访问标记
                qu.append(w)                 #w 进队
```

从上述算法看出,在遍历中对图中的每个顶点最多访问一次,所以算法的时间复杂度为$O(n+e)$。同样,同一个图可能对应不同的邻接表,而不同的邻接表得到的 BFS 序列可能不同。

例如,对于如图 7.11(b)所示的邻接表,从顶点 0 开始进行广度优先遍历,得到的访问序列是 0 1 2 5 3 4。其遍历过程如图 7.13 所示,顶点旁与实线相交的粗棒表示访问点。

从中可以看出,在广度优先遍历中起始点为v,考虑v到图中顶点u的最短路径长度,最短路径长度越小的顶点越优先访问。实际上在遍历中产生以v为根的搜索子树(若搜索到边$<v,w>$并且w是首次访问,则$<v,w>$构成该子树的边),对该子树进行层次遍历得到广度优先遍历序列。

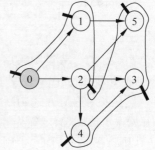

图 7.13 从顶点 0 出发的广度优先遍历过程

以邻接矩阵为存储结构的图的广度优先遍历算法如下(其中,v是起始点编号,visited是全局变量数组,可以改为局部数组):

```
from collections import deque
MAXV=100                              #全局变量,表示最多顶点个数
visited=[0] * MAXV
def BFS(g,v):                         #在邻接矩阵 g 中从顶点 v 出发的广度优先遍历
    qu=deque()                        #将双端队列作为普通队列 qu
    print(v,cnd=" ")                  #访问顶点 v
    visited[v]=1                      #置已访问标记
    qu.append(v)                      #v 进队
```

```
while len(qu)> 0:                                    # 队不空时循环
    v=qu.popleft()                                   # 出队顶点 v
    for w in range(g.n):
        if g.edges[v][w]!=0 and g.edges[v][w]!=INF:  # 存在边<v,w>并且 w 未被访问
            if visited[w]==0:
                print(w,end=" ")                     # 访问顶点 w
                visited[w]=1                         # 置已访问标记
                qu.append(w)                         # w 进队
```

上述算法的时间复杂度为 $O(n^2)$。

7.3.4　非连通图的遍历

上面讨论的两种图遍历方法,对于无向图来说,若是连通图,则一次遍历能够访问到图中的所有顶点;若是非连通图,则只能访问到起始点所在连通分量中的所有顶点,其他连通分量中的顶点是不可能访问到的。为此需要从其他每个连通分量中选择起始点,分别进行遍历,才能够访问到图中的所有顶点。

非连通图采用邻接表存储结构,其深度优先遍历算法如下:

```
def DFSA(G):                    # 非连通图的 DFS
    for i in range(G.n):
        if visited[i]==0:       # 若顶点 i 没有被访问过
            DFS(G,i)            # 从顶点 i 出发深度优先遍历
```

非连通图采用邻接表存储结构,其广度优先遍历算法如下:

```
def BFSA(G):                    # 非连通图的 BFS
    for i in range(G.n):
        if visited[i]==0:       # 若顶点 i 没有被访问过
            BFS(G,i)            # 从顶点 i 出发广度优先遍历
```

【例 7.4】　假设图采用邻接表存储,设计一个算法,判断一个无向图是否为连通图。若是连通图,返回 True,否则返回 False。

解　采用遍历方式判断无向图是否连通。先将 visited 数组元素均置初值 0,然后从顶点 0 开始遍历该图(深度优先和广度优先均可)。在一次遍历之后,若所有顶点 i 的 visited[i] 均为 1,则该图是连通的,否则不连通。采用深度优先遍历的算法如下:

```
def DFS1(G,v):                          # 在邻接表 G 中从顶点 v 出发深度优先遍历
    visited[v]=1                        # 置已访问标记
    for j in range(len(G.adjlist[v])):  # 处理顶点 v 的所有出边
        w=G.adjlist[v][j].adjvex        # 取顶点 v 的第 j 个邻接点 w
        if visited[w]==0:
            DFS1(G,w)                   # 若 w 顶点未被访问,递归访问它

def Connect(G):                         # 判断无向图 G 的连通性
    flag=True
    DFS1(G,0)                           # 调用 DSF1 算法,从 0 出发深度优先遍历
    for i in range(G.n):
        if visited[i]==0:
            flag=False                  # 存在没有访问的顶点,则不连通
            break
    return flag
```

7.4 图遍历算法的应用

扫一扫

视频讲解

7.4.1 深度优先遍历算法的应用

图的深度优先遍历算法是从顶点 v 出发,以纵向方式一步一步向后访问各个顶点的。从图 7.12 看到,DFS 算法的执行过程是 $DFS(G,0)\Rightarrow DFS(G,1)\Rightarrow DFS(G,5)\Rightarrow$ 回退到顶点 1$\Rightarrow$ 回退到顶点 0$\Rightarrow DFS(G,2)\Rightarrow DFS(G,3)\Rightarrow$ 回退到顶点 2$\Rightarrow DFS(G,4)\Rightarrow$ 回退到顶点 2$\Rightarrow$ 回退到顶点 0。

简单地说,在从起始点 v 深度优先遍历时,找顶点 v 的一个未访问的邻接点 u(对应边 $<v,u>$),从顶点 u 继续找一个未访问的邻接点 w(对应边 $<u,w>$),以此类推,若顶点 w 没有未访问的邻接点,则回退到顶点 u,再找顶点 u 的下一个未访问的邻接点,直到满足求解问题中的条件为止。这种思路常用于图算法设计中。

【例 7.5】 假设图 G 采用邻接表存储,设计一个算法判断从顶点 u 到顶点 v 是否有路径。对于图 7.14 所示的有向图,判断从顶点 0 到顶点 5、从顶点 0 到顶点 2 是否有路径。

解 利用深度优先遍历方法,先置 visited 数组的所有元素值为 0。从顶点 u 开始,置 $visited[u]=1$,找到顶点 u 的一个未访问过的邻接点 u_1;再从顶点 u_1 出发,置 $visited[u_1]=1$,找到顶点 u_1 的一个未访问过的邻接点 u_2,……,当找到的某个未访问过的邻接点 $u_n=v$ 时,说明顶点 u 到 v 有简单路径,返回 True,如果图遍历完都没有返回 True,则表示顶点 u 到 v 没有路径,返回 False。其过程如图 7.15 所示(深度优先遍历中包括自动回退过程)。

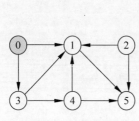

图 7.14 一个有向图

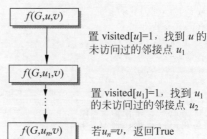

图 7.15 查找从顶点 u 到顶点 v 是否有简单路径的过程

实际上,从递归算法设计角度看,$f(G,u,v)$ 是大问题,表示图 G 中从顶点 u 到顶点 v 是否存在简单路径,当找到顶点 u 的没有搜索过的边 $<u,w>$ 时,则 $f(G,w,v)$ 是小问题,如图 7.16 所示,若小问题返回 True,表示 G 中从顶点 w 到顶点 v 存在简单路径,显然可推出顶点 u 到 v 存在简单路径,若小问题返回 False,表示 G 中从顶点 w 到顶点 v 不存在简单路径,回退再搜索顶点 u 的下一条没有搜索过的边,以此类推。

对应的完整程序如下:

```
from AdjGraph import AdjGraph, INF
MAXV=100                          #全局变量,表示最多顶点个数
visited=[0] * MAXV                #全局访问标志数组
def HasPath(G,u,v):               #判断 u 到 v 是否有简单路径
```

```
    for i in range(G.n): visited[i]=0                    ＃初始化
    return HasPath1(G,u,v)

def HasPath1(G,u,v):                                     ＃被 HasPath()方法调用
    visited[u]=1
    for j in range(len(G.adjlist[u])):                   ＃处理顶点 u 的所有出边
        w=G.adjlist[u][j].adjvex                         ＃取顶点 u 的第 j 个邻接点 w
        if w==v:                                         ＃找到目标点后返回 True
            return True                                  ＃表示 u 到 v 有路径
        if visited[w]==0:
            if HasPath1(G,w,v)==True: return True
    return False

＃主程序
G=AdjGraph()
n,e=6,9
a=[[0,1,0,1,0,0],[0,0,0,0,0,1],[0,1,0,0,0,1], [0,1,0,0,1,0],[0,1,0,0,0,1],[0,0,0,0,0,0]]
G.CreateAdjGraph(a,n,e)                                  ＃创建图 7.14 所示的邻接表
print("图 G");G.DispAdjGraph()
u,v=0,5
print("求解结果")
print("      顶点%d 到顶点%d 路径情况: " %(u,v),end='')
print("有" if HasPath(G,u,v) else "没有")
u,v=0,2
print("      顶点%d 到顶点%d 路径情况: " %(u,v),end='')
print("有" if HasPath(G,u,v) else "没有")
```

上述程序的执行结果如下：

```
图 G
    [0]->(1,1)->(3,1)->∧
    [1]->(5,1)->∧
    [2]->(1,1)->(5,1)->∧
    [3]->(1,1)->(4,1)->∧
    [4]->(1,1)->(5,1)->∧
    [5]->∧
求解结果
    顶点 0 到顶点 5 路径情况:有
    顶点 0 到顶点 2 路径情况:没有
```

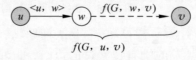

图 7.16 $f(G,u,v)$ 和 $f(G,w,v)$

【例 7.6】 假设图 G 采用邻接表存储,设计一个算法求顶点 u 到顶点 v 的一条简单路径(假设两顶点之间存在一条或多条简单路径)。对于图 7.14 所示的有向图,求从顶点 0 到顶点 4 的一条简单路径。

解 利用深度优先遍历方法,先置 visited 数组的所有元素值为 0,采用 path[0..d]存放 u 到 v 的一条结点路径(初始时路径为空,将 d 设置为 -1)。从顶点 u 开始,置 visited[u]=1,将顶点 u 添加到 path 中,找到顶点 u 的一个未访问过的邻接点 u_1；再从顶点 u_1 出发,置 visited[u_1]=1,将顶点 u_1 添加到 path 中,找到顶点 u_1 的一个未访问过的邻接点 u_2,……,当

找到的某个未访问过的邻接点 $u_n = v$ 时,说明 path 中存放的是顶点 u 到 v 的一条简单路径,输出并返回。其过程如图 7.17 所示(深度优先遍历中包括自动回退过程)。

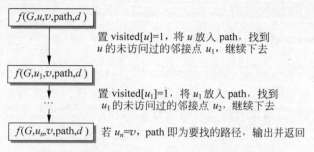

图 7.17 查找从顶点 u 到 v 的一条简单路径的过程

对应的算法如下:

```
def FindaPath1(G,u,v):              #解法1:求u到v的一条简单路径
    path=[-1]*MAXV
    d=-1                            #path[0..d]存放一条路径
    for i in range(G.n): visited[i]=0    #初始化
    FindaPath11(G,u,v,path,d)

def FindaPath11(G,u,v,path,d):      #被 FindaPath1()调用
    visited[u]=1
    d+=1; path[d]=u                 #顶点 u 加入路径中
    if u==v:                        #找到一条路径后输出并返回
        for i in range(d+1):
            print(path[i],end=' ')
        print()
        return
    for j in range(len(G.adjlist[u])):    #处理顶点 u 的所有出边
        w=G.adjlist[u][j].adjvex          #取顶点 u 的第 j 个邻接点 w
        if visited[w]==0:                 #w 没有访问过
            FindaPath11(G,w,v,path,d)     #递归调用
```

对于图 7.14 所示的有向图,执行 FindaPath1$(G,0,4)$ 语句时输出的一条简单路径为 0 3 4。

在上述算法中是将 path 作为一个长度为 MAXV 的数组,通过 path[0..d]表示路径的(d 参数为 int 的不可变类型,具有自动回退功能),能不能直接用 path 列表存放路径呢? 也就是 path 从空表开始,将路径上的顶点逐一添加到 path 中。答案是完全可行的,对应的算法如下:

```
def FindaPath2(G,u,v):              #解法2:求u到v的一条简单路径
    path=[]
    for i in range(G.n): visited[i]=0    #初始化
    FindaPath21(G,u,v,path)

def FindaPath21(G,u,v,path):        #被 FindaPath2()调用
    visited[u]=1
    path.append(u)                  #顶点 u 加入路径中
    if u==v:                        #找到一条路径后输出并返回
        print(path)
```

```
        return
    for j in range(len(G.adjlist[u])):          # 处理顶点 u 的所有出边
        w=G.adjlist[u][j].adjvex                 # 取顶点 u 的第 j 个邻接点 w
        if visited[w]==0:                        # w 没有访问过
            FindaPath21(G,w,v,path)              # 递归调用
```

对于图 7.14 所示的有向图，执行 FindaPath2(G,0,4)语句时输出的一条简单路径为 0 1 5 3 4，显然结果是错误的。为什么会出现这样的情况呢？这是因为 path 列表是可变类型的参数，相当于全局变量，没有自动回退功能，在执行 FindaPath2(G,0,4)语句时 path 中存放的是搜索轨迹，而不是从顶点 0 到顶点 4 的路径，改正的方式是增加具有回退功能的代码，即访问顶点 u 时将 u 添加到 path 中，如果从 u 出发没有找到终点 v，则回退，也就是将顶点 u 从 path 中删除（u 是 path 中最后添加的顶点）。对应的正确 FindaPath21()算法如下：

```
def FindaPath21(G,u,v,path):                     # 被 FindaPath2()调用
    visited[u]=1
    path.append(u)                               # 顶点 u 加入路径中
    if u==v:                                     # 找到一条路径后输出并返回
        print(path)
        return
    for j in range(len(G.adjlist[u])):          # 处理顶点 u 的所有出边
        w=G.adjlist[u][j].adjvex                 # 取顶点 u 的第 j 个邻接点 w
        if visited[w]==0:                        # w 没有访问过
            FindaPath21(G,w,v,path)              # 递归调用
    path.pop()                                   # 增加的具有回退功能的代码
```

【例 7.7】 假设图 G 采用邻接表存储，设计一个算法求从顶点 u 到顶点 v 的所有简单路径（假设两顶点之间存在一条或多条简单路径）。对于图 7.14 所示的有向图，求从顶点 0 到顶点 5 的所有简单路径。

扫一扫

视频讲解

解法 1：在前面的算法中一旦访问了某个顶点 u，便置 visited[u]为 1，以后不能再访问该顶点，现在需要求所有的简单路径，两个顶点之间的多条简单路径中可能都含顶点 u，所以需要改为当顶点 u 的所有邻接点处理完后重置 visited[u]为 0，称为带回溯的深度优先遍历方法。采用 path[0..d]存放两顶点之间的一条简单路径（d 的初始值置为 -1，在递归调用中 d 具有自动回退功能），其过程如图 7.18 所示。

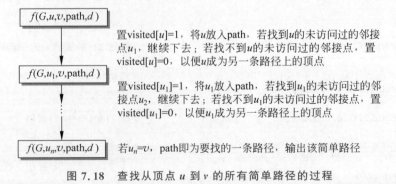

图 7.18 查找从顶点 u 到 v 的所有简单路径的过程

对应的算法如下：

```
def FindallPath1(G,u,v):                        # 求 u 到 v 的所有简单路径
    path=[-1] * MAXV
    d=-1                                         # path[0..d]存放一条路径
    for i in range(G.n): visited[i]=0           # 初始化
    FindallPath11(G,u,v,path,d)

def FindallPath11(G,u,v,path,d):                # 被 FindallPath1()调用
    visited[u]=1
    d+=1; path[d]=u                             # 顶点 u 加入路径中
    if u==v:                                     # 找到一条路径后输出
        for i in range(d+1):
            print(path[i],end=' ')
        print()                                  # 输出一条路径后不返回
    for j in range(len(G.adjlist[u])):          # 处理顶点 u 的所有出边
        w=G.adjlist[u][j].adjvex               # 取顶点 u 的第 j 个邻接点 w
        if visited[w]==0:                       # w 没有访问过
            FindallPath11(G,w,v,path,d)         # 递归调用
    visited[u]=0                                 # 回溯，重置 visited[u]为 0
```

上述 FindallPath1(G,u,v,path,d)在找到一条路径（即 $u=v$）后还要继续查找顶点 v 的邻接点，这是没有必要的，此时应该立即返回，以提高效率。改进后的算法如下：

```
def FindallPath11(G,u,v,path,d):                # 被 FindallPath1()调用
    visited[u]=1
    d+=1; path[d]=u                             # 顶点 u 加入路径中
    if u==v:                                     # 找到一条路径后输出
        for i in range(d+1):
            print(path[i],end=' ')
        print()                                  # 输出一条路径
        visited[u]=0                             # 回溯，重置 visited[u]为 0
        return                                   # 输出一条路径后立即返回
    for j in range(len(G.adjlist[u])):          # 处理顶点 u 的所有出边
        w=G.adjlist[u][j].adjvex               # 取顶点 u 的第 j 个邻接点 w
        if visited[w]==0:                       # w 没有访问过
            FindallPath11(G,w,v,path,d)         # 递归调用
    visited[u]=0                                 # 回溯，重置 visited[u]为 0
```

对于图 7.14 所示的有向图，在求从顶点 0 到顶点 5 的所有简单路径时，搜索过程如图 7.19 所示，先找到路径 0→1→5，从顶点 5 回退到顶点 1，将 visited[5]重置 visited[u]为 0，从顶点 1 回退到顶点 0，将 visited[1]重置 visited[u]为 0，再找到顶点 0 的下一个邻接点 3，以此类推，结果找到从顶点 0 到顶点 5 的 4 条结点路径，分别是 0 1 5、0 3 1 5、0 3 4 1 5、0 3 4 5。

解法 2：从图 7.19 中看出，从顶点 0 出发搜索到顶点 5 的所有简单路径构成一棵搜索树，根为起始点，叶子结点为终点，从根到每个叶子结点构成一条简单路径。为此用 path 列表存放一个简单路径，初始时将起始点 u 添加到 path 中（同时置 inpath[u]为 1），再处理顶点 u 的所有邻接点，该过程称为顶点 u 的扩展处理。由于每条路径中的所有顶点不重复出现，为此设置一个 inpath 数组，初始时所有元素为 0，一旦顶点 i 添加到 path 后置 inpath[i] 为 1。从顶点 u 出发搜索到顶点 v 的所有简单路径的过程如下：

若 $u=v$，说明找到了一条满足条件的简单路径 path，输出 path 并返回；否则对顶点 u

的每个邻接点 w_i 做扩展处理(搜索的每个顶点在搜索树中都对应一个结点,结点 w_i 均为结点 u 的子结点),若邻接点 w_i 在路径中(即 inpath[w_i]=1),跳过,继续处理顶点 u 的下一个邻接点,否则执行以下操作:

① 将顶点 w_i 添加到 path 中,同时置 inpath[w_i]为1。

② 从顶点 w_i 出发搜索,其过程与从顶点 u 出发的搜索过程类似。

③ 从顶点 w_i 回退到顶点 u,即将 w_i 从 path 中删除并置 inpath[w_i]为0。

上述过程如图 7.20 所示,图中实线为扩展,虚线为回退,这种搜索方法称为**回溯法**。

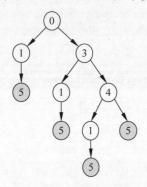

图 7.19　搜索从顶点 0 到 5 的所有简单路径

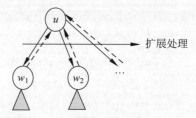

图 7.20　回溯法的扩展处理过程

对应的回溯法算法如下:

```
inpath=[0]*MAXV                                      #全局数组
def FindallPath2(G,u,v):                             #求 u 到 v 的所有简单路径
    for i in range(len(inpath)):inpath[i]=0          #初始化 inpath
    path=[u]                                          #将顶点 u 添加到 path 中
    inpath[u]=1                                       #置 u 已经在 path 中
    FindallPath21(G,u,v,path)

def FindallPath21(G,u,v,path):                       #被 FindallPath2()调用
    if u==v:                                          #找到一条路径后输出
        print(path)
        return
    for j in range(len(G.adjlist[u])):               #处理顶点 u 的所有出边
        w=G.adjlist[u][j].adjvex                     #取顶点 u 的第 j 个邻接点 w
        if inpath[w]==0:                             #若顶点 w 不在 path 中
            path.append(w)                           #将顶点 w 添加到 path 中
            inpath[w]=1                              #置 w 已经在 path 中
            FindallPath21(G,w,v,path)                #递归调用
            path.pop()                               #path 回溯
            inpath[w]=0                              #置 w 不在 path 中
```

采用回溯法的解法 2 与基于 DFS 的解法 1 相比,两者的相同点是都采用深度优先遍历,不同点是解法 1 侧重于当前结点的访问操作,而解法 2 侧重于在搜索树(搜索树表示扩展)中对当前结点的扩展处理。实际上,回溯法是一种通用的算法策略,假设解空间树中的每个结点有一个层次 i,其基本框架如下:

```
backtrack(u,i):
    if 当前结点 u 满足解条件:
        产生一个解
```

```
        return
    对当前结点 u 做扩展处理(假设当前结点 u 的子结点是 wi)
        if wi 满足扩展要求：
            做 u 到 wi 的扩展操作
            backtrack(wi,i+1)
            做 wi 到 u 的回退操作
```

【例 7.8】　假设一棵二叉树采用二叉链存储,每个结点值为单个数字符,这里的路径长度是指路径上的结点值之和。设计一个算法,采用回溯法求根结点到所有叶子结点的路径中长度最短的路径(假设这样的路径唯一),并求出如图 7.21 所示的二叉树的结果。

解　采用回溯法框架,用全局变量 minpath 存放最短路径,全局变量 minsum 存放最短路径长度。对于非空二叉树,用 path 和 sum 表示搜索的一条路径及其长度,先将根结点添加到 path,sum 置为根结点值。

由于在二叉树搜索中不会访问到重复结点,所以不需要设置类似于例 7.7 解法 2 中的 inpath 数组(如果图中没有回路,在例 7.7 的解法 2 中也不必设置 inpath 数组)。二叉树中结点的扩展最多只有左、右子结点。对于图 7.21 所示的二叉树,求根结点到所有叶子结点的路径中长度最短的路径的程序如下：

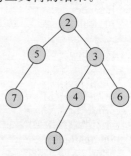

图 7.21　一棵二叉树

```
import copy
from BTree import BTree,BTNode
minpath=[]                                    # 全局变量,存放最短路径
minsum=0x3f3f3f3f                             # 全局变量,存放最短路径长度,初始为∞
def Shortpath(bt):                            # 求二叉树 bt 中的最短路径
    r=bt.b                                    # 根结点为 r
    if r!=None:
        path=[r.data]                         # 将根结点 u 添加到 path 中
        sum=int(r.data)                       # 当前路径长度为 r.data
        Shortpath1(r,path,sum)

def Shortpath1(t,path,sum):                   # 被 Shortpath()调用
    global minsum,minpath
    if t.lchild==None and t.rchild==None:     # 找到一个叶子结点
        if sum<minsum:                        # 将更短路径保存到(minpath,minsum)中
            minsum=sum
            minpath=copy.deepcopy(path)
        return
    # 结点 t 的扩展处理
    if t.lchild!=None:                        # 结点 t 存在左孩子结点
        path.append(t.lchild.data)            # 将左孩子结点值添加到 path
        sum+=int(t.lchild.data)               # 将左孩子结点值累加到 sum
        Shortpath1(t.lchild,path,sum)         # 从左孩子出发搜索
        path.pop()                            # 从左孩子回退到 t
        sum-=int(t.lchild.data)
    if t.rchild!=None:                        # 结点 t 存在右孩子结点
        path.append(t.rchild.data)            # 将右孩子结点值添加到 path
        sum+=int(t.rchild.data)               # 将右孩子结点值累加到 sum
        Shortpath1(t.rchild,path,sum)         # 从右孩子出发搜索
        path.pop()                            # 从右孩子回退到 t
```

```
                sum-=int(t.rchild.data)

    #主程序
    b=BTNode('2')
    p1=BTNode('5')
    p2=BTNode('3')
    p3=BTNode('7')
    p4=BTNode('4')
    p5=BTNode('6')
    p6=BTNode('1')
    b.lchild=p1
    b.rchild=p2
    p1.lchild=p3
    p2.lchild=p4
    p2.rchild=p5
    p4.lchild=p6
    bt=BTree()
    bt.SetRoot(b)
    print("bt:",end=' ');print(bt.DispBTree())
    print("求解结果")
    Shortpath(bt)
    print("  最短路径: ",minpath)
    print("  路径长度: %d" %(minsum))
```

上述程序的执行结果如下：

```
bt:  2(5(7),3(4(1),6))
求解结果
    最短路径: ['2', '3', '4', '1']
    路径长度: 10
```

7.4.2 广度优先遍历算法的应用

图的广度优先遍历算法是从顶点 v 出发，以横向方式一步一步向后访问各个顶点的，即访问过程是一层一层地向后推进的。简单地说，当起始点为 u 时，以顶点 u 到其他顶点的最短路径长度分层，一层一层地访问顶点。可以利用这一特点采用广度优先遍历算法找从顶点 u 到顶点 v 的最短路径（这里的路径长度指路径上包含的边数）等。

【例 7.9】 假设图 G 采用邻接表存储，设计一个算法，求不带权图 G 中从顶点 u 到顶点 v 的一条最短路径（假设两顶点之间存在一条或多条简单路径）。对于图 7.14 所示的有向图，求从顶点 0 到顶点 5 的一条最短简单路径。

解 图 G 是不带权图，一条边的长度计为 1，因此求顶点 u 到顶点 v 的最短路径即求顶点 u 到顶点 v 的边数最少的顶点序列。利用广度优先遍历算法，从顶点 u 出发进行广度优先遍历，类似于从顶点 u 出发一层一层地向外扩展，当第一次找到顶点 v 时队列中便包含了从顶点 u 到顶点 v 的最短路径，如图 7.22 所示，再利用队列求出最短逆路径，逆置后为最短路径。

对应的算法如下：

```
class QNode:                          #队列结点类
    def __init__(self,p,pre):         #构造方法
```

```
        self.vno=p                              # 当前顶点编号
        self.pre=pre                            # 当前结点的前趋结点

def ShortPath(G,u,v):                           # 求 u 到 v 的一条最短简单路径
    res=[]                                      # 存放结果
    qu=deque()                                  # 定义一个队列 qu
    qu.append(QNode(u,None))                    # 起始点 u(前趋为 None)进队
    visited[u]=1                                # 置已访问标记
    while len(qu)>0:                            # 队不空时循环
        p=qu.popleft()                          # 出队一个结点
        if p.vno==v:                           # 当前结点 p 为 v 结点
            res.append(v)
            q=p.pre                             # q 为前趋结点
            while q!=None:                      # 找到起始结点为止
                res.append(q.vno)
                q=q.pre
            res.reverse()                       # 逆置 res 构成正向路径
            return res
        for j in range(len(G.adjlist[p.vno])):  # 处理顶点 u 的所有出边
            w=G.adjlist[p.vno][j].adjvex        # 取顶点 u 的第 j 个邻接点 w
            if visited[w]==0:                   # w 没有访问过
                qu.append(QNode(w,p))           # 置其前趋结点为 p
                visited[w]=1                    # 置已访问标记
```

对于图 7.14 所示的有向图,执行 ShortPath(G,0,5)输出的一条最短简单路径为 0 1 5。

说明:本题的思想类似于用队列求解迷宫问题,只是这里的数据用邻接表存储,而前面的迷宫用数组存储。

【疑难解析】 为什么广度优先遍历找到的路径一定是最短路径呢?以图 7.14 中求顶点 0 到顶点 5 的路径为例,起始点为 0,以顶点 0 到其他顶点的最短路径长度分层,如图 7.23 所示,当搜索到顶点 5 时,求出的逆路径是 5 1 0,路径上的每个顶点均为不同层次的顶点,所以该路径一定是最短路径。如果采用深度优先遍历,找到的路径中的顶点可能属于相同层次的顶点,所以不一定是最短路径。

按距离 u 的最短路径长度
一层一层地访问其他顶点

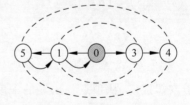

图 7.22 查找从顶点 u 到顶点 v 的最短路径   图 7.23 搜索从顶点 0 到顶点 5 的所有简单路径

7.5   生成树和最小生成树

7.5.1   生成树和最小生成树的概念

通常生成树是针对无向图的,最小生成树是针对带权无向图的。

1. 什么是生成树

一个有 n 个顶点的连通图的**生成树**是一个极小连通子图，它含有图中的全部顶点，但只包含构成一棵树的 $n-1$ 条边。如果在一棵生成树上添加一条边，必定构成一个环，因为这条边使得它依附的两个顶点之间有了第二条路径。

如果一个无向图有 n 个顶点和少于 $n-1$ 条边，则是非连通图。如果它有多于 $n-1$ 条边，则一定有回路，但是有 $n-1$ 条边的图不一定都是生成树。

2. 连通图的生成树和非连通图的生成森林

在对无向图进行遍历时，若是连通图，仅需调用遍历过程（DFS 或 BFS）一次，从图中任一顶点出发，便可以遍历图中的各个顶点。在遍历中搜索边 $<v,w>$ 时，若顶点 w 首次访问（该边也是首次搜索到），则该边是一条树边，所有树边构成一棵生成树。

若是非连通图，则需对每个连通分量调用一次遍历过程，所有连通分量对应的生成树构成整个非连通图的**生成森林**。

3. 由两种遍历方法产生的生成树

连通图可以产生一棵生成树，非连通分量可以产生生成森林。由深度优先遍历得到的生成树称为**深度优先生成树**；由广度优先遍历得到的生成树称为**广度优先生成树**。无论哪种生成树，都是由相应遍历中首次搜索的边构成的。

【例 7.10】 对于如图 7.24 所示的无向图，画出其邻接表存储结构，并在该邻接表中以顶点 0 为根画出图 G 的深度优先生成树和广度优先生成树。

解 假设该图的邻接表如图 7.25 所示（注意，图 G 的邻接表不是唯一的）。

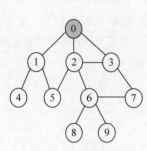

图 7.24 一个无向图

```
[ [[1,1],[2,1],[3,1]]          #顶点0
  [[0,1],[4,1],[5,1]]          #顶点1
  [[0,1],[3,1],[5,1],[6,1]]    #顶点2
  [[0,1],[2,1],[7,1]]          #顶点3
  [[1,1]]                      #顶点4
  [[1,1],[2,1]]                #顶点5
  [[2,1],[7,1],[8,1],[9,1]]    #顶点6
  [[3,1],[6,1]]                #顶点7
  [[6,1]]                      #顶点8
  [[6,1]] ]                    #顶点9
```

图 7.25 图的邻接表

对于该邻接表，从顶点 0 出发的深度优先遍历过程如图 7.26 所示，因此对应的深度优先生成树如图 7.27 所示。

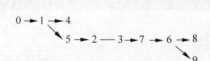

图 7.26 深度优先遍历过程

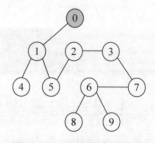

图 7.27 深度优先生成树

对于该邻接表,从顶点 0 出发的广度优先遍历过程如图 7.28 所示,因此对应的广度优先生成树如图 7.29 所示。

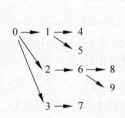

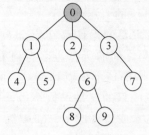

图 7.28　广度优先遍历过程　　　　　　图 7.29　广度优先生成树

说明:一个图的邻接表存储结构不一定唯一,而不同的邻接表,其深度优先遍历序列和广度优先遍历序列可能不同,对应的深度优先生成树和广度优先生成树也可能不同。

4. 什么是最小生成树

一个带权连通图 G(假定每条边上的权值均大于零)可能有多棵生成树,每棵生成树中所有边上的权值之和可能不同,其中边上的权值之和最小的生成树称为图的**最小生成树**。

按照生成树的定义,n 个顶点的连通图的生成树有 n 个顶点、$n-1$ 条边,因此构造最小生成树的准则有以下几条:

① 必须只使用该图中的边来构造最小生成树。

② 必须使用且仅使用 $n-1$ 条边来连接图中的 n 个顶点,生成树一定是连通的。

③ 不能使用产生回路的边。

④ 最小生成树的权值之和是最小的,一个图的最小生成树不一定是唯一的。

求图的最小生成树有很多实际应用,例如城市之间的交通工程造价最优问题就是一个最小生成树问题。构造图的最小生成树主要有两个算法,即 Prim 算法和 Kruskal 算法,将分别在后面介绍。

7.5.2　Prim 算法

1. Prim 算法过程

Prim(普里姆)算法是一种构造性算法。假设 $G=(V,E)$ 是一个具有 n 个顶点的带权连通图,$T=(U,\text{TE})$ 是 G 的最小生成树,其中 U 是 T 的顶点集,TE 是 T 的边集,则由 G 构造从起始点 v 出发的最小生成树 T 的步骤如下:

首先初始化 $U=\{v\}$,TE 为空集,以 v 到其他顶点的所有边为候选边。

然后重复以下步骤 $n-1$ 次,使得其他 $n-1$ 个顶点被加入 U 中。

① 从候选边中挑选权值最小的边加入 TE(所有候选边一定是连接两个顶点集 U 和 $V-U$ 的边),设该边在 $V-U$ 中的顶点是 k,将顶点 k 加入 U 中。

② 考查当前 $V-U$ 中的所有顶点 j,修改候选边:若 (k,j) 的权值小于原来和顶点 j 关联的候选边,则用 (k,j) 取代后者作为候选边。

简单地说,Prim 算法将图中的所有顶点分为 U 和 $V-U$ 两个集合,初始时 U 中仅包含一个顶点,即起始点 v,每次取两个顶点集之间的最小边(权值最小的边)作为最小生成树的一条边,将该边位于 $V-U$ 中的那个顶点移到 U 中,这样 U 和 $V-U$ 两个集合发生改变,再以此类推重复，直到 U 中包含 n 个顶点。

2. Prim 算法设计

设计 Prim 算法的要点如下：

① 算法中最主要的操作是在集合 U 和 $V-U$ 之间选择最小边 (i,j)，并且 $i\in U,j\in V-U$，两个顶点集之间的所有边称为割集，这里就是在割集中找最小边。由于是无向图，求割集可以考虑 U 中的每个顶点到 $V-U$ 的所有边，也可以考虑 $V-U$ 中的每个顶点到 U 的所有边，但本问题的目的仅是求最小边，没有必要求出整个割集，只需要考虑 U 中每个顶点到 $V-U$ 的最小边，或者考虑 $V-U$ 中每个顶点到 U 的最小边。不妨考虑 $V-U$ 中每个顶点 j 到 U 的最小边，在这样的最小边中再找出一条最小边便是最小生成树的一条边。

② 如何记录 $V-U$ 中每个顶点 $j(j\in V-U)$ 到 U 的最小边呢？为此建立两个数组 closest 和 lowcost，用 closest[j] 表示该最小边在 U 中的顶点，用 lowcost[j] 表示该边的权值。

③ 对于任意顶点 i，如何知道它属于集合 U 还是集合 $V-U$ 呢？由于图中权值为正整数，可以通过 lowcost 值来区分，一旦顶点 i 移到 U 中，将 lowcost[i] 置为 0，即 $U=\{i\mid \text{lowcost}[i]=0\}$，而 $V-U=\{j\mid \text{lowcost}[j]\neq0\}$。

假设 $V-U$ 中顶点 j 的最小边为 (i,j)，有 closest[j]$=i$，其权值为 lowcost[j]，它表示的是 j 到 U 集合的最小边，对应图 7.30 中的左图。可以采用图 7.30 中的右图表示形式，注意右图中顶点 j 连接的是整个 U 集合，表示 $V-U$ 中顶点 j 到 U 集合的最小边是 (closest[j],j)，其权值为 lowcost[j]。

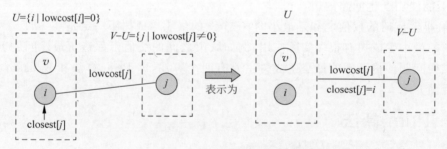

图 7.30　顶点集合 U 和 $V-U$

④ 由于算法中频繁地取两个顶点的权值，所以采用邻接矩阵存储图更加高效。

⑤ 初始时，U 中只有一个顶点 v，其他顶点 i 均在 $V-U$ 中，如果 (v,i) 是图中一条边，它就是 i 到 U 的最小边，所以置 closest[i]$=v$,lowcost[i]$=$g.edges[v][i]。如果 (v,i) 不是图中一条边，不妨认为有一条权为 ∞ 的边，同样置 closest[i]$=v$,lowcost[i]$=$g.edges[v][i]（此时恰好有 g.edges[v][i] 为 ∞，可以看出邻接矩阵为什么这样表示的原因）。

⑥ 一旦找到集合 U 和 $V-U$ 之间的最小边 (i,k)，将顶点 k 移到 U 中，操作是置 lowcost[k]$=0$，这样 U 和 $V-U$ 两个集合发生改变，显然 $V-U$ 集合中每个顶点 j 的最小边需要修改。实际上，在顶点 k 移到 U 中之前，顶点 j 的最小边用 closest[j] 和 lowcost[j] 表示，现在 U 中仅新增加了一个顶点 k，只需要将原 lowcost[j] 与 g.edges[k][j] 比较，若 g.edges[k][j]$<$lowcost[j]，说明 (k,j) 边更小，修改为 lowcost[j]$=$g.edges[k][j]，closest[j]$=k$，否则说明原来的最小边仍然是最小边，不需要修改，如图 7.31 所示。

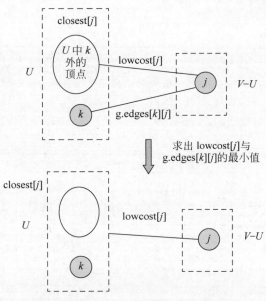

图 7.31 修改 $V-U$ 中顶点 j 的最小边

说明：在⑥中可能出现 lowcost[j]＝g.edges[k][j]的情况,这就是为什么最小生成树不一定唯一的原因。另外当一个带权连通图有多棵最小生成树时,起始点 v 不同得到的最小生成树也可能不同。

对应的 Prim(v)算法如下(该算法输出从起始点 v 出发求得的最小生成树的所有边):

```
def Prim(g,v):                                   #求最小生成树的 Prim 算法
    lowcost=[0] * MAXV                           #建立数组 lowcost
    closest=[0] * MAXV                           #建立数组 closest
    for i in range(g.n):                         #给 lowcost[]和 closest[]置初值
        lowcost[i]=g.edges[v][i]
        closest[i]=v
    for i in range(1,g.n):                       #找出最小生成树的 n−1 条边
        min=INF
        k=−1
        for j in range(g.n):                     #在(V−U)中找出离 U 最近的顶点 k
            if lowcost[j]!=0 and lowcost[j]< min:
                min=lowcost[j]
                k=j                              #k 记录最小顶点的编号
        print("(%d,%d):%d" %(closest[k],k,+min),end=' ')   #输出最小生成树的边
        lowcost[k]=0                             #将顶点 k 加入 U 中
        for j in range(g.n):                     #修改数组 lowcost 和 closest
            if lowcost[j]!=0 and g.edges[k][j]< lowcost[j]:
                lowcost[j]=g.edges[k][j]
                closest[j]=k
```

例如,图 7.32(a)所示的带权连通图采用 Prim 算法调用 Prim(0)构造最小生成树的过程如图 7.32(b)～图 7.32(f)所示,图 7.32(f)就是最后求出的一棵最小生成树。

上述 Prim 算法中有两重 for 循环,所以时间复杂度为 $O(n^2)$,其中 n 为图的顶点个数。由于与 e 无关,所以 Prim 算法特别适合于稠密图求最小生成树。

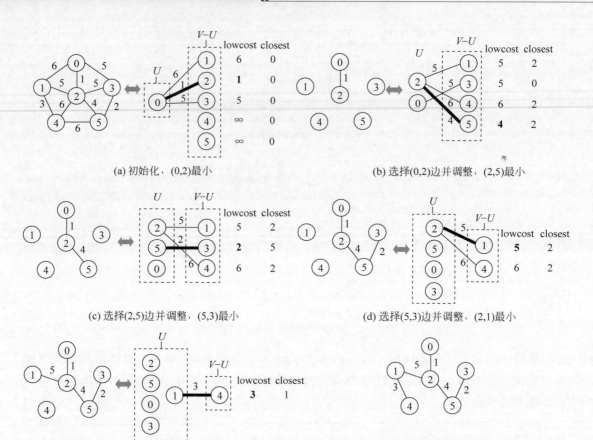

(a) 初始化，(0,2)最小 (b) 选择(0,2)边并调整，(2,5)最小

(c) 选择(2,5)边并调整，(5,3)最小 (d) 选择(5,3)边并调整，(2,1)最小

(e) 选择(2,1)边并调整，(1,4)最小 (f) 选择(1,4)边，结束

图 7.32 用 Prim 算法求解最小生成树的过程

【思考题】 当一个带权连通图有多棵最小生成树时，如何利用 Prim 算法的思路求出所有的最小生成树？

7.5.3 Kruskal 算法

扫一扫
视频讲解

1. Kruskal 算法过程

Kruskal（克鲁斯卡尔）算法是一种按权值的递增次序选择合适的边来构造最小生成树的方法。假设 $G=(V,E)$ 是一个具有 n 个顶点的带权连通图，$T=(U,\text{TE})$ 是 G 的最小生成树，则构造最小生成树的步骤如下：

① 置 U 的初值等于 V（即包含 G 中的全部顶点），TE 的初值为空集（即图 T 中的每一个顶点都构成一个连通分量）。

② 将图 G 中的边按权值从小到大的顺序依次选取：若选取的边未使生成树 T 形成回路，则加入 TE；否则舍弃，直到 TE 中包含 $n-1$ 条边为止。

2. Kruskal 算法设计

设计 Kruskal 算法的关键是判断将选择的边添加到 TE 中是否出现回路，这可通过判断该边的两个顶点所在的连通分量是否相同来解决，每个连通分量用其中的一个顶点编号来标识，称为连通分量编号，同一个连通分量中所有顶点的连通分量编号相同，不同连通分量中两个顶点的连通分量编号一定不相同,如果选择边的两个顶点的连通分量编号相同,添加到 TE 中一定会出现回路。

为此设置一个辅助数组 vset[0..n−1],其元素 vset[i] 代表顶点 i 所属的连通分量的编号(同一个连通分量中所有顶点的 vset 值相同)。

初始时 T 中只有 n 个顶点,没有任何边,将每个顶点 i 看成一个连通分量,该连通分量的编号就是 i。将图中的所有边按权值递增排序,从前向后选边(保证总是选择权值最小的边),当选择一条边 (u_1, v_1) 时,求出这两个顶点所属连通分量的编号分别为 sn_1 和 sn_2。

① 若 $sn_1 = sn_2$,说明顶点 u_1 和 v_1 属于同一个连通分量,如果添加这条边会出现回路,所以不能添加该边。

② 若 $sn_1 \neq sn_2$,说明顶点 u_1 和 v_1 属于不同连通分量,添加这条边不会出现回路,所以添加该边。添加后原来的两个连通分量需要合并,即将两个连通分量中所有顶点的 vset 值改为相同(改为 sn_1 或者 sn_2 均可)。

如此这样,直到在 T 中添加 n−1 条边为止。

在算法中需要考虑所有边,由于是无向图,将邻接矩阵上三角部分的所有边存放在列表 E 中,每一条边对应的列表为 $[u, v, w]$,其中 u、v 分别为边的起始和终止顶点,w 为边的权值,对 E 按权值 w 递增排序后做上述操作。对应的基本 Kruskal 算法如下:

```python
def Kruskal1(g):                                    #求最小生成树:基本的 Kruskal 算法
    vset = [−1] * MAXV                              #建立数组 vset
    E = []                                          #建立存放所有边的列表 E
    for i in range(g.n):                            #由邻接矩阵 g 产生的边集数组 E
        for j in range(i+1, g.n):                   #对于无向图仅考虑上三角部分的边
            if g.edges[i][j] != 0 and g.edges[i][j] != INF:
                E.append([i, j, g.edges[i][j]])     #添加[i,j,w]元素
    E.sort(key=itemgetter(2))                       #按权值递增排序
    for i in range(g.n): vset[i] = i                #初始化辅助数组
    cnt = 1                                         #cnt 为最小生成树的第几条边,初值为1
    j = 0                                           #取 E 中边的下标,初值为0
    while cnt < g.n:                                #生成的边数小于 n 时循环
        u1, v1 = E[j][0], E[j][1]                   #取一条边的起始和终止顶点
        sn1 = vset[u1]
        sn2 = vset[v1]                              #分别得到两个顶点所属的集合编号
        if sn1 != sn2:                              #两顶点属于不同的集合,加入不会构成回路
            print("(%d,%d):%d" %(u1,v1,E[j][2]), end=' ')  #输出最小生成树的边
            cnt += 1                                #生成边数增1
            for i in range(g.n):                    #两个集合统一编号
                if vset[i] == sn2:                  #集合编号为 sn2 的改为 sn1
                    vset[i] = sn1
        j += 1                                      #继续取 E 的下一条边
```

说明:从数组 E 中添加边时可能会出现几条权值相同的边,这就是为什么最小生成树不一定唯一的原因。另外,Kruskal 算法中最开头添加的两条边一定不会出现回路,所以图中如果有两条权值最小的边,它们一定都会出现在所有的最小生成树中,而添加第 3 条边可能出现回路,所以图中如果有 3 条权值最小的边,它们不一定都会出现在所有的最小生成树中。

例如,对于图 7.32(a)所示的带权无向图,采用 Kruskal() 算法构造最小生成树的过程如图 7.33(a)~图 7.33(e)所示。初始时,j=0,顶点 i 对应的 vset[i] 值为 i,图 7.33 中各

顶点旁边标出了该值的变化过程。

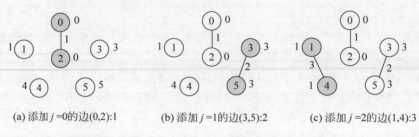

(a) 添加 $j=0$ 的边(0,2):1　　(b) 添加 $j=1$ 的边(3,5):2　　(c) 添加 $j=2$ 的边(1,4):3

(d) 添加 $j=3$ 的边(2,5):4　　(e) 添加 $j=5$ 的边(1,2):5

图 7.33　用 Kruskal 算法求解最小生成树的过程

① 在图 7.33(a)中添加一条 $j=0$ 的边(0,2):1,顶点 0 和 2 连通,则将顶点 2 的 vset[2]值改为 0。

② 在图 7.33(b)中添加一条 $j=1$ 的边(3,5):2,顶点 3 和 5 连通,则将顶点 5 的 vset[5]值改为 3。

③ 在图 7.33(c)中添加一条 $j=2$ 的边(1,4):3,顶点 1 和 4 连通,则将顶点 4 的 vset[4]值改为 1。

④ 在图 7.33(d)中添加一条 $j=3$ 的边(2,5):4,这样顶点 0、2、3、5 连通,则将顶点 5 的 vset[5]值改为 0,顶点 3 的 vset[3]值改为 0。

⑤ 选择一条 $j=4$ 的边(0,3):5,由于 vset[0]=vset[3],不能添加该边。将 j 增 1,选择 $j=5$ 的边(1,2):5,这样所有顶点都连通,则所有顶点的 vset 值改为 1,如图 7.33(e)所示,该图就是最后求出的一棵最小生成树。

【思考题】　当一个带权连通图有多棵最小生成树时,如何利用 Kruskal 算法的思路求出所有的最小生成树?

*3. 改进的 Kruskal 算法设计

上述 Kruskal 算法不是高效的算法,因为在采用 vset 数组添加一条边后合并时的时间复杂度为 $O(n)$。可以采用第 6 章的并查集实现连通分量的查找和合并,也就是将一个连通分量看成一个等价类,属于一个等价类的两个顶点是同一个连通分量的顶点,属于两个不同等价类的两个顶点是不同连通分量的顶点。

采用并查集实现的 Kruskal 算法如下:

```
parent=[-1] * MAXV          ＃并查集存储结构
rank=[0] * MAXV             ＃存储结点的秩
def Init(n):                ＃并查集的初始化
    for i in range(0,n):
        parent[i]=i
        rank[i]=0
```

```
def Find(x:int):                              #查找 x 结点的根结点
    rx= x
    while parent[rx] != rx:                   #找到 x 的根 rx
        rx= parent[rx]
    y= x
    while y!= rx:                             #路径的压缩
        parent[y]= rx
        y= parent[y]
    return rx                                 #返回根
def Union(x:int,y:int):                       #并查集中 x 和 y 的两个集合的合并
    if rx== ry:                               #x 和 y 属于同一棵树的情况
        return
    if rank[rx]< rank[ry]:
        parent[rx]= ry                        #rx 结点作为 ry 的孩子
    else:
        if rank[rx]== rank[ry]:               #秩相同,合并后 rx 的秩增 1
            rank[rx]+= 1
        parent[ry]= rx                        #ry 结点作为 rx 的孩子

def Kruskal2(g):                              #求最小生成树:改进的 Kruskal 算法
    E=[]                                      #建立存放所有边的列表 E
    for i in range(g.n):                      #由邻接矩阵 g 产生的边集数组 E
        for j in range(i+1,g.n):             #对于无向图仅考虑上三角部分的边
            if g.edges[i][j]!=0 and g.edges[i][j]!=INF:
                E.append([i,j,g.edges[i][j]]) #添加[i,j,w]元素
    E.sort(key= itemgetter(2))                #按权值递增排序
    Init(g.n)                                 #并查集的初始化
    cnt=1                                     #cnt 表示最小生成树的第几条边,初值为 1
    j=0                                       #取 E 中边的下标,初值为 0
    while cnt< g.n:                           #生成的边数小于 n 时循环
        u1,v1=E[j][0],E[j][1]                 #取一条边的起始和终止顶点
        sn1= Find(u1)
        sn2= Find(v1)                         #分别得到两个顶点所属连通分量的编号
        if sn1!= sn2:                         #两顶点属于不同的集合,加入不会构成回路
            print("(%d,%d):%d" %(u1,v1,E[j][2]),end=' ')   #输出最小生成树的边
            cnt+= 1                           #生成边数增 1
            Union(u1,v1)                      #合并
        j+= 1                                 #继续取 E 的下一条边
```

若带权连通图 G 有 n 个顶点、e 条边,上述算法中排序的时间复杂度为 $O(e\log_2 e)$,而并查集的查找和合并的时间复杂度都是 $O(\log_2 e)$,while 循环最多执行 e 次,所以整个算法的时间复杂度仍然为 $O(e\log_2 e)$(注意这里的时间不计提取 E 数组的时间,因为在许多实际问题中边信息是已知的)。通常说 Kruskal 算法的时间复杂度为 $O(e\log_2 e)$,指的是改进的 Kruskal 算法。由于与 n 无关,所以 Kruskal 算法特别适合于稀疏图求最小生成树。

7.6　最　短　路　径

7.6.1　最短路径的概念

在一个不带权图中,若从一顶点到另一顶点存在着一条路径,则称该路径长度为该路径

扫一扫

视频讲解

上所经过的边的数目,它等于该路径上的顶点数减1。由于从一顶点到另一顶点可能存在着多条路径,每条路径上所经过的边数可能不同,即路径长度不同,把路径长度最短(即经过的边数最少)的那条路径叫作**最短路径**,其路径长度称为**最短路径长度**或最短距离。

对于带权图,考虑路径上各边上的权值,通常把一条路径上所经边的权值之和定义为该路径的路径长度或称**带权路径长度**。从源点到终点可能不止一条路径,把带权路径长度最短的那条路径称为最短路径,其路径长度(权值之和)称为**最短路径长度**或者最短距离。

实际上,只要把不带权图上的每条边看成权值为1的边,那么不带权图和带权图的最短路径和最短距离的定义是一致的。

求图的最短路径主要包括两个方面的问题,一是求图中某一顶点到其余各顶点的最短路径(称为单源最短路径),这里介绍 Dijkstra 算法;二是求图中每一对顶点之间的最短路径(称为多源最短路径),这里介绍 Floyd 算法。

7.6.2 Dijkstra 算法

1. Dijkstra 算法过程

给定一个带权图 G 和一个起始点(即源点 v),Dijkstra(狄克斯特拉)算法的具体步骤如下:

① 初始时,顶点集 S 只包含源点,即 $S=\{v\}$,顶点 v 到自己的最短路径长度为 0。顶点集 U 包含除 v 以外的其他顶点,源点 v 到 U 中顶点 i 的最短路径长度为边上的权值(若源点 v 到顶点 i 有边$<v,i>$)或∞(若源点 v 到顶点 i 没有边,此时认为有一条长度为∞的最短路径)。

② 从 U 中选取一个顶点 u,它是源点 v 到 U 中最短路径长度最小的顶点,然后把顶点 u 加入 S 中(此时求出了源点 v 到顶点 u 的最短路径长度)。

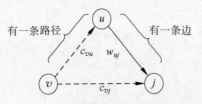

图 7.34 从源点 v 到顶点 j 的路径比较

③ 以顶点 u 为新考虑的中间点,修改顶点 u 的出边邻接点 j 的最短路径长度,此时源点 v 到顶点 j 的最短路径有两条,一条经过顶点 u,另一条不经过顶点 u。如图 7.34 所示,图中实线表示边,虚线表示路径。

若经过顶点 u 的最短路径长度(图中为 $c_{vu}+w_{uj}$)比不经过顶点 u 的最短路径长度(图中为 c_{vj})更短,则修改源点 v 到顶点 j 的最短路径长度为经过顶点 u 的那条路径的长度,否则说明原来的不经过顶点 u 的最短路径长度更短,不需要修改。该过程可以看成边$<u,j>$的松弛操作。

④ 重复步骤②和③,直到 S 中包含所有的顶点,即 U 为空。

2. Dijkstra 设计

设有向图 $G=(V,E)$,采用邻接矩阵作为存储结构。设计 Dijkstra 算法的要点如下:

① 判断顶点 i 属于哪个集合,设置一个数组 S,$S[i]=1$ 表示顶点 i 属于 S 集合,$S[i]=0$ 表示顶点 i 属于 U 集合。

② 保存最短路径长度,由于源点 v 是已知的,只需要设置一个数组 $dist[0..n-1]$,$dist[i]$ 用来保存从源点 v 到顶点 i 的最短路径长度。$dist[i]$ 的初值为$<v,i>$边上的权值,若顶点 v 到顶点 i 没有边,则权值定为∞。以后每考虑一个新的中间点 u 时,$dist[i]$ 的值可

能被修改变小。

③ 保存最短路径,设置一个数组 path[0..n−1],其中 path[i]存放从源点 v 到顶点 i 的最短路径。为什么能够用一个一维数组保存多条最短路径呢?

如图 7.35 所示,假设从源点 v 到顶点 j 有多条路径,其中 $v⇨⋯⇨a⇨⋯⇨u⇨j$ 是最短路径,即最短路径上顶点 j 的前一个顶点是顶点 u,则 $v⇨⋯⇨a⇨⋯⇨u$ 也一定是从源点 v 到顶点 u 的最短路径,否则说明从源点 v 到顶点 u 还有另一条最短路径,例如 $v⇨⋯⇨b⇨⋯⇨u$,而这条路径加上顶点 j(即 $v⇨⋯⇨b⇨⋯⇨u⇨j$)构成从源点 v 到顶点 j 的最短路径,这与前面的假设矛盾,所以若 $v⇨⋯⇨a⇨⋯⇨u⇨j$ 是一条最短路径,则 $v⇨⋯⇨a⇨⋯⇨u$ 一定是从源点 v 到顶点 u 的最短路径,这样就可以用 path[j]保存从源点 v 到顶点 j 的最短路径,即置 path[j]为最短路径上的前一个顶点 u(即 path[j]=u),不妨称顶点 u 为顶点 j 的前趋顶点,再由 path[u]一步一步向前推,直到源点 v,这样可以推出从源点 v 到顶点 j 的最短路径。

也就是说 path[j]只保存源点 v 到顶点 j 的最短路径上顶点 j 的前趋顶点(实际上 path 数组改为 pre 数组更直观,但为了尊重算法发明者,仍采用 path 数组),从而只需要用一个一维数组 path 便可以保存所有的最短路径了。

例如,对于图 7.36 所示的带权有向图,采用 Dijkstra 算法求从顶点 0 到其他顶点的最短路径时,S、U、dist 和 path 到各顶点的距离的变化过程如表 7.1 所示,其中 dist 和 path 中的阴影部分表示发生了修改。

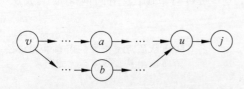

图 7.35   顶点 v 到 j 的最短路径

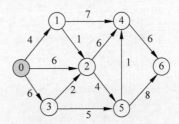

图 7.36   一个带权有向图

表 7.1   求从顶点 0 出发的最短路径时 S、U、dist 和 path 的变化过程

S	U	dist							path							选择 U 中的 u 顶点
		0	1	2	3	4	5	6	0	1	2	3	4	5	6	
{0}	{1,2,3,4,5,6}	0	4	6	6	∞	∞	∞	0	0	0	0	−1	−1	−1	1
{0,1}	{2,3,4,5,6}	0	4	5	6	11	∞	∞	0	0	1	0	1	−1	−1	2
{0,1,2}	{3,4,5,6}	0	4	5	6	11	9	∞	0	0	1	0	1	2	−1	3
{0,1,2,3}	{4,5,6}	0	4	5	6	11	9	∞	0	0	1	0	1	2	−1	5
{0,1,2,3,5}	{4,6}	0	4	5	6	10	9	17	0	0	1	0	5	2	5	4
{0,2,3,5,4}	{6}	0	4	5	6	10	9	16	0	0	1	0	5	2	4	6
{0,1,2,3,5,4,6}	{}	0	4	5	6	10	9	16	0	0	1	0	5	2	4	算法结束

最后求出顶点 0 到 1~6 各顶点的最短距离分别为 4、5、6、10、9 和 16。

求出的 path 为{0,0,1,0,5,2,4},这里以求顶点 0 到顶点 4 的最短路径为例说明通过 path 求最短路径的过程:path[4]=5,path[5]=2,path[2]=1,path[1]=0(源点),则顶点 0 到顶点 4 的最短路径的逆为 4→5→2→1→0,正向最短路径为 0→1→2→5→4。

对应的 Dijkstra 算法如下（v 为源点）：

```
def Dijkstra1(g,v):                            # 求从顶点 v 到其他顶点的最短路径
    dist=[-1]*MAXV                             # 建立 dist 数组
    path=[-1]*MAXV                             # 建立 path 数组
    S=[0]*MAXV                                 # 建立 S 数组
    for i in range(g.n):
        dist[i]=g.edges[v][i]                  # 最短路径长度的初始化
        if g.edges[v][i]<INF:                  # 最短路径的初始化
            path[i]=v                          # v 到 i 有边,置路径上顶点 i 的前趋为 v
        else:                                  # v 到 i 没边,置路径上顶点 i 的前趋为-1
            path[i]=-1
    S[v]=1                                     # 将源点 v 放入 S 中
    u=-1
    for i in range(g.n-1):                     # 循环向 S 中添加 n-1 个顶点
        mindis=INF                             # mindis 置最小长度初值
        for j in range(g.n):                   # 选取不在 S 中且具有最小距离的顶点 u
            if S[j]==0 and dist[j]<mindis:
                u=j
                mindis=dist[j]
        S[u]=1                                 # 将顶点 u 加入 S 中
        for j in range(g.n):                   # 修改不在 S 中的顶点的距离
            if S[j]==0:                        # 仅修改 S 中的顶点 j
                if g.edges[u][j]<INF and dist[u]+g.edges[u][j]<dist[j]:
                    dist[j]=dist[u]+g.edges[u][j]
                    path[j]=u
    DispAllPath(dist,path,S,v,g.n)             # 输出所有最短路径及长度
```

以下是输出所有最短路径及其长度的方法,其中通过对 path 数组向前递推生成从源点到顶点 i 的最短路径。

```
def DispAllPath(dist,path,S,v,n):              # 输出从顶点 v 出发的所有最短路径
    for i in range(n):                         # 循环输出从顶点 v 到 i 的路径
        if S[i]==1 and i!=v:
            apath=[]
            print("    从%d到%d最短路径长度:%d \t 路径:" %(v,i,dist[i]),end=' ')
            apath.append(i)                    # 添加路径上的终点
            k=path[i]
            if k==-1:                          # 没有路径的情况
                print("无路径")
            else:                              # 存在路径时输出该路径
                while k!=v:
                    apath.append(k)            # 将顶点 k 加入路径中
                    k=path[k]
                apath.append(v)                # 添加路径上的起点
                apath.reverse()                # 逆置 apath
                print(apath)                   # 输出最短路径
```

上述 Dijkstra1(g,v) 算法的时间复杂度为 $O(n^2)$。

【思考题】 当一个带权图的两个顶点之间有多条长度相同的最短路径时,如何利用 Dijkstra 算法的思路求出所有的最短路径？如何利用 Dijkstra 算法的思路仅求出顶点 i 到顶点 j 的最短路径？

【深入扩展】 Dijkstra 算法的特点如下：

① 既适合带权有向图求单源最短路径,也适合带权无向图求单源最短路径。

② 在算法中一旦顶点 u 添加到 S 中,源点 v 到该顶点的最短路径在后面不再发生改变,所以 Dijkstra 算法不适合含负权的图求最短路径。因为含负权时后面可能出现源点 v 到顶点 u 的更短路径,但这里是得不到修改的。例如图 7.37 所示为一个含负权的带权图,源点为 0,在采用 Dijkstra 算法时,先求出 0 到 1 的最短路径长度为 1,后面不会修改,而实际上 0 到 1 的最短路径长度为 $3-4=-1$。

③ S 中越后面添加的顶点,源点 v 到该顶点的最短路径长度越长。也就是说是按照最短路径长度递增的次序向 S 中添加顶点的。

④ 能不能利用 Dijkstra 算法思路求源点 v 到其他顶点的最长路径呢? 即选择的 u 顶点是具有最长路径长度的顶点,其出边邻接点也改为按最长路径长度进行修改。答案是否定的。可以通过一个反例证明,例如对于图 7.38 所示的带权图,求源点 0 到其他顶点的最长路径,照此方法求出 0⇨3 的最长路径为 0→1→3,实际上是 0→2→3。

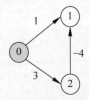

图 7.37 一个含负权的带权图

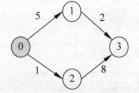

图 7.38 一个带权图

*3. 改进的 Dijkstra 算法设计

对于前面的 Dijkstra 算法可以从两个方面进行优化,这里仅求最短路径长度:

① 在前面的 Dijkstra1() 算法中,当求出源点 v 到顶点 u 的最短路径长度后,实际上只需要调整从顶点 u 出发的邻接点的最短路径长度,而 Dijkstra1() 算法由于采用邻接矩阵存储图,需要花费 $O(n)$ 的时间来调整从顶点 u 出发的邻接点的最短路径长度,如果采用邻接表存储图,可以更快地查找到顶点 u 的所有邻接点并进行调整。

② 在求当前一个最短路径长度的顶点 u 时,Dijkstra1() 算法采用简单比较方法,可以改为采用优先队列(小根堆)求解,这里的优先队列 heap 的元素为 $[d,i]$ 列表,其中 i 为顶点,d 为源点到顶点 i 的最短路径长度,按 d 建立小根堆。由于小根堆中最多有 n 个元素,所以最坏时间复杂度为 $O(\log_2 n)$。

对应的改进算法 Dijkstra2 如下:

```
def Dijkstra2(G,v):                          # 改进的 Dijkstra 算法
    dist=[INF] * MAXV                        # 建立 dist 数组,初始化 dist[i]为∞
    S=[0] * MAXV                             # 建立 S 数组,初始化 S[i]为 0
    heap=[]                                  # 优先队列元素为[d,i]
    for j in range(len(G.adjlist[v])):       # 处理顶点 v 的所有出边
        w=G.adjlist[v][j].adjvex             # 取顶点 v 的第 j 个邻接点 w
        dist[w]=G.adjlist[v][j].weight       # 距离的初始化
        heapq.heappush(heap,[dist[w],w])     # 将[dist[w],w]进队
    S[v]=1                                   # 将源点 v 添加到 S 中
    for i in range(G.n-1):                   # 循环直到所有顶点的最短路径求出
        p=heapq.heappop(heap)                # 出队最小路径长度的结点 p
        u=p[1]                               # 取最小最短路径长度的顶点 u
```

```
        S[u]=1                                      # 将顶点 u 加入 S 中
        for j in range(len(G.adjlist[u])):          # 处理顶点 u 的所有出边
            w=G.adjlist[u][j].adjvex                # 取顶点 u 的第 j 个邻接点 w
            if S[w]==0 and dist[u]+G.adjlist[u][j].weight<dist[w]:
                dist[w]=dist[u]+G.adjlist[u][j].weight    # 修改最短路径长度
                heapq.heappush(heap,[dist[w],w])    # 将[dist[w],w]进队
    print("从%d顶点出发的最短路径长度如下:" %(v))
    for i in range(G.n):                            # 输出结果
        if i!=v:
            print("  %d 到顶点%d 的最短路径长度: %d" %(v,i,dist[i]))
```

上述 Dijkstra2 算法中，主要时间花费在小根堆维护和边松弛操作上。小根堆维护包含初始时全部顶点进堆和后面的出堆操作，对应的时间为 $O(n\log_2 n)$。边松弛操作用于更新一条边中某个顶点的最短路径长度值，理论上最多可以进行 e 次松弛操作（尽管在实际中，由于边的权重和算法的执行过程，某些松弛操作可能是不必要的或重复的），对应的时间为 $O(e\log_2 n)$。这样算法的总时间为 $O(n\log_2 n + e\log_2 n)$，通常 $n < e$，结果为 $O(e\log_2 n)$，所以该算法特别适合稀疏图求单源最短路径。

7.6.3 Floyd 算法

扫一扫

视频讲解

1. Floyd 算法过程

求解每对顶点之间的最短路径的一个办法是每次以一个顶点为源点，重复执行 Dijkstra 算法 n 次。解决该问题的另一种方法是采用 Floyd（弗洛伊德）算法。

Floyd 算法的思路是假设有向图 $G=(V,E)$ 采用邻接矩阵 g 表示，另外设置一个二维数组 A 用于存放当前顶点之间的最短路径长度，其中元素 $A[i][j]$ 表示当前顶点 i 到 j 的最短路径长度。为了求 A，必须考查以所有顶点为中间点，通过比较求最短路径长度，如一个图中只有 3 个顶点和 0→1、1→2 两条边，仅从邻接矩阵看，0→2 是没有路径的，但考查中间顶点 1 时就会发现有一条 0→1→2 的路径。

当图中顶点个数 $n > 2$ 时，中间顶点会有多个，但每一次只能考查一个顶点，不妨按 0 到 $n-1$ 的次序来考查 n 个顶点。这样在考查中间顶点 k 时，前面 0～$k-1$ 的顶点均已考查过。所谓考查中间顶点 k，就是考查任意两个顶点 i 到 j 的路径上经过考查顶点 k 的新路径。k 从 0 到 $n-1$，这样产生一个矩阵序列 $A_0, A_1, \cdots, A_k, \cdots, A_{n-1}$，其中 $A_k[i][j]$ 表示从顶点 i 到 j 的路径上所经过的顶点不大于 k（或者说经过的顶点小于或等于 k）的最短路径长度。

初始时没有考查任何中间顶点，也就是将任意两个顶点之间的边看成它们之间的最短路径，而邻接矩阵恰好表示了这样的最短路径，所以 $A_{-1}[i][j] = g.edges[i][j]$。

若 $A_{k-1}[i][j]$（$k>0$）已求出，或者说已经求出以 0～$k-1$ 为中间顶点的任意两个顶点的最短路径长度，现在新增加一个中间顶点 k，即求 $A_k[i][j]$，如图 7.39 所示（图中虚线表示路径），$A_{k-1}[i][k]$ 是顶点 i 到 k 经过 0～$k-1$ 的中间顶点（该路径除了终点为 k 外中间顶点一定不含顶点 k）的最短路径长度，$A_{k-1}[k][j]$ 是顶点 k 到 j 经过 0～$k-1$ 的中间顶点（该路径除了起点为 k 外中间顶点一定不含顶点 k）的最短路径长度，$A_{k-1}[i][j]$ 是顶点 i 到 j 经过 0～$k-1$ 的中间顶点（该路径中一定不含顶点 k）的最短路径长度。简单地说，在考查顶点 k 时顶点 i 到 j 有两条路径（若没有其中的某条路径，不妨将其看成是长度为∞的路径）：

① 不经过顶点 k 的路径,该路径与之前求出的路径长度相同,即为 $A_{k-1}[i][j]$。

② 经过顶点 k 的路径,其长度为 $A_{k-1}[i][k]+A_{k-1}[k][j]$。

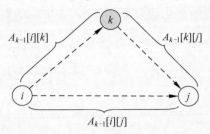

图 7.39 在考查顶点 0~k 后求顶点 i 到 j 的最短路径长度 $A_k[i][j]$

显然顶点 i 到 j 的最短路径是这样两条路径中的较短者,若 $A_{k-1}[i][j]>A_{k-1}[i][k]+A_{k-1}[k][j]$,选择经过顶点 k 的路径,即 $A_k[i][j]=A_{k-1}[i][k]+A_{k-1}[k][j]$,否则 $A_k[i][j]=A_{k-1}[i][j]$。

归纳起来,上述求解思路可用如下表达式来描述:

$$A_{-1}[i][j]=g.\mathrm{edges}[i][j]$$

$$A_k[i][j]=\min\{A_{k-1}[i][j], \quad A_{k-1}[i][k]+A_{k-1}[k][j]\} \quad 0\leqslant k\leqslant n-1$$

该式是一个迭代表达式,每迭代一次,在从顶点 i 到顶点 j 的最短路径上就多考查了一个中间顶点。经过 n 次迭代后所得的 $A_{n-1}[i][j]$ 值就是考查所有顶点后求出的从顶点 i 到 j 的最短路径长度,也就是最后的解。

另外用二维数组 path 保存最短路径,path 中的最短路径与 Dijkstra 算法中的路径表示方式类似,它与当前迭代的次数有关,即当迭代完毕后,path$[i][j]$ 存放从顶点 i 到顶点 j 的最短路径上顶点 j 的前趋顶点。

说明:由于 k 是递增的,而且是在 A_{k-1} 全部求出后再求 A_k,同时在求 A_k 时 $A_k[i][k]$ 与 $A_{k-1}[i][k]$ 相同,$A_k[k][j]$ 与 $A_{k-1}[k][j]$ 相同,所以可以用 A_k 覆盖 A_{k-1}(称为滚动数组),这样 A 仅设计为二维数组而不是三维数组,从而节省空间。path 也采用类似的设计。

在求 $A_{k-1}[i][j]$ 时,path$_{k-1}[i][j]$ 中存放的是已考查 0~$k-1$ 中间顶点求出的从顶点 i 到顶点 j 的最短路径上顶点 j 的前趋顶点,考查顶点 k 的最短路径修改情况如图 7.40 所示(图中虚线表示路径,实线表示边),path$_{k-1}[i][j]=b$ 表示考查 0~$k-1$ 中间顶点后求出顶点 i 到 j 的最短路径上顶点 j 的前趋顶点是 b,path$_{k-1}[k][j]=a$ 表示这样的最短路径上顶点 j 的前趋顶点是 a。若 $A_{k-1}[i][j]>A_{k-1}[i][k]+A_{k-1}[k][j]$,应选择经过顶点 k 的路径,新路径表示为 path$_k[i][j]=a=$path$_{k-1}[k][j]$,否则仍然选择不经过顶点 k 的原来路径,即不修改 path。

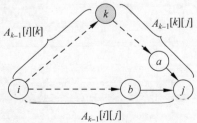

图 7.40 在路径调整后修改 path$_k[i][j]$

在算法结束时，由二维数组 path 一步一步向前推可以得到从顶点 i 到顶点 j 的最短路径。例如，对于图 7.41 所示的带权有向图，对应的邻接矩阵如图 7.42 所示，求所有顶点之间的最短路径时 A、path 数组的变化如表 7.2 所示（表中深阴影表示修改部分）。

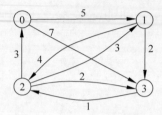

图 7.41　一个带权有向图

$$\begin{bmatrix} 0 & 5 & \infty & 7 \\ \infty & 0 & 4 & 2 \\ 3 & 3 & 0 & 2 \\ \infty & \infty & 1 & 0 \end{bmatrix}$$

图 7.42　图的邻接矩阵

表 7.2　求最短路径时 A、path 数组的变化过程

A_{-1}	0	1	2	3	$path_{-1}$	0	1	2	3
0	0	5	∞	7	0	-1	0	-1	0
1	∞	0	4	2	1	-1	-1	1	1
2	3	3	0	2	2	2	2	-1	2
3	∞	∞	1	0	3	-1	-1	3	-1

A_0	0	1	2	3	$path_0$	0	1	2	3
0	0	5	∞	7	0	-1	0	-1	0
1	∞	0	4	2	1	-1	-1	1	1
2	3	3	0	2	2	2	2	-1	2
3	∞	∞	1	0	3	-1	-1	3	-1

A_1	0	1	2	3	$path_1$	0	1	2	3
0	0	5	9	7	0	-1	0	1	0
1	∞	0	4	2	1	-1	-1	1	1
2	3	3	0	2	2	2	2	-1	2
3	∞	∞	1	0	3	-1	-1	3	-1

A_2	0	1	2	3	$path_2$	0	1	2	3
0	0	5	9	7	0	-1	0	1	0
1	7	0	4	2	1	2	-1	1	1
2	3	3	0	2	2	2	2	-1	2
3	4	4	1	0	3	2	2	3	-1

A_3	0	1	2	3	$path_3$	0	1	2	3
0	0	5	8	7	0	-1	0	3	0
1	6	0	3	2	1	2	-1	3	1
2	3	3	0	2	2	2	2	-1	2
3	4	4	1	0	3	2	2	3	-1

初始时，A_{-1} 和邻接矩阵相同。$path_{-1}$ 的元素设置是当存在顶点 i 到顶点 j 的边时，将 path$[i][j]$ 置为 i（将 $i \rightarrow j$ 的边看成 i 到 j 的最短路径，这样 i 到 j 的最短路径上顶点 j 的前趋顶点是 i），否则置为 -1。

在考虑顶点 0 时，没有任何最短路径得到修改，所以 A_0 与 A_{-1} 相同，$path_0$ 与 $path_{-1}$ 相同。

在考虑顶点 1 时，$0 \Rightarrow 2$ 原来没有路径，现在有一条通过顶点 1 的路径 $0 \rightarrow 1 \rightarrow 2$，其长度为 $5+4=9$，$A[0][2]$ 由原来的 ∞ 修改为 9，path$[0][2]$ 由原来的 -1 修改为该路径上顶点 2 的前趋顶点 1。其他两个顶点的最短路径没有修改。

在考虑顶点 2 时：

① $1 \Rightarrow 0$ 原来没有路径，现在有一条通过顶点 2 的路径 $1 \rightarrow 2 \rightarrow 0$，其长度为 $4+3=7$，$A[1][0]$ 由原来的 ∞ 修改为 7，path$[1][0]$ 由原来的 -1 修改为该路径上顶点 0 的前趋顶点 2。

② $3 \Rightarrow 0$ 原来没有路径，现在有一条通过顶点 2 的路径 $3 \rightarrow 2 \rightarrow 0$，其长度为 $1+3=4$，$A[3][0]$ 由原来的 ∞ 修改为 4，path$[3][0]$ 由原来的 -1 修改为该路径上顶点 0 的前趋顶点 2。

③ $3 \Rightarrow 1$ 原来没有路径，现在有一条通过顶点 2 的路径 $3 \rightarrow 2 \rightarrow 1$，其长度为 $1+3=4$，$A[3][1]$ 由原来的 ∞ 修改为 4，path$[3][1]$ 由原来的 -1 修改为该路径上顶点 1 的前趋顶点 2。其他两个顶点的最短路径没有修改。

在考虑顶点 3 时：

① $0 \Rightarrow 2$ 原来的路径为 $0 \rightarrow 1 \rightarrow 2$，长度为 9，现在有一条通过顶点 3 的更短路径为 $0 \rightarrow 1 \rightarrow 3 \rightarrow 2$，其长度为 $5+2+1=8$，$A[0][2]$ 修改为 8，path$[0][2]$ 修改为该路径上顶点 2 的前趋顶点 3。

② $1 \Rightarrow 0$ 原来的路径为 $1 \rightarrow 2 \rightarrow 0$，长度为 7，现在有一条通过顶点 3 的更短路径为 $1 \rightarrow 3 \rightarrow 2 \rightarrow 0$，其长度为 $2+1+3=6$，$A[1][0]$ 修改为 6，path$[1][0]$ 由原来的 2 修改为该路径上顶点 0 的前趋顶点 2（尽管都是 2，但也有修改）。

③ $1 \Rightarrow 2$ 原来的路径为 $1 \rightarrow 2$，长度为 4，现在有一条通过顶点 3 的更短路径为 $1 \rightarrow 3 \rightarrow 2$，其长度为 $2+1=3$，$A[1][2]$ 修改为 3，path$[1][2]$ 修改为该路径上顶点 2 的前趋顶点 3。其他两个顶点的最短路径没有修改。

这样的 A_3 和 $path_3$ 就是最终的 A 和 path。在求出 A 和 path 后，由 A 数组可以直接得到两个顶点之间的最短路径长度，如 $A[1][0]=6$，说明顶点 1 到 0 的最短路径长度为 6。

由 path 数组可以推导出所有顶点之间的最短路径，其中第 i（$0 \leqslant i \leqslant n-1$）行用于推导顶点 i 到其他各顶点的最短路径，这里以求顶点 1 到 0 的最短路径及长度为例说明求路径的过程：path$[1][0]=2$，说明 $1 \Rightarrow 0$ 的最短路径上顶点 0 的前趋顶点是 2，path$[1][2]=3$，表示该路径上顶点 2 的前趋顶点是 3，path$[1][3]=1$，表示该路径上顶点 3 的前趋顶点是 1，找到起点，依次得到的顶点序列为 0，2，3，1（逆路径），则顶点 1 到 0 的最短路径为 $1 \rightarrow 3 \rightarrow 2 \rightarrow 0$。

2. Floyd 算法设计

利用前述原理设计的 Floyd 算法如下：

```
def Floyd(g):                                    #输出所有两个顶点之间的最短路径
    A=[[0] * MAXV for i in range(MAXV)]          #建立 A 数组
    path=[[0] * MAXV for i in range(MAXV)]       #建立 path 数组
    for i in range(g.n):                         #给数组 A 和 path 置初值，即求 A(−1)[i][j]
        for j in range(g.n):
            A[i][j]=g.edges[i][j]
            if i!=j and g.edges[i][j]<INF:
                path[i][j]=i                     #i 和 j 顶点之间有边时
            else:
                path[i][j]=−1                    #i 和 j 顶点之间没有边时
    for k in range(g.n):                         #求 Ak[i][j]
        for i in range(g.n):
            for j in range(g.n):
                if A[i][j]> A[i][k]+A[k][j]:
                    A[i][j]=A[i][k]+A[k][j]
                    path[i][j]=path[k][j]        #修改最短路径
    Dispath(A,path,g)                            #生成最短路径和长度
```

以下是输出所有最短路径及其长度的方法，其中通过对 path 数组向前递推生成从顶点 i 到顶点 j 的最短路径。

```
def Dispath(A,path,g):                           #输出所有的最短路径和长度
    for i in range(g.n):
        for j in range(g.n):
            if A[i][j]!=INF and i!=j:            #若顶点 i 和 j 之间存在路径
                print("顶点%d 到%d 的最短路径长度：%d\t 路径：" %(i,j,A[i][j]),end='')
                k=path[i][j]
                apath=[j]                        #在路径上添加终点
                while k!=−1 and k!=i:            #在路径上添加中间点
                    apath.append(k)              #将顶点 k 加入路径中
                    k=path[i][k]
                apath.append(i)                  #在路径上添加起点
                apath.reverse()                  #逆置
                print(apath)                     #输出最短路径
```

上述 Floyd(g)算法中有三重循环，其时间复杂度为 $O(n^3)$。

【深入扩展】 Floyd 算法的特点如下：

① 既适合带权有向图求多源最短路径，也适合带权无向图求多源最短路径。

② Floyd 算法适合含负权和回路的带权图求多源最短路径。这是因为每考虑一个顶点 k，其他任意两个顶点 i、$j(i \neq j)$ 之间的最短路径长度都可能调整。简单地说，在求出 $A_k[i][j]$ 后，后面考查其他顶点时可能修改该路径长度，这一点不同于 Dijkstra 算法。

③ Floyd 算法不适合负回路（该回路上所有边的权值和为负数）的带权图求多源最短路径。这是由于当出现负回路时，理论上讲不存在最短路径，因为围绕负回路走一圈的路径更短，而 Floyd 算法中没有判断路径中顶点是否重复。

【例 7.11】 假设一个带权有向图 G 采用邻接矩阵存储结构表示（所有权值为正整数），设计一个算法求其中的最小环的长度，要求这样的环至少包含 3 个顶点，并求出如图 7.43 所示的带权有向图中满足要求的最小环的长度。

解 采用 Floyd 算法求存放任意两个顶点之间最短路径长度的数组 A。另外设置一个二维数组 pcnt，pcnt[i][j]表

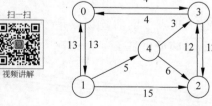

图 7.43 一个带权有向图

示从顶点 i 到 j 的最短路径上包含的顶点个数。求 pcnt 的过程如图 7.44 所示,考虑顶点 k 时,若顶点 i 到顶点 j 经过顶点 k 的路径更短,则修改 pcnt$[i][j]$ 为 pcnt$[i][k]+$ pcnt$[k][j]-1$。

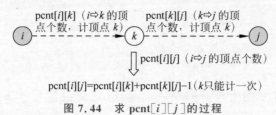

$$pcnt[i][j]=pcnt[i][k]+pcnt[k][j]-1(k只能计一次)$$

图 7.44 求 pcnt$[i][j]$ 的过程

当求出 **A** 和 pcnt 后,如果 $i\neq j$,$A[i][j]<$INF 且 pcnt$[i][j]>2$,表示顶点 i 到 j 有一条包含 3 个或者更多顶点的最短路径,又如果 g.edges$[j][i]<$INF,表示顶点 j 到 i 有一条边,则构成一个至少包含 3 个顶点的环,其长度为 $A[i][j]+$g.edges$[j][i]$,通过比较求出长度最小的环的长度 minl。对应的完整程序如下:

```
from MatGraph import MatGraph,INF,MAXV
A=[[0] * MAXV for i in range(MAXV)]          #全局变量,A 数组
pcnt=[[0] * MAXV for i in range(MAXV)]        #全局变量,路径中的顶点个数
def Floyd(g):                                 #Floyd 算法
    for i in range(g.n):                      #数组 A 和 pcnt 的初始化
        for j in range(g.n):
            A[i][j]=g.edges[i][j]
            if i!=j and g.edges[i][j]< INF:
                pcnt[i][j]=2                  #<i,j>作为路径,含两个顶点
            else:
                pcnt[i][j]=0                  #没有路径,顶点个数为 0
    for k in range(g.n):                      #求 Ak[i][j]和 pcnt[i][j]
        for i in range(g.n):
            for j in range(g.n):
                if A[i][j]> A[i][k]+A[k][j]:
                    A[i][j]=A[i][k]+A[k][j]
                    pcnt[i][j]=pcnt[i][k]+pcnt[k][j]-1

def Mincycle(g):                              #找一个最小环长度
    minl=INF                                  #最小环长度初始化为 INF
    Floyd(g)
    for i in range(g.n):
        for j in range(g.n):
            if i!=j and A[i][j]< INF and pcnt[i][j]>2 and g.edges[j][i]< INF:
                minl=min(minl,A[i][j]+g.edges[j][i])
    return minl

#主程序
g=MatGraph()
n,e=5,10
a=[[0,13,INF,4,INF],[13,0,15,INF,5], \
    [INF,INF,0,12,INF],[4,INF,12,0,INF],[INF,INF,6,3,0]]
g.CreateMatGraph(a,n,e)
print("图 g")
g.DispMatGraph()
print("最小环长度=%d" %(Mincycle(g)))
```

上述程序的执行结果如下：

```
图 g
    0   13    ∞    4    ∞
   13    0   15    ∞    5
    ∞    ∞    0   12    ∞
    4    ∞   12    0    ∞
    ∞    ∞    6    3    0
最小环长度＝25
```

程序求出图 7.43 所示的带权有向图中最小环（至少包含 3 个顶点）的长度为 25，该环为 $0 \to 1 \to 4 \to 3 \to 0$。如果不考虑最小环至少包含 3 个顶点，算法设计更简单（不必设计 pcnt 数组），其结果是 8，对应的最小环是 $0 \to 3 \to 0$。

7.7 　拓扑排序

扫一扫

视频讲解

7.7.1　什么是拓扑排序

设 $G = (V, E)$ 是一个具有 n 个顶点的有向图，当且仅当该顶点序列满足下列条件时 V 中顶点序列 $v_1, v_2, \cdots, v_n$ 称为一个**拓扑序列**：若 $<v_i, v_j>$ 是图中的有向边或者从顶点 v_i 到顶点 v_j 有一条路径，则在序列中顶点 v_i 必须排在顶点 v_j 之前。

在一个有向图 G 中找一个拓扑序列的过程称为**拓扑排序**。

例如，计算机专业的学生必须完成一系列规定的基础课和专业课才能毕业，假设这些课程的名称与相应编号如表 7.3 所示。

表 7.3　课程名称与相应编号的关系

课程编号	课程名称	先修课程
C_1	高等数学	无
C_2	程序设计	无
C_3	离散数学	C_1
C_4	数据结构	C_2、C_3
C_5	编译原理	C_2、C_4
C_6	操作系统	C_4、C_7
C_7	计算机组成原理	C_2

课程之间的这种先修关系可用一个有向图表示，如图 7.45 所示。这种用顶点表示活动，用有向边表示活动之间优先关系的有向图称为用顶点表示活动的网（简称为 AOV 网）。

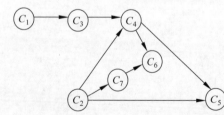

图 7.45　课程之间的先后关系有向图

对这个有向图进行拓扑排序可得到一个拓扑序列 $C_1 \to C_3 \to C_2 \to C_4 \to C_7 \to C_6 \to C_5$，也可得到另一个拓扑序列 $C_2 \to C_7 \to C_1 \to C_3 \to C_4 \to C_5 \to C_6$，还可以得到其他的拓扑序列。学生按照任何一个拓扑序列都可以顺序地进行课程学习。

拓扑排序的过程如下：

① 从有向图中选择一个没有前趋（即入度为

0)的顶点并且输出。

② 从图中删去该顶点,并且删去从该顶点发出的全部有向边。

③ 重复上述两步,直到剩余的图中不再存在没有前趋的顶点为止。

拓扑排序的结果有两种:一种是图中的全部顶点都被输出,即得到包含全部顶点的拓扑序列,称为成功的拓扑排序;另一种是图中顶点未被全部输出,即只能得到部分顶点的拓扑序列,称为失败的拓扑排序。

由拓扑排序过程看出,如果只得到部分顶点的拓扑序列,那么剩余的顶点均有前趋顶点,或者说至少两个顶点相互为前趋,从而构成一个有向回路。

说明:对一个有向图进行拓扑排序,如果不能得到全部顶点的拓扑序列,则图中存在有向回路,否则图中不存在有向回路,用户可以利用这个特点采用拓扑排序判断一个有向图中是否存在回路。

【例 7.12】 给出图 7.46 所示的有向图的全部可能的拓扑排序序列。

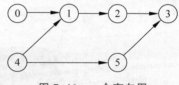

图 7.46　一个有向图

解 从图 7.46 中看到,入度为 0 有两个顶点,即 0 和 4。先考虑顶点 0:删除 0 及相关边,入度为 0 者有 4;删除 4 及相关边,入度为 0 者有 1 和 5;考虑顶点 1,删除 1 及相关边,入度为 0 者有 2 和 5,如此得到拓扑序列 041253、041523、045123。

再考虑顶点 4,类似地得到拓扑序列 450123、401253、405123、401523。

因此,所有的拓扑序列为 041253、041523、045123、450123、401253、405123、401523。

从上例可知,一个有向图的拓扑序列不一定唯一,那么在什么情况下一个有向图的拓扑序列唯一呢?从拓扑排序的过程可以看出,有唯一拓扑序列的有向图中入度为 0 的顶点是唯一的,而且每次输出一个顶点并删去从该顶点发出的全部有向边后,剩下部分中入度为 0 的顶点也是唯一的。

7.7.2　拓扑排序算法的设计

在设计拓扑排序算法时,假设给定的有向图采用邻接表作为存储结构,需要考虑顶点的入度,为此设计一个 ind 数组,ind[i]存放顶点 i 的入度,先通过邻接表 G 求出 ind。拓扑排序算法的设计要点如下:

① 在某个时刻,可以有多个入度为 0 的顶点,为此设置一个栈 st,以存放多个入度为 0 的顶点,栈中的顶点都是入度为 0 的顶点。

② 在出栈顶点 i 时,将顶点 i 输出,同时删去该顶点的所有出边,实际上没有必要真的删去这些出边,只需要将顶点 i 的所有出边邻接点的入度减 1 就可以了。

对应的拓扑排序算法如下:

```
def TopSort(G):                          #拓扑排序
    ind=[0] * MAXV                       #记录每个顶点的入度
    for i in range(G.n):                 #求顶点 i 的入度
        for j in range(len(G.adjlist[i])):   #处理顶点 i 的所有出边
            w=G.adjlist[i][j].adjvex     #取顶点 i 的第 j 个出边邻接点 w
            ind[w]+=1                     #有边<i,w>,顶点 w 的入度增 1
    st=deque()                           #用双端队列实现栈
```

```
for i in range(G.n):                      # 所有入度为 0 的顶点进栈
    if ind[i] == 0: st.append(i)
while len(st) > 0:                        # 栈不为空时循环
    i = st.pop()                          # 出栈一个顶点 i
    print("%d" % (i), end=' ')            # 输出顶点 i
    for j in range(len(G.adjlist[i])):    # 处理顶点 i 的所有出边
        w = G.adjlist[i][j].adjvex        # 取顶点 i 的第 j 个出边邻接点 w
        ind[w] -= 1                       # 顶点 w 的入度减 1
        if ind[w] == 0: st.append(w)      # 入度为 0 的邻接点进栈
```

上述算法仅输出一个拓扑序列（在实际应用中绝大多数情况都是如此，例如7.8节中的求关键路径就只需要产生一个拓扑序列）。对于图7.46所示的有向图，输出的拓扑序列为450123。

说明：在拓扑排序中栈仅用于存放所有入度为0的顶点，不必考虑先后顺序，可以用队列代替栈。对于图7.46所示的有向图，采用队列时输出的拓扑序列为041523。

扫一扫
视频讲解

7.8　AOE 网和关键路径

若用一个带权有向图（DAG）描述工程的预计进度，以顶点表示事件，有向边表示活动，边 e 的权 $c(e)$ 表示完成活动 e 所需的时间（例如天数），或者说活动 e 持续时间，图中入度为0的顶点表示工程开始事件（例如开工仪式），出度为0的顶点表示工程结束事件，则称这样的有向图为 AOE 网。

通常每个工程都只有一个开始事件和一个结束事件，因此表示工程的 AOE 网都只有一个入度为0的顶点，称为**源点**（source），和一个出度为0的顶点，称为**汇点**（converge）。如果图中存在多个入度为0的顶点，只要加一个虚拟源点，使这个虚拟源点到原来所有入度为0的点都有一条长度为0的边，变成只有一个源点。对存在多个出度为0的顶点的情况做类似的处理。这里只讨论单源点和单汇点的情况。

利用这样的 AOE 网，能够预计整个工程的完工时间，并找出影响工程进度的"关键活动"，为决策者提供修改各活动的预计进度的依据。所谓关键活动是指不存在富裕时间的活动，关键活动不能按期完工，整个工程的工期会发生拖延；相对应的非关键活动是指存在有富裕时间的活动，适当地拖延非关键活动可能不影响整个工程的工期。例如，小明和小英是小学三年级同班学生，老师布置一个作业要求3天交，小明恰好需要3天完成该作业，而小英只需要两天完成该作业，那么该作业对于小明来说是关键活动，一天都不能耽误，但对于小英来说是非关键活动，有一天的富裕时间。

在 AOE 网中，从源点到汇点的所有路径中具有最大路径长度的路径称为**关键路径**。完成整个工程的最短时间就是网中关键路径的长度，也就是网中关键路径上各活动持续时间的总和。关键路径上的活动都是关键活动，或者说关键路径是由关键活动构成的，所以只要找出 AOE 网中的全部关键活动也就找到全部关键路径了。

例如，图7.47所示为某工程的 AOE 网，共有9个事件和11项活动。其中 A 表示开始事件，即源点，I 表示结束事件，即汇点。

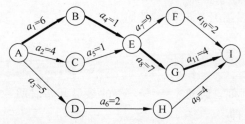

图 7.47　AOE 网的示例（粗线表示一条关键路径）

AOE 网中的任何活动连接两个事件，若存在活动 $a = <x, y>$，称 x 为 y 的前趋事件，y 为 x 的后继事件。

下面介绍如何利用 AOE 网计算出影响工程进度的关键活动。

在 AOE 网中，先求出每个事件（顶点）的最早开始和最迟开始时间，再求出每个活动（边）的最早开始和最迟开始时间，由此求出所有的关键活动。

① 事件的最早开始时间：规定源点事件的最早开始时间为 0，定义 AOE 网中其他事件 v 的最早开始时间 $ve(v)$ 等于所有前趋事件最早开始时间加上相应活动持续时间的最大值。例如，事件 v 有 x、y、z 共 3 个前趋事件（即有 3 个活动到事件 v，持续时间分别为 a、b、c），求事件 v 的最早开始时间如图 7.48 所示。

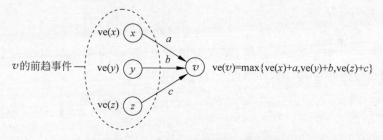

图 7.48　求事件 v 的最早开始时间

归纳起来，事件 v 的最早开始时间定义如下：

$$ve(v) = 0 \qquad\qquad v \text{ 为源点}$$
$$ve(v) = \max\{ve(x_i) + c(a_j) \mid a_j \text{ 为活动} <x_i, v>, c(a_j) \text{ 为活动 } a_j \text{ 的持续时间}\} \qquad \text{其他}$$

② 事件的最迟开始时间：定义在不影响整个工程进度的前提下，事件 v 必须发生的时间称为 v 的最迟开始时间 $vl(v)$。规定汇点事件的最迟开始时间等于其最早开始时间，定义其他事件 v 的最迟开始时间 $vl(v)$ 等于所有后继事件最迟开始时间减去相应活动持续时间的最小值。例如，事件 v 有 x、y、z 共 3 个后继事件（即从事件 v 出发有 3 个活动，持续时间分别为 a、b、c），求事件 v 的最迟开始时间如图 7.49 所示。

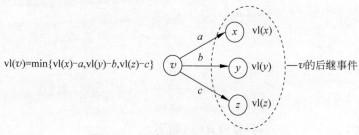

图 7.49　求事件 v 的最迟开始时间

归纳起来，事件 v 的最迟开始时间定义如下：

$$\begin{cases} vl(v) = ve(v) & v\text{ 为汇点} \\ vl(v) = \min\{vl(x_i) - c(a_j) \mid a_j \text{ 为活动} <v, x_i>, c(a_j) \text{ 为活动 } a_j \text{ 的持续时间}\} & \text{其他} \end{cases}$$

③ 活动的最早开始时间：活动 $a = <x, y>$ 的最早开始时间 $e(a)$ 等于 x 事件的最早开始时间，如图 7.50 所示。即

$$e(a) = ve(x)$$

④ 活动的最迟开始时间：活动 $a = <x, y>$ 的最迟开始时间 $l(a)$ 等于 y 事件的最迟开始时间与该活动的持续时间之差，如图 7.50 所示。即

$$l(a) = vl(y) - c(a)$$

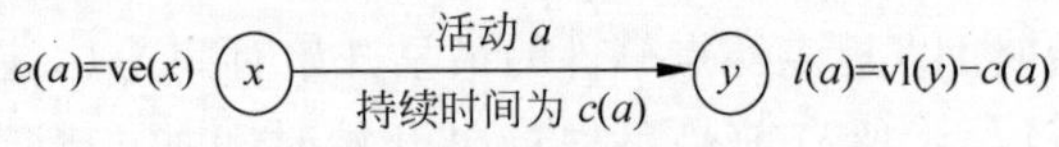

图 7.50　活动 a 的最早开始时间和最迟开始时间

⑤ 关键活动：如果一个活动 a 的最早开始时间等于最迟开始时间，即 $d(a) = e(a) - l(a) = 0$，则 a 为关键活动。

【例 7.13】　求图 7.47 所示的 AOE 网的关键路径。

解　对于图 7.47 所示的 AOE 图，源点为顶点 A，汇点为顶点 I，求出一个拓扑序列为 ABCDEFGHI。按拓扑序列计算各事件 v 的 $ve(v)$ 如下：

$$ve(A) = 0$$
$$ve(B) = ve(A) + c(a_1) = 6$$
$$ve(C) = ve(A) + c(a_2) = 4$$
$$ve(D) = ve(A) + c(a_3) = 5$$
$$ve(E) = \max\{ve(B) + c(a_4), ve(C) + c(a_5)\} = \max\{7, 5\} = 7$$
$$ve(F) = ve(E) + c(a_7) = 16$$
$$ve(G) = ve(E) + c(a_8) = 14$$
$$ve(H) = ve(D) + c(a_6) = 7$$
$$ve(I) = \max\{ve(F) + c(a_{10}), ve(G) + c(a_{11}), ve(H) + c(a_9)\} = \max\{18, 18, 11\} = 18$$

按逆拓扑序列计算各事件 v 的 $vl(v)$ 如下：

$$vl(I) = ve(I) = 18$$
$$vl(F) = vl(I) - c(a_{10}) = 16$$
$$vl(G) = vl(I) - c(a_{11}) = 14$$
$$vl(H) = vl(I) - c(a_9) = 14$$
$$vl(E) = \min\{vl(F) - c(a_7), vl(G) - c(a_8)\} = \min\{7, 7\} = 7$$
$$vl(D) = vl(H) - c(a_6) = 12$$
$$vl(C) = vl(E) - c(a_5) = 6$$
$$vl(B) = vl(E) - c(a_4) = 6$$
$$vl(A) = \min\{vl(B) - c(a_1), vl(C) - c(a_2), vl(D) - c(a_3)\} = \min\{0, 2, 7\} = 0$$

计算各活动 a 的 $e(a)$、$l(a)$ 和差值 $d(a)$ 如下：

活动 a_1: $e(a_1) = \text{ve}(A) = 0$ $l(a_1) = \text{vl}(B) - 6 = 0$ $d(a_1) = 0$
活动 a_2: $e(a_2) = \text{ve}(A) = 0$ $l(a_2) = \text{vl}(C) - 4 = 2$ $d(a_2) = 2$
活动 a_3: $e(a_3) = \text{ve}(A) = 0$ $l(a_3) = \text{vl}(D) - 5 = 7$ $d(a_3) = 7$
活动 a_4: $e(a_4) = \text{ve}(B) = 6$ $l(a_4) = \text{vl}(E) - 1 = 6$ $d(a_4) = 0$
活动 a_5: $e(a_5) = \text{ve}(C) = 4$ $l(a_5) = \text{vl}(E) - 1 = 6$ $d(a_5) = 2$
活动 a_6: $e(a_6) = \text{ve}(D) = 5$ $l(a_6) = \text{vl}(H) - 2 = 12$ $d(a_6) = 7$
活动 a_7: $e(a_7) = \text{ve}(E) = 7$ $l(a_7) = \text{vl}(F) - 9 = 7$ $d(a_7) = 0$
活动 a_8: $e(a_8) = \text{ve}(E) = 7$ $l(a_8) = \text{vl}(G) - 7 = 7$ $d(a_8) = 0$
活动 a_9: $e(a_9) = \text{ve}(H) = 7$ $l(a_9) = \text{vl}(I) - 4 = 14$ $d(a_9) = 7$
活动 a_{10}: $e(a_{10}) = \text{ve}(F) = 16$ $l(a_{10}) = \text{vl}(I) - 2 = 16$ $d(a_{10}) = 0$
活动 a_{11}: $e(a_{11}) = \text{ve}(G) = 14$ $l(a_{11}) = \text{vl}(I) - 4 = 14$ $d(a_{11}) = 0$

由此可知，关键活动有 a_{11}、a_{10}、a_8、a_7、a_4、a_1，因此关键路径有两条，即 A⇨B⇨E⇨F⇨I 和 A⇨B⇨E⇨G⇨I。

7.9 练 习 题

扫一扫
自测题

1. 图 G 是一个非连通无向图，共有 28 条边，则该图至少有多少个顶点？

2. 图的两种遍历算法 DFS 和 BFS 对无向图和有向图都适用吗？

3. 图的广度优先遍历类似于树的层次遍历，需要使用何种辅助结构？

4. 如图 7.51 所示的无向图采用邻接表表示（假设每个边结点单链表中按顶点编号递增排列），给出从顶点 0 出发进行深度优先遍历的深度优先生成树，从顶点 0 出发进行广度优先遍历的广度优先生成树。

5. 采用 Prim 算法从顶点 1 出发构造出如图 7.52 所示的图 G 的一棵最小生成树。

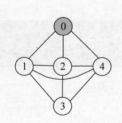

图 7.51 一个无向图

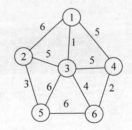

图 7.52 一个无向图

6. 采用 Kruskal 算法构造出如图 7.52 所示的图 G 的一棵最小生成树。

7. 对于如图 7.53 所示的带权有向图，采用 Dijkstra 算法求出从顶点 0 到其他各顶点的最短路径及其长度。

8. 设图 7.54 中的顶点表示村庄，有向边代表交通路线，若要建立一家医院，试问建在哪一个村庄能使各村庄的总体交通代价最小。

9. 可以对一个不带权有向图的所有顶点重新编号，把所有表示边的非 0 元素集中到邻接矩阵的上三角部分，根据什么顺序对顶点进行编号？

10. 已知有 6 个顶点（顶点编号为 0～5）的有向带权图 G，其邻接矩阵 A 为上三角矩阵，按行为主序（行优先）保存在如下的一维数组中。

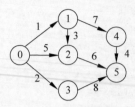

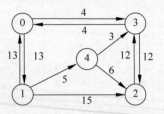

图 7.53　一个带权有向图　　　　　　　图 7.54　一个有向图

4	6	∞	∞	∞	5	∞	∞	∞	4	3	∞	∞	3	3

要求：

（1）写出图 G 的邻接矩阵 A。

（2）画出有向带权图 G。

（3）求图 G 的关键路径，并计算该关键路径的长度。

11. 给定一个带权有向图的邻接矩阵存储结构 g，创建对应的邻接表存储结构 G。

12. 给定一个带权有向图的邻接表存储结构 G，创建对应的邻接矩阵存储结构 g。

13. 假设无向图 G 采用邻接表存储，设计一个算法求出连通分量个数。

14. 一个图 G 采用邻接矩阵作为存储结构，设计一个算法采用广度优先遍历判断顶点 i 到顶点 j 是否有路径（假设顶点 i 和 j 都是 G 中的顶点）。

15. 假设一棵二叉树采用二叉链存储，设计一个算法输出从根结点到每个结点的路径。

16. 假设无向连通图采用邻接表存储，设计一个算法输出图 G 的一棵深度优先生成树。

17. 假设有向图采用邻接表表示，设计一个算法判断有向图中是否存在回路。

18. 假设一个带权图 G 采用邻接矩阵存储，设计一个算法采用 Dijkstra 算法思路求顶点 s 到顶点 t 的最短路径长度（假设顶点 s 和 t 都是 G 中的顶点）。

7.10　上机实验题

7.10.1　基础实验题

1. 编写一个图的实验程序，设计邻接表类 AdjGraph 和邻接矩阵类 MatGraph，由带权有向图的边数组 a 创建邻接表 G，由 G 转换为邻接矩阵 g，再由 g 转换为邻接表 $G1$，输出 G、g 和 $G1$，用相关数据进行测试。

2. 编写一个图的实验程序，给定一个连通图，采用邻接表 G 存储，输出根结点为 0 的一棵深度优先生成树和一棵广度优先生成树，用相关数据进行测试。

7.10.2　应用实验题

1. 有一个文本文件 gin.txt 存放一个带权无向图的数据，第一行为 n 和 e，分别为顶点个数和边数，接下来的 e 行每行为 u、v、w，表示顶点 u 到 v 的边的权值为 w，例如以下数据表示如图 7.55 所示的图（任意两个整数之间用空格分隔）：

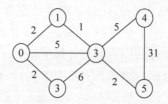

图 7.55　一个带权无向图

```
6 8
0 1 2
0 2 2
0 3 5
1 3 1
2 3 6
3 4 5
3 5 2
4 5 1
```

编写一个实验程序,利用文件 gin.txt 中的图求出顶点 0 到顶点 4 的所有路径及其路径长度。

2. 编写一个实验程序,利用文件 gin.txt 中的图求出顶点 0 到顶点 5 的经过边数最少的一条路径及其路径长度。

3. 编写一个实验程序,利用文件 gin.txt 中的图采用 Prim 算法求出以顶点 0 为起始顶点的一棵最小生成树。

4. 编写一个实验程序,利用文件 gin.txt 中的图采用 Kruskal 算法求出一棵最小生成树。

5. 编写一个实验程序,利用文件 gin.txt 中的图求出以顶点 0 为源点的所有单源最短路径及其长度。

6. 编写一个实验程序,利用文件 gin.txt 中的图求出所有两个顶点之间的最短路径及其长度。

7. 有一片大小为 $m \times n (m, n \leqslant 100)$ 的森林,其中有若干群猴子,数字 0 表示树,1 表示猴子,凡是由 0 或者矩形围起来的区域表示有一个猴群在这一带。编写一个实验程序,求一共有多少个猴群及每个猴群的数量。森林用二维数组 g 表示,要求按递增顺序输出猴群的数量,并用相关数据进行测试。

8. 最优配餐问题。栋栋最近开了一家餐饮连锁店,提供外卖服务,随着连锁店越来越多,怎么合理地给客户送餐成为一个急需解决的问题。

栋栋的连锁店所在的区域可以看成是一个 $n \times n$ 的方格图(如图 7.56 所示),方格的格点上的位置上可能包含栋栋的分店(用■标注)或者客户(用▲标注),有一些格点是不能经过的(用×标注)。

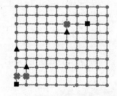

图 7.56　一个方格图

方格图中的线表示可以行走的道路,相邻两个格点的距离为 1。栋栋要送餐必须走可以行走的道路,而且不能经过红色标注的点。

送餐的主要成本体现在路上所花的时间,每一份餐每走一个单位的距离需要花费一元钱。每个客户的需求都可以由栋栋的任意分店配送,每个分店没有配送总量的限制。

现在有栋栋的客户的需求，请问在最优的送餐方式下送这些餐需要花费多大的成本？

输入格式：输入的第一行包含 4 个整数 n、m、k、d，分别表示方格图的大小、栋栋的分店数量、客户的数量，以及不能经过的点的数量；接下来 m 行，每行两个整数 x_i、y_i，表示栋栋的一个分店在方格图中的横坐标和纵坐标；接下来 k 行，每行 3 个整数 x_i、y_i、c_i，分别表示每个客户在方格图中的横坐标、纵坐标和订餐的量（注意，可能有多个客户在方格图中的同一个位置）；接下来 d 行，每行两个整数，分别表示每个不能经过的点的横坐标和纵坐标。

输出格式：输出一个整数，表示最优送餐方式下所需要花费的成本。

样例输入（对应图 7.56）：

```
10 2 3 3
1 1        //第1个分店位置
8 8        //第2个分店位置
1 5 1      //第1个客户位置和订餐量
2 3 3      //第2个客户位置和订餐量
6 7 2      //第3个客户位置和订餐量
1 2        //第1个不能走的位置
2 2        //第2个不能走的位置
6 8        //第3个不能走的位置
```

样例输出：

```
29
```

7.11   LeetCode 在线编程题

1. LeetCode200——岛屿数量

问题描述：给定一个由 '1'(陆地)和 '0'(水)组成的二维数组，计算岛屿的数量。一个岛被水包围，并且它是通过水平方向或垂直方向上相邻的陆地连接而成的。可以假设网格的 4 条边均被水包围。例如，输入：

```
11110
11010
11000
00000
```

输出结果为 1。题目要求设计求二维数组 grid 中岛屿数量的方法：

```
def numIslands(self, grid: List[List[str]])-> int:
```

2. LeetCode695——岛屿的最大面积

问题描述：给定一个包含一些 0 和 1 的非空二维数组 grid，一个岛屿是由 4 个方向（水平或垂直）的 1(代表土地)构成的组合。可以假设二维数组的 4 个边缘都被水包围着。找到给定的二维数组中最大的岛屿面积（如果没有岛屿，则返回面积为 0）。例如，输入为

```
[[0,0,1,0,0,0,0,1,0,0,0,0,0],
 [0,0,0,0,0,0,0,1,1,1,0,0,0],
 [0,1,1,0,1,0,0,0,0,0,0,0,0],
 [0,1,0,0,1,1,0,0,1,0,1,0,0],
 [0,1,0,0,1,1,0,0,1,1,1,0,0],
 [0,0,0,0,0,0,0,0,0,0,1,0,0],
 [0,0,0,0,0,0,0,1,1,1,0,0,0],
 [0,0,0,0,0,0,0,1,1,0,0,0,0]]
```

输出结果为 6。注意答案不应该是 11，因为岛屿只能包含水平或垂直的 4 个方向的 1。又如，输入为

```
[[0,0,0,0,0,0,0,0,0]]
```

对于上面的输入，返回 0。注意，给定 grid 的长度和宽度都不超过 50。题目要求设计求二维数组 grid 中最大岛屿面积的方法：

```
def maxAreaOfIsland(self, grid: List[List[int]]) -> int:
```

3. LeetCode130——被围绕的区域

扫一扫

视频讲解

问题描述：给定一个二维的矩阵，它包含"X"和"O"（字母 O），找到所有被"X"围绕的区域，并将这些区域里所有的"O"用"X"填充。例如，输入如下：

```
X X X X
X O O X
X X O X
X O X X
```

运行方法后，矩阵变为

```
X X X X
X X X X
X X X X
X O X X
```

注意被围绕的区间不会存在于边界上，换句话说，任何边界上的"O"都不会被填充为"X"。任何不在边界上，或不与边界上的"O"相连的"O"最终都会被填充为"X"。如果两个元素在水平或垂直方向上相邻，则称它们是"相连"的。要求设计如下满足题目要求的方法：

```
def solve(self, board: List[List[str]]) -> None:
```

4. LeetCode684——冗余连接

扫一扫

视频讲解

问题描述：在本问题中，树指的是一个连通且无环的无向图。输入一个图，该图由一个有着 N 个顶点（顶点值不重复，为 $1,2,\cdots,N$）的树及一条附加的边构成。附加的边的两个顶点包含在 1 到 N，这条附加的边不属于树中已存在的边。结果图是一个以边组成的二维数组。每一条边的元素是一对 $[u,v]$，满足 $u<v$，表示连接顶点 u 和 v 的无向图的边。返回一条可以删去的边，使得结果图是一个有着 N 个顶点的树。如果有多个答案，则返回二维数组中最后出现的边，答案边 $[u,v]$ 应满足 $u<v$。例如，输入 [[1,2],[1,3],[2,3]]，对应的无

向图如图 7.57(a)所示,输出结果为[2,3];输入[[1,2],[2,3],[3,4],[1,4],[1,5]],对应的无向图如图 7.57(b)所示,输出结果为[1,4]。

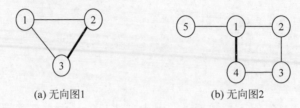

(a) 无向图1   (b) 无向图2

图 7.57　两个无向图

注意: 输入的二维数组的大小为 3~1000。二维数组中的整数为 1 到 N,其中 N 是输入数组的大小。

要求设计如下满足题目要求的方法:

```
def findRedundantConnection(self, edges: List[List[int]])-> List[int]:
```

5. LeetCode743——网络延迟时间

问题描述: 有 N 个网络结点,标记为 1~N。给定一个列表 times,表示信号经过有向边的传递时间,$times[i]=(u,v,w)$,其中 u 是源结点,v 是目标结点,w 是一个信号从源结点传递到目标结点的时间。现在向当前的结点 K 发送了一个信号,需要多久才能使所有结点都收到信号? 如果不能使所有结点都收到信号,返回 -1。这里 N 的范围为 [1,100],K 的范围为 [1,N],times 的长度为 [1,6000],所有的边 $times[i]=(u,v,w)$ 都有 $1 \leqslant u, v \leqslant N$ 且 $0 \leqslant w \leqslant 100$。例如,输入 times=[[2,1,1],[2,3,1],[3,4,1]],$N=4$,$K=2$,对应的带权有向图如图 7.58 所示,输出结果为 2。

要求设计如下满足题目要求的方法:

```
def networkDelayTime(self, times: List[List[int]], N: int, K: int)-> int:
```

6. LeetCode207——课程表

问题描述: 现在有 n 门课需要选,记为 0~$n-1$。在选修某些课程之前需要一些先修课程。例如,想要学习课程 0,需要先完成课程 1,则用一个匹配[0,1]来表示。给定课程总量以及它们的先修条件,判断是否可能完成所有课程的学习? 例如,输入"2,[[1,0]]",输出结果为 True,因为总共有两门课程,在学习课程 1 之前,需要完成课程 0,所以这是可能的;输入"2,[[1,0],[0,1]]",输出结果为 False,因为总共有两门课程,在学习课程 1 之前,需要先完成课程 0,并且在学习课程 0 之前,还应先完成课程 1,这是不可能的。

要求设计如下满足题目要求的方法:

```
def canFinish(self,numCourses:int,prerequisites:List[List[int]])-> bool:
```

7. LeetCode113——路径总和 Ⅱ

问题描述: 给定一个二叉树和一个目标和,找到所有从根结点到叶子结点的路径总和等于给定目标和的路径。例如,给定如图 7.59 所示的二叉树以及目标和 sum=22,返回结果是[[5,4,11,2],[5,8,4,5]]。本题的二叉树结点类型如下:

```
class TreeNode:
    def __init__(self, x):
        self.val = x
        self.left = None
        self.right = None
```

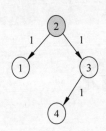

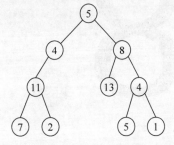

图 7.58 一个带权有向图 图 7.59 一棵二叉树

题目要求设计如下求二叉树路径总和的方法：

```
def pathSum(self, root: TreeNode, sum: int)-> List[List[int]]:
```

第8章 查找

　　查找又称为检索,是指在某种数据结构中找出满足给定条件的元素,所以查找与数据组织以及查找方式有关。

　　本章主要学习要点如下。

　　(1)查找的基本概念,包括静态查找表和动态查找表、内查找和外查找之间的差异以及平均查找长度等。

　　(2)线性表上的各种查找算法,包括顺序查找、折半查找和分块查找的基本思路、算法实现和查找效率等。

　　(3)各种树表的查找算法,包括二叉排序树的相关算法设计以及AVL 树、B 树、B + 树的基本概念和查找过程等。

　　(4)哈希表的结构及其查找算法。

　　(5)灵活运用各种查找算法解决一些综合应用问题。

8.1 查找的基本概念

扫一扫

视频讲解

查找是一种十分有用的操作,在实际生活中人们经常需要从海量资料中查找有用的资料。一般情况下,被查找的对象称为查找表,查找表包含一组元素(或记录),每个元素由若干数据项组成,并假设有能唯一标识元素的数据项,称为**主关键字**,查找表中所有元素的主关键字值均不相同。那些可以标识多个元素的数据项称为次关键字,查找表值可能存在两个次关键字值相同的元素。除非特别指定,本章中默认为按主关键字查找。

查找的定义是给定一个值 k,在含有 n 个元素的查找表中找出关键字等于 k 的元素。若成功找到这样的元素,返回该元素在表中的位置;否则表示查找不成功或者查找失败,返回相应的指示信息。

查找表按照操作方式分为静态查找表和动态查找表两类。**静态查找表**是主要适合做查找操作的查找表,例如查询某个"特定的"数据元素是否在查找表中,检索某个"特定的"数据元素的某个属性。**动态查找表**适合在查找过程中同时插入查找表中不存在的数据元素,或者从查找表中删除已经存在的某个数据元素。

为了提高查找的效率,需要专门为查找操作设计合适的数据结构。从逻辑上来说,查找所基于的数据结构是集合,集合中的元素之间没有特定关系。但是要想获得较高的查找性能,就不得不改变元素之间的关系,将查找集合组织成线性表和树等结构。

查找有内查找和外查找之分。若整个查找过程都在内存中进行,则称为**内查找**;反之,若查找过程中需要访问外存,则称为**外查找**。

由于查找算法中的主要操作是关键字之间的比较,所以通常把查找过程中的关键字平均比较次数(也就是平均查找长度)作为衡量一个查找算法优劣的依据。**平均查找长度**(Average Search Length,ASL)定义为 $\mathrm{ASL} = \sum_{i=0}^{n-1} p_i c_i$,其中,$n$ 是查找表中元素的个数;p_i 是查找第 i 个元素的概率,一般地,除非特别指出,均认为每个元素的查找概率相等,即 $p_i = 1/n (0 \leqslant i \leqslant n-1)$;$c_i$ 是查找到第 i 个元素所需的关键字比较次数。

由于查找的结果有查找成功和不成功两种情况,所以平均查找长度分为成功情况下的平均查找长度和不成功情况下的平均查找长度。前者指在查找表中找到指定关键字 k 的元素平均所需关键字比较的次数,后者指在查找表中确定找不到关键字 k 的元素平均所需关键字比较的次数。

8.2 线性表的查找

线性表是最简单也是最常见的一种查找表。本节将介绍 3 种线性表查找方法,即顺序查找、折半查找和分块查找算法。这里的线性表采用顺序表存储,由于顺序表不适合数据修改操作(插入和删除元素几乎需要移动一半的元素),所以顺序表是一种静态查找表。

为了简单,假设元素的查找关键字为 int 类型,待查的顺序表直接采用 Python 列表

$R[0..n-1]$表示,例如 10 个整数关键字序列表示为 $R=[1,6,2,5,3,7,9,8,10,4]$（不存在相同的关键字）。若待排序表中每个元素除整数关键字外还有其他数据项,可以采用嵌套列表表示,例如有 3 个学生元素,每个元素由学号（每个学生的学号是唯一的）和姓名组成,R 表示为 $R=[[1,"Mary"],[3,"John"],[2,"Smith"]]$,其中 $R[i][0]$ 存放关键字。

8.2.1 顺序查找

扫一扫

视频讲解

1. 顺序查找算法

顺序查找是一种最简单的查找方法。其基本思路是从顺序表的一端开始依次遍历,将遍历的元素关键字和给定值 k 相比较,若两者相等,则查找成功,返回该元素的序号;若遍历结束后仍未找到关键字等于 k 的元素,则查找失败,返回 -1。

为了简单,假设从顺序表的前端开始遍历（从顺序表的后端开始遍历的过程与之类似）,对应的顺序查找算法如下:

```
def SeqSearch1(R,k):                          #顺序查找算法 1
    n=len(R)
    i=0
    while i < n and R[i]!=k: i+=1             #从表头往后找
    if i>=n: return -1                        #未找到返回-1
    else: return i                            #找到后返回其序号 i
```

另外,也可以设置一个"哨兵",即将顺序表 $R[0..n-1]$ 后面位置 $R[n]$ 的关键字设置为 k,这样 i 从 0 开始依次比较,当满足 $R[i]=k$ 时（任何查找一定会出现这种情况）,若 $i=n$,说明查找失败,返回 -1;否则说明查找成功,返回 i。对应的算法如下:

```
def SeqSearch2(R,k):                          #顺序查找算法 2
    n=len(R)
    R.append(k)                               #末尾添加一个哨兵
    i=0
    while R[i]!=k: i+=1                        #从表头往后找
    if i==n: return -1                        #未找到返回-1
    else: return i                            #找到后返回其序号 i
```

说明：上述 SeqSearch1 算法中需要做 i 的越界判断,由于查找算法中主要考虑关键字比较次数,所以这里只考虑 $R[i]$ 和 k 之间的比较次数,在查找失败时需要做 n 次关键字比较。增加"哨兵"后的 SeqSearch2 算法在查找中不需要做 i 的越界判断,但在查找失败时需要做 $n+1$ 次关键字比较。

【例 8.1】 在关键字序列为 $(3,9,1,5,8,10,6,7,2,4)$ 的顺序表中采用顺序查找方法查找关键字为 6 的元素。

解 顺序查找关键字 6 的过程如图 8.1 所示。

2. 顺序查找算法分析

以 SeqSearch1 算法为例,对于查找表 $(a_0,a_1,\cdots,a_i,\cdots,a_{n-1})$,$k$ 为要查找的关键字,c_i 为查找元素 a_i 所需要的关键字比较次数,p_i 为查找元素 a_i 的概率。

1) 仅考虑查找成功的情况

从顺序查找过程可以看到,若查找到的元素是第 1 个元素,即 $R[0]=k$,仅需一次关键

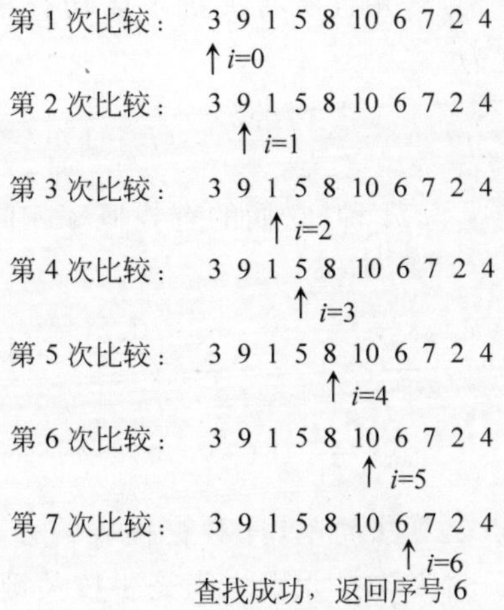

第 1 次比较： 3 9 1 5 8 10 6 7 2 4
↑i=0
第 2 次比较： 3 9 1 5 8 10 6 7 2 4
↑i=1
第 3 次比较： 3 9 1 5 8 10 6 7 2 4
↑i=2
第 4 次比较： 3 9 1 5 8 10 6 7 2 4
↑i=3
第 5 次比较： 3 9 1 5 8 10 6 7 2 4
↑i=4
第 6 次比较： 3 9 1 5 8 10 6 7 2 4
↑i=5
第 7 次比较： 3 9 1 5 8 10 6 7 2 4
↑i=6
查找成功，返回序号 6

图 8.1 顺序查找过程

字比较；若查找到的元素是第 2 个元素，即 $R[1]=k$，需两次关键字比较；以此类推，若查找到的元素是第 n 个元素，即 $R[n-1]=k$，则需 n 次关键字比较，即 $c_i=i+1$。共有 n 种查找成功的情况，在等概率时 $p_i=1/n$，所以成功查找时对应的平均查找长度为

$$\text{ASL}_{\text{成功}}=\sum_{i=0}^{n-1}p_ic_i=\frac{1}{n}\sum_{i=0}^{n-1}(i+1)=\frac{1}{n}\times\frac{n(n+1)}{2}=\frac{n+1}{2}$$

也就是说成功查找的平均查找长度为 $(n+1)/2$，即找到 R 中存在的元素时平均需要的关键字比较次数约为表长的一半。

2）仅考虑查找不成功的情况

若 k 值不在表中，则总是需要 n 次比较之后才能确定查找失败，所以仅考虑查找不成功时对应的平均查找长度为

$$\text{ASL}_{\text{不成功}}=n$$

3）既考虑查找成功又考虑查找不成功的情况

一个查找表中顺序查找的全部情况（查找成功和失败）可以用一棵**判定树**或**比较树**（这里是单支二叉树）来描述。例如，$n=5$ 的关键字序列（18，16，14，12，20）的顺序查找过程对应的判定树如图 8.2 所示，其中小方形结点称为判定树的**外部结点**（注意外部结点是虚设的，用于表示查找失败位置，当查找失败时总会遇到一个外部结点，这里外部结点只有一个），圆形结点称为**内部结点**。

其查找过程是首先 k 与根结点关键字比较，若 $k=18$，成功返回（比较一次），否则 k 与关键字 16 的结点比较，若 $k=16$，成功返回（比较两次），以此类推，若 $k=20$，成功返回（比较 5 次），否则查找失败（比较 5 次，即 k 不等于查找表中的 5 个元素关键字）。

p_0
18
$R[0]\neq k$
p_1
16
$R[1]\neq k$
p_2
14
$R[2]\neq k$
p_3
12
$R[3]\neq k$
p_4
20
$R[4]\neq k$
q

图 8.2 顺序查找过程对应的判定树

在图 8.2 中，$p_i(0\leqslant i\leqslant 4)$ 表示成功查找该关键字的概率，设 $p=\sum_{i=0}^{4}p_i$ 为所有成功查找的概率，q 表示不成功查找的概率，当既考虑查找成功又考虑查找不成功的情况时

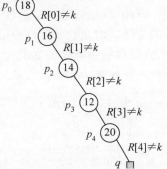

有 $p+q=1$。不妨假设 $p=q=0.5$，并且所有关键字成功查找的概率相同，即 $p_i=0.5/n$，则成功情况下的平均查找长度为

$$ASL_{成功}=\sum_{i=0}^{n-1}p_ic_i=\sum_{i=0}^{n-1}\left(\frac{0.5}{n}\times(i+1)\right)=0.5\times\frac{n+1}{2}$$

假设所有不成功查找的情况为 m 种，它们的查找概率相同，即 $q_i=0.5/m$，则不成功情况下的平均查找长度为

$$ASL_{不成功}=\sum_{i=1}^{m}q_i\times n=\sum_{i=1}^{m}\left(\frac{0.5}{m}\times n\right)=0.5n$$

则 $ASL=ASL_{成功}+ASL_{不成功}=0.5\times\frac{n+1}{2}+0.5\times n=\frac{3n+1}{4}=4(n=5)$。

归纳起来，顺序查找的优点是算法简单，且对查找表的存储结构无特殊要求，无论是用顺序表还是用链表来存放元素，也无论是元素之间是否按关键字有序，它都同样适用。顺序查找的缺点是查找效率低，因此当 n 较大时不宜采用顺序查找。

8.2.2 折半查找

1. 折半查找算法

扫一扫
视频讲解

折半查找又称二分查找，它是一种效率较高的查找方法。但是折半查找要求线性表是有序表，即表中元素按关键字有序。在下面的讨论中均默认线性表是递增有序的。

折半查找的基本思路是设 $R[low..high]$ 是当前的非空查找区间（下界为 low，上界为 high），首先确定该区间的中点位置 $mid=\lfloor(low+high)/2\rfloor$（或者 $mid=(low+high)>>1$），然后将待查的 k 值与 $R[mid]$ 比较：

① 若 $k=R[mid]$，则查找成功并返回该元素的序号 mid。

② 若 $k<R[mid]$，则由表的有序性可知 $R[mid..high]$ 均大于 k，因此若表中存在关键字等于 k 的元素，则该元素必定在左子表中，故新查找区间为 $R[low..mid-1]$，即下界不变，上界改为 mid-1。

③ 若 $k>R[mid]$，则要查找的 k 必在右子表 $R[mid+1..high]$ 中，故新查找区间为 $R[mid+1..high]$，即下界改为 mid+1，上界不变。

下一次查找是针对非空新查找区间进行的，其过程与上述过程类似。若新查找区间为空，表示查找失败，返回-1。

因此可以从初始的查找区间 $R[0..n-1]$ 开始，每经过一次与当前查找区间的中点位置上的关键字的比较就可以确定查找是否成功，不成功则新查找区间缩小一半。重复这一过程，直到找到关键字为 k 的元素（查找成功）或者新查找区间为空（查找失败）时为止。对应的折半查找算法如下：

```
def BinSearch1(R,k):                    # 折半查找非递归算法
    n=len(R)
    low,high=0,n-1
    while low<=high:                    # 当前区间非空时
        mid=(low+high)//2               # 求查找区间的中间位置
        if k==R[mid]:                   # 查找成功返回其序号 mid
            return mid
        if k<R[mid]:                    # 继续在 R[low..mid-1]中查找
```

```
            high＝mid－1
        else:                                    ＃k＞R[mid]
            low＝mid＋1                           ＃继续在 R[mid＋1..high]中查找
        return －1                               ＃当前查找区间为空时返回－1
```

说明：在上述算法中可以将 mid＝(low＋high)//2 改为 mid＝low＋(high−low)//2。

【**例 8.2**】 在关键字有序序列 $(2,4,7,9,10,14,18,26,32,40)$ 中采用折半查找方法查找关键字为 7 的元素。

解 折半查找关键字 7 的过程如图 8.3 所示。

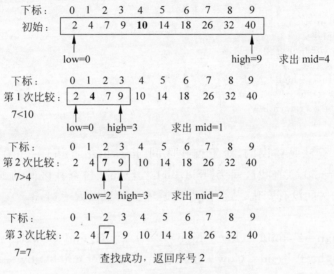

图 8.3 折半查找过程

上述 BinSearch1 算法是采用迭代方式(循环语句)实现的,实际上折半查找过程是一个递归过程,也可以采用以下递归算法来实现:

```
def BinSearch2(R, k):                           ＃折半查找递归算法
    return BinSearch21(R, 0, len(R)−1, k)


def BinSearch21(R, low, high, k):               ＃被 BinSearch2()方法调用
    if low <= high:                             ＃当前查找区间非空时
        mid＝(low＋high)//2                      ＃求查找区间的中间位置
        if k＝＝R[mid]:                          ＃查找成功返回其序号 mid
            return mid
        if k < R[mid]:                          ＃递归在左区间中查找
            return BinSearch21(R, low, mid−1, k)
        else:                                    ＃k＞R[mid],递归在右区间中查找
            return BinSearch21(R, mid＋1, high, k)
    else: return －1                             ＃当前查找区间为空时返回－1
```

说明：折半查找算法需要快速地确定查找区间的中间位置,所以不适合链式存储结构的数据查找,而适合顺序存储结构(具有随机存取特性)的数据查找。

【**例 8.3**】 有以下两个折半查找算法,其中参数 R 是非空递增有序顺序表,指出它们的正确性。

```
def BSearch1(R,k):
    n=len(R)
    low,high=0,n-1
    while low<=high:
        mid=(low+high)//2
        if k==R[mid]: return mid
        if k<R[mid]: high=mid-1
        else: low=mid
    return -1

def BSearch2(R,k):
    n=len(R)
    low,high=0,n-1
    while low<high:
        mid=(low+high)//2
        if k==R[mid]: return mid
        if k<R[mid]: high=mid-1
        else: low=mid+1
    if R[low]==k: return low
    else: return -1
```

解 BSearch1算法是错误的,对于查找区间[low,high],mid=(low+high)/2,若$k>R[mid]$,执行low=mid,新查找区间为[mid,high],若mid与查找区间的low相同(如low=high时),则新查找区间没有变化,从而陷入死循环。这里以$R=(1,3,5),k=2$为例说明,其执行过程如下:

① low=0,high=2⇨mid=(low+high)/2=1,$k<R[mid]$⇨high=mid-1=0。

② low=0,high=0⇨mid=(low+high)/2=0,$k>R[mid]$⇨low=mid=0,新查找区间没有改变,陷入死循环。

BSearch2算法是正确的,在一般的折半查找算法中while语句循环到空为止,这里R是非空表,将while语句改为循环到仅包含一个元素$R[low]$为止,再判断该元素的关键字是否为k,若不成立返回-1。

2. 折半查找算法分析

一个有序顺序表R中所有元素的折半查找过程可用一棵**判定树**或**比较树**(这里是二叉树)来描述。查找区间为$R[low..high]$的判定树$T(low,high)$定义为,当low>high时,$T(low,high)$为空树;当low≤high时,根结点为中间序号mid=(low+high)/2的元素,其左子树是$R[low..mid-1]$对应的判定树$T(low,mid-1)$,其右子树是$R[mid+1,high]$对应的判定树$T(mid+1,high)$。

在折半查找的判定树中所有结点的空指针都指向一个外部结点(用方形表示),其他称为内部结点(用圆形表示)。在后面介绍的二叉排序树、B树等查找树中都采用类似表示。

例如,具有11个元素($R[0..10]$)的有序表可用如图8.4所示的判定树来表示,内部结点中的数字表示该元素在有序表中的下标,外部结点中的两个值表示查找不成功时关键字对应的元素序号范围,即外部结点中"$i\sim j$"表示被查找值k是介于$R[i]$和$R[j]$之间的,也就是$R[i]<k<R[j]$,用u_i表示。

说明:对于含n个元素的有序表R,对应的判定树中恰好有n个内部结点和$n+1$个外部结点。

在图 8.4 所示的判定树中,若查找的元素是 $R[5]$,则只需一次比较;若查找的元素是 $R[2]$ 或 $R[8]$,则分别需要两次比较(如查找 $R[8]$ 对应的比较序列是 $R[5]$,$R[8]$);若查找的元素是 $R[0]$、$R[3]$、$R[6]$ 或者 $R[9]$,则分别需要 3 次比较(如查找 $R[6]$ 对应的比较序列是 $R[5]$,$R[8]$,$R[6]$);若查找的元素是 $R[1]$、$R[4]$、$R[7]$ 或者 $R[10]$,则分别需要 4 次比较(如查找 $R[4]$ 对应的比较序列是 $R[5]$,$R[2]$,$R[3]$,$R[4]$)。由此可见,成功的折半查找过程恰好是走了一条从判定树的根到被查结点(某个内部结点)的路径,经历比较的关键字次数恰好为该结点在树中的层数。

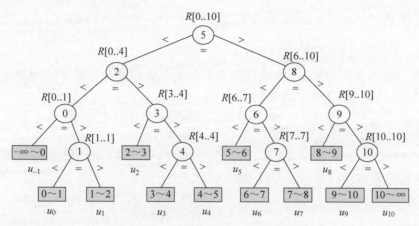

图 8.4 $R[0..10]$ 的折半查找的判定树($n=11$)

说明:在折半查找中,当 $k=R[\text{mid}]$ 时需要一次关键字比较,否则还要判定 $k<R[\text{mid}]$ 是否成立,这样有两次关键字比较。但在求关键字比较次数时均认为是一次关键字比较,这样做一方面是为了简单,另一方面不会改变算法的时间复杂度。

不妨设关键字序列为 $(k_0,k_1,\cdots,k_{n-1})$,并有 $k_0<k_1<\cdots<k_{n-1}$,查找关键字 k_i 的概率为 p_i,则成功情况下的平均查找长度为

$$\text{ASL}_{\text{成功}} = \sum_{i=0}^{n-1} p_i \times \text{level}(k_i)$$

其中 $\text{level}(k_i)$ 表示 k_i 的层次。若成功查找每个元素的概率相同,即 $p_i=1/n$,则 $\text{ASL}_{\text{成功}}$ 等同于:

$$\text{ASL}_{\text{成功}} = \frac{\text{所有内部结点的关键字比较次数和}}{n}$$

对于图 8.4 所示的判定树考虑查找成功的情况,设所有元素查找成功的概率相等(仅针对判定树中的内部结点),即 $p_i=1/11$,因此有:

$$\text{ASL}_{\text{成功}} = \frac{1\times1+2\times2+4\times3+4\times4}{11} = 3$$

在图 8.4 所示的判定树中,若查找关键字 k 不在查找表中,则查找失败。例如,若查找的关键字 k 满足 $R[4]<k<R[5]$,则依次与 $R[5]$、$R[2]$、$R[3]$、$R[4]$ 的关键字比较,由于 $k>R[4]$,查找结束在"$4\sim5$"的外部结点中(落在 $R[4]$ 结点的右孩子结点中)。尽管"$4\sim5$"外部结点在第 5 层,但比较次数为 4。由此可见,若查找失败,则其比较过程是经历了一条从判定树的根到某个外部结点的路径,所需的关键字比较次数是该路径上内部结点的总数,

或者说是该外部结点在树中的层数减1。

不妨设关键字序列为$(k_0,k_1,\cdots,k_{n-1})$，并有$k_0<k_1<\cdots<k_{n-1}$，不在判定树中的关键字可分为$n+1$类$E_i(-1\leqslant i\leqslant n-1)$（对应$n+1$个外部结点），$E_{-1}$包含的所有关键字$k$满足条件$k<k_0$，$E_i$包含的所有关键字$k$满足条件$k_i<k<k_{i+1}$，$E_{n-1}$包含的所有关键字$k$满足条件$k>k_{n-1}$。显然对属于同一类$E_i$的所有关键字,查找都结束在同一个外部结点,而对不同类的关键字,查找结束在不同的外部结点。可以把外部结点用u_{-1}到u_{n-1}来标记,即u_i对应$E_i(-1\leqslant i\leqslant n-1)$。设$q_i$是查找属于$E_i$中关键字的概率,那么不成功的平均查找长度为

$$\text{ASL}_{\text{不成功}}=\sum_{i=-1}^{n-1}q_i\times(\text{level}(u_i)-1)$$

其中$\text{level}(u_i)$表示外部结点u_i的层次。若不成功的查找结束于每个外部结点的概率相同,即$q_i=1/(n+1)$,则$\text{ASL}_{\text{不成功}}$等同于:

$$\text{ASL}_{\text{不成功}}=\frac{\text{所有外部结点的关键字比较次数和}}{n+1}$$

对于图8.4所示的判定树考虑不成功查找的情况,设所有不成功查找的概率相等（仅针对判定树中的外部结点）,即$q_i=1/12$,因此有:

$$\text{ASL}_{\text{不成功}}=\frac{4\times3+8\times4}{12}=3.67$$

从前面的示例看到,借助一棵二叉判定树很容易求得折半查找的平均查找长度。为讨论方便,不妨设内部结点的总数为$n=2^h-1$,这样的判定树是高度为$h=\log_2(n+1)$的满二叉树（高度h不计外部结点）,如图8.5所示。该满二叉树中第$j(1\leqslant j\leqslant h)$层上的结点个数为$2^{j-1}$,查找该层上的每个结点需要进行$j$次比较。因此,在等概率假设下,折半查找成功情况下的平均查找长度为

$$\text{ASL}_{\text{成功}}=\sum_{i=0}^{n-1}p_ic_i=\frac{1}{n}\sum_{j=1}^{h}(2^{j-1}\times j)=\frac{n+1}{n}\log_2(n+1)\approx\log_2(n+1)-1$$

在图8.5所示的判定树中所有外部结点在同一层,它们的高度均为$h+1$,不成功的查找结束于每个外部结点时对应的关键字比较次数均为h,所以在等概率时不成功情况下的平均查找长度等于h。

从成功和不成功情况下的平均查找长度看出,折半查找的时间复杂度为$O(\log_2n)$,它是一种高效的查找算法。

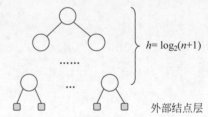

图8.5 判定树为高度为h的满二叉树

说明:当n不等于2^h-1时,其折半查找判定树不一定为满二叉树,但可以证明n个结点的判定树的高度与n个结点的完全二叉树的高度相等,即h为$\lceil\log_2(n+1)\rceil$或者$\lfloor\log_2n\rfloor+1$。同样,查找成功时关键字比较次数最多为判定树的高度h,查找不成功时关键字比较次数最多也为判定树的高度h。

【例8.4】 给定11个元素的有序表$(2,3,10,15,20,25,28,29,30,35,40)$,采用折半查找,试问(1)若查找给定值为20的元素,将依次与表中的哪些元素比较? (2)若查找给定值为26的元素,将依次与哪些元素比较? (3)假设查找表中每个元素的概率相同,求查找成功

时的平均查找长度和查找不成功时的平均查找长度。

解 对应的折半查找判定树如图 8.6 所示。

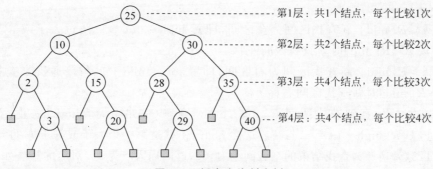

图 8.6 折半查找判定树

（1）若查找给定值为 20 的元素，依次与表中的 25、10、15、20 元素比较，共比较 4 次。这是一种成功查找的情况，成功的查找一定落在某个内部结点中。

（2）若查找给定值为 26 的元素，依次与 25、30、28 元素比较，共比较 3 次。这是一种不成功查找的情况，不成功的查找一定落在某个外部结点中。

（3）在等概率时，成功查找情况下的平均查找长度为

$$\text{ASL}_{成功} = \frac{1\times 1 + 2\times 2 + 4\times 3 + 4\times 4}{11} = 3$$

在等概率时，不成功查找情况下的平均查找长度为

$$\text{ASL}_{不成功} = \frac{4\times 3 + 8\times 4}{12} = 3.67$$

注意：从前面的示例看到，折半查找的判定树的形态只与查找表元素个数 n 相关，而与输入实例中 $R[0..n-1]$ 的取值无关。

【例 8.5】 由 n（n 为较大的整数）个元素的有序顺序表通过折半查找产生的判定树的高度（不计外部结点）是多少？设有 100 个元素的有序顺序表，在用折半查找时，成功查找情况下最大的比较次数和不成功查找情况下最大的比较次数各是多少？

解 当 n 较大时，对应的折半查找判定树与 n 个结点的完全二叉树的高度相等，所以其高度为 $h = \lceil \log_2(n+1) \rceil$。

在折半查找判定树中，成功查找情况下最大的比较次数是最大层次的内部结点的层次，它恰好等于该树的高度 h。层次最大的外部结点就是不成功查找所需关键字比较次数最多的结点，它一定是层次最大的内部结点的孩子结点，其关键字比较次数恰好是 $h+1-1=h$。

所以当 $n=100$，用折半查找时，成功查找情况下最大的比较次数和不成功查找情况下最大的比较次数均为 $h = \lceil \log_2(n+1) \rceil = 7$。

*3. 折半查找算法的扩展

这里讨论折半查找算法的几个扩展，并假设有序表 R 中可能出现相同关键字的元素。

1）在有序表 R 中查找插入点

对于有序查找表 R，关键字 k 的插入点定义为将 k 插入 R 中使其有序的那一点。假设 R 是递增有序的，插入点就是第一个大于或等于 k 的元素序号。例如，$R=(1,1,1)$，$k=2$ 的插入点为 3，$k=-1$ 的插入点为 0。若 $R=(1,3,5)$，$k=1$ 的插入点为 0，$k=2$ 的插入点

扫一扫

视频讲解

为 1，$k=5$ 的插入点为 2。

在非空查找区间 $R[low..high]$（满足 low <= high）中查找 k 插入点的设计思路是置 $mid=(low+high)/2$：

① 若 $k \leqslant R[mid]$，新查找区间为左区间，即置 high＝mid－1（跳过大于或等于 k 的元素）。或者说 $k \leqslant R[mid]$ 时新查找区间左移。

② 若 $k>R[mid]$，新查找区间为右区间，即置 low＝mid＋1（与普通折半查找相同）。或者说 $k>R[mid]$ 时新查找区间右移。

重复上述过程，直到查找区间 $R[low..high]$ 变空（满足 low > high）为止，并且满足 $R[0..high]<k$，$R[high+1..n-1] \geqslant k$。这样 high＋1 就是第一个大于或等于 k 的元素序号，例如 $R=(1,3,5)$，$k=2$，查找结束的空区间为[1,0]，返回插入点为 1。对应的算法如下：

```
def GOEk(R,k):                    # 查找第一个大于或等于 k 的序号，即 k 的插入点
    n=len(R)
    low,high=0,n-1
    while low <= high:            # 当前区间非空时
        mid=(low+high)//2         # 求查找区间的中间位置
        if k <= R[mid]:           # 继续在 R[low..mid-1]中查找
            high=mid-1
        else:                     # k > R[mid]
            low=mid+1             # 继续在 R[mid+1..high]中查找
    return high+1                 # 返回 high+1
```

【例 8.6】 有一个按整数关键字递增有序的顺序表 R，其中的关键字可能重复出现。设计一个算法返回与 k 最接近的元素关键字，若有多个最接近的元素关键字，返回较大的那一个。例如，$R=(1,3,8,8,12)$，$k=6$ 时最接近的元素是 8，$k=10$ 时最接近的元素是 12。

解 这里的 k 不一定包含在 R 中，所以不能直接采用基本折半查找求解，而需要进行改进。求与 k 最接近的元素关键字的算法设计思路如下：

① 若 $k \leqslant R[0]$，则返回 $R[0]$。

② 若 $k \geqslant R[n-1]$，则返回 $R[n-1]$。

③ 否则先调用前面的算法 GOEk(R,k) 求 R 中第一个大于或等于 k 的元素序号 j，再取其前一个元素序号 i，最接近元素的区间为 $[i,j]$，通过比较返回 $R[i]$ 或者 $R[j]$。

对应的算法如下：

```
def Closest(R,k):                 # 返回 R 中与 k 最接近的元素
    n=len(R)
    if k <= R[0]: return R[0]
    if k >= R[n-1]: return R[n-1]
    j=GOEk(R,k)                    # 查找第一个大于或等于 k 的序号
    i=j-1                          # 前一个元素的序号
    if abs(R[i]-k) < abs(R[j]-k): return R[i]
    else: return R[j]
```

2）在有序表 R 中查找关键字 k 的元素区间

若 R 中存在多个关键字为 k 的元素，它们一定是相邻的。查找关键字 k 的元素区间就是查找其中关键字为 k 的第一个和最后一个元素序号。

对于查找区间 $R[low..high]$，其长度为 $m=(high-low+1)$，当 m 为奇数时，中间位置

mid＝(low＋high)/2 是唯一的,如 $R[0..2]=(1,2,3)$,对应的中位数(中间位置的元素)是 $R[1]=2$。当 m 为偶数时,中间位置有两个,其中 mid1＝(low＋high)/2 是低中间位,mid2＝(low＋high＋1)/2(或者 mid＝low＋(high－low＋1)/2)是高中间位,如 $R[0..3]=(1,2,3,4)$,对应的低中位数是 $R[1]=2$(mid1＝1),高中位数是 $R[2]=3$(mid2＝2)。在前面基本的折半查找中总是取低中间位。

先设计 Firstequalsk(k)算法用于返回 R 中第一个等于 k 的元素序号,若 R 中没有等于 k 的元素,则返回－1。其设计思路是对于长度大于1的查找区间 $R[low..high]$(满足 low＜high)置 mid＝(low＋high)/2(其长度为偶数时取低中间位):

① 若 $k \leqslant R[mid]$,新查找区间为左区间,即置 high＝mid(由于可能有 $R[mid]=k$,新查找区间应包含 mid)。或者说 $k \leqslant R[mid]$ 时新查找区间左移。

② 若 $k > R[mid]$,新查找区间为右区间,即置 low＝mid＋1(由于 $R[mid]<k$,新查找区间不包含 mid)。或者说 $k > R[mid]$ 时新查找区间右移。

重复上述过程,直到找到长度为1的查找区间 $R[low..low]$(即 high＝low)为止,此时该区间最多有一个为 k 的元素,而 $R[low+1..n-1] \geqslant k$。这样若 $R[low]=k$,则 $R[low]$ 一定是第一个等于 k 的元素,否则说明 R 中不存在关键字为 k 的元素。对应的算法如下:

```
def Firstequalsk(R,k):                          ♯查找第一个等于 k 的元素序号
    n＝len(R)
    low,high＝0,n－1
    while low < high:
        mid＝(low＋high)//2
        if k<=R[mid]: high＝mid
        else: low＝mid＋1
    if k==R[low]: return low
    else: return －1
```

再设计 Lastequalsk(k)算法用于返回 R 中最后一个等于 k 的元素序号,若 R 中没有等于 k 的元素,则返回－1。其设计思路是对于长度大于1的当前查找区间 $R[low..high]$(满足 low＜high)置 mid＝(low＋high＋1)/2(其长度为偶数时取高中间位):

① 若 $k \geqslant R[mid]$,新查找区间为右区间,即置 low＝mid(由于可能有 $R[mid]=k$,新查找区间应包含 mid)。或者说 $k \geqslant R[mid]$ 时,新查找区间右移。

② 若 $k < R[mid]$,新查找区间为左区间,即置 high＝mid－1(由于 $R[mid]>k$,新查找区间不包含 mid)。或者说 $k < R[mid]$ 时新查找区间左移。

重复上述过程,直到找到长度为1的查找区间 $R[low..low]$(即 high＝low)为止,此时该区间最多有一个为 k 的元素,而 $R[0..low-1] \leqslant k$。这样若 $R[low]=k$,则 $R[low]$ 一定是最后一个等于 k 的元素,否则说明 R 中不存在关键字为 k 的元素。对应的算法如下:

```
def Lastequalsk(R,k):                           ♯查找最后一个等于 k 的元素序号
    n＝len(R)
    low,high＝0,n－1
    while low < high:
        mid＝(low＋high＋1)//2
        if k>=R[mid]: low＝mid
        else: high＝mid－1
    if k==R[low]: return low
    else: return －1
```

这样，在可能有相同关键字元素的有序表 R 中查找关键字 k 的元素区间（查找失败时返回 $[-1,-1]$）的算法如下：

```
def Intervalk(R,k):                                 #查找为 k 的元素区间 res
    res=[None] * 2
    res[0]=Firstequalsk(R,k)
    res[1]=Lastequalsk(R,k)
    return res
```

8.2.3　索引存储结构和分块查找

视频讲解

1. 索引存储结构

索引存储结构是在采用数据表存储数据的同时还建立附加的索引表。索引表中的每一项称为索引项。索引项的一般形式为（关键字，地址），其中，关键字唯一标识一个元素，地址为该关键字元素在数据表中的存储地址，整个索引表按关键字有序排列。例如，对于第 1 章中表 1.1 的高等数学成绩表，以学号为关键字时的索引存储结构如图 8.7 所示。在这样的索引存储结构中，数据表的每个元素都对应索引表的一个索引项，也就是说数据表和索引表的长度相同，称为稠密索引。

地址	学号	姓名	分数
0	2018001	王华	90
1	2018010	刘丽	62
2	2018006	陈明	54
3	2018009	张强	95
4	2018007	许兵	76
5	2018012	李萍	88
6	2018005	李英	82

学号	地址
2018001	0
2018005	6
2018006	2
2018007	4
2018009	3
2018010	1
2018012	5

(a) 数据表　　　　　　　　　(b) 索引表

图 8.7　高等数学成绩表的索引存储结构

含 n 个元素的线性表采用索引存储结构后，按关键字 k 的查找过程是先在索引表按折半查找方法找到关键字为 k 的索引项，得到其地址，所花时间为 $O(\log_2 n)$；再通过地址在数据表中找到对应的元素，所花时间为 $O(1)$；加起来的查找时间为 $O(\log_2 n)$，与折半查找的性能相同，属于高效的查找方法。索引存储结构的缺点是为建立索引表而增加了时间和空间的开销。

视频讲解

2. 分块查找

分块查找又称索引顺序查找，它是一种性能介于顺序查找和折半查找之间的查找方法。它要求按如下的索引方式来存储查找表：将表 $R[0..n-1]$ 均分为 b 块，前 $b-1$ 块中的元素个数为 $s=\lceil n/b \rceil$，最后一块（即第 b 块）的元素数小于或等于 s；每一块中的关键字不一定有序，但前一块中的最大关键字必须小于后一块中的最小关键字，即要求表是"分块有序"的。

抽取各块中的最大关键字及其起始位置构成一个索引表 $I[0..b-1]$，即 $I[i]$（$0 \leqslant i \leqslant b-1$）中存放着第 i 块的最大关键字及该块在表 R 中的起始位置。由于表 R 是分块有序的，所以索引表是一个递增有序表。

也就是说,在这种结构中除了数据表外,另外增加了一个分块索引表,所以它也是一种索引存储结构。由于索引表中的每个索引项对应数据表中的一个块而不是一个元素,即索引表的长度远小于数据表的长度,称为稀疏索引。

假设数据表的长度为 n,分为 b 个块,块的长度为 s,如果 $n\%b=0$,则 $s=n/b$,这样 b 个块的长度均为 s,是一种理想的状态。若 $n\%b\neq0$,取 $s=\lceil n/b \rceil=\lfloor (n+b-1)/b \rfloor$,这样前 $b-1$ 个块的长度为 s,最后一个块的长度 $=n-(b-1)\times s$。

说明:分块查找并非适合任何无序数据的查找,也不是随意分块,一定满足在分块后块间数据有序、块内数据无序的特点。

索引表的元素类型定义如下:

```
class IdxType:                              #索引表元素类型
    def __init__(self, j=None, k=None):     #构造方法
        self.key=k                          #关键字(这里是对应块中的最大关键字)
        self.link=j                         #该索引块在数据表中的起始下标
```

例如,设有一个查找线性表采用顺序表 R 存储,其中包含 25 个元素,其关键字序列为 $(8,14,6,9,10,22,34,18,19,31,40,38,54,66,46,71,78,68,80,85,100,94,88,96,87)$。假设将 R 中的 25 个元素分为 5 块($b=5$),每块中有 5 个元素($s=5$),并且这样分块后满足分块有序性。对应的索引存储结构如图 8.8 所示,第 1 块中的最大关键字 14 小于第 2 块中的最小关键字 18,第 2 块中的最大关键字 34 小于第 3 块中的最小关键字 38,以此类推。也就是说,这里的索引项中关键字为对应块中的最大关键字,整个索引表按关键字递增排列。

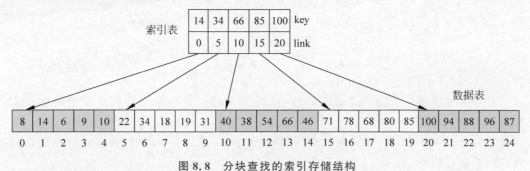

图 8.8　分块查找的索引存储结构

对于数据表 R,若分为 b 个块,构造上述索引表 I 的算法如下:

```
def CreateI(R, I, b):                              #构造索引表 I[0..b-1]
    n=len(R)
    s=(n+b-1)//b                                   #每块的元素个数
    j=0
    jmax=R[j]
    for i in range(b):                             #构造 b 个块
        I[i]=IdxType(j)                            #块 i 的起始位置为 j
        while j<=(i+1)*s-1 and j<=n-1:             #j 遍历一个块,查找其中的最大关键字 jmax
            if R[j]>jmax: jmax=R[j]
            j+=1
        I[i].key=jmax                              #块 i 的最大关键字为 jmax
        if j<=n-1:                                 #j 没有遍历完,jmax 置为下一个块首元素关键字
            jmax=R[j]
```

分块查找的基本思路是首先查找索引表，因为索引表是有序表，可以采用折半查找（当索引项较少时可以采用顺序查找），以确定待查的元素在哪一块中，然后在已确定的块中进行顺序查找（因块内元素有序，只能用顺序查找）。

例如，在图 8.8 所示的存储结构中，查找关键字等于给定值 $k=80$ 的元素，因为索引表较小，不妨用顺序查找方法查找索引表。即首先将 k 依次和索引表中的各关键字比较，直到找到第一个关键字大于或等于 k 的元素，由于 $k \leqslant 85$，所以关键字为 80 的元素若存在，则必定在第 4 块中；然后由 $I[3]$．link 找到第 4 块的起始地址 15，从该地址开始在 $R[15..19]$ 中进行顺序查找，直到 $R[18]=k$ 为止。若给定值 $k=30$，同理先确定第 2 块，然后在该块中查找。因该块中的查找不成功，故说明表中不存在关键字为 30 的元素。

采用折半查找索引表（索引表 I 的长度为 b）的分块查找算法如下（查找索引表的思路与前面的 GOEk 算法类似）：

```
def BlkSearch(R, I, b, k):          #在 R[0..n-1] 和索引表 I[0..b-1] 中查找 k
    n=len(R)
    low, high=0, b-1
    while low <=high:                #在索引表中折半查找，找到块号为 high+1
        mid=(low+high)//2
        if k <=I[mid].key: high=mid-1
        else: low=mid+1
    if high+1>=b: return -1           #块号超界，查找失败，返回-1
    i=I[high+1].link                  #求所在块的起始位置
    s=(n+b-1)/b                       #求每块的元素个数 s
    if i==b-1:                        #第 i 块是最后块，元素个数可能少于 s
        s=n-s*(b-1)
    while i <=I[high+1].link+s-1 and R[i]!=k:    #在第 i 块中顺序查找
        i+=1
    if i <=I[high+1].link+s-1: return i          #查找成功，返回该元素的序号
    else: return -1                   #查找失败，返回-1
```

由于分块查找实际上是两次查找过程，故整个查找过程的平均查找长度是两次查找的平均查找长度之和。

若有 n 个元素，每块中有 s 个元素（每块的大小 $b = \lceil n/s \rceil$），分析分块查找在成功情况下的平均查找长度如下。

若以折半查找来确定元素所在的块，则分块查找成功时的平均查找长度为

$$ASL_{blk} = ASL_{bn} + ASL_{sq} = \log_2(b+1) - 1 + \frac{s+1}{2}$$

$$\approx \log_2(n/s+1) + \frac{s}{2} \left(\text{或} \log_2(b+1) + \frac{s}{2}\right)$$

显然，s 越小，ASL_{blk} 的值越小，即当采用折半查找确定块时，每块的长度越小越好。

若以顺序查找来确定元素所在的块，则分块查找成功时的平均查找长度为

$$ASL'_{blk} = ASL_{bn} + ASL_{sq} = \frac{b+1}{2} + \frac{s+1}{2} = \frac{1}{2}\left(\frac{n}{s}+s\right) + 1\left(\text{或} \frac{1}{2}(b+s)+1\right)$$

显然，当 $s = \sqrt{n}$ 时，ASL'_{blk} 取极小值 $\sqrt{n} + 1$，即当采用顺序查找确定块时，各块中的元素个数选定为 $\sqrt{n}$ 时效果最佳。

分块查找的主要代价是增加一个索引表的存储空间和增加建立索引表的时间。

【例 8.7】 对于具有 10 000 个元素的顺序表,假设数据分布满足各问题相应的要求,回答以下问题。

（1）若采用分块查找方法,并用顺序查找来确定元素所在的块,则分成几块最好? 每块的最佳长度为多少? 此时成功情况下的平均查找长度为多少? 在这种情况下,若改为用折半查找确定块,成功情况下的平均查找长度为多少?

扫一扫

（2）若采用分块查找方法,仍用顺序查找来确定元素所在的块,假定每块长度为 $s=20$,此时成功情况下的平均查找长度是多少? 在这种情况下,若改为用折半查找确定块,成功情况下的平均查找长度为多少?

视频讲解

（3）若直接采用顺序查找和折半查找方法,其成功情况下的平均查找长度各是多少?

解 （1）对于具有 10 000 个元素的文件,若采用分块查找方法,并用顺序查找来确定元素所在的块,每块中最佳元素个数 $s=\sqrt{10\,000}=100$,总的块数 $b=\lceil n/s \rceil=100$。此时成功情况下的平均查找长度为

$$\text{ASL}=\frac{1}{2}(b+s)+1=100+1=101$$

在这种情况下,若改为用折半查找确定块,此时成功情况下的平均查找长度为

$$\text{ASL}=\log_2(b+1)+\frac{s}{2}=\log_2 101+50 \approx 57$$

（2）$s=20$,则 $b=\lceil n/s \rceil=10\,000/20=500$。

在进行分块查找时,若仍用顺序查找确定块,此时成功情况下的平均查找长度为

$$\text{ASL}=\frac{1}{2}(b+s)+1=260+1=261$$

在这种情况下,若改为用折半查找确定块,此时成功情况下的平均查找长度为

$$\text{ASL}=\log_2(b+1)+\frac{s}{2}=\log_2 501+10 \approx 19$$

（3）若直接采用顺序查找,此时成功情况下的平均查找长度为

$$\text{ASL}=(n+1)/2=(10\,000+1)/2=5000.5$$

若直接采用折半查找,此时成功情况下的平均查找长度为

$$\text{ASL}=\log_2(n+1)-1=\log_2 10\,001-1 \approx 13$$

由此可见,分块查找算法的效率介于顺序查找和折半查找之间。

8.3 树表的查找

8.2 节讨论了查找表为线性表的情况,实际上查找表也可以为树形结构,本节介绍几种特殊树形结构的查找,统称为**树表**。这里的树表采用链式存储结构,由于链式存储结构既适合查找,也适合数据修改,因此属于动态查找表。对于动态查找表,不仅要讨论查找方法,还要讨论修改方法。本节主要讨论二叉排序树、平衡二叉树、B 树和 B+树。

8.3.1　二叉排序树

1. 二叉排序树的定义

二叉排序树（简称 BST）又称二叉查找（搜索）树，每个结点为 $[k,d]$，其中 k 是关键字，d 为对应的值。二叉排序树的定义为或者是空树，或者是满足以下性质的二叉树：

（1）若它的左子树非空，则左子树上所有结点的关键字均小于根结点关键字。

（2）若它的右子树非空，则右子树上所有结点的关键字均大于根结点关键字。

（3）左、右子树本身又各是一棵二叉排序树。

上述性质简称二叉排序树性质（简称为 BST 性质），故二叉排序树实际上是满足 BST 性质的二叉树，并且假设所有结点值唯一。

说明：上述是基本二叉排序树的定义（除特别指定外，本章默认为基本二叉排序树），在实际应用中有两种变形。变形一是结点的关键字不唯一，可将二叉排序树定义中 BST 性质（1）的"小于"改为"小于或等于"，BST 性质（2）的"大于"改为"大于或等于"；变形二是左子树结点关键字大，右子树结点关键字小。

从 BST 性质可推出二叉排序树的一些重要性质：按中序遍历该树所得到的中序序列是一个递增有序序列。整棵二叉排序树中关键字最小的结点是根结点的最左下结点（中序序列的开始结点），关键字最大的结点是根结点的最右下结点（中序序列的尾结点）。

正是因为二叉排序树的中序序列是一个有序序列，所以对于一个任意的关键字序列构造一棵二叉排序树，其实质是对此关键字序列进行排序，使其变为有序序列。"排序树"的名称也由此而来。

定义二叉排序树的结点类型如下（每个结点存放为 $[key,data]$，其中 key 为关键字，data 为对应的值）：

```
class BSTNode:                                    #二叉排序树结点类
    def __init__(self, k, d=None, l=None, r=None):    #构造方法
        self.key=k                                #存放关键字,假设关键字为 int 类型
        self.data=d                               #存放其他数据项
        self.lchild=l                             #存放左孩子指针
        self.rchild=r                             #存放右孩子指针
```

设计二叉排序树类 BSTClass 如下（用 BSTClass.py 文件存放）：

```
class BSTClass:                                   #二叉排序树类
    def __init__(self):                           #构造方法
        self.r=None                               #二叉排序树的根结点为 r
        self.f=None                               #存放待删除结点的双亲结点(删除时用)
    #二叉排序树基本运算算法
```

2. 二叉排序树的插入和生成

在二叉排序树中插入一个新结点，要保证插入后仍满足 BST 性质。在根结点 p 的二叉排序树中插入关键字为 k、数据项为 d 的结点的过程如下：

① 若 p 为空，创建一个 (k,d) 的结点，返回将它作为根结点。

② 若 $k<p.key$，将 k 插入 p 结点的左子树中并且修改 p 的左子树。

③ 若 $k>p.key$，将 k 插入 p 结点的右子树中并且修改 p 的右子树。

④ 其他情况是 $k=$ p.key,说明树中已有关键字 k,更新 data 值并返回 p。

对应的递归算法 InsertBST()如下:

```
def InsertBST(self,k,d):                              #插入一个(k,d)的结点
    self.r=self._InsertBST(self.r,k,d)

def _InsertBST(self,p,k,d):                           #在以 p 为根的 BST 中插入关键字为 k 的结点
    if p==None:                                       #原树为空,新插入的元素为根结点
        p=BSTNode(k,d)
    elif k<p.key:
        p.lchild=self._InsertBST(p.lchild,k,d)        #插入 p 的左子树中
    elif k>p.key:
        p.rchild=self._InsertBST(p.rchild,k,d)        #插入 p 的右子树中
    else:                                             #找到关键字为 k 的结点
        p.data=d                                      #更新 data
    return p
```

由 a 序列(每个元素为 $[k,d]$,k 是关键字,d 为对应的值)创建二叉排序树是从一个空树开始的,先创建根结点,以后每插入一个 $a[i]$($1\leqslant i\leqslant n-1$)就调用一次 InsertBST()算法将 $a[i]$插入当前已生成的二叉排序树中。对应的 CreateBST()算法如下:

```
def CreateBST(self,a):                                #由关键字序列 a 创建一棵二叉排序树
    self.r=BSTNode(a[0][0],a[0][1])                   #创建根结点
    for i in range(1,len(a)):                         #创建其他结点
        self.InsertBST(self.r,a[i][0],a[i][1])        #插入 a[i]
```

3. 二叉排序树的查找

由于二叉排序树可看作一个有序表,所以在二叉排序树上进行查找和折半查找类似,也是一个逐步缩小查找范围的过程。递归查找算法 SearchBST()如下(在二叉排序树上查找关键字为 k 的元素,成功时返回查找到的结点,否则返回 None):

```
def SearchBST(self,k):                                #在二叉排序树中查找关键字为 k 的结点
    return self._SearchBST(self.r,k)                  #r 为二叉排序树的根结点

def _SearchBST(self,p,k):                             #被 SearchBST()方法调用
    if p==None: return None                           #空树返回 None
    if p.key==k: return p                             #找到后返回 p
    if k<p.key:
        return self._SearchBST(p.lchild,k)            #在左子树中递归查找
    else:
        return self._SearchBST(p.rchild,k)            #在右子树中递归查找
```

与折半查找的判定树类似,在二叉排序树中的每个空指针处添加一个外部结点。在二叉排序树中查找时,若查找成功,则是从根结点出发走了一条从根结点到查找到的结点的路径;若查找不成功,则是从根结点出发走了一条从根结点到某个外部结点的路径。因此与折半查找类似,查找中关键字比较的次数不超过树的高度。

一个关键字集合可以有多个不同顺序的关键字序列,对于不同的关键字序列,采用 CreateBST(a)算法创建的二叉排序树可能不同。例如,由关键字序列(5,2,1,6,7,4,3)创建的二叉排序树 A 如图 8.9(a)所示,而由关键字序列(1,2,3,4,5,6,7)创建的二叉排序树 B 如图 8.9(b)所示,图中仅画出了结点的关键字。

扫一扫

视频讲解

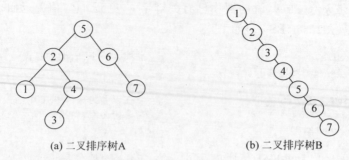

(a) 二叉排序树A   (b) 二叉排序树B

图 8.9 两棵二叉排序树

这两棵二叉排序树的高度分别是 4 和 7,因此在查找失败的情况下最多关键字比较次数分别为 4 和 7。在查找成功的情况下,它们的平均查找长度也是不相同的。对于图 8.9(a)所示的二叉排序树,在等概率假设下,查找成功的平均查找长度为

$$\text{ASL}_a = \frac{1 \times 1 + 2 \times 2 + 3 \times 3 + 1 \times 4}{7} = 2.57$$

同样,在等概率假设下,图 8.9(b)所示的二叉排序树在查找成功时的平均查找长度为

$$\text{ASL}_b = \frac{1 \times 1 + 1 \times 2 + 1 \times 3 + 1 \times 4 + 1 \times 5 + 1 \times 6 + 1 \times 7}{7} = 4$$

由此可见,二叉排序树查找的平均查找长度和二叉排序树的形态有关,显然图 8.9(a)所示的二叉排序树的查找效率比图 8.9(b)的好,因此构造一棵高度越小的二叉排序树查找效率越高,下一节将讨论如何构造这种高效率的查找树。

那么如何分析二叉排序树的查找性能呢? 有以下两种分析方法。

① 对于含 n 个关键字的集合,假设所有关键字不相同,对应有 $n!$ 个关键字序列,每个关键字序列构造一棵二叉排序树,其中有些二叉排序树是相同的。例如,3 个关键字的集合 $\{1,2,3\}$,由 $(2,1,3)$ 和 $(2,3,1)$ 两个关键字序列构造的二叉排序树是相同的,可以证明所有这些二叉排序树中查找每个关键字的平均时间为 $O(\log_2 n)$。

② 给定含 n 个关键字的特定关键字序列构造一棵二叉排序树(是 $n!$ 个关键字序列中的一个),其中查找性能最好的是高度最小的二叉排序树,最好查找性能为 $O(\log_2 n)$;查找性能最坏的是高度为 n 的二叉排序树(类似图 8.9(b)所示的单支树),最坏查找性能为 $O(n)$。平均情况由具体的关键字序列来确定。所以常说二叉排序树的时间复杂度在 $O(\log_2 n)$ 和 $O(n)$ 之间,就是指这种分析方法。

【例 8.8】 已知一组关键字为 $(25,18,46,2,53,39,32,4,74,67,60,11)$,按该顺序依次插入一棵初始为空的二叉排序树中,画出最终的二叉排序树,并求在等概率的情况下查找成功的平均查找长度和查找不成功的平均查找长度。

解 最终构造的二叉排序树如图 8.10 所示,图中的圆形结点为内部结点,小方形结点为外部结点。

在等概率的情况下,查找成功的平均查找长度为

$$\text{ASL}_{成功} = \frac{1 \times 1 + 2 \times 2 + 3 \times 3 + 3 \times 4 + 2 \times 5 + 1 \times 6}{12} = 3.5$$

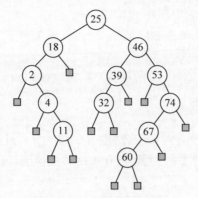

图 8.10 一棵二叉排序树

在等概率的情况下,查找不成功的平均查找长度为

$$\text{ASL}_{\text{不成功}} = \frac{1 \times 2 + 3 \times 3 + 4 \times 4 + 3 \times 5 + 2 \times 6}{13} = 4.15$$

【例 8.9】 在含有 27 个结点的二叉排序树上查找关键字为 35 的结点,以下 4 个选项中哪些是可能的关键字比较序列?

A. 28,36,18,46,35　　　　　　　　B. 18,36,28,46,35

C. 46,28,18,36,35　　　　　　　　D. 46,36,18,28,35

解 各查找序列对应的查找树如图 8.11 所示。查找序列$(k_1, k_2, \cdots, k_n)$的查找树的画法是每一层只有一个结点,首先 k_1 为根结点,再依次画出其他结点,若 $k_{i+1} < k_i$,则 k_{i+1} 的结点作为 k_i 结点的左孩子,否则作为右孩子。

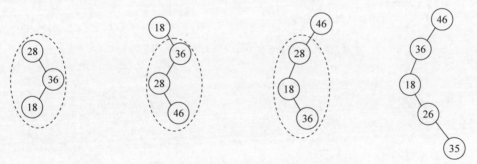

(a) 选项A序列的查找过程　　(b) 选项B序列的查找过程　　(c) 选项C序列的查找过程　　(d) 选项D序列的查找过程

图 8.11 各序列对应的查找过程

查找树是原来二叉排序树的一部分,也一定构成一棵二叉排序树。图中的虚线圆圈部分表示违背了二叉排序树的定义,从中看到只有选项 D 序列对应的查找树是一棵二叉排序树,所以只有选项 D 序列可能是查找关键字 35 的关键字比较序列。

4. 二叉排序树的删除

二叉排序树的删除是指从二叉排序树中删除一个指定关键字 k 的结点(由于二叉排序树中结点关键字是唯一的,每个结点只有一个关键字,所以删除关键字与删除结点是一样的),在删除一个结点时不能简单地把以该结点为根的子树都删去,只能删除该结点本身,并且还要保证删除后的二叉树仍然满足 BST 性质。也就是说,在二叉排序树中删除一个结点

扫一扫

视频讲解

相当于删除有序序列（即该树的中序序列）中的一个结点。

　　执行删除操作必须首先找到待删除的结点，当找到关键字为 k 的结点 p 时，删除结点 p 分为以下几种情况。

　　① 若结点 p 是叶子结点（结点 p 的度为0），删除该结点等同于删除该结点的子树，所以可以直接删除该结点。图 8.12(a)所示为删除叶子结点9的过程。这是一种最简单的删除结点的情况。

　　② 若结点 p 只有左孩子没有右孩子（结点 p 的度为1），根据二叉排序树的特点，可以用结点 p 的左子树替代结点 p 的子树，也就是直接用其左孩子替代它（结点替代）。图 8.12(b)所示为删除只有左孩子的结点4的过程。

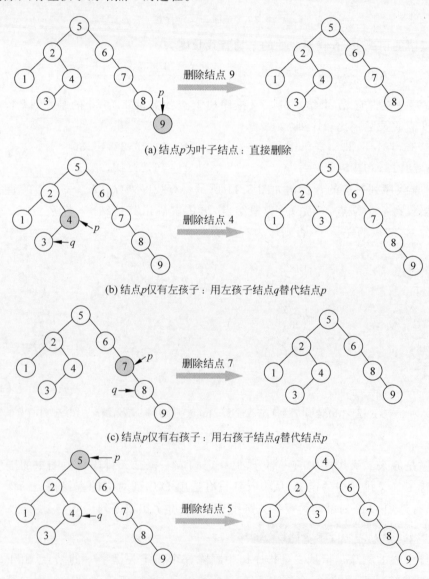

(a) 结点 p 为叶子结点：直接删除

(b) 结点 p 仅有左孩子：用左孩子结点 q 替代结点 p

(c) 结点 p 仅有右孩子：用右孩子结点 q 替代结点 p

(d) 结点 p 有左、右孩子：找到其左孩子的最右下结点 q，置 p 结点值为 q 结点值（值替代），
再删除 q 结点（q 结点没有右孩子，最多只有左孩子，采用(b)删除）

图 8.12　二叉排序树中结点的删除

③ 若结点 p 只有右孩子没有左孩子(结点 p 的度为 1),根据二叉排序树的特点,可以用结点 p 的右子树替代结点 p 的子树,也就是直接用其右孩子替代它(结点替代)。图 8.12(c)所示为删除只有右孩子的结点 7 的过程。

④ 若结点 p 既有左孩子又有右孩子(结点 p 的度为 2),根据二叉排序树的特点,可以从其左子树中选择关键字最大的结点(中序前趋)或从其右子树中选择关键字最小的结点(中序后继)q 替代结点 p,再将结点 q 从相应子树中删除。操作步骤是先用结点 q 的值替代结点 p 的值(值替代),再删除结点 q。

删除方法 1:选择的结点 q 是结点 p 的左子树中的最大关键字结点,它一定是结点 p 的左孩子的最右下结点,这样的结点 q 一定没有右孩子,最多只有左孩子,可以采用②删除结点 q。图 8.12(d)所示为删除有左、右孩子的结点 5 的过程,先找到结点 5 的左孩子的最右下结点 4,用结点值 4 替代结点 5,再删除原结点 4。

删除方法 2:选择的结点 q 是结点 p 的右子树中的最小关键字结点,它一定是结点 p 的右孩子的最左下结点,这样的结点 q 一定没有左孩子,最多只有右孩子,可以采用③删除结点 q。所以要删除图 8.12(d)中左边二叉排序树的结点 5,也可以找到结点 5 的右孩子的最左下结点 6,用结点值 6 替代结点 5,再删除原结点 6。

上述两种删除方法都是正确的,即删除后的二叉树仍然是二叉排序树,在后面的算法中采用的是第一种删除方法。

说明:由二叉排序树的结点删除过程看出,若一棵非空二叉排序树为 T,删除关键字为 k 的结点 p 后得到二叉排序树 T_1,再在 T_1 中插入关键字 k 得到二叉排序树 T_2。如果结点 p 是叶子结点,则 T_2 与 T 是相同的;如果结点 p 不是叶子结点,则 T_2 与 T 是不相同的。

在删除算法设计中,先查找关键字为 k 的结点 p,再删除结点 p。从二叉排序树中删除结点 p 是通过修改其双亲的相关指针实现的,为此需要标识结点 p 的双亲结点 f,并且用 flag 标识结点 p 是结点 f 的何种孩子,flag$=-1$ 表示结点 p 是根结点(没有双亲),flag$=0$ 表示结点 p 是结点 f 的左孩子,flag$=1$ 表示结点 p 是结点 f 的右孩子。所以删除中的查找不能简单地采用前面的基本查找算法,而需要在查找中确定结点 p 对应的双亲结点 f 和左、右孩子标记 flag。

这里以删除仅有左孩子的结点 p(含结点 p 为叶子结点的情况)为例说明,分为以下 3 种情况:

① flag$=-1$ 即结点 p 没有双亲,说明结点 p 是根结点,由于它没有右孩子,删除操作是用它的左孩子作为二叉排序树的根结点,即执行 $r=p.$ lchild,如图 8.13(a)所示。

② flag$=0$,说明结点 p 是其双亲结点 f 的左孩子,删除操作是用它的左孩子替代它,即执行 $f.$ lchild$=p.$ lchild,如图 8.13(b)所示。

③ flag$=1$,说明结点 p 是其双亲结点 f 的右孩子,删除操作是用它的左孩子替代它,即执行 $f.$ rchild$=p.$ lchild,如图 8.13(c)所示。

删除仅有右孩子的结点 p 的过程与上述类似。

当被删结点 p 有左、右孩子时,采用前面的删除方法 1,先让 q 指向其左孩子结点,分为以下两种情况:

① 若结点 q 没有右孩子,说明结点 q 就是结点 p 的左子树中关键字最大的结点,操作是将被删结点 p 的值用结点 q 的值替代(值替代),再删除结点 q,即执行 $p.$ key$=q.$ key,

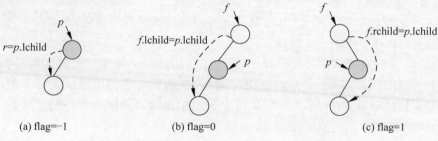

图 8.13　删除仅有左孩子的结点 p 的 3 种情况

$p.\mathrm{lchild}=q.\mathrm{lchild}$，如图 8.14(a)所示。

　　② 若结点 q 有右孩子，说明结点 p 的左子树中关键字最大的结点是结点 q 的最右下结点，则从结点 q 出发向右找到最右下结点（仍用 q 表示），$f1$ 指向结点 q 的双亲结点，找到最右下结点 q 后，操作是将被删结点 p 的值用 q 的值替代，再通过 $f1$ 删除结点 q，即执行 $p.\mathrm{key}=q.\mathrm{key}$，$p.\mathrm{rchild}=q.\mathrm{lchild}$，如图 8.14(b)所示。

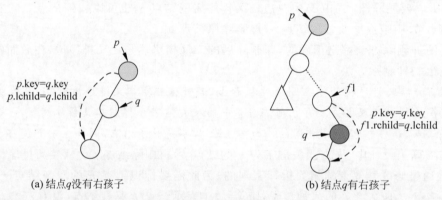

图 8.14　删除有左、右孩子的结点 p 的两种情况

对应的删除算法 DeleteBST 如下：

```
def DeleteBST(self,k):                          ♯删除关键字为 k 的结点
    self.f=None
    return self._DeleteBST(self.r,k,-1)         ♯r 为二叉排序树的根结点

def _DeleteBST(self,p,k,flag):                  ♯被 DeleteBST()方法调用
    if p==None:
        return False                            ♯空树返回 False
    if p.key==k:
        return self.DeleteNode(p,self.f,flag)   ♯找到后删除 p 结点
    if k < p.key:
        self.f=p
        return self._DeleteBST(p.lchild,k,0)    ♯在左子树中递归查找
    else:
        self.f=p
        return self._DeleteBST(p.rchild,k,1)    ♯在右子树中递归查找

def DeleteNode(self,p,f,flag):                  ♯删除结点 p(其双亲为 f)
    if p.rchild==None:                          ♯结点 p 只有左孩子(含 p 为叶子的情况)
        if flag==-1:                            ♯结点 p 的双亲为空(p 为根结点)
```

```
        self.r＝p.lchild              #修改根结点 r 为 p 的左孩子
    elif flag＝＝0:                   #p 为双亲 f 的左孩子
        self.f.lchild＝p.lchild       #将 f 的左孩子置为 p 的左孩子
    else:                             #p 为双亲 f 的右孩子
        self.f.rchild＝p.lchild       #将 f 的右孩子置为 p 的左孩子
elif p.lchild＝＝None:                 #结点 p 只有右孩子
    if flag＝＝-1:                    #结点 p 的双亲为空(p 为根结点)
        self.r＝p.rchild              #修改根结点 r 为 p 的右孩子
    elif flag＝＝0:                   #p 为双亲 f 的左孩子
        self.f.lchild＝p.rchild       #将 f 的左孩子置为 p 的左孩子
    else:                             #p 为双亲 f 的右孩子
        self.f.rchild＝p.rchild       #将 f 的右孩子置为 p 的左孩子
else:                                 #结点 p 有左、右孩子
    f1＝p                             #f1 为结点 q 的双亲结点
    q＝p.lchild                       #q 转向结点 p 的左孩子
    if q.rchild＝＝None:               #若结点 q 没有右孩子
        p.key＝q.key                  #将被删结点 p 的值用 q 的值替代
        p.data＝q.data
        p.lchild＝q.lchild            #删除结点 q
    else:                             #若结点 q 有右孩子
        while q.rchild!＝None:         #找到最右下结点 q,其双亲结点为 f1
            f1＝q
            q＝q.rchild
        p.key＝q.key                  #将被删结点 p 的值用 q 的值替代
        p.data＝q.data
        f1.rchild＝q.lchild           #删除结点 q
return True
```

上述删除算法的主要时间花费在查找上,所以删除算法与查找算法的时间复杂度相同。

8.3.2 平衡二叉树

二叉排序树的查找性能与树的高度相关,最坏情况下长度为 n 的关键字序列创建的二叉排序树的高度为 n,此时查找的时间复杂度为 $O(n)$。为了避免这种情况发生,人们研究了许多种动态平衡调整的方法,使得往树中插入或删除元素时,通过调整树形来保持树的"平衡",使之既保持 BST 性质又保证树的高度较小,通过这样的平衡规则和操作来维护 $O(\log_2 n)$ 高度的二叉排序树称为平衡二叉树。平衡二叉树有多种,较为著名的有 AVL 树,它是由两位数学家 G. M. Adelson-Velsky 和 E. M. Landis 于 1962 年提出的,故用他们的名字命名,本节主要讨论 AVL 树。

AVL 树的高度平衡性质是树中每个结点的左、右子树的高度最多相差 1。也就是说,如果树 T 中的结点 v 有孩子结点 x 和 y,则 $|h(x)-h(y)| \leqslant 1$,$h(x)$ 表示以结点 x 为根的子树的高度。需要说明的是,AVL 树首先是一棵二叉排序树,因为脱离二叉排序树讨论平衡二叉树是没有意义的。

说明:有多种平衡二叉树,例如 AVL 树、红黑树、伸展树和 Treap 等,不同的平衡二叉树采用的平衡性质不同,AVL 树采用的是高度平衡性质。由于 AVL 树最为著名,所以在数据结构中除了特别指出外,平衡二叉树均默认指 AVL 树。

在算法中,通过平衡因子(balance factor,bf)来实现,每个结点的平衡因子是该结点左

子树的高度减去右子树的高度。从平衡因子的角度可以说,若一棵二叉排序树中所有结点的平衡因子的绝对值小于或等于1,则该二叉树为 AVL 树。AVL 树中的结点类型定义如下,其中每个结点为[key,data],这里 key 为关键字,data 为对应的值(用 AVL.py 文件存放):

```
class AVLNode:                      ♯ AVL 树结点类
    def __init__(self,k,d):         ♯ 构造方法
        self.key=k
        self.data=d
        self.lchild=None
        self.rchild=None
        self.ht=1                   ♯ 该结点的子树高度,新建结点均为叶子,高度为 1
```

图 8.15 所示为两棵二叉排序树(仅画出关键字),结点旁标注的数字为该结点的平衡因子。图 8.15(a)所示为一棵 AVL 树,其中所有结点的平衡因子的绝对值都小于或等于1;图 8.15(b)所示为一棵非 AVL 树,其中结点 3、4、5(带阴影结点)的平衡因子值分别为 -2、-3 和 -2,它们是失衡的结点。

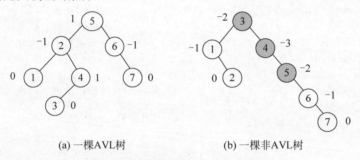

(a) 一棵AVL树　　　　　　　(b) 一棵非AVL树

图 8.15　平衡二叉树和不平衡二叉树

如何使构造的二叉排序树是一棵 AVL 树呢?关键是每次向树中插入新结点时使所有结点的平衡因子满足高度平衡性质,这就要求插入后一旦哪些结点失衡就要进行调整。

这里不讨论 AVL 树的基本运算算法设计,仅介绍这些运算的操作过程。

1. AVL 树插入结点的调整方法

先向 AVL 树中插入一个新结点(插入过程与二叉排序树的插入过程相同),再从该新插入结点到根结点的方向(称为向上查找)找第一个失衡结点 A,如果找不到这样的结点,说明插入后仍然是一棵 AVL 树,不需要调整;如果找到这样的结点 A,称结点 A 的子树为最小失衡子树(距离插入结点最近且平衡因子的绝对值大于 1 的结点为根的子树,其高度至少为 3),说明插入后破坏了平衡性,需要调整。调整方式以最小失衡子树的根结点 A 和两个相邻的刚查找过的结点构成的两层左右关系来分类(LL、RR、LR 和 RL 之一),当最小失衡子树调整为平衡子树后,从该子树的根结点继续向上查找,一旦遇到失衡结点便做类似的调整,直到根结点为止,这样就会得到一棵插入结点后的 AVL 树。

假设用 A 表示最小失衡子树的根结点(a 是该结点的指针),4 种调整方式的调整过程如下。

1) LL 型调整

这是在 A 结点的左孩子(设为 B 结点,由 b 指向该结点)的左子树上插入结点时,使得

A 结点的平衡因子由 1 变为 2 而引起的不平衡,即 A 结点的左子树较高。

LL 型调整的过程如图 8.16 所示(采用右旋转实现)。在图中用长方框表示子树,长方框旁标有高度值 h 或 $h+1$,用带阴影的小方框表示新插入结点。LL 型调整的方法是单向右旋平衡,即将 A 的左孩子 B 向右上旋转代替 A 成为根结点,将 A 结点向右下旋转成为 B 的右子树的根结点,而 B 的原右子树则作为 A 结点的左子树。对应的 LL 型调整算法如下:

```
def right_rotate(self,a):               # 以结点 a 为根做右旋转
    b=a.lchild
    a.lchild=b.rchild                   # 将 b 的右子树 α 作为 a 的左子树
    b.rchild=a                          # 将 a 作为 b 的右孩子
    a.ht=max(self.getht(a.rchild),self.getht(a.lchild))+1    # 更新 a 的高度
    b.ht=max(self.getht(b.rchild),self.getht(b.lchild))+1    # 更新 b 的高度
    return b                            # 返回 b

def LL(self,a):                         # LL 型调整
    return self.right_rotate(a)
```

这样调整后使所有结点平衡了,又由于调整前后对应的中序序列相同,即调整后仍保持了二叉排序树的性质不变,所以 LL 型调整后变为一棵 AVL 树,其他 3 种调整也是如此。

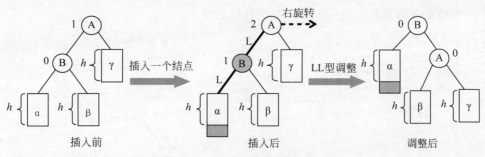

图 8.16 LL 型调整过程

2) RR 型调整

这是在 A 结点的右孩子(设为 B 结点)的右子树上插入结点时,使得 A 结点的平衡因子由 -1 变为 -2 而引起的不平衡,即 A 结点的右子树较高。

RR 型调整过程如图 8.17 所示(采用左旋转实现),调整的方法是单向左旋平衡,即将 A 的右孩子 B 向左上旋转代替 A 成为根结点,将 A 结点向左下旋转成为 B 的左子树的根结点,而 B 的原左子树则作为 A 结点的右子树。

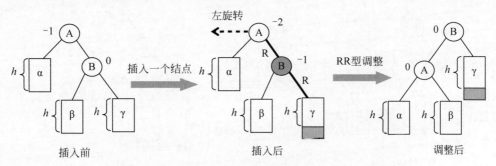

图 8.17 RR 型调整过程

对应的 RR 型调整算法如下：

```
def left_rotate(self,a):              #以结点 a 为根做左旋转
    b=a.rchild
    a.rchild=b.lchild                 #将 b 的左子树 α 作为 a 的右子树
    b.lchild=a                        #将 a 作为 b 的左孩子
    a.ht=max(self.getht(a.rchild),self.getht(a.lchild))+1    #更新 a 的高度
    b.ht=max(self.getht(b.rchild),self.getht(b.lchild))+1    #更新 b 的高度
    return b                          #返回 b

def RR(self,a):                       #RR 型调整
    return self.left_rotate(a)
```

说明：失衡结点 p 左右旋转的思路是，若左子树较高则做右旋转（使左孩子成为子树的根结点），若右子树较高则做左旋转（使右孩子成为子树的根结点），从而使新根结点的左、右子树达到平衡。

3）LR 型调整

这是在 A 结点的左孩子（设为 B 结点）的右子树上插入结点时，使得 A 结点的平衡因子由 1 变为 2 而引起的不平衡。

LR 型调整过程如图 8.18 所示（采用右左旋转实现），调整的方法是先对 B 结点做左旋转，再对 A 结点做右旋转。对应的 LR 型调整算法如下：

```
def LR(self,a):                       #LR 型调整
    b=a.lchild
    a.lchild=self.left_rotate(b)      #结点 b 左旋
    return self.right_rotate(a)       #结点 a 右旋
```

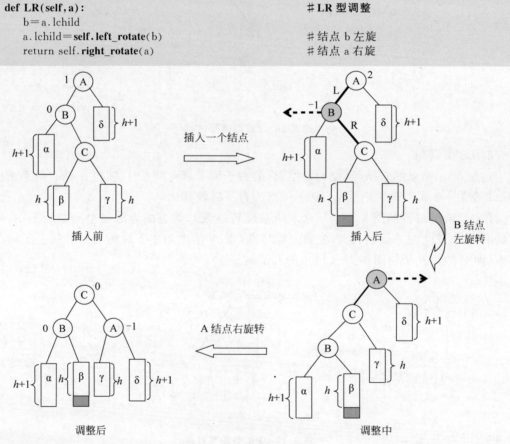

图 8.18　LR 型调整过程

4）RL 型调整

这是在 A 结点的右孩子(设为 B 结点)的左子树上插入结点时,使得 A 结点的平衡因子由 −1 变为 −2 而引起的不平衡。

RL 型调整过程如图 8.19 所示(采用左右旋转实现),调整的方法是先对 B 结点做右旋转,再对 A 结点做左旋转。对应的 RL 型调整算法如下:

```
def RL(self,a):                        # RL 型调整
    b=a.rchild
    a.rchild=self.right_rotate(b)      # 结点 b 右旋
    return self.left_rotate(a)         # 结点 a 左旋
```

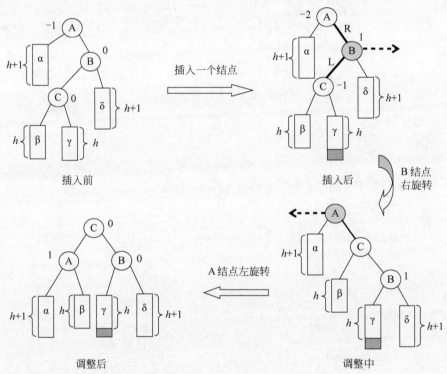

图 8.19　RL 型调整过程

从中看出,LL 型和 RR 型调整是对称的,LR 型和 RL 型调整是对称的。

【例 8.10】　输入关键字序列(16,3,7,11,9,26,18,14,15),给出构造一棵 AVL 树的过程。

解　通过给定的关键字序列建立 AVL 树的过程如图 8.20 所示,其中需要进行 5 次调整,涉及前面介绍的 4 种调整方法。

2. AVL 树删除结点的调整方法

在 AVL 树中删除关键字为 k 的结点的操作与插入操作有许多相似之处,也是在失衡时采用上述 4 种调整方法进行。

首先在 AVL 树中查找关键字为 k 的结点 x(假定存在这样的结点并且唯一),删除结点 x 的过程如下:

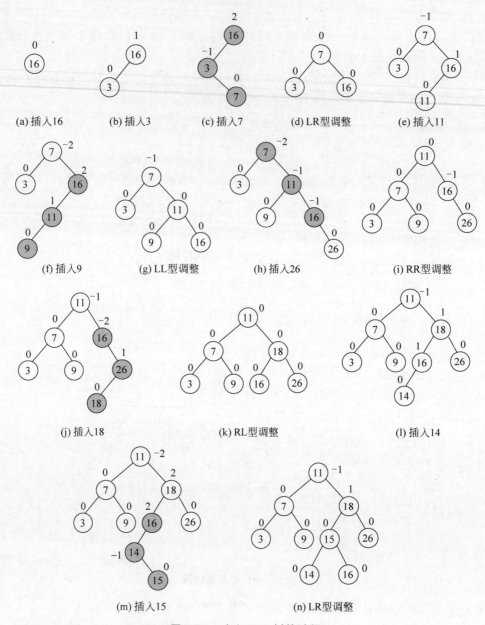

图 8.20　建立 AVL 树的过程

（1）如果结点 x 的左子树为空，用其右孩子结点替换它，即直接删除结点 x。

（2）如果结点 x 的右子树为空，用其左孩子结点替换它，即直接删除结点 x。

（3）如果结点 x 同时有左、右子树（在这种情况下，结点 x 是通过值替换间接删除的，称为间接删除结点），分为两种情况：

① 若结点 x 的左子树较高，在其左子树中找到最大结点 q，直接删除结点 q，用结点 q 的值替换结点 x 的值。

② 若结点 x 的右子树较高，在其右子树中找到最小结点 q，直接删除结点 q，用结点 q 的值替换结点 x 的值。

(4) 当直接删除结点 x 时,沿着其双亲到根结点的方向逐层向上求结点的平衡因子,若一直找到根结点时路径上的所有结点均平衡,说明删除后的树仍然是一棵平衡二叉树,不需要调整,删除结束。若找到路径上的第一个失衡结点 p,就要进行调整。

① 若直接删除的结点在结点 p 的左子树中(由于是在结点 p 的左子树中删除结点,结点 p 失衡时其平衡因子应该为 -2),在结点 p 失衡后要做何种调整,需要看结点 p 的右孩子 p_R,若 p_R 的左子树较高,需做 RL 型调整,如图 8.21(a)所示;若 p_R 的右子树较高,需做 RR 型调整,如图 8.21(b)所示;若 p_R 的左、右子树高度相同,则做 RL 型或 RR 型调整均可。

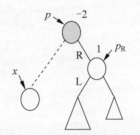 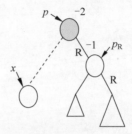

(a) p_R 的左子树较高:RL　　　　(b) p_R 的右子树较高:RR

图 8.21　在结点 p 的左子树中删除结点导致不平衡的两种情况

② 若直接删除的结点在结点 p 的右子树中,调整过程类似,如图 8.22 所示。

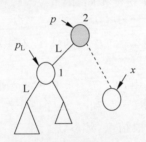 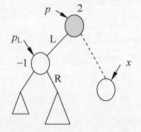

(a) p_L 的左子树较高:LL　　　　(b) p_L 的右子树较高:LR

图 8.22　在结点 p 的右子树中删除结点导致不平衡的两种情况

这样调整后的树变为一棵平衡二叉树,删除结束。

【例 8.11】　对例 8.10 生成的 AVL 树给出删除结点 11、9 和 3 的过程。

解　图 8.23(a)所示为初始 AVL 树,各结点的删除操作如下。

① 删除结点 11(为根结点)的过程是找到结点 11,其右子树较高,在右子树中找到最小结点 14,删除结点 14,沿着原结点 14 的双亲到根结点的方向求平衡因子,均平衡,不做调整,将结点 11 的值用 14 替换,删除结果如图 8.23(b)所示。

② 删除结点 9 的过程是找到结点 9,它是叶子结点,直接删除,沿着原结点 9 的双亲到根结点的方向求平衡因子,均平衡,不做调整,删除结果如图 8.23(c)所示。

③ 删除结点 3 的过程是找到结点 3,它是叶子结点,直接删除,如图 8.23(d)所示。沿着原结点 3 的双亲到根结点的方向求平衡因子,找到第一个失衡结点 14(根结点),结点 14 的右孩子的左子树较高,做 RL 型调整,删除结果如图 8.23(e)所示。

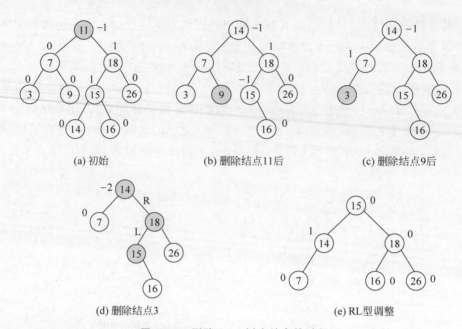

(a) 初始　　　　　　　(b) 删除结点11后　　　　　　(c) 删除结点9后

(d) 删除结点3　　　　　　　　　(e) RL型调整

图 8.23　删除 AVL 树中结点的过程

扫一扫

视频讲解

3. AVL 树的查找

AVL 树的查找过程和二叉排序树的查找过程完全相同，因此 AVL 树查找中关键字的比较次数不会超过树的高度。

在最坏的情况下，二叉排序树的高度为 n。那么 AVL 树的情况又是怎样的呢？下面分析平衡二叉树的高度 h 和结点个数 n 之间的关系。

首先构造一系列的 AVL 树 $T_1, T_2, T_3, \cdots$ 其中，$T_h(h=1,2,3,\cdots)$ 是高度为 h 且结点数尽可能少的 AVL 树，如图 8.24 中所示的 T_1、T_2、T_3 和 T_4（总是让左子树较高）。为了构造 T_h，先分别构造 T_{h-1} 和 T_{h-2}，再增加一个根结点，让 T_{h-1} 和 T_{h-2} 分别作为其左、右子树。对于每个 T_h，只要从中删除一个结点，就会失衡或高度不再是 h（显然，这样构造的 AVL 树是结点个数相同的 AVL 树中高度最大的）。

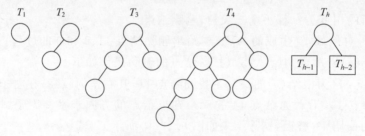

图 8.24　高度固定、结点个数 n 最少的 AVL 树

然后通过计算上述 AVL 树中的结点个数来建立高度与结点个数之间的关系。设 $N(h)$（高度 h 是正整数）为 T_h 的结点数，从图 8.24 中可以看出有下列关系成立：

$$N(1)=1, \quad N(2)=2, \quad N(h)=N(h-1)+N(h-2)+1$$

当 $h>1$ 时，此关系类似于定义 Fibonacci 数的关系：

$$F(1)=1, \quad F(2)=1, \quad F(h)=F(h-1)+F(h-2)$$

通过检查两个序列的前几项就可以发现两者之间的对应关系：$N(h)=F(h+2)-1$。

由于 Fibonacci 数满足渐近公式：$F(h)=\dfrac{1}{\sqrt{5}}\varphi^h$，其中 $\varphi=(1+\sqrt{5})/2$，由此可得近似公式：$N(h)=\dfrac{1}{\sqrt{5}}\varphi^{h+2}-1$。如果树中有 n 个结点，那么树的最大高度为 $\log_\varphi(\sqrt{5}(n+1))-2\approx 1.44\log_2(n+2)=O(\log_2 n)$。所以含有 n 个结点的 AVL 树对应的查找时间复杂度为 $O(\log_2 n)$。

另外，设 $M(h)$（高度 h 是正整数）为 T_h 中最小叶子结点的层次，从图 8.24 中可以看出有下列关系成立：

$$M(1)=1,M(2)=2,M(h)=\min(M(h-1),M(h-2))+1$$

例如 $M(3)=2,M(4)=3$，以此类推。

【例 8.12】 在含有 15 个结点的 AVL 树中查找关键字为 28 的结点，以下哪些是可能的关键字比较序列？

A. 30,36

B. 38,48,28

C. 48,18,38,28

D. 60,30,50,40,38,36

解 画出 4 个查找序列对应的查找树，选项 B 序列对应的查找树不是一棵二叉排序树，排除选项 B。

设 N_h 表示高度为 h 的 AVL 树中含有的最少结点数，按照前面 $N(h)$ 的公式求得 $N(3)=4,N(4)=7,N(5)=12,N(6)=20>15$，也就是说，高度为 6 的 AVL 树最少有 20 个结点，因此 15 个结点的 AVL 树的最大高度为 5。而选项 D 序列比较了 6 次还查找失败，显然是错误的，排除选项 D。

$n=15$ 的 AVL 树的最小高度为 4，即 $\log_2(n+1)=4$，此时为一棵满二叉树，所有叶子结点的层次为 4。该 AVL 树的最大高度为 5，当 $h=5$ 时，加上外部结点后的高变为 6，设 $M(h)$ 表示高度为 h 的 AVL 树中最小外部结点的层次，按照前面 $M(h)$ 的公式求得 $M(3)=2$，$M(4)=3,M(5)=3,M(6)=4$。这样说明 15 个结点的 AVL 树中最小外部结点的层次为 4，查找失败至少需要 3 次比较，而选项 A 序列表示查找失败，仅经过了两次比较，显然是错误的，排除选项 A。

这样只有选项 C 是可能的关键字比较序列，表示经过 4 次比较成功找到 28。答案为 C。

*【例 8.13】 采用平衡二叉树实现一个字典类 Dict，实现元素的插入、删除，以及关键字的 in 操作、按关键字取值、按关键字赋值和按关键字递增输出所有元素的算法。

解 利用本节前面的 AVL 原理设计 AVL 树类 AVLTree，用 AVL.py 文件存放，其中的代码如下。

```
class AVLNode:                              # AVL 树结点类
    def __init__(self, k, d):              # 构造方法，新建结点均为叶子，高度为1
        self.key = k                       # 关键字 k
        self.data = d                      # 关键字对应的值 d
        self.lchild = None                 # 左指针
        self.rchild = None                 # 右指针
        self.ht = 1                        # 当前结点的子树高度

class AVLTree:                              # AVL 树类
```

```python
def __init__(self):
    self.r = None                              # 根结点

def getht(self, p):                            # 返回结点 p 的子树高度
    if p == None: return 0                     # 空树高度为 0
    return p.ht

def right_rotate(self, a):                     # 以结点 a 为根做右旋转
    b = a.lchild
    a.lchild = b.rchild
    b.rchild = a
    a.ht = max(self.getht(a.rchild), self.getht(a.lchild)) + 1
    b.ht = max(self.getht(b.rchild), self.getht(b.lchild)) + 1
    return b

def left_rotate(self, a):                      # 以结点 a 为根做左旋转
    b = a.rchild
    a.rchild = b.lchild
    b.lchild = a
    a.ht = max(self.getht(a.rchild), self.getht(a.lchild)) + 1
    b.ht = max(self.getht(b.rchild), self.getht(b.lchild)) + 1
    return b

def LL(self, a):                               # LL 型调整
    return self.right_rotate(a)

def RR(self, a):                               # RR 型调整
    return self.left_rotate(a)

def LR(self, a):                               # LR 型调整
    b = a.lchild
    a.lchild = self.left_rotate(b)             # 结点 b 左旋
    return self.right_rotate(a)                # 结点 a 右旋

def RL(self, a):                               # RL 型调整
    b = a.rchild
    a.rchild = self.right_rotate(b)            # 结点 b 右旋
    return self.left_rotate(a)                 # 结点 a 左旋

def insert(self, k, d):                        # 插入(k,d)结点
    self.r = self._insert(self.r, k, d)

def _insert(self, p, k, d):                    # 被 insert() 方法调用
    if p == None:                              # 空树时创建根结点
        q = AVLNode(k, d)
        return q
    elif k == p.key:
        p.data = d                             # 更新 data
        return p
    elif k < p.key:                            # k < p.key 的情况
        p.lchild = self._insert(p.lchild, k, d)    # 将(k,d)插入 p 的左子树中
        if self.getht(p.lchild) - self.getht(p.rchild) >= 2:   # 找到失衡结点 p
            if k < p.lchild.key:               # (k,d)是插入在 p 的左孩子的左子树中
                p = self.LL(p)                 # 采用 LL 型调整
            else:                              # (k,d)是插入在 p 的左孩子的右子树中
```

```
                p＝self.LR(p)                            ＃采用 LR 型调整
        else:                                           ＃k＞p.key 的情况
            p.rchild＝self._insert(p.rchild,k,d)        ＃将(k,d)插入 p 的右子树中
            if self.getht(p.rchild)－self.getht(p.lchild)>＝2:   ＃找到失衡结点 p
                if k＞p.rchild.key:                      ＃(k,d)是插入在 p 的右孩子的右子树中
                    p＝self.RR(p)                        ＃采用 RR 型调整
                else:                                   ＃(k,d)是插入在 p 的右孩子的左子树中
                    p＝self.RL(p)                        ＃采用 RL 型调整
        p.ht＝max(self.getht(p.lchild),self.getht(p.rchild))＋1   ＃更新结点 p 的高度
        return p


    def delete(self,k):                                 ＃删除关键字为 k 的结点
        self.r＝self._delete(self.r,k)


    def _delete(self,p,k):                              ＃被 delete( )调用删除 k 结点
        if p＝＝None: return p
        if p.key＝＝k:                                   ＃找到关键字为 k 的结点 p
            if p.lchild＝＝None:                         ＃结点 p 只有右子树的情况
                return p.rchild                         ＃直接用右孩子替代结点 p
            elif p.rchild＝＝None:                       ＃结点 p 只有左子树的情况
                return p.lchild                         ＃直接用左孩子替代结点 p
            else:                                       ＃结点 p 同时有左、右子树的情况
                if self.getht(p.lchild)> self.getht(p.rchild):   ＃结点 p 的左子树较高
                    q＝p.lchild
                    while(q.rchild!＝None):              ＃在结点 p 的左子树中查找最大结点 q
                        q＝q.rchild
                    p＝self._delete(p,q.key)             ＃删除结点 q
                    p.key＝q.key                         ＃用 q 结点值替代 p 结点值
                    p.data＝q.data
                    return p
                else:                                   ＃结点 p 的右子树较高
                    q＝p.rchild
                    while q.lchild!＝None:               ＃在结点 p 的右子树中查找最小结点 q
                        q＝q.lchild
                    p＝self._delete(p,q.key)             ＃删除结点 q
                    p.key＝q.key                         ＃用 q 结点值替代 p 结点值
                    p.data＝q.data
                    return p
        elif k＜p.key:                                   ＃k＜p.key 的情况
            p.lchild＝self._delete(p.lchild,k)          ＃在左子树中删除关键字 k 的结点
            if self.getht(p.rchild)－self.getht(p.lchild)>＝2:   ＃找到失衡结点 p
                if self.getht(p.rchild.lchild)> self.getht(p.rchild.rchild):
                    p＝self.RL(p)                        ＃结点 p 的右孩子的左子树较高,做 RL 型调整
                else:
                    p＝self.RR(p)                        ＃结点 p 的右孩子的右子树较高,做 RR 型调整
        elif k＞p.key:                                   ＃k＞p.key 的情况
            p.rchild＝self._delete(p.rchild,k)          ＃在右子树中删除关键字 k 的结点
            if self.getht(p.lchild)－self.getht(p.rchild)>＝2:   ＃找到失衡结点 p
                if self.getht(p.lchild.rchild)> self.getht(p.lchild.lchild):
                    p＝self.LR(p)                        ＃结点 p 的左孩子的右子树较高,做 LR 型调整
                else:
                    p＝self.LL(p)                        ＃结点 p 的左孩子的左子树较高,做 LL 型调整
        p.ht＝max(self.getht(p.lchild),self.getht(p.rchild))＋1   ＃更新结点 p 的高度
        return p
```

```
    def search(self,k):                          ＃在 AVL 树中查找关键字为 k 的结点
        return self._search(self.r,k)            ＃r 为 AVL 树的根结点

    def _search(self,p,k):                       ＃被 search()方法调用
        if p==None: return None                  ＃空树返回 None
        if p.key==k: return p.data                ＃找到后返回 p.data
        if k < p.key:
            return self._search(p.lchild,k)      ＃在左子树中递归查找
        else:
            return self._search(p.rchild,k)      ＃在右子树中递归查找

    def inorder(self):                           ＃中序遍历所有结点
        global res
        res=[]
        self._inorder(self.r)
        return res

    def _inorder(self,p):                        ＃被 inorder()方法调用
        global res
        if p!=None:
            self._inorder(p.lchild)
            res.append([p.key,p.data])
            self._inorder(p.rchild)

    def DispAVL(self):                           ＃输出 AVL 树的括号表示串
        self._DispAVL(self.r)

    def _DispAVL(self,p):                        ＃被 DispAVL()方法调用
        if p!=None:
            print(p.key,end='')                  ＃输出根结点值
            if p.lchild!=None or p.rchild!=None:
                print("(",end='')               ＃有孩子结点时才输出"("
                self._DispAVL(p.lchild)          ＃递归处理左子树
                if p.rchild!=None:
                    print(",",end='')           ＃有右孩子结点时才输出","
                self._DispAVL(p.rchild)          ＃递归处理右子树
                print(")",end='')               ＃有孩子结点时才输出")"
```

在设计字典类 Dict 时,包含 avl 属性用来存放字典的所有元素,它是 AVLTree 类对象,字典类的相关方法通过操作 avl 来实现。对应的 Dict 类如下:

```
from AVL import AVLTree
class Dict:
    def __init__(self):                          ＃构造方法
        self.avl=AVLTree()                       ＃对应 AVLTree 对象 avl

    def insert(self,k,d):                        ＃插入(k,d)
        self.avl.insert(k,d)

    def delete(self,k):                          ＃删除关键字为 k 的元素
        self.avl.delete(k)

    def inorder(self):                           ＃按关键字递增输出所有元素
        return self.avl.inorder()
```

```
        def __contains__(self, k):                           #in 运算符重载
            if self.avl.search(k)!=None:
                return True
            else:
                return False

        def __getitem__(self, k):                            #按关键字取值
            return self.avl.search(k)

        def __setitem__(self, k, d):                         #按关键字赋值
            self.avl.insert(k, d)
```

例如,以下程序利用字典类 Dict 统计一个整数序列中每个整数出现的次数,其中每个元素为 $[k, d]$,k 为整数,d 为该关键字出现的次数:

```
#主程序
if __name__ == '__main__':
    a=[1,2,5,4,1,2,5]
    print("(1)建立 dic")
    dic=Dict()                                              #定义 Dict 对象 dic
    for i in range(len(a)):
        if a[i] in dic:                                     #若 a[i]已存在,次数增 1
            dic[a[i]]+=1
        else:                                               #若 a[i]不存在,次数置为 1
            dic[a[i]]=1
    print("(2)输出所有的元素: ",dic.inorder())
    k=2
    print("(3)删除关键字%d" %(k))
    dic.delete(2)
    print("(4)删除后所有元素: ",dic.inorder())
```

上述程序的执行结果如下:

```
(1)建立 dic
(2)输出所有的元素: [[1, 2], [2, 2], [4, 1], [5, 2]]
(3)删除关键字 2
(4)删除后所有元素: [[1, 2], [4, 1], [5, 2]]
```

8.3.3　B 树

与二叉排序树和平衡二叉树一样,B 树也是一种查找树,通常将前两种树称为二路查找树,而 B 树是一种多路查找平衡树。B 树和后面介绍的 B+树主要用于外存数据的组织和查找。

1. B 树的定义

和二叉排序树类似,B 树中的结点分为内部结点和外部结点,外部结点是查找失败对应的结点,并且所有的外部结点在同一层,不带任何信息。在下面讨论中除了特别指出外,默认结点均指内部结点。B 树中所有结点的最大子树个数称为 B 树的阶,通常用 m 表示,从查找效率考虑,要求 $m \geqslant 3$。一棵 m 阶 B 树或者是一棵空树,或者是满足下列要求的 m 叉树:

① 树中每个内部结点最多有 m 棵子树(即最多含有 $m-1$ 个关键字,设 $\mathrm{Max}=m-1$)。

② 若根结点不是叶子结点，则根结点至少有两棵子树。

③ 除根结点外，所有内部结点至少有 $\lceil m/2 \rceil$ 棵子树（即至少含有 $\lceil m/2 \rceil - 1$ 个关键字，设 $\text{Min} = \lceil m/2 \rceil - 1$）。

④ 每个结点的结构如下：

n	p_0	key_1	p_1	key_2	p_2	...	key_n	p_n

其中，n 为该结点中的关键字个数，除根结点外，其他所有结点的关键字个数 n 满足 $\lceil m/2 \rceil - 1 \leqslant n \leqslant m - 1$；$\text{key}_i (1 \leqslant i \leqslant n)$ 为该结点的关键字且满足 $\text{key}_i < \text{key}_{i+1}$；$p_i (0 \leqslant i \leqslant n)$ 指向该结点对应的子树，该子树中所有结点上的关键字大于 key_i 且小于 key_{i+1}。p_0 所指子树的结点关键字小于 key_1，p_n 所指子树的结点关键字大于 key_n。

⑤ 所有的外部结点在同一层且不含任何信息。

例如，图 8.25 所示为一棵 3 阶 B 树，$m=3$。它的特点是根结点有两个孩子结点，除根结点外，所有的内部结点至少有 $\lceil m/2 \rceil = 2$ 个孩子，最多有 $m=3$ 个孩子（这类结点的关键字个数为 $1 \sim 2$ 个即 $\text{Min}=1$，$\text{Max}=2$），所有外部结点都在同一层上，树的高度为 $h=3$（h 中不计外部结点层）。

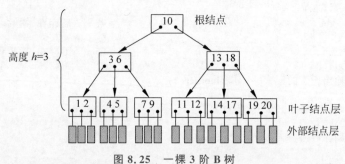

图 8.25 一棵 3 阶 B 树

这里不讨论 B 树的基本运算算法设计，仅介绍这些运算的操作过程。

2. B 树的查找

在 B 树中查找给定关键字的方法类似于二叉排序树上的查找，不同的是在每个结点上确定向下查找的路径不一定是二路的，而是 $n+1$ 路的（n 为该结点的关键字个数）。因为内部结点中的关键字序列 $\text{key}[1..n]$ 是有序的，故在这样的结点内既可以用顺序查找，也可以用折半查找。

在一棵 B 树上查找关键字 k 的结点的方法是在根结点的 $\text{key}[i] (1 \leqslant i \leqslant n)$ 中查找 k，分为以下几种情况：

① 若 $k = \text{key}[i]$，则查找成功。

② 若 $k < \text{key}[1]$，则沿着指针 $p[0]$ 所指的子树继续查找。

③ 若 $\text{key}[i] < k < \text{key}[i+1]$，则沿着指针 $p[i]$ 所指的子树继续查找。

④ 若 $k > \text{key}[n]$，则沿着指针 $p[n]$ 所指的子树继续查找。

现在分析查找性能，与二叉排序树类似，在 B 树的每一次查找过程中，在每一层中最多访问一个结点，假设 m 阶 B 树的高度为 h（h 中不含外部结点层，外部结点层看成第 $h+1$ 层），访问的结点个数不超过 $O(h)$。

那么含有 N 个关键字的 m 阶 B 树可能达到的最大高度 h 是多少呢？显然在关键字个数固定时每一层关键字个数越少的树的高度越高。

第 1 层最少结点数为 1。

第 2 层最少结点数为 2。

第 3 层最少结点数为 $2\lceil m/2 \rceil$。

第 4 层最少结点数为 $2\lceil m/2 \rceil^2$ 个。

……

第 h 层最少结点数为 $2\lceil m/2 \rceil^{h-2}$ 个。

第 $h+1$ 层(外部结点层)最少结点数为 $2\lceil m/2 \rceil^{h-1}$ 个。

在 m 阶 B 树中共含有 N 个关键字,则外部结点必为 $N+1$ 个,即 $N+1 \geqslant 2\lceil m/2 \rceil^{h-1}$,有 $h-1 \leqslant \log_{\lceil m/2 \rceil}(N+1)/2$,则 $h \leqslant \log_{\lceil m/2 \rceil}(N+1)/2+1 = O(\log_m N)$。

另外,含有 N 个关键字的 m 阶 B 树可能达到的最小高度 h 是多少呢？显然在关键字个数固定时每一层关键字个数越多的树的高度越小。

第 1 层最多结点数为 1。

第 2 层最多结点数为 m。

第 3 层最多结点数为 m^2 个。

……

第 h 层最多结点数为 m^{h-1} 个。

第 $h+1$ 层(外部结点层)最多结点数为 m^h 个。

在 m 阶 B 树中共含有 N 个关键字,则外部结点必为 $N+1$ 个,即 $N+1 \leqslant m^h$,则 $h \geqslant \log_m(N+1) = O(\log_m N)$。

因此,含 N 个关键字的 m 阶 B 树的高度 $h = O(\log_m N)$,查找时的时间复杂度为 $O(\log_m N)$。当 m 越大时查找性能越好。

3. B 树的插入

将关键字 k 插入 m 阶 B 树的过程分两步完成:

第一步,利用前述的查找过程找到关键字 k 的插入结点 p(注意 m 阶 B 树的插入结点一定是某个叶子结点)。

第二步,判断结点 p 是否还有空位置,即其关键字个数 n 是否满足 $n < \text{Max}(\text{Max} = m-1)$:

① 若 $n < \text{Max}$ 成立,说明结点 p 有空位置,直接把关键字 k 有序插入结点 p 中(插入关键字 k 后结点 p 的所有关键字仍有序)。

② 若 $n = \text{Max}$,说明结点 p 没有空位置,需要把结点 p 分裂成两个。分裂的做法是新建一个结点,把原结点 p 的关键字加上 k 按升序排列,如图 8.26 所示,从中间位置把关键

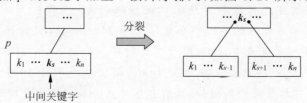

图 8.26　结点 p 的分裂过程

字(不包括中间位置的关键字 k_s)分成两部分,左部分所含关键字放在原结点中,右部分所含关键字放在新结点中,中间位置的关键字 k_s 连同新结点的存储位置插入双亲结点中。

如果此时双亲结点的关键字个数也超过 Max,则要再分裂,再往上插,直到这个过程传递到根结点为止。如果根结点也需要分裂,则整个 m 阶 B 树增高一层。

【例 8.14】 关键字序列为(1,2,6,7,11,4,8,13,10,5,17,9,16,20,3,12,14,18,19,15),创建一棵 5 阶 B 树。

解 创建一棵 5 阶 B 树的过程如图 8.27 所示。这里 $m=5$,所以每个结点的关键字个数在 2~4 即 Max=4。其中最复杂的一步是在图 8.27(g)中插入关键字 15,其过程如图 8.28 所示,先查找到插入结点为[11,12,13,14]叶子结点,向其中有序插入关键字 15,将该结点变成[11,12,13,14,15],此时关键字个数不符合要求(关键字个数大于 Max),需进行分裂,将该结点以中间关键字 13 为界变成两个结点,分别包含关键字[11,12]和[14,15],并将中间关键字 13 移至双亲结点中,双亲结点(根结点)变为[3,6,10,13,16]。此时双亲结点的关键字个数不符合要求,需继续分裂根结点,将该结点以中间关键字 10 为界变成两个结点,分别包含关键字[3,6]和[13,16],新建一个根结点并插入关键字为 10,这样树高增加一层。最终创建的 5 阶 B 树如图 8.27(h)所示。

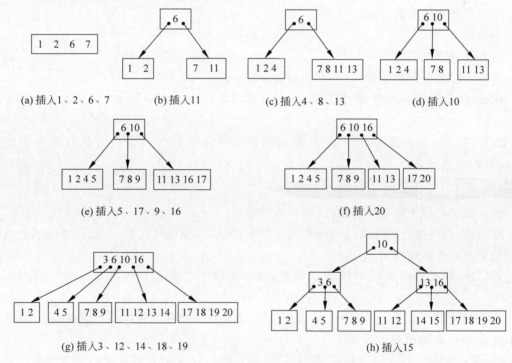

图 8.27 创建一棵 5 阶 B 树的过程

说明: 由一个关键字序列创建 m 阶 B 树的过程是从一棵空树开始,逐个插入关键字而得到的,首先根据 m 确定结点的关键字个数的上界 Max。与二叉排序树的插入类似,每个关键字都是插入某个叶子结点中,但不同于二叉排序树的插入,在 m 阶 B 树中插入一个关键字 k 不一定总是新建一个结点。当插入结点的关键字个数等于 Max 时,需要分裂。另外,并非任何结点分裂都导致树高增加,只有在根结点分裂时树高才增加一层。

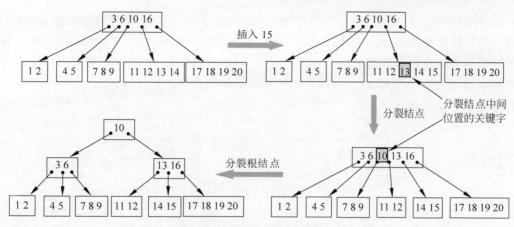

图 8.28　插入关键字 15 的过程

扫一扫

视频讲解

4. B 树的删除

同样,在 m 阶 B 树中删除关键字 k 的过程分两步完成:

① 利用前述的查找算法找出关键字 k 所在的结点 p。

② 实施关键字 k 的删除操作。

但不同于插入,这里不一定能够直接从结点 p 中删除关键字 k,因为直接删除 k 可能导致不再是 m 阶 B 树。结点 p 分为两种情况,情况一是结点 p 是叶子结点,情况二是结点 p 不是叶子结点。

需要将情况二转换为情况一,转换过程是当结点 p 不是叶子结点时,假设结点 p 中关键字 $key[i]=k(1 \leqslant i \leqslant n)$,以 $p[i]$(或 $p[i-1]$)所指右子树(或左子树)中的最小关键字 $\min$(或最大关键字 $\max$)来替代被删关键字 $key[i]$(值替代),再删除关键字 $\min$(或 $\max$)。根据 m 阶 B 树的特性,$\min$(或 $\max$)所在的结点一定是某个叶子结点,这样就把在非叶子结点中删除关键字 k 的问题转换成在叶子结点中删除关键字 $\min$(或 $\max$)的问题。

现在考虑情况一,即在 m 阶 B 树的某个叶子结点 q 中删除关键字 $k'=\min$(或者 $k'=\max$),根据结点 q 中的关键字个数 n 又分为以下 3 种子情况:

① 若 $n > \text{Min}(=\lceil m/2 \rceil -1)$,说明删除关键字 k' 后该结点仍满足 B 树的定义,则可直接从结点 q 中删除关键字 k'。

② 若 $n = \text{Min}$,说明删除关键字 k' 后该结点不满足 B 树的定义,此时若结点 q 的左(或右)兄弟结点中的关键字个数大于 Min,如图 8.29 所示,则把双亲结点中分隔它们的关键字 k_t 下移到结点 q 中覆盖 k',同时把左(或右)兄弟结点中最大(或最小)的关键字 k'' 上移到双亲结点中覆盖 k_t。这样结点 q 中仍然有 Min 个关键字,但左兄弟中减少了一个关键字。

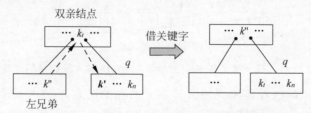

图 8.29　$n = \text{Min}$ 时从左兄弟借关键字的删除过程

③ 假如结点 q 的关键字个数等于 Min，并且该结点的左和右兄弟结点（如果存在）中的关键字个数均等于 Min，这时不能从左、右兄弟借关键字，如图 8.30 所示，需把结点 q 与其左（或右）兄弟结点以及双亲结点中分割两者的关键字合并成一个结点。如果因此使双亲结点中的关键字个数小于 Min，则对此双亲结点做同样的合并，以至于可能直到对根结点做这样的合并而使整个树减少一层。

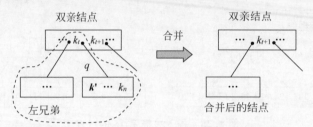

图 8.30　$n=$ Min 时不能从左、右兄弟借关键字的删除过程

【例 8.15】　对于例 8.14 创建的最终 5 阶 B 树，给出删除 8、16、15 和 4 关键字的过程。

解　这里 $m=5$，每个结点的关键字个数在 2～4 即 Min$=2$。图 8.31(a)所示为是初始 5 阶 B 树，依次删除各关键字的过程如下：

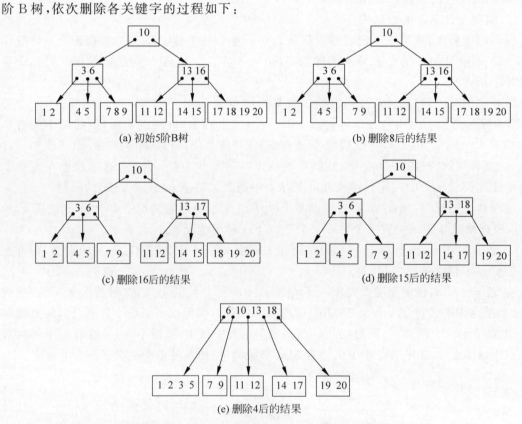

图 8.31　在一棵 5 阶 B 树上删除 8、16、15 和 4 关键字的过程

① 删除关键字 8 的过程是先找到关键字 8 所在的结点，它为叶子结点，并且关键字个数大于 2，直接从该结点中删除关键字 8，删除结果如图 8.31(b)所示。

② 删除关键字 16 的过程如图 8.32 所示，先在图 8.31(b)中找到删除结点[13,16]，该

结点不是叶子结点,在其右子树中查找关键字最小的结点[17,18,19,20],将16替换成17,再在叶子结点[17,18,19,20]中删除17变为[18,19,20],删除结果如图8.31(c)所示。

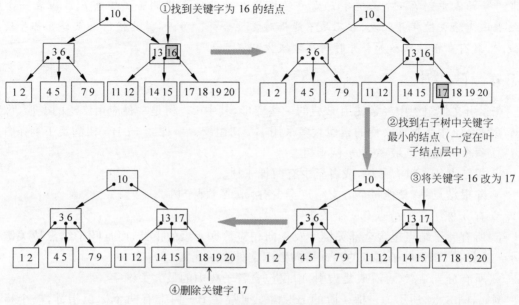

图8.32 删除关键字16的过程

③ 删除关键字15的过程是先在图8.31(c)中找到删除结点[14,15],它为叶子结点,但关键字个数=Min,从右兄弟借一个关键字,删除结果如图8.31(d)所示。

④ 删除关键字4的过程如图8.33所示,先在图8.31(d)中找到删除结点[4,5],它为叶子结点,但关键字个数=Min,并且左、右兄弟都只有两个关键字(不能借),将其左兄弟[1,2]、双亲中的关键字3和[5](原结点[4,5]删除关键字4后的结果)合并成一个结点[1,2,3,5],这样双亲变为[6]。而结点[6]也不满足要求,将其右兄弟[13,18]、双亲中的关键字10和[6]合并成一个结点[6,10,13,18],这样双亲变为[6,10,13,18]。由于根结点参与合并,所以B树减少一层,删除结果如图8.31(e)所示。

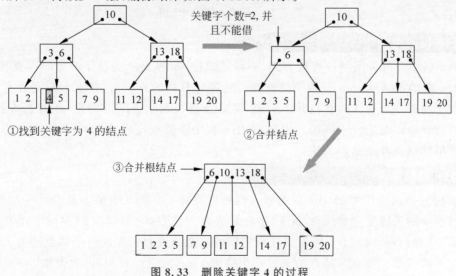

图8.33 删除关键字4的过程

扫一扫

视频讲解

说明：在 m 阶 B 树中删除关键字 k 时，首先根据 m 确定结点的关键字个数的下界 Min。不同于二叉排序树的删除，在 m 阶 B 树中删除一个关键字 k 不一定删除一个结点。在非叶子结点中删除一个关键字 k 需要转换为在叶子结点中删除关键字 k'。当在一个叶子结点中删除关键字并且左、右兄弟不能借时需要合并。另外，并非任何结点合并都导致树高减少，只有在根结点参加合并时树高才减少一层。

8.3.4 B+ 树

在索引文件组织中经常使用 B 树的一些变形，其中 B+ 树是一种应用广泛的变形，像数据库管理系统中数据库文件的索引大多采用 B+ 树组织。一棵 m 阶 B+ 树满足下列条件：

① 每个分支结点最多有 m 棵子树。

② 根结点或者没有子树，或者至少有两棵子树。

③ 除根结点外，其他每个分支结点至少有 $\lceil m/2 \rceil$ 棵子树。

④ 有 n 棵子树的结点有 n 个关键字。

⑤ 所有叶子结点包含全部关键字及指向相应数据元素的指针，而且叶子结点按关键字大小顺序链接（每个叶子结点的指针指向数据文件中的元素）。

⑥ 所有分支结点（可看成是索引）中仅包含各子树中的最大关键字。

例如，图 8.34 所示为一棵 4 阶的 B+ 树。通常在 B+ 树上有两个标识指针，一个指向根结点，这里为 root；另一个指向关键字最小的叶子结点，这里为 sqt。

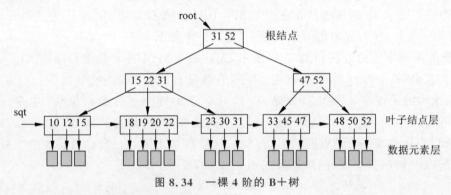

图 8.34 一棵 4 阶的 B+ 树

1. B+ 树的查找

在 B+ 树中可以采用两种查找方式，一种是通过 sqt 从最小关键字开始顺序查找；另一种是从 B+ 树的根结点 root 开始随机查找。后者与 B 树的查找方法类似，只是在分支结点上的关键字与查找值相等时查找并不结束，要继续查找到叶子结点为止，此时若查找成功，则按所给指针取出对应元素即可。因此，在 B+ 树中不管查找成功与否，每次查找都是经历一条从树根结点到叶子结点的路径。

2. B+ 树的插入

与 B 树的插入操作类似，B+ 树的插入也是将关键字 k 的元素插入某个叶子结点中，当插入后结点中的关键字个数大于 m 时要分裂成两个结点，它们所含的关键字个数分别为 $\lceil (m+1)/2 \rceil$ 和 $\lfloor (m+1)/2 \rfloor$，同时要使得它们的双亲结点中包含这两个结点的最大关键字和指向它们的指针。若双亲结点的关键字个数大于 m，应继续分裂，以此类推。

3. B+ 树的删除

B+树的删除也是从叶子结点开始,当叶子结点中的最大关键字被删除时,分支结点中的值可以作为"分界关键字"存在。若因删除操作而使结点中的关键字个数少于 $\lceil m/2 \rceil$,则从兄弟结点中调剂关键字或者和兄弟结点合并,其过程和 B 树类似。

说明:m 阶的 B+ 树和 m 阶的 B 树的主要差异如下。

① 在 B+树中,具有 n 个关键字的结点对应 n 棵子树,即每个关键字对应一棵子树;而在 B 树中,具有 n 个关键字的结点对应 $n+1$ 棵子树。

② 在 B+树中,每个结点(除根结点外)中的关键字个数 n 的取值范围是 $\lceil m/2 \rceil \leqslant n \leqslant m$,根结点 n 的取值范围是 $2 \leqslant n \leqslant m$;而在 B 树中,除根结点外,其他结点的关键字个数 n 的取值范围是 $\lceil m/2 \rceil - 1 \leqslant n \leqslant m-1$,根结点 n 的取值范围是 $1 \leqslant n \leqslant m-1$。

③ B+树中的叶子结点层包含全部关键字,即其他非叶子结点中的关键字包含在叶子结点中;而在 B 树中,所有关键字是不重复的。

④ B+树中的所有非叶子结点仅起到索引的作用,即这些结点中的每个索引项只含有对应子树的最大关键字和指向该子树的指针,不含有该关键字对应的元素;而在 B 树中,每个结点的关键字都含有对应的元素。

⑤ 在 B+树上有两个标识指针,一个是指向根结点的 root,另一个是指向关键字最小叶子结点的 sqt,所有叶子结点链接成一个不定长的线性链表,所以 B+树既可以通过 root 随机查找,也可以通过 sqt 顺序查找;而在 B 树只能随机查找。

8.4　哈希表的查找

哈希表(Hash Table)又称散列表,是除顺序存储结构、链式存储结构和索引存储结构之外的又一种存储结构。本节介绍哈希表的概念以及建立哈希表和查找的相关算法。

8.4.1　哈希表的基本概念

扫一扫

视频讲解

哈希表存储的基本思路是设要存储的元素个数为 n,设置一个长度为 $m(m \geqslant n)$ 的连续内存单元,以每个元素的关键字 $k_i(0 \leqslant i \leqslant n-1)$ 为自变量,通过一个哈希函数 h 把 k_i 映射为内存单元的地址(或相对地址)$h(k_i)$,并把该元素存储在这个内存单元中。把这样构造的存储结构称为**哈希表**。

例如,对于表 1.1 的高等数学成绩表($n=7$),学号为关键字,采用长度 $m=12$ 的哈希表 ha[0..11]存储,哈希函数为 h(学号)=学号-2018001,对应的哈希表如图 8.35 所示(其中的空结点不存放元素,可以用特殊关键字 NULLKEY 值表示)。

在该哈希表中查找学号为 2018010 的学生的分数的过程是首先计算 $h(2018010) = 2018010 - 2018001 = 9$,再取 ha[9]元素的分数 62。对应的查找时间为 $O(1)$。

上述哈希表是一种最理想的状态,在实际中哈希表可能存在这样的问题,对于两个不同的关键字 k_i 和 $k_j(i \neq j)$ 出现 $h(k_i) = h(k_j)$,这种现象称为**哈希冲突**,将具有不同关键字但具有相同哈希地址的元素称为"同义词",这种冲突也称为同义词冲突。

在一般的哈希表中哈希冲突是很难避免的,像图 8.35 所示的哈希表中没有哈希冲突,但由于关键字取值不连续导致存储空间浪费。

归纳起来，当一组元素的关键字与存储地址存在某种映射关系时（见图 8.36），这组元素适合于采用哈希表存储。

哈希地址	学号	姓名	分数
0	2018001	王华	90
1			
2			
3			
4	2018005	李英	82
5	2018006	陈明	54
6	2018007	许兵	76
7			
8	2018009	张强	95
9	2018010	刘丽	62
10			
11	2018012	李萍	88

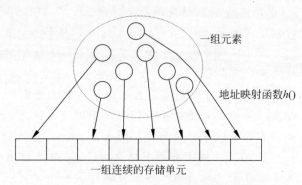

图 8.35　高等数学成绩表的哈希表 ha[0..11]　　图 8.36　数据适合哈希表存储的示意图

扫一扫

视频讲解

8.4.2　哈希函数的构造方法

构造哈希函数的目标是使得到的 n 个元素的哈希地址尽可能均匀地分布在 m 个连续内存单元地址上，同时使计算过程尽可能简单，以达到尽可能高的时间效率。根据关键字的结构和分布的不同，可构造出许多不同的哈希函数。这里主要讨论几种常用的整数类型关键字的哈希函数的构造方法。

1. 直接定址法

直接定址法是以关键字 k 本身或关键字加上某个常量 c 作为哈希地址的方法。直接定址法的哈希函数 $h(k)$ 为

$$h(k)=k+c$$

图 8.35 所示哈希表的哈希函数就是采用直接定址法，这种哈希函数计算简单，并且不可能有冲突发生。当关键字的分布基本连续时，可用直接定址法的哈希函数；若关键字的分布不连续，将造成内存单元的大量浪费。

2. 除留余数法

除留余数法是用关键字 k 除以某个不大于哈希表长度 m 的整数 p 所得的余数作为哈希地址的方法。除留余数法的哈希函数 $h(k)$ 为

$$h(k)=k \bmod p \quad （\text{mod 为求余运算}, p \leqslant m）$$

除留余数法的计算比较简单，适用范围广，是最经常使用的一种哈希函数的构造方法。这种方法的关键是选好 p，使得元素集合中的每一个关键字通过该函数映射到哈希表范围内的任意地址上的概率相等，从而尽可能减少发生冲突的可能性。例如，p 取奇数就比 p 取

偶数好。理论研究表明，p 在取不大于 m 的素数时效果最好。

3. 数字分析法

该方法是提取关键字中取值较均匀的数字位作为哈希地址的方法。它适合于所有关键字值都已知的情况，并需要对关键字中每一位的取值分布情况进行分析。例如，有一组关键字为{92317602,92326875,92739628,92343634,92706816,92774638,92381262,92394220}，通过分析可知，每个关键字从左到右的第 1、2、3 位和第 6 位取值较集中，不宜作为哈希函数，剩余的第 4、5、7 和 8 位取值较分散，可根据实际需要取其中的若干位作为哈希地址。若取最后两位作为哈希地址，则哈希地址的集合为{2,75,28,34,16,38,62,20}。

其他构造整数关键字的哈希函数的方法还有平方取中法、折叠法等。平方取中法是取关键字平方后分布均匀的几位作为哈希地址的方法。折叠法是先把关键字中的若干段作为一小组，然后把各小组折叠相加后分布均匀的几位作为哈希地址的方法。

Python 内置函数 hash() 用于获取一个对象（字符串或者数值等）的哈希值。

8.4.3 哈希冲突的解决方法

设计哈希表必须解决冲突，否则后面插入的元素会覆盖前面已经插入的元素。在哈希表中虽然冲突很难避免，但发生冲突的可能性却有大有小，这主要与 3 个因素有关。

① 与装填因子 α 有关：所谓装填因子是指哈希表中的元素个数 n 与哈希表长度 m 的比值，即 $\alpha = n/m$。显然，α 越小，哈希表中空闲单元的比例就越大，冲突的可能性就越小；反之 α 越大（最大为 1），哈希表中空闲单元的比例就越小，冲突的可能性就越大。另一方面，α 越小，存储空间的利用率就越低；反之，存储空间的利用率就越高。为了兼顾两者，通常控制 α 在 0.6~0.9 的范围内。

② 与所采用的哈希函数有关：若哈希函数选择得当，就可以使哈希地址尽可能均匀地分布在哈希地址空间上，从而减少冲突的发生；否则，若哈希函数选择不当，就可能使哈希地址集中于某些区域，从而加大冲突的发生。

③ 与解决冲突的哈希冲突函数有关：哈希冲突函数选择的好坏也将减少或增加发生冲突的可能性。

解决哈希冲突的方法有许多，可分为开放定址法和拉链法两大类。

1. 开放定址法

扫一扫

视频讲解

开放定址法就是在插入一个关键字为 k 的元素时，若发生哈希冲突，通过某种哈希冲突解决函数（也称为再哈希）得到一个新空闲地址再插入该元素的方法。这样的哈希冲突解决函数设计有很多种，下面介绍常用的几种。

1）线性探测法

线性探测法是从发生冲突的地址（设为 d_0）开始，依次探测 d_0 的下一个地址（当到达下标为 $m-1$ 的哈希表表尾时，下一个探测的地址是表首地址 0），直到找到一个空闲单元为止（当 $m \geq n$ 时一定能找到一个空闲单元）。线性探测法的迭代公式为

$$d_0 = h(k)$$

$$d_i = (d_{i-1} + 1) \bmod m \quad (1 \leq i \leq m-1)$$

其中，模 m 是为了保证找到的地址在 $0 \sim m-1$ 的有效空间中。以看电影为例，假设电影院

的座位只有一排（共 20 个座位，编号为 1～20），某个人买了一张电影票，但他晚到了电影院，他的位置 8 被其他人占了。线性探测法就是依次查看 9、10、……、20 的座位是否为空的，有空就坐下，否则再查看 1、2、……、7 的座位是否为空的，如此这样，他总可以找到一个空座位坐下。

线性探测法的优点是解决冲突简单，但一个重大的缺点是容易产生堆积问题。这是由于当连续出现若干同义词后（设第一个同义词占用单元 d_0，这连续的若干同义词将占用哈希表的 d_0、d_0+1、d_0+2 等单元），任何 d_0+1、d_0+2 等单元上的哈希映射都会由于前面的同义词堆积而产生冲突，尽管随后的这些关键字并没有同义词。这称为非同义词冲突，就是哈希函数值不相同的两个元素争夺同一个后继哈希地址，导致出现堆积（或聚集）现象。

假设哈希表的每个元素为 $[k,v]$，其中 k 为关键字，v 为对应的值，哈希函数为 $h(k)=k \% p$，哈希表长度为 m，采用线性探测法解决冲突，包含插入算法 insert 的哈希表类 HashTable1 如下（用 openhashtable.py 文件存放）：

```
NULLKEY = None                          # 全局变量,空关键字
class HashTable1:                        # 哈希表(除留余数法+线性探测法)
    def __init__(self, m, p):            # 构造方法
        self.n = 0                       # 哈希表中元素的个数
        self.m = m
        self.p = p
        self.ha = [NULLKEY] * m          # 存放哈希表元素,地址空间为[0..m-1]

    def insert(self, k, v):              # 在哈希表中插入(k,v)
        d = k % self.p                   # 求哈希函数值
        while self.ha[d] != NULLKEY:     # 找空位置
            d = (d+1) % self.m           # 用线性探测法查找空位置
        self.ha[d] = [k, v]              # 放置[k,v]
        self.n += 1                      # 增加一个元素
```

说明：Python 提供了内置函数 hash() 用于获取一个对象的哈希值，该函数可以应用于数值、字符串和对象，但不能直接应用于 list、set、dictionary，其返回值为一个整数。上述 HashTable1 适合关键字为整数的情况，若为其他类型，可以将哈希函数 $h(k)=k \% p$ 改为 $h(k)=hash(k) \% p$。

2）平方探测法

设发生冲突的地址为 d_0，则平方探测法的探测序列为 $d_0+1^2,d_0-1^2,d_0+2^2,d_0-2^2,\cdots$。平方探测法的数学描述公式为

$$d_0 = h(k)$$

$$d_i = (d_0 \pm i^2) \bmod m \quad (1 \leqslant i \leqslant m-1)$$

仍以前面的看电影为例，平方探测法就是在该人被占用的座位前后来回找空座位。

平方探测法是一种较好处理冲突的方法，可以避免出现堆积问题。其缺点是不一定能探测到哈希表上的所有单元，但至少能探测到一半单元。

此外，开放定址法的探测方法还有伪随机序列法、双哈希函数法等。

开放定址法中的哈希表空闲单元既向同义词关键字开放，也向发生冲突的非同义词关键字开放，这就是它的名称的由来。至于哈希表的一个地址中存放的是同义词关键字还是非同义词关键字，要看谁先占用它，这和构造哈希表的元素的排列次序有关。

【例 8.16】 假设哈希表 ha 的长度 $m=13$,采用除留余数法和线性探测法解决冲突建立关键字集合$\{16,74,60,43,54,90,46,31,29,88,77\}$的哈希表。

解 $n=11,m=13$,除留余数法的哈希函数为 $h(k)=k \mod p$,p 应为小于或等于 m 的素数。假设 p 取值 13,当出现同义词问题时采用线性探测法解决冲突,则有:

$h(16)=3$	没有冲突,将 16 放在 ha[3]处
$h(74)=9$	没有冲突,将 74 放在 ha[9]处
$h(60)=8$	没有冲突,将 60 放在 ha[8]处
$h(43)=4$	没有冲突,将 43 放在 ha[4]处
$h(54)=2$	没有冲突,将 54 放在 ha[2]处
$h(90)=12$	没有冲突,将 90 放在 ha[12]处
$h(46)=7$	没有冲突,将 46 放在 ha[7]处
$h(31)=5$	没有冲突,将 31 放在 ha[5]处
$h(29)=3$	有冲突
$d_0=3,d_1=(3+1) \mod 13=4$	仍有冲突
$d_2=(4+1) \mod 13=5$	仍有冲突
$d_3=(5+1) \mod 13=6$	冲突已解决,将 29 放在 ha[6]处
$h(88)=10$	没有冲突,将 88 放在 ha[10]处
$h(77)=12$	有冲突
$d_0=12,d_1=(12+1) \mod 13=0$	冲突已解决,将 77 放在 ha[0]处

建立的哈希表 ha[0..12]如表 8.1 所示。

表 8.1 哈希表 ha[0..12]

下 标	0	1	2	3	4	5	6	7	8	9	10	11	12
k	77		54	16	43	31	29	46	60	74	88		90
探测次数	2		1	1	1	1	4	1	1	1	1		1

2. 拉链法

拉链法(Chaining)是把所有的同义词用单链表链接起来的方法(每个这样的单链表称为一个桶)。如图 8.37 所示,哈希函数为 $h(k)=k\%m$,所有哈希地址为 i 的元素对应的结点构成一个单链表,哈希表地址空间为 $0\sim m-1$(桶地址),地址为 i 的单元是一个指向对应单链表的首结点。

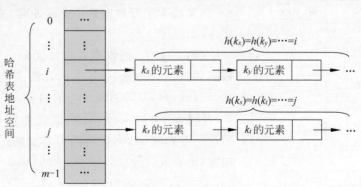

图 8.37 拉链法示意图

在这种方法中,哈希表的每个单元中存放的不再是元素本身,而是相应同义词单链表的首结点指针。由于在单链表中可插入任意多个结点,所以此时装填因子 α 根据同义词的多少既可以设定为大于1，也可以设定为小于或等于1，通常取 $\alpha=0.75$。

假设哈希表的每个元素为 $[k,v]$，其中 k 为关键字，v 为对应的值，哈希表长度为 m，哈希函数为 $h(k)=k\%m$，采用拉链法解决冲突，包含插入算法 insert 的哈希表类 HashTable2 如下（用 chainhashtable.py 文件存放）：

```
class HNode:                        # 单链表结点类
    def __init__(self,k,v):         # 构造方法
        self.key=k
        self.v=v
        self.next=None

class HashTable2:                   # 哈希表(除留余数法＋拉链法)
    def __init__(self,m):           # 构造方法
        self.n=0                    # 哈希表中元素的个数
        self.m=m                    # 桶地址为[0..m－1]
        self.ha=[None] * m          # 分配哈希表的 m 个桶

    def insert(self,k,v):           # 在哈希表中插入(k,v)
        d=k % self.m                # 求哈希函数值
        p=HNode(k,v)                # 新建(k,v)的结点 p
        p.next=self.ha[d]           # 采用头插法将 p 插入 ha[d]单链表中
        self.ha[d]=p
        self.n+=1                   # 哈希表元素个数增1
```

与开放定址法相比，拉链法有以下几个优点：拉链法处理冲突简单且无堆积现象，即非同义词绝不会发生冲突，因此平均查找长度较短；由于拉链法中各单链表上的结点空间是动态申请的，故它更适合于建表前无法确定表长的情况；开放定址法为减少冲突要求装填因子 α 较小，故当数据规模较大时会浪费很多空间，而在拉链法中可取 $\alpha\geqslant1$，且元素较大时拉链法中增加的指针域可忽略不计，因此节省空间；在用拉链法构造的哈希表中，删除结点的操作更加易于实现。

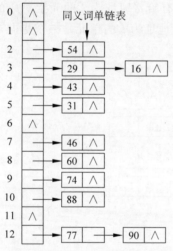

图 8.38 采用拉链法建立的哈希表

拉链法也有缺点，即指针需要额外的空间，故当元素规模较小时，开放定址法较为节省空间。若将节省的指针空间用来扩大哈希表的规模，可使装填因子变小，这又减少了开放定址法中的冲突，从而提高平均查找速度。

【例 8.17】 假设哈希表长度 $m=13$，采用除留余数法和拉链法解决冲突建立关键字集合 $\{16,74,60,43,54,90,46,31,29,88,77\}$ 的哈希表。

解 $n=11,m=13$，除留余数法的哈希函数为 $h(k)=k \bmod m$，当出现哈希冲突时采用拉链法解决冲突，则有 $h(16)=3,h(74)=9,h(60)=8,h(43)=4$，$h(54)=2,h(90)=12,h(46)=7,h(31)=5,h(29)=3$，$h(88)=10,h(77)=12$。采用拉链法建立的哈希表如图 8.38 所示。

8.4.4 哈希表的查找及性能分析

在建立哈希表后,在哈希表中查找关键字 k 的元素的过程与解决冲突方法相关。哈希表查找长度也分为成功情况下的平均查找长度和不成功情况下的平均查找长度。成功情况下的平均查找长度是指找到哈希表中已有元素的平均探测次数,不成功情况下的平均查找长度是指在表中查找不到关键字为 k 的元素,但找到插入位置的平均探测次数。

1. 采用开放定址法建立的哈希表的查找

这种哈希表查找关键字 k 的元素的过程是先以建立哈希表的哈希函数 $h(k)$ 求出哈希地址 d_0,若 $ha[d_0]=k$,则查找成功,否则说明存在哈希冲突,以建立哈希表时的哈希冲突解决函数求出新地址 d_i。若 $ha[d_i]=k$,则查找成功;否则以同样的方式继续查找,直到查找成功或查找到某个空地址(即查找失败)为止。

在前面的 HashTable1 类中添加如下查找算法:

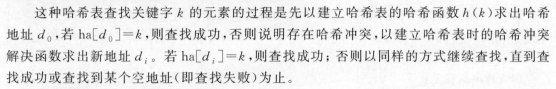

```
def search(self, k):          #查找关键字 k,成功时返回其位置,否则返回-1
    d = k % self.p            #求哈希函数值
    while self.ha[d] != NULLKEY and self.ha[d][0] != k:
        d = (d+1) % self.m   #用线性探测法查找空位置
    if self.ha[d][0] == k:   #查找成功返回其位置
        return d
    else:                     #查找失败返回-1
        return -1
```

例 8.16 的哈希表为表 8.1,其中 $n=11$。考虑查找成功的情况,假设每个关键字的查找概率相等,其中 9 个关键字查找成功均需要比较一次,一个关键字查找成功均需要比较两次,一个关键字查找成功均需要比较 4 次,所以成功情况下的平均查找长度如下:

$$\text{ASL}_{成功} = \frac{9 \times 1 + 1 \times 2 + 4 \times 1}{11} = 1.364$$

考虑查找不成功的情况,这里采用线性探测法解决冲突。假设待查关键字 k 不在该表中,先求出 $h(k)$:

① 若 $h(k)=0$,将 k 和 $ha[0]$ 进行比较,再与 $ha[1]$ 进行比较才发现 $ha[1]$ 为空,即比较次数为 2 次。

② 若 $h(k)=1$,发现 $ha[1]$ 为空,即比较次数为 1 次。

③ 若 $h(k)=2$,将 k 和 $ha[2..10]$ 中的关键字比较,再与 $ha[11]$ 进行比较才发现 $ha[11]$ 为空,即比较次数为 10 次。

④ 若 $h(k)=3$,将 k 和 $ha[3..10]$ 中的关键字比较,再与 $ha[11]$ 进行比较才发现 $ha[11]$ 为空,即比较次数为 9 次。

⑤ $h(k)=4$ 到 10 的情况与上类似,分别求出需要的比较次数为 8~2 次。

⑥ 若 $h(k)=11$,发现 $ha[11]$ 为空,即比较次数为 1 次。

⑦ 若 $h(k)=12$,将 k 和 $ha[12]$、$ha[0]$ 中的关键字比较,再与 $ha[1]$ 进行比较才发现 $ha[1]$ 为空,即比较次数为 3 次。

共有 13 种不成功的查找类别,所以哈希表中不成功查找的探测次数如表 8.2 所示。

表 8.2 哈希表中不成功查找的探测次数

下标	0	1	2	3	4	5	6	7	8	9	10	11	12
k	77		54	16	43	31	29	46	60	74	88		90
探测次数	2	1	10	9	8	7	6	5	4	3	2	1	3

这样对应的不成功查找的平均查找长度为

$$\text{ASL}_{不成功} = \frac{2+1+10+\cdots+1+3}{13} = 4.692$$

【例 8.18】 将关键字序列$\{7,8,30,11,18,9,14\}$存储到哈希表中,哈希表的存储空间是一个下标从 0 开始的一维数组,哈希函数为 $h(\text{key})=(\text{key}\times 3)\bmod 7$,处理冲突采用线性探测法,要求装填因子为 0.7。

（1）画出所构造的哈希表。

（2）分别计算等概率情况下查找成功和查找不成功的平均查找长度。

解 （1）这里 $n=7$,装填因子 $\alpha=0.7=n/m$,则 $m=n/0.7=10$。计算各关键字存储地址的过程如下:

```
h(7)=7×3 mod 7=0
h(8)=8×3 mod 7=3
h(30)=30×3 mod 7=6
h(11)=11×3 mod 7=5
h(18)=18×3 mod 7=5           冲突
    d₁=(5+1) mod 10=6        仍冲突
    d₂=(6+1) mod 10=7
h(9)=9×3 mod 7=6             冲突
    d₁=(6+1) mod 10=7        仍冲突
    d₂=(7+1) mod 10=8
h(14)=14×3 mod 7=0           冲突
    d₁=(0+1) mod 10=1
```

构造的哈希表如表 8.3 所示。

表 8.3 一个哈希表

下标	0	1	2	3	4	5	6	7	8	9
关键字	7	14		8		11	30	18	9	
探测次数	1	2		1		1	1	3	3	

（2）在等概率情况下:

$$\text{ASL}_{成功} = \frac{1+2+1+1+1+3+3}{7} = 1.71$$

由于任一关键字 k,$h(k)$的值只能是 $0\sim 6$,在不成功的情况下,$h(k)$为 0 需比较 3 次,$h(k)$ 为 1 需比较两次,$h(k)$ 为 2 需比较一次,$h(k)$ 为 3 需比较两次,$h(k)$ 为 4 需比较一次,$h(k)$ 为 5 需比较 5 次,$h(k)$ 为 6 需比较 4 次,共 7 种情况,如表 8.4 所示,所以有:

$$\text{ASL}_{不成功} = \frac{3+2+1+2+1+5+4}{7} = 2.57$$

表 8.4 不成功查找的探测次数

下标	0	1	2	3	4	5	6	7	8	9
关键字	7	14		8		11	30	18	9	
探测次数	3	2	1	2	1	5	4	—	—	—

2. 采用拉链法建立的哈希表的查找

扫一扫

视频讲解

这种哈希表查找关键字 k 的元素的过程是先以建立哈希表的哈希函数 $h(k)=k\%m$ 求出哈希地址 d_0，若 $ha[d_0]$ 的地址为空，表示查找失败；否则通过 $ha[d_0]$ 的地址找到对应单链表的首结点 p，若 $p.key=k$，则查找成功（关键字比较一次），否则 p 后移一个结点，若 $p.key=k$，则查找成功（关键字比较两次），以此类推，若 p 为空，表示查找失败。

在前面的 HashTable2 类中添加如下查找算法：

```
def search(self,k):              ♯查找关键字 k,成功时返回其地址,否则返回空
    d=k % self.m                 ♯求哈希函数值
    p=self.ha[d]                 ♯p指向 ha[d]单链表的首结点
    while p!=None and p.key!=k:   ♯查找 key 为 k 的结点 p
        p=p.next
    return p                     ♯返回 p
```

例 8.17 的哈希表如图 8.38 所示，其中 $n=11$。考虑查找成功的情况，假设每个关键字的查找概率相等，其中 9 个关键字查找成功均需要比较一次，两个关键字查找成功均需要比较两次，所以成功情况下的平均查找长度如下：

$$\text{ASL}_{成功}=\frac{9\times 1+2\times 2}{11}=1.182$$

考虑查找不成功的情况，这里采用拉链法解决冲突。假设待查关键字 k 不在该表中，先求出 $d=h(k)$，且第 d 个单链表中具有 i 个结点，则需做 i 次关键字的比较（不包括空指针判定）才能确定查找失败，因此查找不成功的平均查找长度为

$$\text{ASL}_{不成功}=\frac{0+0+1+2+1+1+0+1+1+1+1+0+2}{13}=0.846$$

一般地，由同一个哈希函数、不同的解决冲突方法构造的哈希表，其平均查找长度是不相同的。假设哈希函数是均匀的，可以证明不同的解决冲突方法得到的哈希表的平均查找长度不同。表 8.5 列出了用几种不同的方法解决冲突时哈希表的平均查找长度，从中看到，哈希表的平均查找长度不是元素个数 n 的函数，而是装填因子 α 的函数，因此在设计哈希表时可以选择 α 控制哈希表的平均查找长度。

表 8.5 用几种不同的方法解决冲突时哈希表的平均查找长度

解决冲突的方法	平均查找长度	
	成功的查找	不成功的查找
线性探测法	$\frac{1}{2}\left(1+\frac{1}{1-\alpha}\right)$	$\frac{1}{2}\left[1+\frac{1}{(1-\alpha)^2}\right]$
平方探测法	$-\frac{1}{\alpha}\log_e(1-\alpha)$	$\frac{1}{1-\alpha}$
拉链法	$1+\frac{\alpha}{2}$	$\alpha+e^{-\alpha}\approx\alpha$

*【例8.19】 采用哈希表(拉链法)实现一个字典类 Dict,实现元素的插入、删除以及关键字 in 操作、按关键字取值、按关键字赋值和输出哈希表中所有元素的算法,要求装填因子小于或等于 0.75。

解 利用本节前面的哈希表原理设计字典类 Dict,其初始容量 cap 为 8(哈希表地址为 [0..cap−1]),哈希函数为 $h(k)=hash(k)\%cap$,装填因子 $\alpha=0.75$,哈希表中期望的元素个数 $=\alpha\times cap$,当插入的元素个数 n 大于或等于期望的元素个数时,将容量 cap 增长两倍。对应的 Dict 类如下:

扫一扫

视频讲解

```
alpha=0.75                                    #全局变量,表示装填因子
class HNode:                                  #单链表结点类
    def __init__(self,k,v):                   #构造方法
        self.key=k                            #关键字
        self.v=v                              #值
        self.next=None


class Dict:                                   #哈希表(除留余数法＋拉链法)
    def __init__(self):                       #构造方法
        self.cap=8                            #设置初始容量为8,即哈希表长度 m=8
        self.n=0                              #哈希表中元素的个数
        self.ha=[None] * self.cap             #分配哈希表的 cap 个桶

    def resize(self):                         #按两倍扩大容量
        newha=[None] * 2 * self.cap           #扩大容量
        self.n=0
        for i in range(self.cap):             #将原来 ha 中的所有元素插入 newha 中
            p=self.ha[i]
            while p!=None:
                d=hash(p.key) % self.cap      #求哈希函数值
                q=HNode(p.key,p.v)            #新建结点 q
                q.next=newha[d]               #采用头插法将 q 插入 newha[d]单链表中
                newha[d]=q
                self.n+=1                     #哈希表的元素个数增1
                p=p.next
        self.ha=newha                         #置 newha 为 ha
        self.cap=2 * self.cap                 #设置新容量

    def insert(self,k,v):                     #在哈希表中插入(k,v)
        if self.n>=int(alpha * self.cap):     #若元素个数大于或等于期望的元素个数
            self.resize()                     #扩大容量
        p=self.search(k)                      #查找关键字 k
        if p!=None:                           #若存在关键字 k
            p.v=v                             #更新 v
        else:                                 #若不存在关键字 k,插入
            d=hash(k) % self.cap              #求哈希函数值
            p=HNode(k,v)                      #新建关键字 k 的结点 p
            p.next=self.ha[d]                 #采用头插法将 p 插入 ha[d]单链表中
            self.ha[d]=p
            self.n+=1                         #哈希表的元素个数增1

    def search(self,k):                       #查找关键字 k,成功时返回其地址,否则返回空
        d=hash(k) % self.cap                  #求哈希函数值
        p=self.ha[d]                          #p 指向 ha[d]单链表的首结点
        while p!=None and p.key!=k:           #查找 key 为 k 的结点 p
```

```
            p＝p.next
        return p                                        ＃返回 p

    def __contains__(self,k):                           ＃in 运算符重载
        if self.search(k)!＝None:
            return True
        else:
            return False

    def __getitem__(self,k):                            ＃按关键字取值
        p＝self.search(k)
        if p!＝None:
            return p.v
        else:
            return None

    def __setitem__(self,k,d):                          ＃按关键字赋值
        self.insert(k,d)

    def delete(self,k):                                 ＃删除关键字 k
        d＝hash(k) % self.cap
        if self.ha[d]＝＝None: return
        if self.ha[d].next＝＝None:                       ＃ha[d]只有一个结点
            if self.ha[d].key＝＝k:
                self.ha[d]＝None
            return
        pre＝self.ha[d]                                   ＃ha[d]有一个以上结点
        p＝p.next
        while p!＝None and p.key!＝k:
            pre＝p                                        ＃pre 和 p 同步后移
            p＝p.next
        if p!＝None:                                     ＃找到关键字为 k 的结点 p
            pre.next＝p.next                              ＃删除结点 p

    def dispht(self):                                   ＃输出所有元素
        for i in range(self.cap):
            p＝self.ha[i]
            while p!＝None:
                print("%3d[%d]" %(p.key,p.v),end='')
                p＝p.next
        print()
```

例如,以下程序利用字典类 Dict 统计一个整数序列中每个整数出现的次数,其中每个元素为[k,d],k 为整数,d 为该关键字出现的次数:

```
＃主程序
if __name__ == '__main__':
    a＝[1,2,5,4,1,2,5,1,6,20,5,10,9,6]
    print("(1)建立 dic")
    dic＝Dict()
    print("  初始容量:",dic.cap)
    print("(2)插入若干元素")
    for i in range(len(a)):
        if a[i] in dic.                             ＃若 a[i]已存在,次数增1
            dic[a[i]]＋＝1
```

```
        else:
            dic[a[i]]=1                          #若 a[i]不存在,次数置为 1
    print("容量:",dic.cap)
    print("(3)输出所有的元素: ")
    dic.dispht()
    k=2
    print("(4)删除关键字%d" %(k))
    dic.delete(2)
    print("(5)删除后所有元素: ")
    dic.dispht()
```

上述程序的执行结果如下:

(1)建立 dic
(2)输出所有的元素: [[1, 2], [2, 2], [4, 1], [5, 2]]
(3)删除关键字 2
(4)删除后所有元素: [[1, 2], [4, 1], [5, 2]]

说明: Python 语言中的字典和集合都是采用哈希表实现的,具有非常好的查找性能(可以认为按关键字查找的时间复杂度为 $O(1)$)。

扫一扫

自测题

8.5　练习题

1. 有一个含 n 个元素的递增有序数组 a,以下算法利用有序性进行顺序查找:

```
def Find(a,n,k):
    i=0
    while i<n:
        if a[i]==k: return i
        elif a[i]<k: i+=1
        else: return -1
```

假设查找各元素的概率相同,分别分析该算法在成功和不成功情况下的平均查找长度。和一般的顺序查找相比,哪个查找效率更高?

2. 设有 5 个关键字 do、for、if、repeat、while,它们存放在一个有序顺序表中,其查找概率分别是 $p_1=0.2,p_2=0.15,p_3=0.1,p_4=0.03,p_5=0.01$,而查找各关键字不存在的概率分别为 $q_0=0.2,q_1=0.15,q_2=0.1,q_3=0.03,q_4=0.02,q_5=0.01$,如图 8.39 所示。

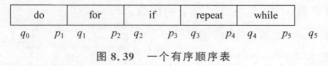

do	for	if	repeat	while
q_0　p_1　q_1	p_2　q_2	p_3　q_3	p_4　q_4	p_5　q_5

图 8.39　一个有序顺序表

(1) 试画出对该有序顺序表分别采用顺序查找和折半查找时的判定树。
(2) 分别计算顺序查找时查找成功和不成功的平均查找长度。
(3) 分别计算折半查找时查找成功和不成功的平均查找长度。

3. 对于有序顺序表 $A[0..10]$,在采用折半查找法时,求成功和不成功时的平均查找长度。对于有序顺序表(12,18,24,35,47,50,62,83,90,92,95),当用折半查找法查找 90 时需进行多少次比较可确定成功？查找 47 时需进行多少次比较可确定成功？查找 60 时需进行多少次比较才能确定不成功？给出各个查找序列。

4. 设待查关键字为 47，且已存入变量 k 中，如果在查找过程中和 k 进行比较的元素依次是 47、32、46、25、47，则所采用的查找方法可能是顺序查找、折半查找或者分块查找中的哪一种？

5. 假设一棵二叉排序树的关键字为单个字母，其后序遍历序列为 ACDBFIJHGE，回答以下问题。

(1) 画出该二叉排序树。

(2) 求在等概率下的查找成功的平均查找长度。

(3) 求在等概率下的查找不成功的平均查找长度。

6. 将整数序列 $(4,5,7,2,1,3,6)$ 中的整数依次插入一棵空的平衡二叉树中，试构造相应的平衡二叉树。

7. 给定一组关键字序列 $(20,30,50,52,60,68,70)$，创建一棵 3 阶 B 树，回答以下问题：

(1) 给出建立 3 阶 B 树的过程。

(2) 分别给出删除关键字 50 和 68 之后的结果。

8. 设有一组关键字为 $(19,1,23,14,55,20,84,27,68,11,10,77)$，其哈希函数为 $h(\text{key})=\text{key} \% 13$，采用开放地址法的线性探测法解决冲突，试在 $0 \sim 18$ 的哈希表中对该关键字序列构造哈希表，并求在成功和不成功情况下的平均查找长度。

9. 有一个含 n 个互不相同元素的整数数组 a，设计一个尽可能高效的算法求最大元素和最小元素。

10. 一个长度为 $L(L \geqslant 1)$ 的升序序列 S，处在第 $\lceil L/2 \rceil$ 个位置的数称为 S 的中位数。例如，若序列 $S1=(11,13,15,17,19)$，则 $S1$ 的中位数是 15。两个序列的中位数是含它们所有元素的升序序列的中位数。例如，若 $S2=(2,4,6,8,20)$，则 $S1$ 和 $S2$ 的中位数是 11。现有两个等长升序序列 A 和 B，试设计一个在时间和空间两方面都尽可能高效的算法，找出两个序列 A 和 B 的中位数，并说明所设计算法的时间复杂度和空间复杂度。

11. 设计一个算法，递减有序输出一棵关键字为整数的二叉排序树中所有结点的关键字。

12. 设计一个算法，判断给定的一棵二叉树是否为二叉排序树，假设二叉树中的所有关键字均为正整数并且不相同。

13. 设计一个算法，输出在一棵二叉排序树中查找某个关键字 k 经过的查找路径。

14. 设计一个算法，在给定的二叉排序树 bt 上找出任意两个不同结点 x 和 y 的最近公共祖先(LCA)，其中结点 x 是指关键字为 x 的结点(假设 x 和 y 结点均在二叉排序树中)。

15. 在 HashTable1 类(采用除留余数法和线性探测法的哈希表类)中添加求成功情况下平均查找长度的算法。

8.6　上机实验题

8.6.1　基础实验题

1. 编写一个实验程序，对一个递增有序表进行折半查找，输出成功找到其中每个元素的查找序列,用相关数据进行测试。

2. 有一个含 25 个整数的查找表 R,其关键字序列为(8,14,6,9,10,22,34,18,19,31, 40,38,54,66,46,71,78,68,80,85,100,94,88,96,87)。假设将 R 中的 25 个元素分为 5 块 ($b=5$),每块中有 5 个元素($s=5$),并且这样分块后满足分块有序性。编写一个实验程序, 采用分块查找,建立对应的索引表,在查找索引表和对应块时均采用顺序查找法,给出 [6,22,19,54,66,80,94,87]中每个关键字的查找结果和关键字的比较次数。

3. 有一个整数序列,其中的整数可能重复。编写一个实验程序,以整数为关键字、出现 次数为值建立一棵二叉排序树,包括按整数查找、删除和以括号表示串输出二叉排序树的运 算,用相关数据进行测试。

8.6.2　应用实验题

1. 对于给定的一个无序整数数组 a,求其中与 x 最接近的整数的位置,若有多个这样 的整数,返回最后一个整数的位置,给出算法的时间复杂度,并用相关数据测试。

2. 对于给定的一个递增整数数组 a,求其中与 x 最接近的整数的位置,若有多个这样 的整数,返回最后一个整数的位置,并用相关数据测试。

3. 有一个整数序列,其中存在相同的整数,创建一棵二叉排序树,按递增顺序输出所有 不同整数的名次(第几小的整数,从 1 开始计)。例如,整数序列为(3,5,4,6,6,5,1,3),求解 结果是 1 的名次为 1,3 的名次为 2,4 的名次为 4,5 的名次为 5,6 的名次为 7。

4. 小明要输入一个整数序列 $a_1,a_2,\cdots,a_n$(所有整数均不相同),他在输入过程中随时 要删除当前输入部分或者全部序列中的最大整数或者最小整数,为此小明设计了一个结构 S 和如下功能算法。

① insert(S,x):向结构 S 中添加一个整数 x。

② delmin(S):在结构 S 中删除最小整数。

③ delmax(S):在结构 S 中删除最大整数。

请帮助小明设计一个好的结构 S,尽可能在时间和空间两个方面高效地实现上述算法, 并给出各个算法的时间复杂度。

8.7　LeetCode 在线编程题

1. LeetCode69——x 的平方根

问题描述:实现 int sqrt(int x)函数。计算并返回 x 的平方根,其中 x 是非负整数。由 于返回类型是整数,结果只保留整数的部分,小数部分将被舍去。例如,输入 4,输出结果为 2;输入 8,输出结果为 2,因为 8 的平方根是 2.828 42。要求设计满足题目条件的如下方法:

```
def mySqrt(self, x:int)-> int:
```

2. LeetCode240——搜索二维矩阵 Ⅱ

问题描述:编写一个高效的算法来搜索 $m \times n$ 矩阵 matrix 中的一个目标值 target。该矩阵具有以下特性：每行的元素从左到右升序排列，每列的元素从上到下升序排列。例如，现有矩阵 matrix 如下：

```
[
  [1,   4,   7, 11, 15],
  [2,   5,   8, 12, 19],
  [3,   6,   9, 16, 22],
  [10, 13, 14, 17, 24],
  [18, 21, 23, 26, 30]
]
```

给定 target＝5，返回 True；给定 target＝20，返回 False。要求设计满足题目条件的如下方法：

```
def searchMatrix(self, matrix, target)-> bool:
```

3. LeetCode4——寻找两个有序数组的中位数

扫一扫

视频讲解

问题描述：给定两个大小为 m 和 n 的有序数组 nums1 和 nums2，请找出这两个有序数组的中位数，并且要求算法的时间复杂度为 $O(\log_2(m+n))$。可以假设 nums1 和 nums2 不会同时为空。例如，输入 nums1＝[1,3]，nums2＝[2]，输出的中位数是 2.0；输入 nums1＝[1,2]，nums2＝[3,4]，输出的中位数是 $(2+3)/2=2.5$。要求设计满足题目条件的如下方法：

```
def findMedianSortedArrays(self, nums1:List[int], nums2:List[int])-> float:
```

4. LeetCode235——二叉搜索树的最近公共祖先

问题描述：给定一棵二叉搜索树，找到该树中两个指定结点的最近公共祖先。在百度百科中最近公共祖先的定义为"对于有根树 T 的两个结点 p、q，最近公共祖先表示为一个结点 x，满足 x 是 p、q 的祖先且 x 的深度尽可能大（一个结点也可以是它自己的祖先）"。二叉搜索树的结点类型如下：

扫一扫

视频讲解

```
class TreeNode:
    def __init__(self, x):
        self.val = x
        self.left = None
        self.right = None
```

例如，给定如图 8.40 所示的一棵二叉搜索树，输入 $p=2$，$q=8$，输出为 6；输入 $p=2$，$q=4$，输出为 2。要求设计满足题目条件的如下方法：

```
def lowestCommonAncestor(self, root:'TreeNode', p:'TreeNode', q:'TreeNode')->'TreeNode':
```

5. LeetCode98——验证二叉搜索树

问题描述：给定一棵二叉树，判断其是否为一棵有效的二叉搜索树。假设一棵二叉搜索树具有如下特征：结点的左子树只包含小于当前结点的数，结点的右子树只包含大于当前结点的数，所有左子树和右子树自身必须也是二叉搜索树。例如，如图 8.41(a) 所示的二叉树为二叉搜索树，输出 True；如图 8.41(b) 所示的二叉树不是二叉搜索树，输出 False。

要求设计满足题目条件的如下方法：

```
def isValidBST(self, root: TreeNode)-> bool:
```

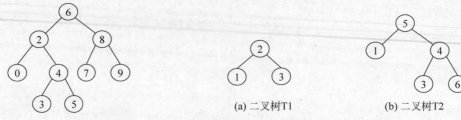

图 8.40　一棵二叉搜索树　　　　　　　图 8.41　两棵二叉树

扫一扫

视频讲解

6. LeetCode110——平衡二叉树

问题描述：给定一棵二叉树，判断它是否为高度平衡的二叉树。在本题中一棵高度平衡的二叉树定义为一棵二叉树中每个结点的左、右两个子树的高度差的绝对值不超过 1。
要求设计满足题目条件的如下方法：

```
def isBalanced(self, root: TreeNode)-> bool:
```

扫一扫

视频讲解

7. LeetCode705——设计哈希集合

问题描述：不使用任何内建的哈希表库设计一个哈希集合。具体地说，设计应该包含以下功能。

add(value)：向哈希集合中插入一个值。

contains(value)：返回哈希集合中是否存在这个值。

remove(value)：将给定值从哈希集合中删除。如果哈希集合中没有这个值，则什么也不做。

示例：

```
MyHashSet hashSet = new MyHashSet()
hashSet.add(1)
hashSet.add(2)
hashSet.contains(1)        ♯返回 True
hashSet.contains(3)        ♯返回 False（未找到）
hashSet.add(2)
hashSet.contains(2)        ♯返回 True
hashSet.remove(2)
hashSet.contains(2)        ♯返回 False（已经被删除）
```

注意：所有的值都在[0, 1 000 000]的范围内，操作的总数目在[1, 10 000]的范围内，不要使用内建的哈希集合库。

第 9 章　排　序

　　排序是计算中最重要、最常见的工作,是许多高效算法的基础,如排序后的数据序列可以折半查找。本章讨论各种排序算法,主要学习要点如下。

　　(1) 排序的基本概念,包括排序的稳定性、内排序和外排序之间的差异。

　　(2) 插入排序算法,包括直接插入排序、折半插入排序和希尔排序的过程和算法实现。

　　(3) 交换排序算法,包括冒泡排序和快速排序的过程和算法实现。

　　(4) 选择排序算法,包括简单选择排序和堆排序的过程和算法实现。

　　(5) 二路归并排序的过程和算法实现。

　　(6) 基数排序的过程和算法实现。

　　(7) 各种内排序方法的比较和选择。

　　(8) 外排序的基本步骤以及磁盘排序中的多路平衡归并和最佳归并树等。

　　(9) 灵活运用各种排序算法解决一些综合应用问题。

9.1   排序的基本概念

假定被排序数据是由一组元素组成的表（称为排序表），元素由若干数据项组成，其中标识元素的数据项称为**关键字项**，该数据项的值称为关键字。关键字可用作排序的依据。本章中假设排序表中元素的关键字可以重复，两个元素的比较默认为关键字比较。

1. 什么是排序

所谓排序，就是要整理排序表，使之按关键字递增或递减有序排列。本章仅讨论递增排序的情况，在默认情况下所有的排序均指递增排序。排序的输入与输出如下。

输入：n 个元素序列为 $R_0, R_1, \cdots, R_{n-1}$，其相应的关键字分别为 $k_0, k_1, \cdots, k_{n-1}$。

输出：$R_{i_0}, R_{i_1}, \cdots, R_{i_{n-1}}$，使得 $k_{i_0} \leq k_{i_1} \leq \cdots \leq k_{i_{n-1}}$。

因此，排序算法就是要确定 $0 \sim n-1$ 的一种排列 $i_0, i_1, \cdots, i_{n-1}$，使表中的元素依此次序按关键字排序。

2. 内排序和外排序

在排序过程中，若整个排序表都放在内存中处理，排序时不涉及数据的内、外存交换，则称为**内排序**；反之，若排序过程中要进行数据的内、外存交换，则称为**外排序**。内排序受到内存限制，适用于能够一次将全部元素放入内存的小表；外排序不受内存限制，适用于不能一次将全部元素放入内存的大表。内排序方法是外排序的基础。

3. 内排序的分类

根据内排序算法是否基于关键字的比较，将内排序算法分为基于比较的排序算法和不基于比较的排序算法。插入排序、交换排序、选择排序和归并排序都是基于比较的排序算法，而基数排序是不基于比较的排序算法。

4. 基于比较的排序算法的性能

在基于比较的排序算法中主要进行以下两种基本操作。

① 元素的比较：元素关键字之间的比较。

② 元素的移动：元素从一个位置移动到另一个位置。

排序算法的性能是由算法的时间和空间确定的，而时间又是由比较和移动的次数确定的。有些排序算法的性能与初始排序序列的顺序有关，有些排序算法与之无关。

若排序表的关键字顺序正好和结果顺序相同，称此表中的元素为**正序**；反之，若排序表的关键字顺序正好和结果顺序相反，称此表中的元素为**反序**。

下面分析基于比较的排序算法的性能。假设有 3 个元素 R_1、R_2、R_3，对应的关键字为 k_1、k_2、k_3，基于比较的排序方法是，若 $k_1 \leq k_2$，序列不变；否则交换 R_1 和 R_2，变为序列 (R_2, R_1, R_3)。以此类推，排序过程构成一棵决策树，如图 9.1 所示，这里的排序结果有 6 种情况。

推广为 n 个元素（假设关键字均不同）的决策树，排序算法所用的比较次数等于决策树中最深的叶子结点的深度，所用的平均比较次数等于决策树中叶子结点的平均深度即树的

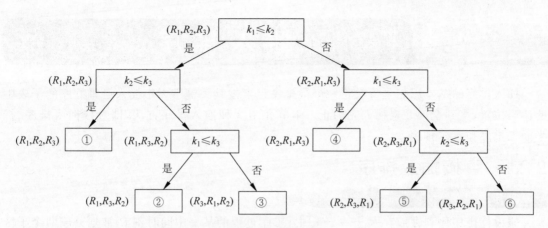

图 9.1 排序的决策树

高度。n 个元素的排序结果有 $n!$ 种情况,对应的决策树有 $n!$ 个叶子结点,设其高度为 h,其中没有单分支结点(因为总是两两比较的),总结点个数 $=2n!-1$,其高度等同于含 $2n!-1$ 个结点的完全二叉树的高度,则 $h=\lceil \log_2(2n!) \rceil = \log_2 n! + 1$,而 $\log_2 n! \geqslant n\log_2 n - 1.45n$,即 h 的下界为 $n\log_2 n$(忽略了某些低阶项以得到更简单的下界)。排序中移动次数与比较次数属于同数量级,由此推出 n 个元素采用基于比较的排序方法时最坏情况下的平均时间下界为 $n\log_2 n$。

上述结论说明,如果采用基于比较的排序方法,算法的平均时间复杂度不可能优于 $O(n\log_2 n)$,如快速排序、堆排序和二路归并排序算法的平均时间复杂度均为 $O(n\log_2 n)$,它们都是高效的排序算法。

5. 排序的稳定性

当待排序元素的关键字均不相同时,排序的结果是唯一的,否则排序的结果不一定唯一。如果排序表中存在多个关键字相同的元素,经过排序后这些具有相同关键字的元素之间的相对次序保持不变,则称这种排序方法是**稳定的**;反之,若具有相同关键字的元素之间的相对次序发生变化,则称这种排序方法是**不稳定的**。注意,排序算法的稳定性是针对所有输入实例而言的,也就是说,在所有可能的输入实例中,只要有一个实例使得算法不满足稳定性要求,则该排序算法就是不稳定的。

6. 排序数据的组织

在讨论内排序算法时,以顺序表作为排序表的存储结构(除基数排序采用单链表外)。假设关键字为 int 类型,待排序的顺序表直接采用 Python 列表 $R[0..n-1]$ 表示,例如 10 个整数的关键字序列表示为 $R=[1,6,2,5,3,7,4,8,2,4]$(存在相同的关键字)。

若待排序表中的每个元素除整数关键字外还有其他数据项,可以采用嵌套列表表示,例如 3 个学生元素,每个元素由学号和姓名组成,R 表示为 $R=[[1,"Mary"],[3,"John"],[2,"Smith"]]$。

说明:Python 3 中提供了列表排序方法 sort() 和 sorted(),本章讨论的是其排序原理和更多的排序算法。

9.2　插　入　排　序

插入排序的基本思想是每次将一个待排序元素按其关键字大小插入已排好序的子表中的适当位置，直到全部元素插入完为止。本节介绍 3 种插入排序方法，即直接插入排序、折半插入排序和希尔排序。

9.2.1　直接插入排序

1. 排序思路

假设待排序序列存放在 $R[0..n-1]$ 中，排序过程的某一中间时刻 R 被划分成两个子区间 $R[0..i-1]$ 和 $R[i..n-1]$($1 \leqslant i < n$)，前者是已排好序的**有序区**，后者是当前未排序的部分，称其为**无序区**。直接插入排序的每趟操作是将当前无序区的开头元素 $R[i]$($1 \leqslant i \leqslant n-1$) 插入有序区 $R[0..i-1]$ 中适当的位置，使 $R[0..i]$ 变为新的有序区，从而扩大有序区、减小无序区，如图 9.2 所示。经过 $n-1$ 趟操作后无序区变为空，有序区含有全部的元素，从而全部数据有序。

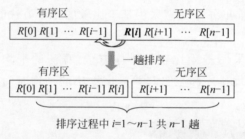

图 9.2　直接插入排序的过程

对于某一趟排序，如何将无序区的第一个元素 $R[i]$ 插入有序区呢？其过程如图 9.3 所示，先将 $R[i]$ 暂放到 tmp 中，j 在有序区中从后向前找（初值为 $i-1$），凡是大于 tmp 的元素均后移一个位置，直到找到某个小于或等于 tmp 的 $R[j]$ 为止，再将 tmp 放在它的后面。

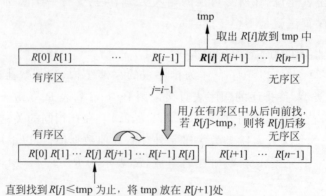

图 9.3　直接插入排序的一趟排序过程

【例9.1】 设排序表中有10个元素,其关键字序列为(9,8,7,6,5,4,3,2,1,0),说明采用直接插入排序方法进行排序的过程。

解 其排序过程如图9.4所示。图中用方括号表示当前的有序区,每趟向有序区中插入一个元素(用粗体表示),并保持有序区中的元素仍有序。

```
初始关键字      [9] 8  7  6  5  4  3  2  1  0
i=1 的结果:    [8  9] 7  6  5  4  3  2  1  0
i=2 的结果:    [7  8  9] 6  5  4  3  2  1  0
i=3 的结果:    [6  7  8  9] 5  4  3  2  1  0
i=4 的结果:    [5  6  7  8  9] 4  3  2  1  0
i=5 的结果:    [4  5  6  7  8  9] 3  2  1  0
i=6 的结果:    [3  4  5  6  7  8  9] 2  1  0
i=7 的结果:    [2  3  4  5  6  7  8  9] 1  0
i=8 的结果:    [1  2  3  4  5  6  7  8  9] 0
i=9 的结果:    [0  1  2  3  4  5  6  7  8  9]
```

图9.4 10个元素进行直接插入排序的过程

说明:直接插入排序每趟产生的有序区是局部有序区(初始时将 $R[0..0]$ 看成局部有序区,所以 i 从1开始排序),局部有序区中的元素并不一定放在最终位置上,在后面的排序中可能发生元素的改变,若某个元素在后面的排序中不再发生位置的改变,称为归位。相应地,全局有序区中的所有元素均已归位。

2. 排序算法

直接插入排序的算法如下:

```
def InsertSort(R):                       # 对 R[0..n-1]按递增有序进行直接插入排序
    for i in range(1,len(R)):            # 从元素 R[1]开始
        if R[i]< R[i-1]:                 # 反序时
            tmp=R[i]                      # 取出无序区中的第一个元素
            j=i-1                         # 在有序区 R[0..i-1]中找 R[i]的插入位置
            while True:
                R[j+1]=R[j]               # 将大于 tmp 的元素后移
                j-=1                      # 继续向前比较
                if j<0 or R[j]<=tmp: break # 若 j<0 或者 R[j]<=tmp,退出循环
            R[j+1]=tmp                    # 在 j+1 处插入 R[i]
```

【算法扩展】 在排序中通常利用"<"比较实现递增排序,可以自定义比较函数 $cmp(x,y)$,如 $x<y$,该函数返回 True,否则返回 False。这样将上述算法中的 $R[j]<=$ tmp 转换为 not tmp $< R[j]$,即 not $cmp(tmp,R[j])$,对应的递增排序算法如下:

```
def cmp(x,y):                            # 实现递增排序的自定义比较函数
    if x < y: return True
    else: return False

def InsertSort(R):                       # 对 R[0..n-1]按递增有序进行直接插入排序
    for i in range(1,len(R)):            # 从元素 R[1]开始
        if cmp(R[i],R[i-1]):             # 反序时
            tmp=R[i]                      # 取出无序区中的第一个元素
            j=i-1                         # 在有序区 R[0..i-1]中从右向左找 R[i]的插入位置
            while True:
                R[j+1]=R[j]               # 将大于 tmp 的元素后移
```

```
            j—=1                                    #继续向前比较
            if j<0 or not cmp(tmp,R[j]): break     #若j<0或者R[j]<=tmp,退出循环
            R[j+1]=tmp                              #在j+1处插入R[i]
```

这样做的目的是定制自己的比较方式,使排序通用化。例如将 $cmp(x,y)$ 改为如下函数就可以实现递减排序:

```
def cmp(x,y):                                       #实现递减排序的自定义比较函数
    if x>=y: return True
    else: return False
```

后面讨论的各种排序算法都可以这样转换为递减排序或者按定制的方式排序。

3. 算法分析

直接插入排序由两重循环构成,对于具有 n 个元素的顺序表 R,外循环表示要进行 $n-1$(i 的取值范围为 $1\sim n-1$)趟排序。在每一趟排序中,仅当待插入元素 $R[i]$ 小于无序区的尾元素时(反序)才进入内循环,所以直接插入排序的时间性能与初始排序表相关。

1) 最好情况分析

若初始排序表正序,则在每趟 $R[i]$($1\leqslant i\leqslant n-1$)的排序中仅需进行一次比较,由于比较结果正序,这样每趟排序均不进入内循环,故元素的移动次数为0。由此可知,正序时直接插入排序中的比较次数和元素移动次数均达到最小值 $C_{\min}$ 和 $M_{\min}$。

$$C_{\min}=\sum_{i=1}^{n-1}1=n-1=O(n),\quad M_{\min}=0$$

两者合起来为 $O(n)$,因此直接插入排序最好情况下的时间复杂度为 $O(n)$。

2) 最坏情况分析

若初始排序表反序,则在每趟 $R[i]$($1\leqslant i\leqslant n-1$)的排序中,由于 tmp 均小于有序区 $R[0..i-1]$ 中的所有元素,需要 i 次比较(不计最后 $j<0$ 的一次判断,这里仅考虑元素之间的关键字比较),同时有序区 $R[0..i-1]$ 中的每个元素后移一次,再加上前面 tmp$=R[i]$ 和 $R[j+1]=$tmp 的两次移动,需要 $i+2$ 次移动。由此可知,反序时直接插入排序的比较次数和元素移动次数均达到最大值 $C_{\max}$ 和 $M_{\max}$。

$$C_{\max}=\sum_{i=1}^{n-1}i=\frac{n(n-1)}{2}=O(n^2),\quad M_{\max}=\sum_{i=1}^{n-1}(i+2)=\frac{(n-1)(n+4)}{2}=O(n^2)$$

两者合起来为 $O(n^2)$,因此直接插入排序最坏情况下的时间复杂度为 $O(n^2)$。

3) 平均情况分析

在每趟 $R[i]$($1\leqslant i\leqslant n-1$)的排序中,平均情况是将 $R[i]$($1\leqslant i\leqslant n-1$)插入有序区 $R[0..i-1]$ 的中间位置,这样平均比较次数为 $i/2$,平均移动次数为 $i/2+2$,对应的 C_{avg} 和 M_{avg} 如下:

$$C_{\text{avg}}=\sum_{i=1}^{n-1}\left(\frac{i}{2}\right)=\frac{n(n-1)}{4}=O(n^2),\quad M_{\text{avg}}=\sum_{i=1}^{n-1}\left(\frac{i}{2}+2\right)=O(n^2)$$

两者合起来为 $O(n^2)$,因此直接插入排序平均情况下的时间复杂度为 $O(n^2)$。由于其平均时间性能接近最坏性能,所以是一种低效的排序方法。

在直接插入排序算法中只使用 i、j 和 tmp 共3个辅助变量,与问题规模 n 无关,故算

法的空间复杂度为 $O(1)$，也就是说它是一个就地排序算法。另外，对于任意两个满足 $j>i$ 且 $R[j]=R[i]$ 的元素，本算法都是将 $R[j]$ 插入 $R[i]$ 的后面，也就是说 $R[i]$ 和 $R[j]$ 的相对位置保持不变，所以直接插入排序是一种稳定的排序方法。

9.2.2 折半插入排序

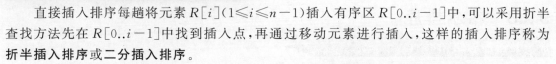

1. 排序思路

直接插入排序每趟将元素 $R[i]$（$1\leqslant i\leqslant n-1$）插入有序区 $R[0..i-1]$ 中，可以采用折半查找方法先在 $R[0..i-1]$ 中找到插入点，再通过移动元素进行插入，这样的插入排序称为**折半插入排序**或**二分插入排序**。

在 $R[low..high]$（初始时 $low=0$，$high=i-1$）中采用折半查找方法找到 $R[i]$ 的插入点为 $high+1$，再将 $R[high+1..i-1]$ 元素后移一个位置（移动元素的范围是 $[high+1, i-1]$ 或者 $(high, i-1)$），并置 $R[high+1]=R[i]$，如图 9.5 所示。

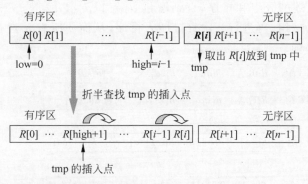

图 9.5 折半插入排序的一趟排序过程

2. 排序算法

折半插入排序的算法如下：

```
def BinInsertSort(R):                        # 对 R[0..n-1]按递增有序进行折半插入排序
    for i in range(1,len(R)):
        if R[i]< R[i-1]:                     # 反序时
            tmp=R[i]                         # 将 R[i]保存到 tmp 中
            low,high=0,i-1
            while low <=high:                # 在 R[low..high]中折半查找插入位置 high+1
                mid=(low+high)//2            # 取中间位置
                if tmp< R[mid]:
                    high=mid-1               # 插入点在左区间
                else:
                    low=mid+1                # 插入点在右区间
            for j in range(i-1,high,-1):     # 元素集中后移
                R[j+1]=R[j]
            R[high+1]=tmp                    # 插入原来的 R[i]
```

说明：和直接插入排序一样，折半插入排序每趟产生的有序区也是局部有序区。

3. 算法分析

从上述算法看到，在任何情况下排序中元素移动的次数与直接插入排序的相同，不同的仅是变分散移动为集中移动。这里仅分析平均情况，在 $R[0..i-1]$ 中查找插入 $R[i]$ 的位置,折半查找的平均关键字比较次数为 $\log_2(i+1)-1$,平均移动元素的次数为 $i/2+2$,所以算法的平均时间复杂度为 $\sum\limits_{i=1}^{n-1}\left(\log_1(i+1)-1+\dfrac{i}{2}+2\right)=O(n^2)$。

从时间复杂度角度看,折半插入排序与直接插入排序相同,但由于采用折半查找,当元素个数较多时折半查找优于顺序查找,减少了关键字比较次数,所以折半插入排序也优于直接插入排序。同样,折半插入排序的空间复杂度为 $O(1)$,它也是一种稳定的排序方法。

9.2.3 希尔排序

扫一扫

视频讲解

1. 排序思路

希尔排序是一种采用分组插入排序的方法。对 $R[0..n-1]$ 排序的基本思想是先取一个小于 n 的整数 d_1 作为第一个增量,将全部元素 R 分成 d_1 个组,所有相距 d_1 的元素为一组,图 9.6 所示为分为 d 组的情况;再对各组元素进行直接插入排序;然后取第二个增量 $d_2(d_2<d_1)$,重复上述的分组和排序,直到增量 $d_t=1(d_t<d_{t-1}<\cdots<d_2<d_1)$,做完该趟即将所有元素分为一组,再进行一次直接插入排序,从而使所有元素有序。增量 d_i 的一系列取值称为增量序列。

第1组	$R[0]$,	$R[d]$,	$R[2d]$,	$\cdots$,	$R[kd]$	$k=n/d-1$
第2组	$R[1]$,	$R[1+d]$,	$R[1+2d]$,	$\cdots$,	$R[1+kd]$	

$\cdots$

第i组	$R[i-1]$,	$R[i-1+d]$,	$R[i-1+2d]$,	$\cdots$,	$R[i-1+kd]$	

$\cdots$

第d组	$R[d-1]$,	$R[2d-1]$,	$R[3d-1]$,	$\cdots$,	$R[(k+1)d-1]$	

每组中相邻的两个元素相距 d 个位置

图 9.6 希尔排序时分为 d 组

在希尔排序中,每一趟进行直接插入排序的过程是从元素 $R[d]$ 开始到元素 $R[n-1]$ 为止,每个元素都是和同组的元素比较,且插入该组的有序区中,例如与元素 $R[i]$ 同组的前面的元素有 $\{R[j]\mid j=i-d\geqslant 0\}$。

从理论上讲,d 序列的取值只要满足递减并且最后的 d 为 1 就可以了。最常见的方式是取 $d_1=n/2,d_{i+1}=\lfloor d_i/2\rfloor$,直到 $d_t=0$ 为止。

【例 9.2】 设排序表中有 10 个元素,其关键字序列为 $(9,8,7,6,5,4,3,2,1,0)$,说明采用希尔排序方法进行排序的过程。

解 其排序过程如图 9.7 所示。第 1 趟排序时,$d=10/2=5$,整个表被分成 5 组,即 $(9,4)$、$(8,3)$、$(7,2)$、$(6,1)$、$(5,0)$,各组采用直接插入排序方法排序,结果分别为 $(4,9)$、$(3,8)$、$(2,7)$、$(1,6)$、$(0,5)$,该趟的最终结果为 $(4,3,2,1,0,9,8,7,6,5)$。

第 2 趟排序时,$d=5/2=2$,整个表分成两组,即 $(4,2,0,8,6)$ 和 $(3,1,9,7,5)$,各组采用直接插入排序方法排序,结果分别为 $(0,2,4,6,8)$ 和 $(1,3,5,7,9)$,该趟的最终结果为 $(0,1,2,3,4,5,6,7,8,9)$。

第 3 趟排序时,$d=2/2=1$,整个表为一组,采用直接插入方法排序,最终结果为 $(0,1,2,3,4,5,6,7,8,9)$。

初始状态	9	8	7	6	5	4	3	2	1	0
$d=5$ 的结果	4	3	2	1	0	9	8	7	6	5
$d=2$ 的结果	0	1	2	3	4	5	6	7	8	9
$d=1$ 的结果	0	1	2	3	4	5	6	7	8	9

图 9.7 10 个元素进行希尔排序的过程

说明：希尔排序每趟并不产生有序区，在最后一趟排序结束前，所有元素并不一定都归位了，但是希尔排序每趟完成后，数据越来越接近有序。

2. 排序算法

取 $d_1 = n/2, d_{i+1} = \lfloor d_i/2 \rfloor$ 时希尔排序的算法如下：

```
def ShellSort(R):                       #对 R[0..n-1]按递增有序进行希尔排序
    d=len(R)//2                         #增量置初值
    while d>0:
        for i in range(d,len(R)):       #对所有相隔 d 位置的元素组采用直接插入排序
            if R[i]<R[i-d]:             #反序时
                tmp=R[i]
                j=i-d
                while True:
                    R[j+d]=R[j]         #将大于 tmp 的元素后移
                    j=j-d               #继续向前找
                    if j<0 or R[j]<=tmp:#若 j<0 或者 R[j]<=tmp,退出循环
                        break
                R[j+d]=tmp              #在 j+d 处插入 tmp
        d=d//2                          #递减增量
```

3. 算法分析

希尔排序的性能分析比较复杂，因为它的执行时间是"增量"序列的函数，到目前为止增量的选取无一定论，但无论增量序列如何取，最后一趟的增量必须等于 1。如果按照上述算法的取法，即 $d_1 = n/2, d_{i+1} = \lfloor d_i/2 \rfloor (i \geq 1)$，也就是说每趟后一个增量是前一个增量的 $1/2$，则经过 $t = \lceil \log_2 n \rceil - 1$ 趟后 $d_t = 1$，再经过最后一趟的直接插入排序使整个序列变为有序。希尔算法的时间复杂度难以分析，一般认为其平均时间复杂度为 $O(n^{1.5})$。希尔排序的速度通常要比直接插入排序快得多。

在希尔排序算法中只使用 i、j、d 和 tmp 共 4 个辅助变量，与问题规模 n 无关，故算法的空间复杂度为 $O(1)$，也就是说它是一个就地排序。

另外，希尔排序算法是一种不稳定的排序算法，可以通过一个示例说明。假设 $n = 10$，其中有两个为 8 的元素，第 1 趟 $d = 5$ 排序后的结果是 $(3,5,10,8,7,2,8,1,20,6)$，第 2 趟取 $d = 2$，排序过程如图 9.8 所示，从中看出两个为 8 的元素的相对位置发生了改变。

说明：本节的希尔排序算法采用的是希尔增量序列，即第一个增量为序列长度的一半，随后的增量依次减半，直到增量为 1。除此之外还有 Hibbard 增量序列（平均时间复杂度接近 $O(n^{3/2})$）和 Sedgewick 增量序列（平均时间复杂度通常为 $O(n^{1.3}) \sim O(n^2)$）等，不同的增量序列对 Shell 排序的性能有重要影响。

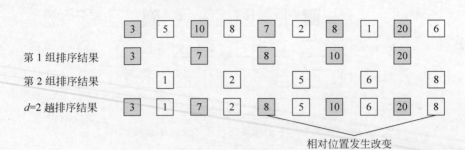

第1组排序结果
第2组排序结果
$d=2$ 趟排序结果

相对位置发生改变

图9.8　说明希尔排序不稳定的示例

9.3　交换排序

交换排序的基本思想是两两比较待排序元素的关键字，发现这两个元素反序时进行交换，直到没有反序的元素为止。本节介绍两种交换排序，即冒泡排序和快速排序。

9.3.1　冒泡排序

视频讲解

1. 排序思路

冒泡排序也称为气泡排序，是一种典型的交换排序方法，其基本思想是通过无序区中相邻元素之间的比较和位置交换使最小（或者最大）元素如气泡一般逐渐往上"漂浮"直到"水面"。这里从无序区的最后面开始，对每两个相邻元素进行比较，使较小元素交换到较大元素之上，经过一趟冒泡排序后，最小元素到达无序区的最前端，如图9.9所示。接着在剩下的元素中找次小元素，并把它交换到第二个位置上。以此类推，直到无序区中只有一个元素，它一定是最大元素，这样所有元素都有序了。

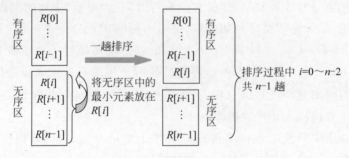

图9.9　冒泡排序的过程

在冒泡排序算法中，若某一趟没有出现任何元素交换，说明所有元素已排好序了，就可以结束本算法。

【例9.3】　设排序表中有10个元素，其关键字序列为(9,8,7,6,5,4,3,2,1,0)，说明采用冒泡排序方法进行排序的过程。

解　其排序过程如图9.10所示。每次从无序区中冒出一个最小关键字的元素（用粗体表示）并将其归位。

```
初始关键字    [ ]9 8   7   6   5   4   3   2   1   0
i=0 的结果:   [0]  9   8   7   6   5   4   3   2   1
i=1 的结果:   [0 1]  9   8   7   6   5   4   3   2
i=2 的结果:   [0 1 2]  9   8   7   6   5   4   3
i=3 的结果:   [0 1 2 3]  9   8   7   6   5   4
i=4 的结果:   [0 1 2 3 4]  9   8   7   6   5
i=5 的结果:   [0 1 2 3 4 5]  9   8   7   6
i=6 的结果:   [0 1 2 3 4 5 6]  9   8   7
i=7 的结果:   [0 1 2 3 4 5 6 7]  9   8
i=8 的结果:   [0 1 2 3 4 5 6 7 8]  9
```

图 9.10   10 个元素进行冒泡排序的过程

说明:冒泡排序每趟产生的有序区一定是全局有序区,也就是说每趟产生的有序区中的所有元素都归位了。初始时将全局有序区看成空,所以 i 从 0 开始排序。

2. 排序算法

冒泡排序的算法如下:

```
def BubbleSort(R):                              # 对 R[0..n−1]按递增有序进行冒泡排序
    for i in range(len(R)−1):
        exchange=False                          # 本趟前将 exchange 置为 False
        for j in range(len(R)−1,i,−1):          # 一趟中找出最小关键字的元素
            if R[j]< R[j−1]:                     # 反序时交换
                R[j],R[j−1]=R[j−1],R[j]         # R[j]和 R[j−1]交换,将最小元素前移
                exchange=True                    # 本趟发生交换置 exchange 为 True
        if exchange==False: return               # 本趟没有发生交换,中途结束算法
```

3. 算法分析

在冒泡排序中由 exchange 控制算法是否提前结束,所以其时间性能与初始排序表相关。

1) 最好情况分析

若初始排序表正序,第 1 趟后排序结束,所需的比较和元素移动次数均达到最小值 $C_{\min}$ 和 $M_{\min}$。

$$C_{\min} = \sum_{i=0}^{n-2} 1 = n-1 = O(n), \quad M_{\min} = 0$$

两者合起来为 $O(n)$,因此冒泡排序最好情况下的时间复杂度为 $O(n)$。

2) 最坏情况分析

若初始排序表反序,则需要进行 $n-1$ 趟排序,每趟排序要进行 $n-i-1(0 \leqslant i \leqslant n-2)$ 次关键字的比较,$3(n-i-1)$ 次元素的移动(一次交换为 3 次移动)。由此可知,反序时冒泡排序的关键字比较次数和元素移动次数均达到最大值 $C_{\max}$ 和 $M_{\max}$。

$$C_{\max} = \sum_{i=0}^{n-2} (n-i-1) = \frac{n(n-1)}{2} = O(n^2)$$

$$M_{\max} = \sum_{i=0}^{n-2} 3(n-i-1) = \frac{3n(n-1)}{2} = O(n^2)$$

两者合起来为 $O(n^2)$,因此冒泡排序最坏情况下的时间复杂度为 $O(n^2)$。

3) 平均情况分析

平均情况分析稍微复杂一些,因为算法可能在中间的某一趟排序完成后就结束,但平均

的排序趟数仍是 $O(n)$，每一趟的比较次数和元素移动次数为 $O(n)$，所以平均时间复杂度为 $O(n^2)$。由于其平均时间性能接近最坏性能，所以它是一种低效的排序方法。另外，虽然冒泡排序不一定要做 $n-1$ 趟，但由于元素移动的次数较多，所以平均时间性能比直接插入排序要差。

在冒泡排序算法中只使用固定的几个辅助变量，与问题规模 n 无关，故算法的空间复杂度为 $O(1)$，也就是说它是一个就地排序。另外，对于任意两个满足 $i<j$ 且 $R[i]=R[j]$ 的元素，两者没有逆序，不会发生交换，也就是说 $R[i]$ 和 $R[j]$ 的相对位置保持不变，所以冒泡排序是一种稳定的排序方法。

扫一扫

视频讲解

9.3.2 快速排序

1. 排序思路

快速排序是由冒泡排序改进而来的，它的基本思想是在长度大于 1 的排序表中取第一个元素作为基准，将基准归位（把基准放到最终位置上），同时将所有小于基准的元素放到基准的前面（构成左子表），将所有大于基准的元素放到基准的后面（构成右子表），这个过程称为划分，如图 9.11 所示；然后对左、右子表分别重复上述过程，直到每个子表中只有一个元素或为空为止。简而言之，一次划分使表中基准归位，将表一分为二，对两个子表按递归方式继续这种划分，直到划分后的子表长度为 1 或 0（长度为 1 或 0 的表是有序的）。

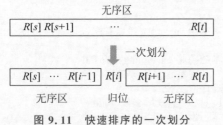

图 9.11　快速排序的一次划分

对无序区 $R[s..t]$ 快速排序的递归模型如下：

$$f(R,s,t)\equiv\text{不做任何事情}\qquad\qquad R[s..t]\text{为空或者仅有一个元素}$$
$$f(R,s,t)\equiv\text{划分后基准位置为 }i;\qquad\text{其他}$$
$$\qquad\qquad f(R,s,i-1);\ f(R,i+1,t);$$

说明：快速排序每趟仅将一个元素归位，在最后一趟排序结束前并不产生明确的连续有序区。

2. 排序算法

1）划分算法

这里是对长度大于 1 的无序区 $R[s..t]$ 以首元素为基准进行划分，提供 3 种划分算法。

算法 1：用 base 存放基准 $R[s]$，i（初值为 0）从前向后遍历 R，j（初值为 $n-1$）从后向前遍历 R。当 $i<j$ 时循环（即循环到 $i=j$ 为止）：j 从后向前找一个小于 base 的元素 $R[j]$，i 从前向后找一个大于 base 的元素 $R[i]$，当 $i<j$ 时将 $R[i]$ 和 $R[j]$ 交换（小于 base 的元素前移，大于 base 的元素后移）。当循环结束后将基准 $R[s]$ 和 $R[i]$ 交换（基准放在最终位置上）。对应的算法如下：

```
def Partition1(R,s,t):          ＃划分算法 1
    base＝R[s]                  ＃以表首元素为基准
    i,j＝s,t
    while i<j:                  ＃从表两端交替向中间遍历,直到 i=j 为止
```

```
        while i<j and R[j]>=base:
            j—=1                         #从后向前遍历,找一个小于基准的 R[j]
        while i<j and R[i]<=base:
            i+=1                         #从前向后遍历,找一个大于基准的 R[i]
        if i<j:
            R[i],R[j]=R[j],R[i]          #将 R[i]和 R[j]进行交换
    R[s],R[i]=R[i],R[s]                  #将基准 R[s]和 R[i]进行交换
    return i
```

例如,$R[0..4]=(3,5,1,2,4)$,Partition1 算法的划分过程如图 9.12 所示。

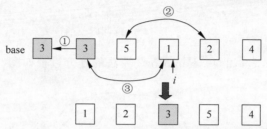

图 9.12 $(3,5,1,2,4)$采用算法 1 的划分过程

上述算法中存在重复的关键字比较,例如,j 指向 2 并且 i 指向 5 时,两者交换后进入下一轮循环,又将 j 指向元素 5 与 base(3)比较,执行 $j—=1$ 让 j 指向元素 1,将 i 指向元素 2 与 base(3)比较,执行 $i+=1$ 让 i 指向元素 1。消除重复比较后的优化算法如下:

```
def Partition1_1(R,s,t):              #划分算法 1 的优化算法
    base=R[s]                          #以表首元素值为基准
    i,j=s,t+1
    while True:                        #从表两端交替向中间遍历
        i+=1
        while R[i]<base:               #从前向后遍历,找一个大于基准的 R[i]
            if i==t: break
            i+=1
        j—=1
        while base<R[j]:               #从后向前遍历,找一个小于基准的 R[j]
            if j==s: break
            j—=1
        if i>=j: break
    R[i],R[j]=R[j],R[i]                #将 R[i]和 R[j]进行交换
    R[s],R[j]=R[j],R[s]                #R[s..j-1]≤R[j]≤R[j+1..t]
    return j
```

算法 2：在 Partition1 中对逆序元素进行交换将其放在适合的位置上,一次交换需要 3 次移动,由于元素的交换可能出现多次,可以改进交换方式以减少移动次数。同样,先用 base 存放基准 $R[s]$(此时 $R[s]$ 位置可以视为空),i、j 变量的功能和初值同 Partition1。当 $i<j$ 时循环：j 从后向前找一个小于 base 的元素 $R[j]$,将 $R[j]$ 前移覆盖 $R[i]$(此时 $R[j]$ 位置可以视为空),i 从前向后找一个大于 base 的元素 $R[i]$,将 $R[i]$ 后移覆盖 $R[j]$(此时 $R[i]$ 位置可以视为空)。循环结束后置 $R[i]$=base。对应的算法如下：

```
def Partition2(R,s,t):                #划分算法 2
    i,j=s,t
    base=R[s]                          #以表首元素为基准
```

```
    while i!=j:                              #从表两端交替向中间遍历,直到i=j为止
        while j>i and R[j]>=base:            #从后向前遍历,找一个小于基准的R[j]
            j-=1
        if j>i:
            R[i]=R[j]                        #R[j]前移覆盖R[i]
            i+=1
        while i<j and R[i]<=base:            #从前向后遍历,找一个大于基准的R[i]
            i+=1
        if i<j:
            R[j]=R[i]                        #R[i]后移覆盖R[j]
            j-=1
    R[i]=base                                #基准归位
    return i                                 #返回归位的位置
```

例如,$R[0..4]=(3,5,1,2,4)$,Partition2算法的划分过程如图9.13所示。

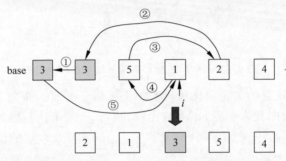

图 9.13 $(3,5,1,2,4)$采用算法2的划分过程

算法 3：采用第 2 章中例 2.3 解法 3 的区间划分法实现划分算法,先用 base 存放基准 $R[s]$,将 R 划分为两个区间,前一个区间用 $R[s..i]$存放小于或等于基准 base 的元素,初始 时该区间含 $R[s]$,即 $i=s$。用 j 从 $s+1$ 开始遍历所有元素(满足 $j≤t$),后一个区间 $R[i+1..j-1]$存放大于 base 的元素(初始时 $j=s+1$ 表示该区间也为空)。

① 若 $R[j]≤base$,采用交换方法,先执行 $i+=1$ 扩大前一个区间,再将 $R[j]$交换到 $R[i]$(即将小于或等于 base 的元素放在前一个区间),最后执行 $j+=1$ 继续遍历其余元素。

② 否则,$R[j]$就是要放到后一个区间的元素,不交换,执行 $j+=1$ 继续遍历其余 元素。

当 j 遍历完所有元素,$R[s..i]$便是原来 R 中所有小于或等于 base 的元素,再将基准 $R[s]$与 $R[i]$交换,这样基准 $R[i]$就归位了(即 $R[s..i-1]$的元素均小于或等于 $R[i]$,而 $R[i+1..t]$均大于 $R[i]$)。对应的算法如下：

```
def Partition3(R,s,t):                       #划分算法3
    i,j=s,s+1
    base=R[s]                                 #以表首元素为基准
    while j<=t:                               #j从s+1开始遍历其他元素
        if R[j]<=base:                        #找到小于或等于基准的元素R[j]
            i+=1                              #扩大小于或等于base的元素区间
            if i!=j:
                R[i],R[j]=R[j],R[i]           #将R[i]与R[j]交换
        j+=1                                  #继续扫描
    R[s],R[i]=R[i],R[s]                        #将基准R[s]和R[i]进行交换
    return i
```

在上述 3 个划分算法中 Partition2 是快速排序最常用的划分算法,默认情况下均指该算法。一般认为 n 个元素进行一趟划分时关键字的比较次数为 $n-1$,元素的移动次数同数量级,所以一趟划分的时间复杂度为 $O(n)$。

2)快速排序算法

快速排序算法如下:

```
def QuickSort(R):                    #对 R[0..n-1]的元素按递增进行快速排序
    QuickSort1(R,0,len(R)-1)

def QuickSort1(R,s,t):               #对 R[s..t]的元素进行快速排序
    if s<t:                         #表中至少存在两个元素的情况
        i=Partition2(R,s,t)         #可以使用前面 3 种划分算法中的任意一种
        QuickSort1(R,s,i-1)         #对左子表递归排序
        QuickSort1(R,i+1,t)         #对右子表递归排序
```

说明:在快速排序中每次划分得到两个子表,由于这两个子表的排序相对基准是独立的,上述算法总是先对左边的子表排序(先序遍历过程),实际上也可以先对右边的子表排序。也就是说,可以将上述递归过程中的栈用队列替代。

【例 9.4】 设待排序的表中有 10 个元素,其关键字序列为$(6,8,7,9,0,1,3,2,4,5)$,说明采用快速排序方法进行排序的过程。

解 采用划分算法 2 的排序过程如图 9.14 所示。第 1 次划分以 6 为关键字将整个区间分为$(5,4,2,3,0,1)$和$(9,7,8)$两个子表,并将元素 6 归位,两个子表以此类推。

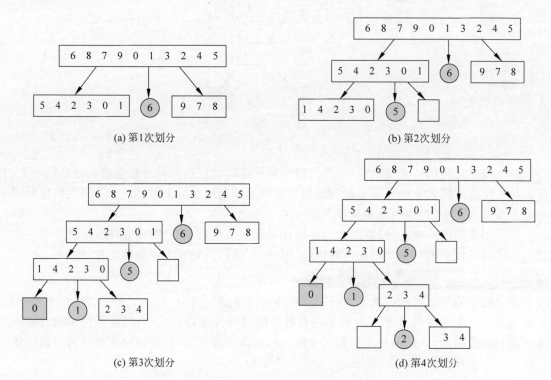

图 9.14 10 个元素的快速排序过程

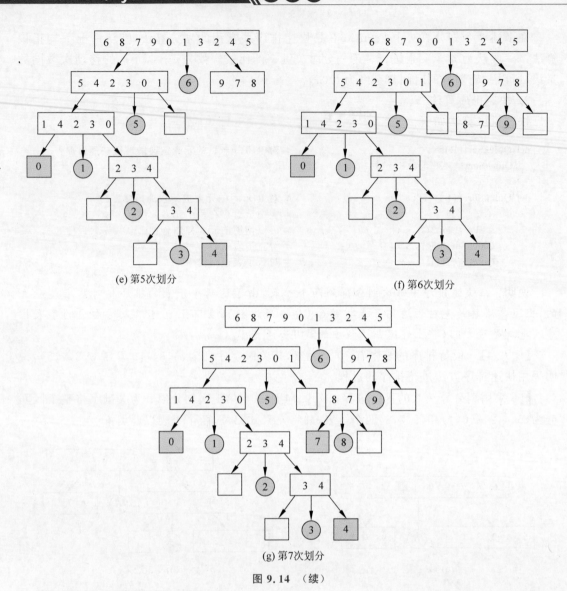

(e) 第5次划分 (f) 第6次划分

(g) 第7次划分

图 9.14 （续）

　　快速排序过程构成一棵树结构,称为快速排序递归树。每个叶子结点要么是归位元素,要么是长度为0或者1的子表。递归调用的次数为分支结点的个数,图 9.14 所示的递归树的分支结点为 7 个,对应的递归调用次数为 7,其高度为 6。

　　不同于前面介绍的几种排序方法,在快速排序过程中没有十分清晰的排序趟。有一种观点是将递归树中的每一层看成一趟排序,图 9.15 所示为例 9.4 中各趟的排序结果。

3. 算法分析

　　快速排序的主要时间耗费在划分上。在快速排序递归树中,每一层无论进行几次划分,参加划分的元素个数最多为 n,这样每一层的时间可以看成 $O(n)$。所以整个排序的时间取决于递归树的高度,不同的排序序列对应的递归树高度可能不同,所以快速排序的时间性能与初始排序表相关。

1）最好情况分析

　　如果初始排序表随机分布,使得每次划分恰好分为两个长度相等的子表,此时递归树的

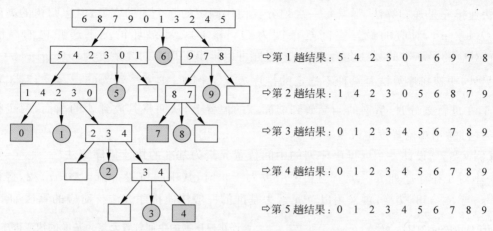

6 8 7 9 0 1 3 2 4 5
5 4 2 3 0 1
6
9 7 8
1 4 2 3 0
5
8 7
9
0
1
2 3 4
7
8
2
3 4
3
4
⇨第1趟结果：5 4 2 3 0 1 6 9 7 8
⇨第2趟结果：1 4 2 3 0 5 6 8 7 9
⇨第3趟结果：0 1 2 3 4 5 6 7 8 9
⇨第4趟结果：0 1 2 3 4 5 6 7 8 9
⇨第5趟结果：0 1 2 3 4 5 6 7 8 9

图 9.15　10 个元素的快速排序结果

高度最小，性能最好。例如 $R=(4,7,5,6,3,1,2)$，快速排序过程如图 9.16 所示，树的高度为 2。一般地，最好情况下递归树的高度为 $\lceil \log_2(n+1) \rceil$，每一层的时间为 $O(n)$，此时排序的时间复杂度为 $O(n\log_2 n)$。快速排序还有很多改进版本，例如以排序序列的中间位置元素为基准或者随机选择基准，以减小递归树的高度，从而提高快速排序的性能。

2）最坏情况分析

如果初始排序表正序或者反序，使得每次划分的两个子表中一个为空，一个长度为 $n-1$，此时递归树的高度最大，性能最差。例如 $R=(1,2,3,4,5,6,7)$ 或者 $R=(7,6,5,4,3,2,1)$，对应的递归树高度为 7，每层一个结点。一般地，最坏情况下递归树的高度为 $O(n)$，每一层的时间为 $O(n)$，此时排序的时间复杂度为 $O(n^2)$。

3）平均情况分析

考虑平均情况，在快速排序中一趟划分将无序区一分为二，所有可能性如图 9.17 所示，前后子表元素个数的情况有 $(0,n-1)$、$(1,n-2)$、……、$(n-1,0)$，共 n 种情况，则：

$$
\begin{aligned}
T_{\text{avg}} &= O(n) + \frac{1}{n}\sum_{k=1}^{n}(T_{\text{avg}}(k-1) + T_{\text{avg}}(n-k)) \\
&= cn + \frac{1}{n}\sum_{k=1}^{n}(T_{\text{avg}}(k-1) + T_{\text{avg}}(n-k)) = \cdots \\
&= O(n\log_2 n)
\end{aligned}
$$

4 7 5 6 3 1 2
2 1 3
4
6 5 7
1
2
3
5
6
7

图 9.16　一种最好的情况

无序区
n 个元素
一次划分
k-1 个元素
R[i]
n-k 个元素
归位
无序区
无序区
k：1～n

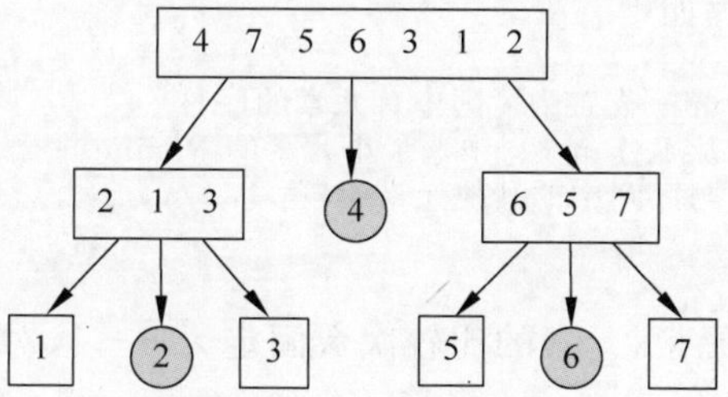

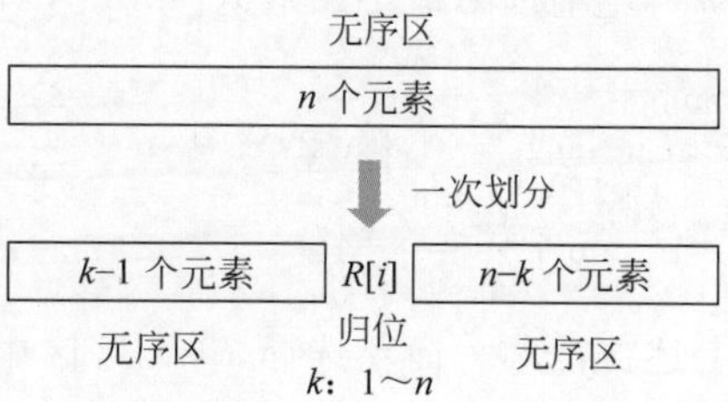

图 9.17　一次划分的所有情况

因此快速排序的平均时间复杂度为 $O(n\log_2 n)$，这接近最好的情况，所以快速排序是一种高效的排序方法。

快速排序是递归算法，尽管每一次划分仅使用固定的几个辅助变量，但递归树的高度最好为 $O(\log_2 n)$，对应的最好空间复杂度为 $O(\log_2 n)$。在最坏情况下递归树的高度为 $O(n)$，对应的最坏空间复杂度为 $O(n)$。同样可以推出平均空间复杂度为 $O(\log_2 n)$。

另外，快速排序算法是一种不稳定的排序方法。例如，排序序列为 $(5,2,4,8,7,\boxed{4})$，基准为 5，在进行划分时，后面的 $\boxed{4}$ 会放到前面 5 的位置上，从而将其放到 4 的前面，两个相同关键字（4）的相对位置发生改变。

【例 9.5】 设计一个以排序序列的中间位置元素为基准的快速排序算法。

解 对于排序序列 $R[s..t]$，当其中个数大于 1 时，其中间位置 $\text{mid}=(s+t)/2$，将首元素 $R[s]$ 与 $R[\text{mid}]$ 交换，再采用以首元素为基准的一般快速排序方法。对应的算法如下：

```
def QuickSort2(R,s,t):              #以排序序列的中间位置元素为基准的快速排序
    if s<t:                         #表中至少存在两个元素的情况
        mid=(s+t)//2
        R[s],R[mid]=R[mid],R[s]     #R[s]与R[mid]交换
        i=Partition1(R,s,t)         #可以使用前面3种划分算法中的任意一种
        QuickSort2(R,s,i-1)         #对左子表递归排序
        QuickSort2(R,i+1,t)         #对右子表递归排序
```

当然也可以以排序序列中的任意一个元素为基准（从排序序列中随机选择一个元素作为基准），这相当于初始排序表随机分布的情况，从而提高快速排序的效率。

9.4　选择排序

选择排序的基本思想是将排序序列分为有序区和无序区，每一趟排序从无序区中选出最小元素放在有序区的最后，从而扩大有序区，直到全部元素有序为止。本节介绍两种选择排序方法，即简单选择排序（或称直接选择排序）和堆排序。

9.4.1　简单选择排序

扫一扫

视频讲解

1. 排序思路

从一个无序区中选出最小的元素，最简单的方法是逐个元素进行比较，例如从无序区 $R[i..n-1]$ 中选出最小元素 $R[\text{minj}]$，对应的代码如下：

```
minj=i                              #minj 先置为区间中首元素的序号
for j in range(i+1,len(R)):         #从 R[i..n-1]中选最小元素的 R[minj]
    if R[j]<R[minj]:                #与区间中的其他元素比较
        minj=j
```

上述方法称为简单选择，若无序区中有 k 个元素，元素的比较次数固定为 $k-1$，对应的时间复杂度为 $O(k)$。

简单选择排序的基本思想是第 i 趟排序开始前当前有序区和无序区分别为 $R[0..i-1]$ 和 $R[i..n-1]$（$0 \leqslant i < n-1$），其中的有序区为全局有序的。采用简单选择方法在 $R[i..n-1]$ 中选出最小元素 $R[\text{minj}]$，将其与 $R[i]$（无序区的首位置）交换，这样有序区变为 $R[0..i]$，

如图 9.18 所示。进行 $n-1$ 趟排序之后有序区变为 $R[0..n-2]$,无序区中只有一个元素,它一定是最大的,无须再排序。也就是说,经过 $n-1$ 趟排序之后整个表 $R[0..n-1]$ 递增有序。

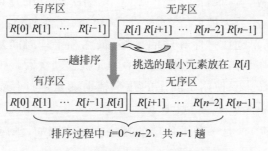

图 9.18 简单选择排序的排序过程

【例 9.6】 设待排序的表中有 10 个元素,其关键字序列为 $(6,8,7,9,0,1,3,2,4,5)$,说明采用简单选择排序方法进行排序的过程。

解 其排序过程如图 9.19 所示。每趟选出一个元素(粗体表示)。

```
初始关键字    []6   8   7   9   0   1   3   2   4   5
i=0 的结果:  [0]   8   7   9   6   1   3   2   4   5
i=1 的结果:  [0   1]  7   9   6   8   3   2   4   5
i=2 的结果:  [0   1   2]  9   6   8   3   7   4   5
i=3 的结果:  [0   1   2   3]  6   8   9   7   4   5
i=4 的结果:  [0   1   2   3   4]  8   9   7   6   5
i=5 的结果:  [0   1   2   3   4   5]  9   7   6   8
i=6 的结果:  [0   1   2   3   4   5   6]  7   9   8
i=7 的结果:  [0   1   2   3   4   5   6   7]  9   8
i=8 的结果:  [0   1   2   3   4   5   6   7   8]  9
```

图 9.19 10 个元素进行简单选择排序的过程

说明:简单选择排序中每趟产生的有序区一定是全局有序区。初始时全局有序区为空,所以第 1 趟 i 从 0 开始排序。

2. 排序算法

简单选择排序算法如下:

```
def SelectSort(R):                        # 对 R[0..n-1]元素进行简单选择排序
    for i in range(len(R)-1):             # 做第 i 趟排序
        minj=i                            # minj 先置为区间中首元素的序号
        for j in range(i+1,len(R)):       # 从 R[i..n-1]中选最小元素的 R[minj]
            if R[j]<R[minj]:              # 与区间中的其他元素比较
                minj=j
        if minj!=i:                       # R[minj]不是无序区的首元素
            R[i],R[minj]=R[minj],R[i]     # 交换 R[i]和 R[minj]
```

3. 算法分析

显然,无论初始排序表的顺序如何,在第 i 趟排序中选出最小元素,内 for 循环需做 $n-1-(i+1)+1=n-i-1$ 次比较因此,总的比较次数为

$$C(n) = \sum_{i=0}^{n-2} (n-i-1) = \frac{n(n-1)}{2} = O(n^2)$$

至于元素的移动次数，当初始排序表正序时，移动次数为0，反序时每趟排序均要执行交换操作，此时总的移动次数为最大值$3(n-1)$。然而，无论初始排序表如何分布，所需的比较次数都相同，因此简单选择排序算法的最好、最坏和平均时间复杂度均为$O(n^2)$。与直接插入排序和冒泡排序相比，简单选择排序中的元素移动次数是较少的。

在简单选择排序算法中只使用了固定的几个辅助变量，与问题规模n无关，故算法的空间复杂度为$O(1)$，也就是说它是一个就地排序。

另外，简单选择排序算法是一种不稳定的排序方法。例如，排序序列为$(5,\boxed{5},1)$，第1趟排序时，选出最小关键字1，将其与第一个位置上的元素5交换，得到$(1,\boxed{5},5)$，从中看到两个5的相对位置发生了改变。

扫一扫

视频讲解

9.4.2　堆排序

1. 排序思路

堆排序是简单选择排序的改进，利用二叉树替代简单选择方法来找最大或者最小元素，属于一种树形选择排序方法。那么如何利用二叉树来找最大元素呢？假设排序序列为$R[0..n-1]$，将其看成一棵完全二叉树的顺序存储结构（采用第6章中6.2.3节根结点编号为0的完全二叉树的顺序存储结构），利用完全二叉树中双亲结点和孩子结点之间的内在关系将其调整为堆，再在堆中选择关键字最大的元素。

堆的定义是，n个关键字序列$k_0,k_1,\cdots,k_{n-1}$称为堆，当且仅当该序列满足如下性质（简称为堆性质）：

(1) $k_i \leqslant k_{2i+1}$且$k_i \leqslant k_{2i+2}$　或　(2) $k_i \geqslant k_{2i+1}$且$k_i \geqslant k_{2i+2}$（$0 \leqslant i \leqslant \lfloor n/2 \rfloor - 1$）。

满足第(1)种情况的堆称为**小根堆**，满足第(2)种情况的堆称为**大根堆**。显然在小根堆中根结点是最小的，在大根堆中根结点是最大的。下面讨论的堆默认为大根堆。

堆排序中一趟排序的过程如图9.20所示。这里的有序区为全局有序区，由于有序区在后面，所以有序区的所有元素均大于无序区的所有元素，将无序区建立一个大根堆，其根结点是无序区中的最大元素，将其交换到无序区的末尾，从而扩大了有序区。

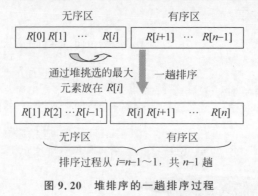

图 9.20　堆排序的一趟排序过程

说明：堆排序每趟产生的有序区一定是全局有序区，也就是说每趟产生的有序区中的所有元素都归位了。

2. 排序算法

1）筛选算法

堆排序的核心是筛选过程,其用于将这样的完全二叉树调整为大根堆:该完全二叉树的左、右子树都是大根堆,但加上根结点后不再是大根堆(称为筛选条件)。

假设 $R[low..high]$ 为完全二叉树,其根结点为 $R[low]$,最后一个叶子结点为 $R[high]$,满足上述筛选条件,如图 9.21 所示。

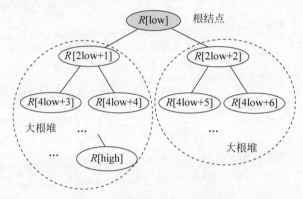

图 9.21 筛选算法建堆的前提条件

筛选为大根堆的过程是先将 i 指向根结点 $R[low]$,取出根结点 $tmp(tmp=R[i])$,j 指向它的左孩子($j=2i+1$),在 $j \leqslant high$ 时循环:

① 若 $R[i]$ 的右孩子($R[j+1]$)较大,让 j 指向其右孩子(j 增 1),否则 i 不变,总之让 j 指向 $R[i]$ 的最大孩子。

② 若最大孩子 $R[j]$ 比双亲 $R[i]$ 大,将较大的孩子 $R[j]$ 移到双亲 $R[i]$ 中(实际上是 $R[j]$ 和 $R[i]$ 交换,这里采用类似快速排序划分中的方法),这样可能破坏以 $R[j]$ 为子树的堆性质,于是继续筛选 $R[j]$ 的子树。

③ 若最大孩子 $R[j]$ 比双亲 $R[i]$ 小,即 $R[i]$ 大于它的所有孩子,说明已经满足堆性质,退出循环。

最后置 $R[i]=tmp$,将原根结点放到最终位置上。

上述筛选是从根向下进行的,称为自顶向下筛选,对应的算法如下:

```
def siftDown(R, low, high):              #R[low..high]的自顶向下筛选
    i=low
    j=2*i+1                               #R[j]是 R[i]的左孩子
    tmp=R[i]                              #tmp 临时保存根结点
    while j<=high:                        #只对 R[low..high]的元素进行筛选
        if j<high and R[j]<R[j+1]:
            j+=1                          #若右孩子较大,把 j 指向右孩子
        if tmp<R[j]:                      #tmp 的孩子较大
            R[i]=R[j]                     #将 R[j]调整到双亲位置上
            i,j=j,2*i+1                   #修改 i 和 j 值,以便继续向下筛选
        else: break                       #若孩子较小,筛选结束
    R[i]=tmp                              #原根结点放入最终位置
```

实际上,自顶向下筛选过程就是从根结点 $R[low]$ 开始向下依次查找较大的孩子结点,构成一个序列($R[low],R[i_1],R[i_2],\cdots$),其中除了 $R[low]$ 外其他元素的子序列恰好是

递减的,采用类似直接插入排序中一趟排序的思路使其成为一个递减序列(因为大根堆中从根到每个叶子结点的路径均构成一个递减序列)。

与自顶向下筛选相对应的是自底向上筛选,自底向上筛选总是从某个叶子结点 $R[j]$ 开始,如图 9.22 所示。仍以大根堆为例,从 $R[j]$ 向根结点方向的路径上调整,若与双亲逆序(即该结点大于双亲结点),两者交换,直到根结点为止。对应的算法如下:

```
def siftUp(R,j):                          # 自底向上筛选:从叶子结点 j 向上筛选
    i=(j−1)//2                            # i 指向 R[j]的双亲
    while True:
        if R[j]> R[i]:                    # 若孩子较大
            R[i],R[j]=R[j],R[i]           # 交换
        if i==0: break                    # 到达根结点时结束
        j=i
        i=(j−1)//2                        # 继续向上调整
```

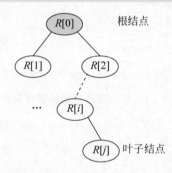

图 9.22　从叶子结点开始的自底向上筛选

2) 建立初始堆

对于一棵完全二叉树,按层序编号后,所有分支结点的编号为 $0 \sim \lfloor n/2 \rfloor - 1$,其中编号为 $\lfloor n/2 \rfloor - 1$ 的结点是最后一个分支结点(编号为 $\lfloor n/2 \rfloor \sim n-1$ 的结点均为叶子结点),从 $i = \lfloor n/2 \rfloor - 1$ 到 0 的顺序调用自顶向下筛选算法 siftDown$(i,n-1)$ 建堆,让大者"上浮",小者被"筛选"下去,即

```
for i in range(n//2−1,−1,−1):            # 从最后一个分支结点开始循环建立初始堆
    siftDown(R,i,n−1)                     # 对 R[i..n−1]进行筛选(R[i]为分支结点)
```

由于一个大根堆中从根到每个叶子结点的路径序列恰好是递减的,也可以从每个叶子结点调用自底向上筛选算法来建立初始堆,对应的算法如下:

```
for j in range(n//2,n−1):                # 循环建立初始堆
    siftUp(R,j)                          # 对 R[j]进行筛选(R[j]为叶子结点)
```

3) 堆排序算法

在初始堆构造好后,根结点一定是最大关键字结点,将其放到排序序列的最后,也就是将堆中的根结点与最后一个叶子结点交换。由于最大元素已归位,整个待排序区中减少一个的元素。因为根结点的改变,前面 $n-1$ 个结点不一定为堆(看成无序区),但其左子树和右子树均为堆。调用一次 siftDown()算法将无序区调整成堆,其根结点为次大的元素,通过交换将它放到排序序列的倒数第二个位置上,新的无序区中的元素个数变为 $n-2$ 个,再

调整,再将根结点归位,以此类推,直到完全二叉树中只剩一个结点为止,该结点一定是最小结点。采用自顶向下筛选算法建立初始堆的堆排序算法如下:

```
def HeapSort(R):                    # 对 R[0..n−1]按递增进行堆排序
    n=len(R)
    for i in range(n//2−1,−1,−1):   # 从最后一个分支结点开始循环建立初始堆
        siftDown(R,i,n−1)           # 对 R[i..n−1]进行筛选
    for i in range(n−1,0,−1):       # 进行 n−1 趟排序,每一趟排序后无序区中的元素个数减 1
        R[0],R[i]=R[i],R[0]         # 将无序区中的最后一个元素与 R[0]交换,有序区为 R[i..n−1]
        siftDown(R,0,i−1)           # 对无序区 R[0..i−1]继续筛选
```

【例 9.7】　设待排序的表中有 10 个元素,其关键字序列为(6,8,7,9,0,1,3,2,4,5),说明采用堆排序方法进行排序的过程。

解　该排序序列对应的完全二叉树如图 9.23(a)所示,$n=10$。最后一个分支结点编号 $i=5$,对应结点 0,以结点 0 为子树筛选的结果如图 9.23(b)所示(图中阴影部分为筛选路径);取 $i=4$,对应结点 9,以结点 9 为子树筛选的结果如图 9.23(c)所示。以此类推,建立的初始堆如图 9.23(f)所示,对应的序列 R 为(9,8,7,6,5,1,3,2,4,0)。

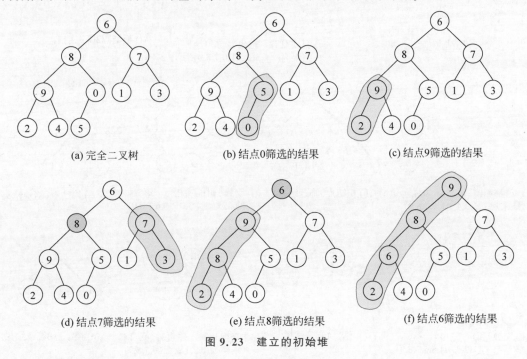

(a) 完全二叉树　　　(b) 结点0筛选的结果　　　(c) 结点9筛选的结果

(d) 结点7筛选的结果　　　(e) 结点8筛选的结果　　　(f) 结点6筛选的结果

图 9.23　建立的初始堆

在初始堆中根结点 9 是最大的结点,将其和堆中的最后一个结点 0 交换,输出 9,从而归位元素 9,得到第 1 趟的排序序列为(0,8,7,6,5,1,3,2,4,**9**),无序区中减少一个结点;再筛选(图中粗线部分为筛选路径),产生次大元素 8,再归位 8。以此类推,直到堆中只有一个结点,其过程如图 9.24 所示(图中序列的粗体部分是有序区),最后得到的排序序列为(0,1,2,3,4,5,6,7,8,9)。

3. 算法分析

堆排序的时间主要由建立初始堆和反复重建堆这两部分的时间构成,它们均是通过调用筛选实现的。

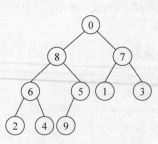
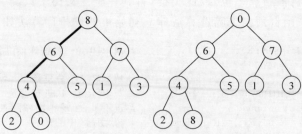

(a) 交换9和0，输出9，第1趟
结果为(0,8,7,6,5,1,3,2,4,**9**)

(b) 根结点0筛选结果

(c) 交换8和0，输出8，第2趟结果
为(0,6,7,4,5,1,3,2,**8,9**)

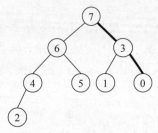
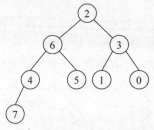
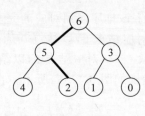

(d) 根结点0筛选结果

(e) 交换7和2，输出7，第3趟
结果为(2,6,3,4,5,1,0,**7,8,9**)

(f) 根结点2筛选结果

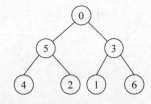
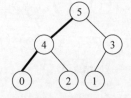
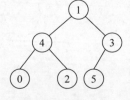
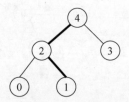

(g) 交换6和0，输出6，第4趟
结果为(0,5,3,4,2,1,**6,7,8,9**)

(h) 根结点0筛选结果

(i) 交换5和1，输出5，第5趟
结果为(1,4,3,0,2,**5,6,7,8,9**)

(j) 根结点1筛选结果

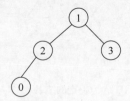
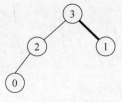

(k) 交换4和1，输出4，第6趟
结果为(1,2,3,0,**4,5,6,7,8,9**)

(l) 根结点1筛选结果

(m) 交换3和0，输出3，第7趟
结果为(0,2,1,**3,4,5,6,7,8,9**)

(n) 根结点0筛选结果

(o) 交换2和1，输出2，第8趟
结果为(1,0,**2,3,4,5,6,7,8,9**)

(p) 根结点1筛选结果

(q) 交换1和0，输出1，第9趟
结果为(0,**1,2,3,4,5,6,7,8,9**)

图9.24　10个元素进行堆排序的过程

如果采用自顶向下筛选算法建立初始堆,从图 9.23 看出,$n=10$,共做 5 次筛选,筛选树的高度分别为 2、2、2、3、4,可以推出建立初始堆的元素比较次数不大于 $4n$,元素移动次数是同数量级,因此建立初始堆的时间复杂度为 $O(n)$。如果采用自底向上筛选算法建立初始堆(仍以图 9.23 为例),做 5 次筛选,筛选树的高度分别为 3、3、4、4、4(对应每个叶子结点的层次),可以推出建立初始堆的时间复杂度为 $O(n\log_2 n)$。所以堆排序常采用前者建立初始堆。后面反复重建堆的最坏时间复杂度为 $O(n\log_2 n)$,所以堆排序的最坏时间复杂度为 $O(n\log_2 n)$。同样可以推出其最好和平均时间复杂度也是 $O(n\log_2 n)$。

堆排序只使用固定的几个辅助变量,其算法空间复杂度为 $O(1)$。另外,在进行筛选时可能把后面相同关键字的元素调整到前面,所以堆排序算法是一种不稳定的排序方法。

9.4.3 堆数据结构

在堆排序中使用到堆,实际上堆本身就是一种数据结构,其逻辑结构属于线性结构,提供的主要基本运算如下。

① append(e):向堆中插入元素 e。

② pop():删除堆顶元素并且调整为一个堆。

③ gettop():取堆顶元素。

④ empty():判断堆是否为空。

现在实现上述定义的堆。为了简单,假设堆为大根堆。定义大根堆类 Heap 如下:

```
MAXN=100                                    #堆中最多元素个数
class Heap:                                 #堆数据结构的实现(默认为大根堆)
    def __init__(self):                     #构造方法
        self.R=[None] * MAXN                #用 R[0..n-1]存放堆中元素
        self.n=0                            #表示堆中的元素个数

    def cmp(self, x, y):                    #比较方法(大根堆)
        return x < y

    def siftDown(self, low, high):          #R[low..high]的自顶向下筛选
        i=low
        j=2 * i+1                           #R[j]是 R[i]的左孩子
        tmp=self.R[i]                       #tmp 临时保存根结点
        while j<=high:                      #只对 R[low..high]的元素进行筛选
            if j < high and self.cmp(self.R[j], self.R[j+1]):
                j+=1                        #若右孩子较大,把 j 指向右孩子
            if self.cmp(tmp, self.R[j]):    #tmp 的孩子较大
                self.R[i]=self.R[j]         #将 R[j]调整到双亲位置上
                i,j=j,2 * i+1               #修改 i 和 j 值,以便继续向下筛选
            else: break                     #若孩子较小,筛选结束
        self.R[i]=tmp                       #原根结点放入最终位置

    def siftUp(self, j):                    #自底向上筛选:从叶子结点 j 向上筛选
        i=(j-1)//2                          #i 指向 R[j]的双亲
        while True:
            if self.cmp(self.R[i], self.R[j]):   #若孩子较大,交换
                self.R[i], self.R[j]=self.R[j], self.R[i]
```

```
        if i==0: break              #到达根结点时结束
        j=i
        i=(j-1)//2                  #继续向上调整
    #堆的基本运算算法
```

1. 插入运算算法设计

若 $R[0..n-1]$ 是一个堆，插入元素 e 的过程是先将元素 e 添加到 R 的末尾，即执行 $R[n]=e$，同时将 n 增 1，再从该结点向上筛选使之变成一个大根堆。

例如，图 9.25(a) 所示为一个大根堆，插入元素 10 的过程如图 9.25(b)～图 9.25(d)，恰好经过了从根结点到插入结点的一条路径，时间复杂度为 $O(\log_2 n)$。

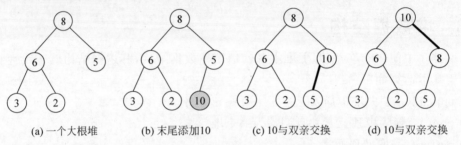

(a) 一个大根堆　　(b) 末尾添加10　　(c) 10与双亲交换　　(d) 10与双亲交换

图 9.25　向堆中插入 10 的过程

对应的插入算法如下：

```
def append(self,e):                 #插入元素 e
    if self.n==MAXN: return         #堆满直接返回
    self.R[self.n]=e                #将 e 添加到末尾
    self.n+=1                       #堆中的元素个数增 1
    if self.n==1:return             #e 作为根结点的情况
    j=self.n-1
    self.siftUp(j)                  #从叶子结点 R[j]向上筛选
```

2. 删除运算算法设计

在堆中只能删除非空堆的堆顶元素，即最大元素。删除运算的过程是先用 e 存放堆顶元素，用堆中的末尾元素覆盖堆顶元素，同时将 n 减 1，采用堆排序中的筛选算法调整为一个堆，最后返回 e。

例如，图 9.26(a) 所示为一个大根堆，删除一个元素的过程如图 9.26(b) 和图 9.26(c) 所示，主要操作是筛选，时间复杂度为 $O(\log_2 n)$。

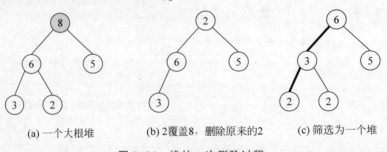

(a) 一个大根堆　　　　(b) 2覆盖8，删除原来的2　　　　(c) 筛选为一个堆

图 9.26　堆的一次删除过程

对应的删除算法如下：

```
def pop(self):                            #删除堆顶元素
    if self.n==1:
        self.n=0
        return self.R[0]
    e=self.R[0]                           #取出堆顶元素
    self.R[0]=self.R[self.n-1]            #用尾元素覆盖 R[0]
    self.n-=1                             #元素个数减 1
    self.siftDown(0,self.n-1)            #筛选为一个堆
    return e
```

3. 取堆顶元素算法设计

直接返回 $R[0]$ 元素即可。对应的算法如下：

```
def gettop(self):                         #取堆顶元素
    return self.R[0]
```

4. 判断堆是否为空算法设计

若堆中元素个数 n 为 0，返回 True，否则返回 False。对应的算法如下：

```
def empty(self):                          #判断堆是否为空
    return self.n==0
```

第 3 章中介绍的优先队列 heapq 就是一个堆结构，上面创建的堆数据结构就是它的实现原理。

【例 9.8】 有一个整数序列，设计算法利用优先队列实现递减和递增排序。

解 整数序列用整数数组 a 存放，利用大根堆数据结构实现递减排序的算法 Sort1 和递增排序的算法 Sort2 如下。

```
from Heap import Heap                      #引用前面的大根堆数据结构
def Sort1(a):                              #递减排序
    heapq=Heap()
    n=len(a)
    for i in range(n):
        heapq.append(a[i])
    for j in range(n):
        a[j]=heapq.pop()

def Sort2(a):                              #递增排序
    heapq=Heap()
    n=len(a)
    for i in range(n):                     #按整数取负号建立大根堆
        heapq.append(-a[i])
    for j in range(n):
        a[j]=-heapq.pop()                  #出堆时恢复整数的符号
```

对于递减排序，也可以从 Heap 派生出小根堆 MinHeap(仅重写 cmp() 比较方法即可)，通过小根堆实现递减排序，对应的算法 Sort3 如下：

```
from Heap import Heap                      #引用 Heap.py 中的 Heap
class MinHeap(Heap):                       #创建小根堆类
```

```
    def cmp(self, x, y):                    # 比较方法(小根堆)
        return x > y

def Sort3(a):                               # 递减排序
    heapq = MinHeap()
    n = len(a)
    for i in range(n):
        heapq.append(-a[i])
    for j in range(n):
        a[j] = -heapq.pop()
```

9.5 归并排序

归并排序是多次将两个或两个以上的相邻有序表合并成一个新有序表。根据归并的路数，归并排序分为二路、三路和多路归并排序。本节主要讨论二路归并排序，二路归并排序又分为自底向上和自顶向下两种方法。

9.5.1 自底向上的二路归并排序

视频讲解

1. 排序思路

二路归并是将两个有序子表合并成一个有序表（与 2.2.3 节中有序顺序表二路归并算法的思路相同），二路归并排序是利用二路归并实现的，其基本思路是先将 $R[0..n-1]$ 看成 n 个长度为 1 的有序子表，然后进行两两相邻有序子表的归并，得到 $\lceil n/2 \rceil$ 个长度为 2 的有序子表，再进行两两相邻有序子表的归并，得到 $\lceil n/4 \rceil$ 个长度为 4 的有序子表，以此类推，直到得到一个长度为 n 的有序表为止，如图 9.27 所示，其中 {} 内表示一个有序表或者子表。

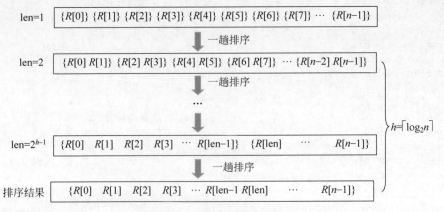

图 9.27　二路归并排序的过程

【例 9.9】　设排序序列有 11 个元素，其关键字序列为 $(18, 2, 20, 34, 12, 32, 6, 16, 8, 15, 10)$，说明采用自底向上二路归并排序方法进行排序的过程。

解　$n = 11$，总趟数 $= \lceil \log_2 11 \rceil = 4$，其排序过程如图 9.28 所示，整个归并过程构成一棵归并树（len 表示当前有序子表的长度）。

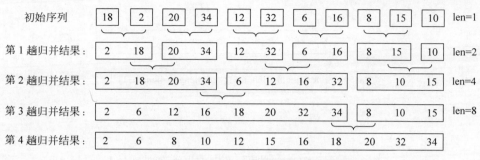

图 9.28 11 个元素二路归并排序的过程

说明：在二路归并排序中，每趟产生一个或者多个局部有序区。整个归并过程构成一棵树，称为归并树。

▶ 2. 排序算法

1）二路归并算法

第 2 章介绍过两个有序表的二路归并算法，这里采用相同的思路，只是两个有序子表存放在同一数组中相邻的位置上，即为 $R[\text{low..mid}]$ 和 $R[\text{mid}+1..\text{high}]$，归并后得到 $R[\text{low..high}]$ 的有序表，称 $R[\text{low..mid}]$ 为第 1 段，$R[\text{mid}+1..\text{high}]$ 为第 2 段。二路归并过程是先将它们有序合并到一个局部数组 $R1$ 中，待合并完成后再将 $R1$ 复制回 R 中。对应的算法如下：

```
def Merge(R,low,mid,high):          #R[low..mid]和 R[mid+1..high]归并为 R[low..high]
    R1=[None] * (high-low+1)        #分配临时归并空间 R1
    i,j,k=low,mid+1,0               #k 是 R1 的下标,i,j 分别为第 1、2 段的下标
    while i<=mid and j<=high:       #在第 1 段和第 2 段均未扫描完时循环
        if R[i]<=R[j]:              #将第 1 段中的元素放入 R1 中
            R1[k]=R[i]
            i,k=i+1,k+1
        else:                      #将第 2 段中的元素放入 R1 中
            R1[k]=R[j]
            j,k=j+1,k+1
    while i<=mid:                   #将第 1 段余下的部分复制到 R1
        R1[k]=R[i]
        i,k=i+1,k+1
    while j<=high:                  #将第 2 段余下的部分复制到 R1
        R1[k]=R[j]
        j,k=j+1,k+1
    R[low:high+1]=R1[0:high-low+1]  #将 R1 复制回 R 中
```

上述算法的时间复杂度和空间复杂度均为 $O(\text{high}-\text{low}+1)$，即和参与归并的元素个数呈线性关系。

2）一趟二路归并排序

在某趟归并中，设有序子表的长度为 length，归并前 $R[0..n-1]$ 中共分为 $\lceil n/\text{length}\rceil$ 个有序子表，即 $R[0..\text{length}-1]$ 和 $R[\text{length}..2\text{length}-1]$、……相邻的两个进行归并的有序子表为此归并对，归并对的划分如图 9.29 所示。用 i 表示归并对首元素的序号，第 1 个归并对的 i 为 0，第 2 个归并对的 i 为 2length，以此类推，i 按 2length 递增，即 $i=i+2\text{length}$。

首元素

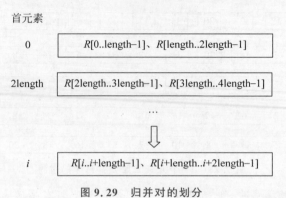

图9.29　归并对的划分

① 归并前面所有满的归并对：若一个归并对的两个有序子表的长度均为 length，称其为满的归并对。对于首元素为 i 的归并对，若 $i+2\text{length}-1<n$，说明该归并对是满的。i 从 0 开始调用 Merge$(R,i,i+\text{length}-1,i+2*\text{length}-1)$ 依次归并所有满的归并对，直到 $i+2\text{length}-1<n$ 不再成立。

② 归并余下的元素：看余下的元素是否为两个有序子表，即第 1 段尾元素的序号 $i+\text{length}-1<n-1$（或者 $i+\text{length}<n$）是否成立，若成立，说明余下两个有序子表，其中第 1 段为 $R[i..i+\text{length}-1]$（其长度为 length），第 2 段为 $R[i+\text{length}..n-1]$（其长度至少是 1），则调用 Merge$(R,i,i+\text{length}-1,n-1)$ 归并最后一个不满的归并对；若第 1 段尾元素的序号 $i+\text{length}-1<n-1$（或者 $i+\text{length}<n$）不成立，说明仅剩余一个有序子表（第 2 段为空），本趟不参与归并。

对应的算法如下：

```
def MergePass(R,length):                    #一趟二路归并排序
    n=len(R)
    i=0
    while i+2*length-1<n:                    #归并 length 长的两个相邻子表
        Merge(R,i,i+length-1,i+2*length-1)
        i=i+2*length
    if i+length<n:                          #余下两个子表,后者的长度小于 length
        Merge(R,i,i+length-1,n-1)           #归并这两个子表
```

其中，一趟二路归并排序使用的辅助空间最多为整个表的长度 n。

3）二路归并排序

在二路归并排序中，length 从 1 开始调用 MergePass()，以后每趟 length 倍增，直到 length 大于或等于 n 为止，这样得到一个长度为 n 的有序表。对应的二路归并排序算法如下：

```
def MergeSort1(R):                          #对 R[0..n-1]按递增进行二路归并的算法
    length=1
    while length<len(R):                    #进行 log₂n(取上界)趟归并
        MergePass(R,length)
        length=2*length                     #length 倍增
```

上述算法从 n 个长度为 1 的有序段（底）开始，一趟一趟排序得到一个有序序列（顶），所以称为自底向上二路归并排序方法。

3. 算法分析

在二路归并排序中,长度为 n 的排序表需做 $\lceil \log_2 n \rceil$ 趟,对应的归并树高度为 $\lceil \log_2 n \rceil + 1$,每趟归并时间为 $O(n)$,故其时间复杂度最好、最坏和平均情况下都是 $O(n\log_2 n)$。

在归并排序过程中每次调用 Merge() 都需要使用局部数组 $R1$,但执行完后其空间被释放,最后一趟排序一定是全部 n 个元素参与归并,所以总的辅助空间复杂度为 $O(n)$。

Merge() 算法不会改变相同关键字元素的相对次序,所以二路归并排序是一种稳定的排序方法。

如果采用三路归并,归并树的高度为 $\lceil \log_3 n \rceil$,同样一次三路归并的时间为 $O(n)$,所以三路归并排序的时间复杂度为 $O(n\log_3 n)$。而 $n\log_3 n = n\log_2 n/\log_2 3$,即 $O(n\log_3 n) = O(n\log_2 n)$,也就是说三路归并排序与二路归并排序的时间复杂度相同。

9.5.2 自顶向下的二路归并排序

视频讲解

采用递归方法,假设排序区间是 $R[s..t]$(为大问题),当其长度为 0 或者 1 时本身就是有序的,不做任何处理;否则,取其中间位置 m,采用相同方法对 $R[s..m]$ 和 $R[m+1..t]$ 排好序(分解为两个小问题),再调用前面的二路归并算法 Merge(R,s,m,t) 得到整个有序表(合并)。对应的递归模型如下:

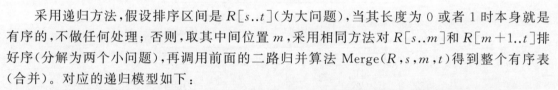

$f(R,s,t)\equiv$不做任何事情   当 $R[s..t]$ 为空或者仅有一个元素时
$f(R,s,t)\equiv m=(s+t)/2;$ 其他情况
    $f(R,s,m);\ f(R,m+1,t);$
    Merge$(R,s,m,t);$

对应的算法如下:

```
def MergeSort2(R):                    # 对 R[0..n-1]按递增进行二路归并的算法
    MergeSort21(R,0,len(R)-1)

def MergeSort21(R,s,t):               # 被 MergeSort2()调用
    if s>=t: return                   # R[s..t]的长度为 0 或者 1 时返回
    m=(s+t)//2                        # 取中间位置 m
    MergeSort21(R,s,m)                # 对前子表排序
    MergeSort21(R,m+1,t)              # 对后子表排序
    Merge(R,s,m,t)                    # 将两个有序子表合并成一个有序表
```

上述算法先将长度为 n 的排序序列(顶)分解为 n 个长度为 1 的有序段(底),再进行合并,所以称为自顶向下二路归并排序方法,由于采用递归实现,也称为递归二路归并排序方法。

设 $R[0..n-1]$ 排序的时间为 $T(n)$,当 $n>1$ 时,MergeSort21$(0,n/2)$ 和 MergeSort21$(n/2+1,n-1)$ 两个子问题的时间均为 $T(n/2)$,而 Merge() 的时间为 $O(n)$。对应的递推式如下:

$T(n)=1$ $n=1$
$T(n)=2T(n/2)+n$ $n>1$

可以推出 $T(n)=O(n\log_2 n)$。设 $R[0..n-1]$ 排序的空间为 $S(n)$,当 $n>1$ 时,两个子

问题的空间均为 $S(n/2)$，而 Merge() 的空间为 $O(n)$。MergeSort21$(0,n/2)$ 求解完后栈空间释放，被 MergeSort21$(n/2+1,n-1)$ 重复使用，对应的递推式如下：

$$S(n)=1 \qquad n=1$$
$$S(n)=S(n/2)+n \quad n>1$$

可以推出 $S(n)=O(n)$。也就是说，自顶向下二路归并排序方法和自底向上二路归并排序方法的性能相同，但自顶向下二路归并排序的算法设计更简单。

【例 9.10】 设排序序列有 5 个元素，其关键字序列为 $(3,5,1,2,4)$，说明采用自顶向下二路归并排序方法进行排序的过程。

解 其排序过程如图 9.30 所示，图中"(x)"表示第 x 步，所以步骤分为分解和合并两种类型。

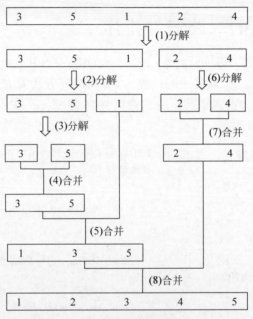

图 9.30 5 个元素二路归并排序的过程

视频讲解

*【例 9.11】 给定一个整数序列 a，其中逆序对是 (a_i,a_j)，满足 $i<j$ 并且 $a_i>a_j$，逆序对个数称为 a 的逆序数。设计一个算法求 a 的逆序数。例如，$a=[2,8,0,3]$，逆序对有 $(2,0)$、$(8,0)$ 和 $(8,3)$，则逆序数为 3。

解法 1：如果将 $a_i(0 \leqslant i < n-1)$ 和后面的每个元素逐个比较来求逆序数，对应的时间复杂度为 $O(n^2)$，其性能比较低。这里采用递归二路归并排序方法求逆序数。

在 $a[low..high]$ 递归二路归并排序时，先产生两个有序段 $a[low..mid]$ 和 $a[mid+1..high]$，再进行合并，在合并过程中（设 $low \leqslant i \leqslant mid,mid+1 \leqslant j \leqslant high$）：

① $a[i] \leqslant a[j]$ 时，不产生逆序对。

② 当 $a[i]>a[j]$ 时，前半部分中的 $a[i..mid]$ 都比 $a[j]$ 大，对应的逆序对个数为 $mid-i+1$，如图 9.31 所示。

在整个排序过程中累计逆序数即为该整数序列 a 的逆序数 ans，最后输出 ans 即可。对应的算法如下：

有序段 1 $a[i]>a[j]$ 有序段 2

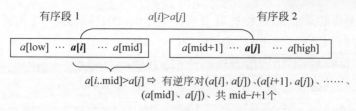

$a[i..mid]>a[j] \Rightarrow$ 有逆序对 $(a[i]、a[j])、(a[i+1]、a[j])、\cdots\cdots、$
$(a[mid]、a[j])、$ 共 $mid-i+1$ 个

图 9.31 两个有序段归并中求逆序数

```
def Merge1(R, low, mid, high):            # R[low..mid]和 R[mid+1..high]归并为 R[low..high]
    global ans
    R1 = [None] * (high-low+1)            # 分配临时归并空间 R1
    i, j, k = low, mid+1, 0               # k 是 R1 的下标,i,j 分别为第 1、2 段的下标
    while i <= mid and j <= high:         # 在第 1 段和第 2 段均未扫描完时循环
        if R[i] > R[j]:                   # 将第 2 段中的元素放入 R1 中
            R1[k] = R[j]
            ans += mid-i+1                # 累计逆序数
            j, k = j+1, k+1
        else:                             # 将第 1 段中的元素放入 R1 中
            R1[k] = R[i]
            i, k = i+1, k+1
    while i <= mid:                       # 将第 1 段余下的部分复制到 R1
        R1[k] = R[i]
        i, k = i+1, k+1
    while j <= high:                      # 将第 2 段余下的部分复制到 R1
        R1[k] = R[j]
        j, k = j+1, k+1
    R[low:high+1] = R1[0:high-low+1]      # 将 R1 复制回 R 中

def MergeSort1(R):                        # 对 R[0..n-1]按递增进行二路归并的算法
    MergeSort11(R, 0, len(R)-1)

def MergeSort11(R, s, t):                 # 被 MergeSort1()调用
    if s >= t: return                     # R[s..t]的长度为 0 或者 1 时返回
    m = (s+t)//2                          # 取中间位置 m
    MergeSort11(R, s, m)                  # 对前子表排序
    MergeSort11(R, m+1, t)                # 对后子表排序
    Merge1(R, s, m, t)                    # 将两个有序子表合并成一个有序表

#主程序
a = [2, 8, 0, 3]
ans = 0
MergeSort1(a)
print("ans:", ans)                        # 输出 3
```

解法 2:仍然采用递归二路归并排序思路,在对 a 递增排序后,所有小于 $a[i]$ 的元素会移动到它的前面,本题求逆序数就是求排序中移动到每个 $a[i]$ 元素前面的元素个数的总和。例如 nums=[2,8,0,3],排序后为[0,2,3,8],元素 2 有一个元素移到了它的前面,元素 8 有两个元素移到了它的前面,元素 0 有 0 个元素移到了它的前面,元素 3 有 0 个元素移到了它的前面,结果为 1+2+0+0=3。

对 a 进行递归二路归并排序,当合并 $a[low..mid]$ 和 $a[mid+1..high]$ 两个有序段时,用 i 遍历第 1 个段,用 j 遍历第 2 个段:

① 若两个段没有遍历完,如果 $a[i] \leqslant a[j]$,则归并 $a[i]$,即相同的元素优先归并第 1 个有序段的元素,此时第 2 个有序段中未归并的元素均大于或等于 $a[i]$,也就是说后面再

没有移动到 $a[i]$ 前面的元素了，这样就可以累计第 2 个段中移动到 $a[i]$ 前面的元素的个数，相对于 $a[i]$ 移动的元素是 $a[mid+1..j-1]$，共 $j-mid-1$ 个，所以置 ans $+=j-mid-1$，如图 9.32 所示；如果 $a[i]>a[j]$，直接归并 $a[j]$（将 $a[j]$ 前移）。

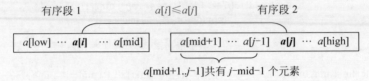

有序段 1 $a[i]\leqslant a[j]$ 有序段 2

| $a[low]$ ··· $a[i]$ ··· $a[mid]$ | $a[mid+1]$ ··· $a[j-1]$ $a[j]$ ··· $a[high]$ |

$a[mid+1..j-1]$ 共有 $j-mid-1$ 个元素

图 9.32　在两个有序段归并中求相对 $a[i]$ 前移的元素个数

例如，如图 9.33 所示，在归并 1、2、2 后（没有元素前移），$a[i]=3$，$a[j]=2$，由于 $a[i]>a[j]$，此时归并 $a[j]$，即将 $a[j]$ 前移（此时并不计入移动次数），这样有 $a[j]=3$。由于 $a[i]=a[j]$，满足 $a[i]\leqslant a[j]$ 的条件，归并 $a[i]$，累计 $a[j]$ 前面归并的元素个数，即 1。注意这里并不是累计全部的前移元素个数，而是累计每个 $a[i]$ 的前移元素个数。

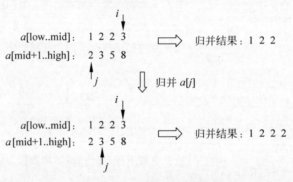

i

$a[low..mid]$: 1 2 2 3 $\Longrightarrow$ 归并结果：1 2 2

$a[mid+1..high]$: 2 3 5 8

j 归并 $a[j]$

i

$a[low..mid]$: 1 2 2 3 $\Longrightarrow$ 归并结果：1 2 2 2

$a[mid+1..high]$: 2 3 5 8

j

图 9.33　部分归并过程

② 若第 2 个段归并完但第 1 个段没有归并完，显然第 2 个段的所有元素（共 high-mid 个元素）都移动到 $a[i]$ 的前面，所以 $a[i]$ 对应的逆序数增加 high-mid（第 2 个段的总元素个数），即 ans $+=$ high-mid。

对应的算法如下：

```
def MergeSort2(R):                      # 对 R[0..n-1] 按递增进行二路归并的算法
    MergeSort21(R,0,len(R)-1)

def MergeSort21(R,s,t):                 # 被 MergeSort2() 调用
    if s>=t: return                     # R[s..t] 的长度为 0 或者 1 时返回
    m=(s+t)//2                          # 取中间位置 m
    MergeSort21(R,s,m)                  # 对前子表排序
    MergeSort21(R,m+1,t)                # 对后子表排序
    Merge2(R,s,m,t)                     # 将两个有序子表合并成一个有序表

def Merge2(R,low,mid,high):             # R[low..mid] 和 R[mid+1..high] 归并为 R[low..high]
    global ans
    R1=[None] * (high-low+1)            # 分配临时归并空间 R1
    i,j,k=low,mid+1,0                   # k 是 R1 的下标,i,j 分别为第 1、2 段的下标
    while i<=mid and j<=high:           # 在第 1 段和第 2 段均未扫描完时循环
        if R[i]<=R[j]:                  # 将第 2 段中的元素放入 R1 中
            R1[k]=R[i]
            ans+=j-mid-1                # 累计逆序数
```

```
            i,k=i+1,k+1
        else:                            ♯将第1段中的元素放入R1中
            R1[k]=R[j]
            j,k=j+1,k+1
    while i<=mid:                         ♯将第1段余下的部分复制到R1
        R1[k]=R[i]
        ans+=high-mid
        i,k=i+1,k+1
    while j<=high:                        ♯将第2段余下的部分复制到R1
        R1[k]=R[j]
        j,k=j+1,k+1
    R[low:high+1]=R1[0:high-low+1]        ♯将R1复制回R中

♯主程序
a=[2,8,0,3]
ans=0
MergeSort2(a)
print("ans:",ans)                        ♯输出3
```

9.6 基 数 排 序

前面介绍的各种排序都是基于关键字比较的,而基数排序是一种不基于关键字比较的排序算法,它是通过"分配"和"收集"过程来实现排序的。

1. 排序思路

扫一扫

视频讲解

基数排序是一种借助于多关键字排序的思想对单关键字排序的方法。

所谓多关键字是指讨论元素中含有多个关键字,假设多个关键字分别为 k^1、k^2、……、k^d,称 k^1 是第一关键字,k^d 是第 d 个关键字。

由元素 R_0、R_1、……、R_{n-1} 组成的表称关于关键字 k^1、k^2、……、k^d 有序,当且仅当对每一元素 $R_i \leqslant R_j$ 有 $(k_i^1, k_i^2, \cdots, k_i^d) \leqslant (k_j^1, k_j^2, \cdots, k_j^d)$ 时。在 r 元组上定义的 $\leqslant$ 关系是,$x_j = y_j (1 \leqslant j < d)$ 且 $x_{j+1} < y_{j+1}$ 或者 $x_i = y_i (1 \leqslant i \leqslant d)$ 成立,则 $(x_1, x_2, \cdots, x_d) \leqslant (y_1, y_2, \cdots, y_d)$。简单地说,先按关键字 k^1 排序,k^1 相同的再按 k^2 排序,以此类推。所以各个关键字的重要性是不同的,这里关键字 k^1 最重要,k^2 次之,k^d 最不重要。

以扑克牌为例,每张牌含有两个关键字,一个是花色,另一个是牌面,两个关键字的序关系定义如下。

k^1 花色:◆<♣<♥<♠

k^2 牌面:2<3<4<5<6<7<8<9<10<J<Q<K<A

根据以上定义,所有牌(除大、小王外)关于花色与牌面两个关键字的递增排序结果是 2◆,…,A◆,2♣,…,A♣,2♥,…,A♥,2♠,…,A♠。

显然排序的过程应该从最不重要的关键字开始,这里从 k^d 开始。以扑克牌的排序为例,只有两个关键字,即花色和牌面。一副乱牌的排序过程是先将52张牌按牌面分为13个子表,按2~A的顺序得到一个序列,再将该序列按花色◆~♠排序,从而得到最后结果。

基数排序就是利用多关键字排序思路,只不过将元素中的单个关键字分为多个位,每个位看成一个关键字。

一般地，在基数排序中元素 $R[i]$ 的关键字 $R[i].\text{key}$ 是由 d 位数字组成的，即 $k^{d-1}k^{d-2}\cdots k^{0}$，每一个数字表示关键字的一位，其中 k^{d-1} 为最高位，k^{0} 是最低位，每一位的值 k^{i} 都在 $[0,r)$ 的范围内，其中 r 称为基数。例如，对于二进制数，r 为 2，对于十进制数，r 为 10。

假设 k^{d-1} 是最重要位，k^{0} 是最不重要位，应该从最低位开始排序，称为最低位优先（LSD）；反之，若 k^{d-1} 是最不重要位，k^{0} 是最重要位，应该从最高位开始排序，称为最高位优先（MSD）。两种方法的思路完全相同，下面主要讨论最低位优先方法。

最低位优先排序的过程是先按最低位的值对元素进行排序，然后在此基础上按次低位进行排序，以此类推，由低位向高位，每趟都是根据关键字的一位并在前一趟的基础上对所有元素进行排序，直到最高位，则完成了基数排序的整个过程。

假设线性表由元素序列 a_0、a_1、$\cdots\cdots$、a_{n-1} 构成，每个结点 a_j 的关键字由 d 元组 $(k_j^{d-1},k_j^{d-2},\cdots,k_j^{1},k_j^{0})$ 组成，其中 $0\leqslant k_j^{i}\leqslant r-1(0\leqslant j<n,0\leqslant i\leqslant d-1)$。在排序过程中，使用 r 个队列 Q_0、Q_1、$\cdots\cdots$、Q_{r-1}。排序过程如下：

对 $i=0,1,\cdots,d-1$（从低位到高位），依次做一次"分配"和"收集"。

分配：开始时，把 Q_0、Q_1、$\cdots\cdots$、Q_{r-1} 各个队列置成空队列，然后依次考查线性表中的每一个元素 $a_j(j=0,1,\cdots,n-1)$，如果 a_j 的关键字位 $k_j^{i}=k$，就把 a_j 插入 Q_k 队列中。

收集：将 Q_0、Q_1、$\cdots\cdots$、Q_{r-1} 各个队列中的元素依次首尾相接，得到新的元素序列，从而组成新的线性表。

【**例 9.12**】 设排序序列中有 10 个元素，其关键字序列为 $(75,23,98,44,57,12,29,64,38,82)$，说明采用基数排序方法进行排序的过程。

解 这里 $n=10,d=2,r=10$，采用最低位优先基数排序算法，先按个位数进行排序，再按十位数进行排序，排序过程如图 9.34 所示。

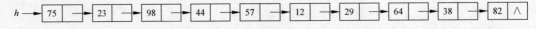

(a) 初始状态

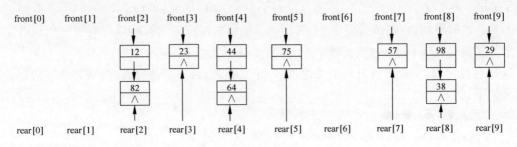

(b) 按个位分配之后

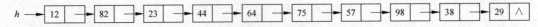

(c) 按个位收集之后

图 9.34 10 个元素进行基数排序的过程

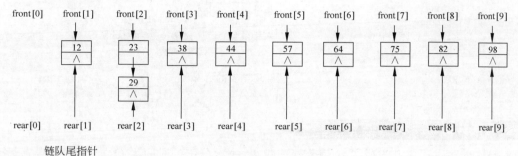

链队头指针

链队尾指针

(d) 按十位分配之后

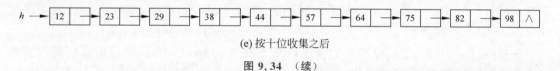

(e) 按十位收集之后

图 9.34 (续)

说明：基数排序每趟并不产生明确的有序区，也就是说在最后一趟排序结束前所有元素并不一定都归位了。

2. 排序算法

由于在分配和收集中涉及大量元素移动，采用顺序表时效率较低，所以采用单链表 L 存放待排序序列，对应的类与第 2 章中 2.3.2 节的单链表完全相同，每个结点用 data 属性存放整数关键字。

假设元素的关键字均为十进制（$r=10$）正整数，最大位数为 d，按递增排序的最低位优先基数排序算法如下：

```
from LinkList import LinkList        ＃引用第2章中的单链表类(带头结点)
def geti(key,r,i):                   ＃求基数为r的正整数key的第i位
    k=0
    for j in range(i+1):
        k=key%r
        key=key//r
    return k

def RadixSort(L,d,r):                ＃最低位优先基数排序算法
    front=[None] * r                 ＃建立链队的队头数组
    rear=[None] * r                  ＃建立链队的队尾数组
    for i in range(d):               ＃从低位到高位循环
        for j in range(r):           ＃初始化各链队的首、尾指针
            front[j]=rear[j]=None
        p=L.head.next                ＃p指向单链表L的首结点
        while p!=None:               ＃分配：对于原链表中的每个结点循环
            k=geti(p.data,r,i)       ＃提取结点关键字的第i个位k
            if front[k]==None:       ＃第k个链队空时，队头、队尾均指向p结点
                front[k]=p
                rear[k]=p
            else:                    ＃第k个链队非空时，p结点进队
                rear[k].next=p
                rear[k]=p
```

```
        p＝p.next              ＃取下一个结点
        t＝L.head              ＃重新收集所有结点
        for j in range(r):     ＃收集：对于每一个链队循环
            if front[j]！＝None:  ＃若第 j 个链队是第一个非空链队
                t.next＝front[j]
                t＝rear[j]
        t.next＝None           ＃尾结点的 next 置空
    return L
```

3. 算法分析

在基数排序过程中共进行了 d 趟分配和收集，每次分配的时间为 $O(n)$（需要遍历每个结点并且插入相应链队中），每次收集的时间为 $O(r)$（按一个一个队列整体收集而不是按单个结点收集），这样每一趟分配和收集的时间为 $O(n+r)$，所以基数排序的时间复杂度为 $O(d(n+r))$。

在基数排序中每一趟排序需要的辅助存储空间为 r（创建 r 个队列），但在后面的排序趟中重复使用这些队列，所以总的空间复杂度为 $O(r)$。

另外，在基数排序中使用的是队列，排在后面的关键字只能排在前面相同关键字的后面，相对位置不会发生改变，它是一种稳定的排序方法。

扫一扫

视频讲解

9.7　各种内排序方法的比较和选择 ※

前面介绍了多种内排序方法，将这些排序方法总结为表 9.1。通常可按平均时间复杂度将排序方法分为 3 类。

表 9.1　各种排序方法的性能

排序方法	时间复杂度			空间复杂度	稳定性	复杂性
	平均情况	最坏情况	最好情况			
直接插入排序	$O(n^2)$	$O(n^2)$	$O(n)$	$O(1)$	稳定	简单
折半插入排序	$O(n^2)$	$O(n^2)$	$O(n)$	$O(1)$	稳定	较复杂
希尔排序	$O(n^{1.5})$	$O(n^2)$	$O(n^{1.3})$	$O(1)$	不稳定	较复杂
冒泡排序	$O(n^2)$	$O(n^2)$	$O(n)$	$O(1)$	稳定	简单
快速排序	$O(n\log_2 n)$	$O(n^2)$	$O(n\log_2 n)$	$O(\log_2 n)$	不稳定	较复杂
简单选择排序	$O(n^2)$	$O(n^2)$	$O(n^2)$	$O(1)$	不稳定	简单
堆排序	$O(n\log_2 n)$	$O(n\log_2 n)$	$O(n\log_2 n)$	$O(1)$	不稳定	较复杂
归并排序	$O(n\log_2 n)$	$O(n\log_2 n)$	$O(n\log_2 n)$	$O(n)$	稳定	较复杂
基数排序	$O(d(n+r))$	$O(d(n+r))$	$O(d(n+r))$	$O(r)$	稳定	较复杂

① 平方阶排序：一般称为简单排序，例如直接插入排序、简单选择排序和冒泡排序。

② 线性对数阶排序：例如快速排序、堆排序和归并排序。

③ 线性阶排序：例如基数排序（假定排序数据的位数 d 和进制 r 为常量）。

因为不同的排序方法适应不同的应用环境和要求，所以选择合适的排序方法应综合考虑下列因素：

① 待排序的元素数目 n（问题规模）。

② 元素的大小（每个元素的规模）。

③ 关键字的分布及其初始状态。

④ 对稳定性的要求。

⑤ 语言工具的条件。

⑥ 存储结构。

⑦ 时间和辅助空间复杂度要求等。

没有哪一种排序方法是绝对好的，每一种排序方法都有其优缺点，适合于不同的环境，因此在实际应用中应根据具体情况做选择。首先考虑排序对稳定性的要求，若要求稳定，则只能在稳定方法中选取，否则可以在所有方法中选取；其次要考虑待排序元素个数 n 的大小，若 n 较大，则可在高效排序方法中选取，否则在简单方法中选取；然后再考虑其他因素。

下面给出综合考虑了以上几个方面所得出的大致结论：

① 若 n 较小（例如 $n \leqslant 50$），可采用直接插入或简单选择排序。当元素规模非常小时，直接插入排序较好，否则因为简单选择排序移动的元素数少于直接插入排序，采用简单选择排序为宜。

② 若文件初始基本有序（指正序），则采用直接插入或者冒泡排序方法。

③ 若 n 较大，则应采用时间复杂度为 $O(n\log_2 n)$ 的排序方法，例如快速排序、堆排序或归并排序。快速排序是目前基于比较的内排序中被认为较好的方法，当待排序的关键字是随机分布时，快速排序的平均时间最少；但堆排序所需的辅助空间少于快速排序，并且不会出现快速排序可能出现的最坏情况。这两种排序都是不稳定的，若要求排序稳定，则可采用归并排序。

④ 若是两个有序表，要将它们组合成一个新的有序表，最好的方法是采用归并排序方法。

⑤ 在一般情况下，基数排序可能在 $O(n)$ 时间内完成对 n 个元素的排序。遗憾的是，基数排序只适用于像字符串和整数这类有明显结构特征的关键字，而当关键字的取值范围属于某个无穷集合（例如实数型关键字）时无法采用基数排序。因此当 n 很大，元素的关键字位数较少且可以分解时，采用基数排序较好。

9.8 外 排 序

扫一扫

视频讲解

在前面介绍的内排序中，排序表需要全部放在内存中，当数据量特别大时会出现无法整体排序的情况。为此将排序表存储在文件中，每次将一部分数据调到内存中进行排序，这样在排序中需要进行多次的内外存数据交换，所以称为外排序。外排序的基本方法是归并排序法，它主要分为以下两个阶段。

① 生成初始归并段（顺串）：将一个文件（含待排序数据）中的数据分段读入内存，每个段在内存中进行排序，并将有序数据段写到外存文件上，从而得到若干初始归并段。

② 多路归并：对这些初始归并段进行多路归并，使得有序归并段逐渐扩大，最后在外存上形成整个文件的单一归并段，也就完成了这个文件的外排序。

外排序的时间是上述两个阶段的时间和，主要包含内外存数据交换时间和元素比较时间(元素移动的次数相对较少)。

对存放在磁盘中的文件进行排序称为磁盘排序,磁盘排序属于典型的外排序,下面讨论磁盘排序中两个阶段的主要方法。

9.8.1 生成初始归并段的方法

生成初始归并段就是由一个无序文件产生若干有序文件,这些有序文件恰好包含前者的全部元素。

1. 常规方法

假设无序文件 F_{in} 的长度为 n,排序中可用的内存大小为 w(通常 w 远小于 n),打开 F_{in} 文件,读入 w 个元素到内存中,采用前面介绍的某种内排序方法排好序,写入文件 F_1 中;再读入 F_{in} 的下 w 个元素到内存中,继续排好序,写入文件 F_2 中;以此类推,直到 F_{in} 的所有元素处理完毕,得到 m 个有序文件 $F_1 \sim F_m$,它们称为初始归并段。显然 $m = \lceil n/w \rceil$,通常前 $m-1$ 个有序文件的长度均为 w,最后一个有序文件的长度小于或等于 w。

例如,在无序文件 F_{in} 中含 4500 个元素 R_1、R_2、$\cdots\cdots$、R_{4500},可用内存大小 $w = 750$,假设磁盘每次读/写单位为一个元素的页块(即一个页块对应一个逻辑元素),内外存数据交换是以页块为单位的,即读一次或者写一次都是一个页块。当页块为一个元素时,内外存数据交换次数与元素读/写次数相同,从而简化内外存数据交换时间的计算。在采用常规方法生成初始归并段时,$m = 4500/750 = 6$,这样得到 6 个初始归并段 $F_1 \sim F_6$。

2. 置换-选择排序方法

在采用常规方法生成初始归并段时,通常初始归并段的个数较多,因为外排序的目的是产生一个有序文件,所以初始归并段的个数越少越好,而置换-选择排序方法可以满足这样的需求。

置换-选择排序方法基于选择排序,即从若干元素中通过关键字比较选择一个最小的元素,同时在此过程中伴随元素的输入和输出,最后生成若干长度可能各不相同的有序文件。其基本步骤如下:

① 从待排序文件 F_{in} 中按内存工作区 WA 的容量(设为 w)读入 w 个元素。设当前初始归并段编号 $i=1$。

② 从 WA 中选出关键字最小的元素 R_{min}。

③ 将 R_{min} 元素输出到文件 F_i(F_i 为产生的第 i 个初始归并段)中,作为当前初始归并段的一个元素。

④ 若 F_{in} 不空,则从 F_{in} 中读入下一个元素到 WA 中替代刚输出的元素。

⑤ 在 WA 工作区中所有大于或等于 R_{min} 的元素中选择出最小元素作为新的 R_{min},转③,直到选不出这样的 R_{min}。

⑥ 置 $i=i+1$,开始下一个初始归并段。

⑦ 若 WA 工作区已空,则所有初始归并段已全部产生;否则转②。

【例 9.13】 设某个磁盘文件中共有 18 个元素,对应的关键字序列为$(15, 4, 97, 64, 17, 32, 108, 44, 76, 9, 39, 82, 56, 31, 80, 73, 255, 68)$,若内存工作区可容纳 5 个元素,用置换-选择排序方法可产生几个初始归并段? 每个初始归并段包含哪些元素?

解 初始归并段的生成过程如表 9.2 所示，共产生两个初始归并段，归并段 F_1 为 $(4,15,17,32,44,64,76,82,97,108)$，归并段 F_2 为 $(9,31,39,56,68,73,80,255)$。

表 9.2　初始归并段的生成过程

读入元素	内存工作区状态	$R_{\min}$	输出之后的初始归并段状态
15,4,97,64,17	15,4,97,64,17	4($i=1$)	初始归并段 1:{4}
32	15,32,97,64,17	15($i=1$)	初始归并段 1:{4,15}
108	108,32,97,64,17	17($i=1$)	初始归并段 1:{4,15,17}
44	108,32,97,64,44	32($i=1$)	初始归并段 1:{4,15,17,32}
76	108,76,97,64,44	44($i=1$)	初始归并段 1:{4,15,17,32,44}
9	108,76,97,64,9	64($i=1$)	初始归并段 1:{4,15,17,32,44,64}
39	108,76,97,39,9	76($i=1$)	初始归并段 1:{4,15,17,32,44,64,76}
82	108,82,97,39,9	82($i=1$)	初始归并段 1:{4,15,17,32,44,64,76,82}
56	108,56,97,39,9	97($i=1$)	初始归并段 1:{4,15,17,32,44,64,76,82,97}
31	108,56,31,39,9	108($i=1$)	初始归并段 1:{4,15,17,32,44,64,76,82,97,108}
80	80,56,31,39,9	9（没有大于或等于108的元素，$i=2$)	初始归并段 2:{9}
73	80,56,31,39,9	31($i=2$)	初始归并段 2:{9,31}
255	80,56,255,39,73	39($i=2$)	初始归并段 2:{9,31,39}
68	80,56,255,68,73	56($i=2$)	初始归并段 2:{9,31,39,56}
	80,,255,68,73	68($i=2$)	初始归并段 2:{9,31,39,56,68}
	80,,255,,73	73($i=2$)	初始归并段 2:{9,31,39,56,68,73}
	80,,255,,	80($i=2$)	初始归并段 2:{9,31,39,56,68,73,80}
	,,255,,	255($i=2$)	初始归并段 2:{9,31,39,56,68,73,80,255}

置换-选择排序方法生成的初始归并段的长度既与内存工作区大小 w 有关，也与输入文件中元素的排列次序有关。如果输入文件中的元素按关键字随机排列，则所得到的初始归并段的平均长度大约为 w 的两倍。也就是说，置换-选择排序方法得到的初始归并段个数是常规方法的一半。

9.8.2　多路归并方法

在多路归并中总时间大约是内外存数据交换时间和关键字比较次数之和。内外存数据交换通过元素读/写次数来表示。常用的多路归并方法有 k 路平衡归并和最佳归并树。

1. k 路平衡归并方法

如果初始归并段有 m 个，那么二路平衡归并的每一趟使归并段个数减半（可以简单理解为每一趟所有的归并段均参与归并，归并段不够时用长度为 0 的虚段补充），对应的归并树有 $\lceil \log_2 m \rceil + 1$ 层，需要做 $\lceil \log_2 m \rceil$ 趟归并。做类似的推广，在采用 $k(k>2)$ 路平衡归并时，则相应的归并树有 $\lceil \log_k m \rceil + 1$ 层，要对数据进行 $s = \lceil \log_k m \rceil$ 趟归并。

例如，对于前面的含 4500 个文件的示例，产生 6 个初始归并段 $F_1 \sim F_6$，每个初始归并段含 750 个元素，内存工作区大小为 750。下面讨论两种归并方案。

扫一扫

视频讲解

① $k=2$，采用二路平衡归并的过程如图 9.35 所示（图中的虚段指长度为 0 的段，是为了保证每次有两个段参与归并而增加的），最后产生一个有序文件 F_{out}，达到了外排序的目的。

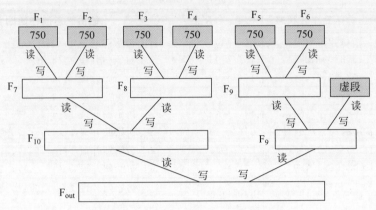

图 9.35　6 个归并段的二路归并过程

从中看出，由于假设页块大小为 1，当归并段 a 和 b 归并为 c 时，a 和 b 中的每个元素都需要读一次（读入内存进行比较）和写一次（较小的元素写入 c 中），而归并中元素读次数恰好等于归并树的带权路径长度（WPL），并且元素读/写次数相同，即元素读/写总次数等于 2WPL。不考虑虚段的无效归并（图 9.35 中第 2 层的 F_9 与虚段归并的结果仍为 F_9），这样有

$$WPL = (750 + 750 + 750 + 750) \times 3 + (750 + 750) \times 2 = 12\,000$$

则该二路归并中元素读/写总次数 = 2WPL = 24 000。共有 4500 个元素，每个元素大约读 12 000/4500 = 2.67 次，写的次数相同。显然 WPL 越大，内外存数据交换越多。

② $k=3$，采用三路归并的过程如图 9.36 所示（图中虚段是为了保证每次 3 个段参与归并而增加的）。该三路归并树的 WPL = $6 \times 750 \times 2 + 0 \times 1 = 9000$，则三路归并中元素读/写总次数 = 2WPL = 18 000。

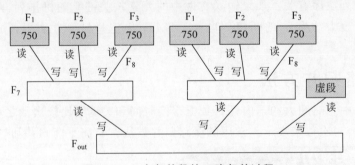

图 9.36　6 个归并段的三路归并过程

从中看出，k 越大，元素读/写次数越少，相应地内外存数据交换时间越少。对于本例，内存工作区大小为 750，k 可以取更大的值。那么是不是 k 越大，归并的性能就越好呢？

现在分析 k 路平衡归并的性能。在 k 路归并时，总趟数 $s = \lceil \log_k m \rceil$，归并中最频繁的操作是在 k 个元素中选择最小者，如果采用简单选择方法，每选出一个元素需要进行 $k-1$ 次关键字比较。每趟归并 u 个元素（剩最后一个元素时不需要比较，它一定是最大元素），

共需要做$(u-1)\times(k-1)$次关键字比较,则s趟归并总共需要的关键字比较次数为

$$s\times(u-1)\times(k-1)=\lceil\log_km\rceil\times(u-1)\times(k-1)$$
$$=\lceil\log_2m\rceil\times(u-1)\times(k-1)/\lceil\log_2k\rceil$$

当初始归并段个数m和元素个数u一定时,其中的$\lceil\log_2m\rceil\times(u-1)$是常量,而$(k-1)/\lceil\log_2k\rceil$在$k$无限增大时趋于$\infty$,因此增大归并路数$k$会使多路归并中的关键字比较次数增大。若$k$增大到一定的程度,就会抵消掉由于减少元素读/写次数而赢得的时间。也就是说,在k路平衡归并中,如果选择最小元素时采用简单选择方法,并非k越大,归并的效率就越好。

类似从简单选择排序到堆排序的改进,这里可以利用败者树来选择最小元素。败者树是一棵有k个叶子结点的完全二叉树,其中叶子结点存放要归并的元素,分支结点存放关键字对应的段号。所谓败者是两个元素比较时的关键字较大者,胜者是两个元素比较时的关键字较小者。建立败者树是采用类似于堆调整的方法实现的,其初始时令所有的分支结点指向一个含最小关键字(MINKEY)的叶子结点,然后从各叶子结点出发调整分支结点为新的败者。

对k个初始归并段(有序段)进行k路平衡归并的方法如下。

① 取每个输入有序段的第一个元素作为败者树的叶子结点,建立初始败者树:两两叶子结点进行比较,在双亲结点中记录元素比赛的败者(关键字较大者),而让胜者去参加更高一层的比赛,如此在根结点之上胜出的"冠军"是关键字最小者。

② 将最后胜出的元素写至输出归并段,在对应的叶子结点处补充该输入有序段的下一个元素,若该有序段变空,则补充一个大关键字(比所有元素关键字都大,设为$k_{\max}$,通常用∞表示)的虚元素。

③ 调整败者树,选择新的关键字最小的元素:从补充元素的叶子结点向上和双亲结点的关键字比较,败者留在该双亲结点,胜者继续向上,直到树的根结点,最后将胜者放在根结点的双亲结点中。

④ 若胜出的元素关键字等于$k_{\max}$,则归并结束;否则转②继续。

【例9.14】 设有5个初始归并段,它们中各元素的关键字分别如下:

F_0:{17,21,∞} F_1:{5,44,∞} F_2:{10,12,∞} F_3:{29,32,∞} F_4:{15,56,∞}

其中,∞是段结束标志。请说明利用败者树进行5路平衡归并排序的过程。

解 这里$k=5$,其初始归并段的段号分别为0~4(与F_0~F_4相对应)。先构造含有5个叶子结点的败者树,由于败者树中不存在单分支结点,所以其中恰好有4个分支结点,再加上一个冠军结点(用于存放最小关键字的段号)。用$ls[0]$存放冠军结点,$ls[1]$~$ls[4]$存放分支结点,b_0~b_4存放叶子结点。初始时$ls[0]$~$ls[4]$分别取5(对应的F_5是虚拟段,只含一个最小关键字MINKEY,即$-\infty$),b_0~b_4分别取F_0~F_4中的第一个关键字,如图9.37(a)所示。为了方便,图9.37中的每个分支结点除了段号外,还加有相应的关键字。

然后从b_4到b_0进行调整建立败者树,过程如下:

① 调整b_4,先将胜者s(关键字最小者)置为4,$t=(s+5)/2=4$,将$b[s].key$(15)和$b[ls[t]].key$($b[ls[4]].key=-\infty$)进行比较,胜者$s=ls[t]=5$,将败者"4(15)"放在$ls[4]$中,$t=t/2=2$;将$ls[s].key$($-\infty$)与双亲结点$ls[t].key$($-\infty$)进行比较,胜者仍为$s=5$,$t=t/2=1$;将$ls[s].key$($-\infty$)与双亲结点$ls[t].key$($-\infty$)进行比较,胜者仍为$s=5$,$t=$

$t/2=0$。最后置 $ls[0]=s(-\infty)$。其结果如图 9.37(b)所示。实际上就是对从 b_4 到 $ls[1]$ 中的粗线部分进行调整，将最小关键字的段号放在 $ls[0]$ 中。

② 调整 $b_3 \sim b_0$ 的过程与此类似，它们调整后得到的结果分别如图 9.37(c)~图 9.37(f) 所示。最后的图 9.37(f)就是建立的初始败者树。

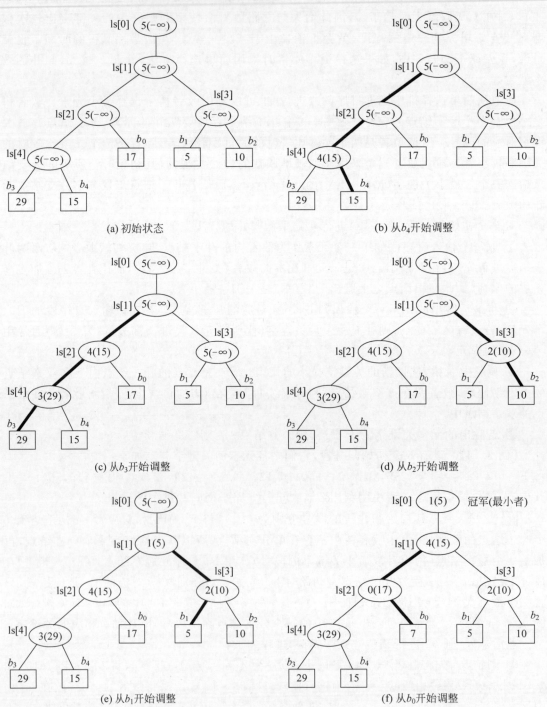

(a) 初始状态　　　　　　　　　　　　(b) 从 b_4 开始调整

(c) 从 b_3 开始调整　　　　　　　　　　(d) 从 b_2 开始调整

(e) 从 b_1 开始调整　　　　　　　　　　(f) 从 b_0 开始调整

图 9.37　建立败者树的过程

当败者树建立好后,可以利用 5 路归并产生有序序列,其中主要的操作是从 5 个元素中找出最小元素并确定其所在的段号。这对败者树来说十分容易实现。先从初始败者树中输出 ls[0] 的当前元素,即 1 号段的关键字为 5 的元素,然后进行调整。调整的过程是将进入树的叶子结点与双亲结点进行比较,较大者(败者)存放到双亲结点中,较小者(胜者)与上一级的祖先结点再进行比较,此过程不断进行,直到根结点,最后把新的全局优胜者写至输出归并段。

对于本例,将 1(5) 写至输出归并段后在 F_1 中补充下一个关键字为 44 的元素,调整败者树,调整过程是将 1(44) 与 2(10) 进行比较,产生败者 1(44),放在 ls[3] 中,胜者为 2(10);将 2(10) 与 4(15) 进行比较,产生败者 4(15),胜者为 2(10);最后将胜者 2(10) 放在 ls[0] 中。只经过两次比较就产生了新的关键字最小的元素 2(10),如图 9.38 所示,其中粗线部分为调整路径。

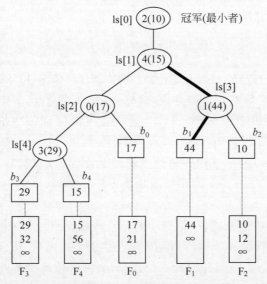

图 9.38　重构后的败者树(粗线部分结点发生改变)

说明:在 9.8.1 节的置换-选择排序方法中的第②步,从 WA 中选出关键字最小的元素时也可以使用败者树方法以提高算法效率。

从本例看到,k 路平衡归并的败者树的高度为 $\lceil \log_2 k \rceil + 1$[1],在每次调整找下一个最小元素时,仅需要做 $\lceil \log_2 k \rceil$ 次关键字比较。

因此,若初始归并段为 m 个,利用败者树在 k 个元素中选择最小者只需要进行 $\lceil \log_2 k \rceil$ 次关键字比较。这样 $s = \lceil \log_k m \rceil$ 趟归并总共需要的关键字比较次数为

$$s \times (u-1) \times \lceil \log_2 k \rceil = \lceil \log_k m \rceil \times (u-1) \times \lceil \log_2 k \rceil$$
$$= \lceil \log_2 m \rceil \times (u-1) \times \lceil \log_2 k \rceil / \lceil \log_2 k \rceil$$
$$= \lceil \log_2 m \rceil \times (u-1)$$

从中看出关键字比较次数与 k 无关,总的内部归并时间不会随 k 的增大而增大。但 k

---

① k 路平衡归并败者树是一个含有 k 个叶子结点且没有单分支结点的完全二叉树,$n_2 = n_0 - 1 = k - 1$,$n = n_0 + n_1 + n_2 = 2k - 1$,$h = \lceil \log_2 (n+1) \rceil = \lceil \log_2 (2k) \rceil = \lceil \log_2 k \rceil + 1$。

越大,归并树的高度较小,读/写磁盘的次数也较少。因此,当采用败者树实现多路平衡归并时,只要内存空间允许,增大归并路数 k,有效地减少归并树的高度,从而减少内外存数据交换时间,提高外排序的速度。

2. 最佳归并树

由于采用置换-选择排序算法生成的初始归并段长度不等,在进行逐趟 k 路归并时对归并段的组合不同,会导致归并过程中的元素读/写次数不同。为提高归并的性能,有必要对各归并段进行合理的搭配组合。按照最佳归并树的方案实施归并可以最小化内外存数据交换时间。

假设 m 个初始归并段进行 k 路归并,对应的最佳归并树是带权路径长度最小的 k 次(阶)哈夫曼树,其中只有度为 0 的结点和度为 k 的分支结点,前者恰好 m 个,设后者为 n_k 个,有:

① $n=m+n_k$ (n 为总结点个数)。

② 所有结点度之和$=n-1$。

③ 所有结点度之和$=k\times n_k$。

可以推出 $n_k=(m-1)/(k-1)$,n_k 应该为整数,即 $x=(m-1)\%(k-1)=0$。若 $x\neq 0$,不能保证每次 k 路归并时恰好有 k 个归并段,这样会导致归并算法复杂化,为此增加若干长度为 0 的虚段,能够求出最少增加 $k-1-x$ 个虚段就可以保证每次恰好有 k 个归并段参与归并。

构造 m 个初始归并段的最佳归并树的步骤如下:

① 若 $x=(m-1)\%(k-1)\neq 0$,则需附加 $k-1-x$ 个长度为 0 的虚段,以使每次归并都可以对应 k 个段。

② 按照哈夫曼树的构造原则(权值越小的结点离根结点越远)构造最佳归并树。

【例 9.15】 设某文件经预处理后得到长度分别为 49、9、35、18、4、12、23、7、21、14 和 26 的 11 个初始归并段,试为 4 路归并设计一个读/写文件次数最少的归并方案。

解 这里初始归并段的个数 $m=11$,归并路数 $k=4$,由于 $x=(m-1)\%(k-1)=1$,不为 0,所以需附加 $k-1-x=2$ 个长度为 0 的虚段。按元素个数递增排序为(0,0,4,7,9,12,14,18,21,23,26,35,49)构造 4 阶哈夫曼树,如图 9.39 所示。

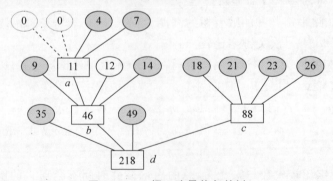

图 9.39 一棵 4 路最佳归并树

该最佳归并树给出了元素读/写次数最少的归并方案,如下:

① 第 1 次将长度为 4 和 7 的初始归并段归并为长度为 11 的有序段 a。

② 第2次将长度为9、12和14的初始归并段以及有序段 a 归并为长度为46的有序段 b。

③ 第3次将长度为18、21、23和26的初始归并段归并为长度为88的有序段 c。

④ 第4次将长度为35和49的初始归并段以及有序段 b、c 归并为元素长度为218的有序文件整体 d。共需4次归并。

若每个元素占用一个页块,则此方案4路归并中总的元素读/写次数为 $2\times[(4+7)\times 3+(9+12+14+18+21+23+26)\times 2+(35+49)\times 1]=726$ 次。

一般地,为了提高整个外部排序的效率,可以从以下两个方面进行优化:

① 在产生 m 个初始归并段时,为了尽量减小 m,采用置换-选择排序方法,可以将整个待排序文件分为数量较少的长度不等的初始归并段。

② 在将若干初始归并段归并为一个有序文件的多路归并中,为了尽量减少元素读/写次数,采用最佳归并树的归并方案对初始归并段进行归并,在归并的具体实现中采用败者树选择最小元素。

9.9 练 习 题

扫一扫

自测题

1. 直接插入排序算法在含有 n 个元素的初始数据正序、反序和数据全部相等时的时间复杂度各是多少?

2. 折半插入排序和直接插入排序的平均时间复杂度都是 $O(n^2)$,为什么一般情况下折半插入排序要好于直接插入排序?

3. 希尔排序算法每一趟都对各个组采用直接插入排序算法,为什么希尔排序算法比直接插入排序算法的效率更高?试举例说明之。

4. 采用什么方法可以改善快速排序算法最坏情况下的时间性能?

5. 简述堆和二叉排序树的区别。

6. 请回答下列关于堆排序中堆的两个问题:

(1) 堆的存储表示是顺序的还是链式的?

(2) 设有一个小根堆,即堆中任意结点的关键字均小于它的左孩子和右孩子的关键字。其中具有最大关键字的结点可能在什么地方?

7. 在基数排序过程中用队列暂存排序的元素,是否可以用栈来代替队列?为什么?

8. 什么是多路平衡归并?多路平衡归并的目的是什么?

9. 设有11个长度(即包含的元素个数)不同的初始归并段,它们所包含的元素个数依次为25、40、16、38、77、64、53、88、9、48和98。试根据它们做4路归并,要求:

(1) 指出采用4路平衡归并时总的归并趟数。

(2) 构造最佳归并树。

(3) 根据最佳归并树计算总的读/写元素次数(假设一个页块含一个元素)。

10. 设计一个算法,判断一个整数序列 a 是否构成一个大根堆。

11. 有一个整数序列 $a[0..n-1]$,设计以下快速排序的非递归算法:

(1) 用栈实现非递归,对于每次划分的两个子表,先将左子表进栈,再将右子表进栈。

(2) 用栈实现非递归,对于每次划分的两个子表,先将右子表进栈,再将左子表进栈。

（3）用队列实现非递归，对于每次划分的两个子表，先将左子表进队，再将右子表进队。

12. 有一个含 $n(n<100)$ 个整数的无序序列 a，设计一个算法，按从小到大的顺序求前 $k(1\leqslant k\leqslant n)$ 个最大的元素。

9.10　上机实验题

9.10.1　基础实验题

1. 编写一个实验程序，采用快速排序完成一个整数序列的递增排序，要求输出每次划分的结果，并用相关数据进行测试。

2. 编写一个实验程序，采用堆排序完成一个整数序列的递增排序，输出每一趟排序的结果，并用相关数据进行测试。

3. 编写一个实验程序，采用自底向上的二路归并排序完成一个整数序列的递增排序，输出每一趟排序的结果，并用相关数据进行测试。

4. 编写一个实验程序，对于给定的一个十进制整数序列（369,367,167,239,237,138,230,139），采用最低位优先和最高位优先基数排序算法进行排序，给出各趟的排序结果，比较两者的最终结果，说明基数排序选择最低位优先还是最高位优先的原则。

5. 编写一个实验程序，对于给定的一个十进制整数序列（369,367,167,239,237,138,230,139），采用基数排序算法进行递减排序，给出各趟的排序结果。

9.10.2　应用实验题

1. 编写一个实验程序，随机产生20 000个0～10 000的整数序列 a，对于序列 a 分别采用直接插入排序、折半插入排序和希尔排序算法实现递增排序，给出各个排序算法的执行时间（以秒为单位）。

2. 求无序序列的前 k 个元素。有一个含 $n(n<100)$ 个整数的无序数组 a，编写一个高效的程序采用快速排序方法输出其中前 $k(1\leqslant k\leqslant n)$ 个最小的元素（输出结果不必有序），并用相关数据进行测试。

3. 编写一个实验程序，从文本文件abc.txt中读取若干整数构成 a 序列，对于每个偶数索引 i，输出 $a[0..i]$ 的中位数，并用相关数据进行测试，所谓中位数就是整个序列排序后中间位置的元素。例如abc.txt文件包含的整数序列为1 5 2 8 6 5 3，输出结果为1 2 5 5。

4. 编写一个实验程序，对一个包含正、负整数的序列按绝对值递增排序，绝对值相同时按值递增排序，采用递归二路归并算法，并用相关数据进行测试。

9.11　LeetCode 在线编程题

扫一扫

视频讲解

1. LeetCode349——两个数组的交集

问题描述：给定两个数组，编写一个函数来计算它们的交集。例如，输入 nums1=[1,

2,2,1],nums2=[2,2],输出结果为[2];输入 nums1=[4,9,5],nums2=[9,4,9,8,4],输出结果为[9,4]。输出结果中的每个元素一定是唯一的,可以不考虑输出结果的顺序。要求设计满足题目条件的如下方法:

```
def intersection(self,nums1:List[int],nums2:List[int])-> List[int]:
```

2. LeetCode912——排序数组

扫一扫

视频讲解

问题描述:给定一个整数数组 nums,将该数组升序排列。例如,输入[5,2,3,1],输出结果为[1,2,3,5];输入[5,1,1,2,0,0],输出结果为[0,0,1,1,2,5]。$1 \leqslant A.length \leqslant 10\ 000, -50\ 000 \leqslant A[i] \leqslant 50\ 000$。要求设计满足题目条件的如下方法:

```
def sortArray(self,nums:List[int])-> List[int]:
```

3. LeetCode75——颜色分类

问题描述:给定一个包含红色、白色和蓝色,一共 n 个元素的数组,原地对它们进行排序,使得颜色相同的元素相邻,并按照红色、白色、蓝色的顺序排列。在此题中使用整数 0、1 和 2 分别表示红色、白色和蓝色,不能使用代码库中的排序函数来解决这道题。算法最好仅使用常数空间和一趟扫描。例如,输入[2,0,2,1,1,0],输出结果为[0,0,1,1,2,2]。要求设计满足题目条件的如下方法:

```
def sortColors(self, nums:List[int])-> None:
```

4. LeetCode179——最大数

问题描述:给定一组非负整数,重新排列它们的顺序,使之组成一个最大的整数。例如,输入[10,2],输出结果为 210;输入[3,30,34,5,9],输出结果为 9534330。要求设计满足题目条件的如下方法:

```
def largestNumber(self,nums:List[int])-> str:
```

扫一扫

视频讲解

5. LeetCode148——排序链表

问题描述:在 $O(n\log_2 n)$ 时间复杂度和常数级空间复杂度下对链表进行排序。例如,输入链表为 4-> 2-> 1-> 3,输出链表为 1-> 2-> 3-> 4。要求设计满足题目条件的如下方法:

```
def sortList(self,head:ListNode)-> ListNode:
```

扫一扫

视频讲解

6. LeetCode451——根据字符出现的频率排序

问题描述:给定一个字符串,请将字符串里的字符按照出现的频率降序排列。例如,输入"tree",输出结果为"eert";输入"Aabb",输出结果为"bbAa"。要求设计满足题目条件的如下方法:

```
def frequencySort(self,s:str)-> str:
```

扫一扫

视频讲解

7. LeetCode215——数组中的第 k 个最大元素

问题描述:在未排序的数组中找到第 k 个最大的元素。注意,需要找的是数组排序后

扫一扫

视频讲解

第 k 个最大的元素,而不是第 k 个不同的元素。例如,输入[3,2,1,5,6,4]和 $k=2$,输出结果为 5。可以假设 k 总是有效的,且 $1 \leqslant k \leqslant$ 数组的长度。要求设计满足题目条件的如下方法:

```python
def findKthLargest(self, nums: List[int], k: int) -> int:
```

8. LeetCode315——计算右侧小于当前元素的个数

问题描述:给定一个整数数组 nums,按要求返回一个新数组 counts。数组 counts 有如下性质:counts[i]的值是 nums[i]右侧小于 nums[i]的元素的数量。例如,输入[5,2,6,1],输出结果为[2,1,1,0],其中 5 的右侧有两个更小的元素 2 和 1,2 的右侧仅有一个更小的元素 1,6 的右侧有一个更小的元素 1,1 的右侧有 0 个更小的元素。要求设计满足题目条件的如下方法:

```python
def countSmaller(self, nums: List[int]) -> List[int]:
```

参 考 文 献

[1]　蒋宗礼.培养计算机类专业学生解决复杂工程问题的能力[M].北京：清华大学出版社,2018.

[2]　Sedgewick R,Wayne K.算法[M].谢路云,译.4版.北京：人民邮电出版社,2012.

[3]　Cormen T H,Leiserson C E,Rivest R L,et al.算法导论[M].潘金贵,顾铁成,李成法,等译.北京：机械工业出版社,2009.

[4]　裘宗燕.数据结构与算法[M].北京：机械工业出版社,2015.

[5]　Sahni S.数据结构、算法与应用(C++语言描述)[M].王立柱,刘志红,译.北京：机械工业出版社,2015.

[6]　Hetland M L.Python算法教程[M].凌杰,等译.北京：人民邮电出版社,2016.

[7]　秋叶拓哉,岩田阳一,北川宜稔.挑战程序设计竞赛[M].巫泽俊,庄俊元,李津羽,译.北京：人民邮电出版社,2013.

[8]　邓俊辉.数据结构(C++语言版)[M].3版.北京：清华大学出版社,2013.

[9]　李文辉,等.程序设计导引及在线实践[M].2版.北京：清华大学出版社,2017.

[10]　王红梅,胡明,王涛.数据结构(C++版)[M].2版.北京：清华大学出版社,2011.

[11]　张铭,等.数据结构与算法[M].北京：高等教育出版社,2008.

[12]　翁惠玉,等.数据结构：思想与实现[M].北京：高等教育出版社,2009.

[13]　李春葆,等.数据结构教程(Java语言描述)[M].北京：清华大学出版社,2020.

[14]　李春葆,李筱驰.数据结构教程(Java语言描述)学习与上机指导[M].北京：清华大学出版社,2020.

[15]　李春葆.数据结构教程[M].6版.北京：清华大学出版社,2022.

[16]　李春葆,等.数据结构教程学习指导[M].6版.北京：清华大学出版社,2022.

[17]　李春葆,等.数据结构教程上机实验指导[M].6版.北京：清华大学出版社,2022.

[18]　李春葆,李筱驰.新编数据结构习题与解析[M].2版.北京：清华大学出版社,2019.